関西生コン産業
60年の歩み
1953〜2013

大企業との対等取引をめざして
協同組合と労働組合の挑戦

一般社団法人　中小企業組合総合研究所

草創期の写真

わが国初の生コン工場は1949年11月、東京都墨田区業平橋畔に開設の東京コンクリート工業㈱（後に、東京ＳＯＣ）だったが、東京スカイツリー建設のため取り壊された。

関西初の生コンクリート工場として大阪生コンクリート株式会社は、西淀川区佃に1953年2月20日設立された。

＜現在、その業務を引き継ぎ稼働中の新淀生コン社（大阪市西淀川区中島）＞→

1953年、大阪生コンクリート㈱佃工場で使用のアジテーター車

1952年、磐城生コンで開発された傾胴型トラックアジテーター車

戦後まもなく開発された日本初の生コン輸送用トラック

1960年当時、大自運（大阪自動車運輸労働組合）の組合員数は800名と記録されていて、生コン関係の組合はただ一つ大自運に結集していた。

1960年代後半に使われていたハイロ車

1960年代当時の砕石場風景
（大阪府泉佐野市）

当時のハイロ式ミキサー車

ミキサーパレード前の決起集会で1000人以上の組合員が結集（宇部桜島）

1978年当時の関西生コン春闘風景

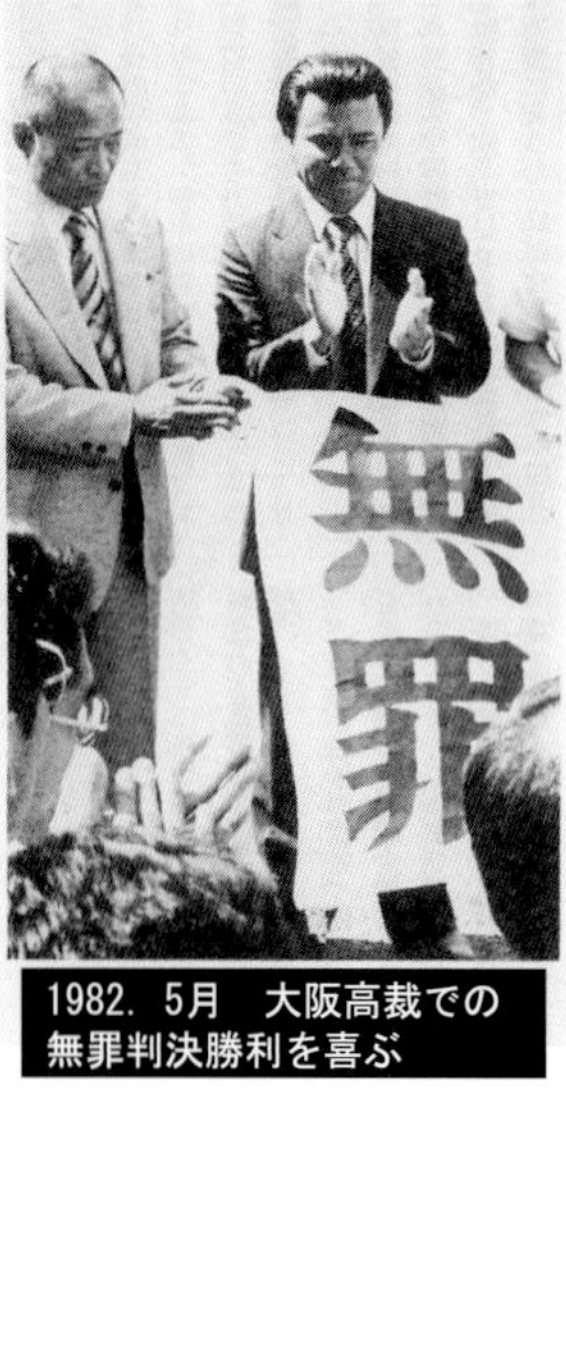

1982. 5月　大阪高裁での無罪判決勝利を喜ぶ

暴力団に刺殺された野村雅明氏事件の究明を求める集会で

1990年代での春闘とパレード風景

３労組で94年、生コン産業政策協議会を発足させ、初の自動車パレード

「1981年6月11日付け」コンクリート工業新聞↑
資本主義の根幹を揺るがすとして「関西生コン運動に箱根は越えさせない」と敵意をむき出しにした当時の日経連会長・大槻文平氏。

■「大阪広域生コン協組」がスタート

1994年11月、多くの期待を集めスタートした大阪広域協だった

2003年5月、関西生コン創業50年を記念して兵庫県宝塚市でシンポジウムが開催された

最新期の写真

春闘団交はもちろん、経営と労働双方の意見交換の場として、
協同会館アソシエは関西業界人最大の集合の場となった

中小企業の経済的民主化と健全化を
訴え、国会へ業界総意の声を届ける

大阪広域協の↑
民主化を求めて、
多くの提言と活動が

2010年6・27　大阪市の
難波スイスホテルに2千数
百人超の業界人が総決起
した歴史的一日であった

東北被災地と寄り添って

把瑠都ら尾上部屋力士たちとの支援と交流が、続く

産業存続のための適正価格収受を訴えて

協同会館アソシエ

屋上庭園

←14の団体と組織が
この会館で活動する

各組織オフィス

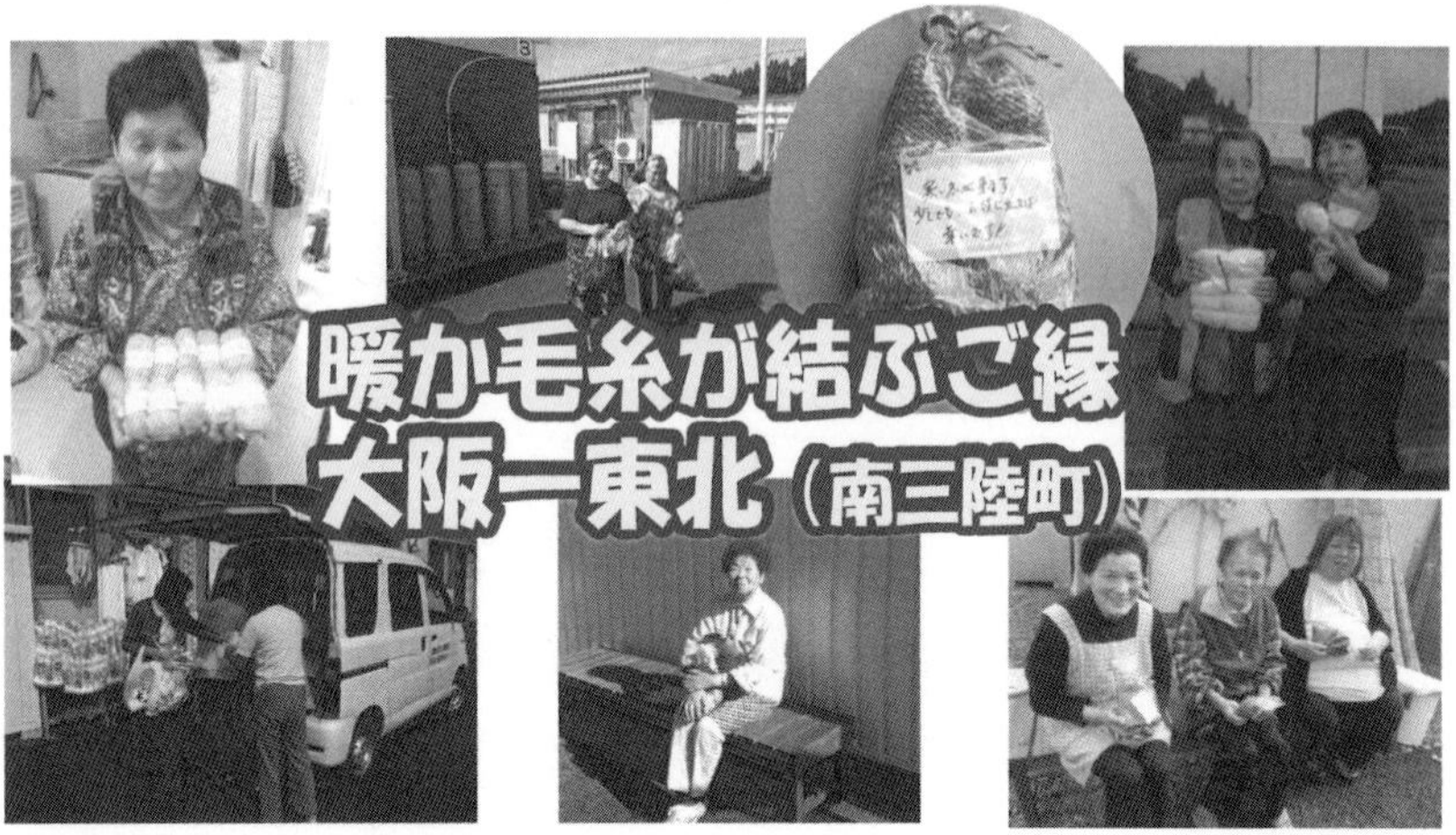

暖か毛糸が結ぶご縁
大阪ー東北（南三陸町）

近畿地区生コン関連団体東日本大震災対策センターだより
2012/10/26　10：28「支援物資の毛糸」　　三嶋さんインタビュー

地域創研の宍戸さんから、今月初めに「被災地支援で、毛糸を送りたい人がいます」と連絡がありました。早速、仮設住宅の住民さんに声をかけると寒くなる時期だし、ぜひ頂きたいとの声を受けて大坂から発送して頂きました。

ダンボール箱で3箱の中には、毛糸、編み棒とビニール袋に入ったメッセージ付の毛糸の帽子でした。メッセージには支援者の思いが綴られいます。

「寒い冬が来ます、少しでもお役に立てば幸いです?」と書かれていました。

私としても、お送りいただいた支援者の気持ちに応えたいので、仮設住宅の住民さんに「皆さんに喜んで頂くには、どの様に配ったら良いのですか」と尋ねたら「必要としている人に配ったら如何ですか」と言われ、編み物をしそうな人を訪ねて行きました。予想に反して多くの人達が「毛糸が欲しかった。今年の冬は編み物してみたい。ボケ 防止の為にも」と口ぐちに言いながら喜んで持ち帰られました。

この様子ではトラックに一杯毛糸が有っても足りないと思われます。　.

壁に掛けていますが毛糸の食器洗いです。
毛糸で色々な物を各仮設住宅で作られています。

三嶋さんへ　大阪市東淀川淡路にあるノーマライゼーション協会・山中恵子さんたち女性ボランティアグループから、
①暖か毛糸玉、沢山（多分200人前くらい）
②編みセット・編み針など60セット
③首元ミニマフラー60枚など善意の品が10/16日現地センターに送られました。

これは、地元で街起こしなど事業を展開する地域創成研究所で、毎月開かれる協力委員会で提案のあった東北支援事業呼びかけに応え、上記山中さんがお仲間を回り、製作頂いたマフラーや毛糸関連品を集めてくださったもの。

山中さんは「厳しい寒さに立ち向かわれる三嶋さんや、南三陸のことを聞いていたので、マフラーの他、少しでも暖かく、有意義に時間を費やせる編み針セットも送っては、との思いから参加させて頂き、喜ばれているとのことでかえって、こちらが癒されます」と、同封した頑張れメッセージが皆さんの元気のもとになればと、語って下さいました。


同地域淡路商店街では、独自に東北石巻漁港支援のバザールを開くなど、上記ノーマライゼーション協会を中心に、熱いボランティア精神を持っておられる方々が多くおられます。

これも、同地域に建設された協同会館アソシエが、このような志ある人たちを結集させているとの何より証しだろうと思えます。連帯労組はじめ、多くの中小企業者の浄財で造られたアソシエ会館を通じて、これからも心からの暖かい交流が続くに違いありません。　　（レポート・宍戸）

東北大震災被災地南三陸町に常設した震災対策センターを通じ、関西生コン産業との交流が続いた

関西生コン産業60年の歩み　1953〜2013＊目次

六〇年史発刊にあたって

第一部　関西生コン産業六〇年の歩み
われわれはどこからきて、何をめざし、どこへ行こうとしているか

第二部　奮闘する協同組合—重点地域の協組に学ぶ

第三部　協同組合、労働組合の役割と意義

第四部　資料篇

六〇年史発刊にあたって

業界歴半世紀を振り返り、次代に託す

髙井　康裕
一般社団法人中小企業組合総合研究所　理事長
兵庫県中央生コンクリート協同組合連合会副会長

今回、中小企業組合総合研究所の長きにわたる取り組み課題でありました、関西生コン産業の六〇年に亘る歴史書を、多くの関係者方々の深志と一方ならぬご助力ご協力により上梓、刊行に漕ぎ着けましたこと、まずもって弊研究所を代表する一員として、厚く御礼申し上げたく存じます。

六〇年と申せば、人の一生に比定して、晴れて還暦の祝いにあたる星霜の重なりであり、古来儒教の教えに「耳順＝みみ、したがう」として、全ての言動を素直に受け入れ理解出来得る年代のこととされます。

さて、今回の発刊に当たっては、これまで我われ関西はもちろん、全国で見ても何ら一つのまとまった文章が過去に無かった点にも深く思いをせねばなりません。

ただ、専門誌発行の年鑑があるのみで、それら変遷史を見るにつけ、われわれの側での視点と違った切り口での歴史への証言録が必要ではないかとの声は、一〇年前の「関西生コン創業五〇周年記念シンポジウム」を契機に一つのうねりとなって定着して行ったかのように憶えております。

いわばこの一〇年は、それまでの半世紀の歴史を再評価するに（事実を事実として受け入れ、これを客観的に整理するための）必要な時間であったとも言えましょうし、また新しい半世紀を育む第二の助走期間であったとも考えられるにつけ、このような時機にこれら期待にお応えするであろう史書を世に出すことの意義を、今更ながら重く受け止めている次第です。

私自身、この業界に身を投じすでに半世紀を経過し、多くの眼をそれなりに養ったかと自負します。

その面で、歴史書も事象を追って、また時系列にと、縦横様々な記述と記録で構成されているものと思え人一倍その完成を心待ちしていた者でもあります。

そこでは、生コン産業人の思いが全て網羅されていることを確信し、多くの関係諸氏に広く推奨できる形になれば喜ばしいとも考えております。

振り返れば、私自身業界の半世紀で筆舌に尽くせぬあらゆる難題の過去を背負い、それら困難にも逃げることなく正面からひとつひとつ誠実に対し、乗り越えてきた経験こそ糧とするものです。

中でも、企業再建の大役を一社員の身で任されたことも大きなトピックと言え、なぜ白羽の矢が?と思っていましたが、それも私への金融機関等外部からの信用、信頼という無形の財がもたらした効用によるとは後日、知るところとなりました。

「販売の鬼」と業界人に評される程に、「まず、顧客の喜ぶことを!」――この販売の原点を徹底し貫き通し、各地を歩いたことは私なりの大きな歴史の歩みかと思えます。

当時の、雇われ感覚をつねに諌め、一介のサラリーマン的感覚での仕事でなく前をめざそうとの熱い信念。

さらに「従業員誰をも不幸にしてはならない」との決意は、最終一人の解雇者も出さずに解決がつき、私なりにその歴史エポックをさらに誇りをもって飾れたわけであります。

今回の書を機会に、関西業界の多くの場で次代を担う後進世代が芽を出してくればとの期待は、まさに膨らむ一方です。

若人が夢を描き、構造を変えていくとの気概が確かなものになれるように、われわれ第一世代が率先し、それら環境整備を急ぐことこそ、次なる五〇年の歴史の内に記される第一の事項でなければなりません。

多くの思いのこの書が様々な場で、次なる波紋を更に広める機縁になればとの願いを込めるものです。

未来展望を探る、最適の歴史書として

岡本　幹郎
一般社団法人中小企業組合総合研究所副代表理事
連合・交通労連関西地方総支部生コン産業労働組合
書記長

中小企業組合総合研究所の立ち上げからを知る者として、当初この経営・労働が互いに対等の立場からシンクタンクを創立した背景の一つに、両者がこれまで振り返ることのなかった歴史を共に総括しようという大命題のあったことと記憶する。それら集大成が、一九五三（昭和28）年大阪の西淀川区佃で関西初の生コン工場が立ち上がって以来、ちょうど人間で言えば還暦にあたる六〇年目の今年、ついに刊行しえた当歴史書と言えよう。

業界半世紀の総括と未来に期して大々的に開催された「五〇周年記念シンポジウム」から、一〇年が経過して、いま産業にしろ、企業にしろ、創成期～最盛期～さらに現実の状況の中では衰退期と言われる時期が到来している。セメント業界しかり生コン業界しかり、残念ではあるが、この業界の中で「輪」というか、話し合いの場にどうしてもズレを生じたままに推移したここ一〇年であった。

関西の場合、メーカーによって戦略的局面はあるものの、これまで、拡販でずっと来ていた。実際は、（拡販体制は）崩壊している。セメントメーカーも在阪で九社あったものが、今は実質五社。

合併とかの影響の中で六〇年間、何をしていたのかとの反省ばかりの現況だとしか言えない現状だ。

今回六〇余年とはいえ、労使関係の不均衡などを踏まえて、真にどうすべきか？

そこを糾すために、どう成すべきかという重大な岐路的局面に立つ。

労働組合にとって、働き人（雇用）の権利確保は大前提ではあるが、各職場での諸条件、これにも著しい歪みが目立ってきた。〇四年までの労働組合も相当の配分を受け、好況の余慶は受けていたとの構図は完全に崩れた。業界では、事業者、メーカー、労組で成る三つの大きな業界構図が崩れている。

これらを立て直すためにも、秋口までに方向を糾さなければ、六〇年間何をしてきたのか問われる。

私自体、四〇数年業界に携わってきているが、事業者には事業者の欲があり、労働組合にはその役割があると考えるものだ。特に関西生コン業界では、（たとえ問題のある）悪法であろうと法は法で存在しており、その是正に向けての労経「対話」が完全に喪失している状態を深く憂慮し、自らの力不足も反省したい。

ではこれら喫緊の課題である労経対話をどう戻すのか、と考える。労働組合同士むろん、対立点はある。

六〇年史を境にして現状認識を一致させ、次の未来への業界にむけ一番に配慮すべきは、対立点解消のための「話し合い」でしかないだろう。これなくしては、物差しを当事者それぞれが持っている状態では、どちらに合わせろといったことでは、堂々巡りで収拾はつかないであろう。

ここまで悲観的すぎる認識ではあったかも知れないが、一方未来は一言――「明るい」。

「企業として残りたい」「労働者として働く場を失いたくない」と、お互い（論議を深めるための）共通点はあるわけだから、「話し合い」がまず必要となる。

たとえ、どんな戦時下でも交戦国同士でも「話し合い」はするのであるから、これらが万全達成できればこの業界の未来は明るい。TPPかまびすしい世情だが、生コンに関して、外国とのバトルが無いだけマシでなかろうか。到底、この日本国内にアメリカにしろ諸外国が、手を入れては来れない。

そして、先の東北大震災を通じ、社会インフラの基幹資材との認識は深まるばかりだ。

この魅力ある素材にして、まだ壮年六〇年、働き盛りの歴史はこれからではないか。過去の延長線だけではなくて、次代へ向けての問題提起を各立場からすれば必ず解決できると信じる次第だ。

業界再編のキイは労使の話し合い

中西　正人
一般社団法人中小企業組合総合研究所副理事長
和歌山県生コンクリート協同組合連合会会長

中小企業組合総合研究所の長年の念願事項でありました、関西におけるわが業界推移をあまさず記録したとする六〇年史が、いよいよ刊行の時を迎えました。

昨年来から、わが県組合にもこれまでの記録文書を提出協力されたいとの研究所編集ご担当の声を頂き、和歌山中央、紀北、中紀など地域で過去の記録を再整理し、お出ししたがそれらの内容を詳細に読み込み、協組活動を示す典型として頁を特別に作って頂いたと聞き、関係者一同期待を高めている所です。

わが地域組合も記録整理の段階で改めて気がついたこと、再発見できたことなど数多く、年史編集スタッフ方々の並々ならないご苦労が察しられました。大変な事業を推進されたことに感謝の意を表します。

私がこの生コン業界に携わったのは三〇年ほど前のことです。父親の会社を受け継ぎましたが、当時和歌山の地域事情は記録した通り、動揺が収まらず安定していない時節でありました。

現在の、大阪兵庫生コン経営者会小田要会長が当時、和歌山におられ、混乱を極めていた市場を私心のない行動で纏め上げげられたこと。また、物件を巡るトラブルで大阪から田中裕氏、松本光宣氏ほかこの歴史書でも名高い業界リーダーの方々にお越し頂き、解決への労をとって頂いたこと。何より大阪からといえば、最近での研究所武代表理事、岡本副代表理事、労働界トップのお二人の影響は絶大なものがありました。

両氏の計らいで続く「労働・経営懇談会」は百回を超え、地域の声が反映される場に発展しました。

一〇年前に当時の武委員長と初めてお会いし、協議を繰り返すなかで、この人とならば労使関係でやっていけると確信したことを記憶します。

私が後を継いだ当時は、地域協同組合の出荷は最高レベルではあったのですがその後は減少の一途。一〇年前に連合会を立ち上げた時、わが地域組合のうち四社ほどが民事再生に出していた惨状でした。「これではいけない、労働関係と共同でしていかなければいけない」と、最後の望みを託して委員長に会ったのでした。そして何とか経過した一〇年の歳月でしたが、平坦な道ばかりでもなかったのです。

生コン業界は、その当時から出荷も少ないし、協同組合の相互扶助を優先ということで、和歌山県全体で皆で協調し商いをしようと決意。六地区協組が取り合いや越境をしないで自分のエリアだけで商売をしようということにしたわけです。

自分のところだけ本位という利己的考えでは皆潰れてしまうので、和歌山全体で考えなければやっていけないという意識への統一でした。

幸い、各協同組合の理事長に納得してもらったので、これができるようになったのです。

しかしこの間のやり取りやドラマは後での協同組合の頁でお確かめ頂くとして、とに角今和歌山は、アウト企業は一切なく全国の関係者から「和歌山モデル」とまで言って頂ける程の地歩を固めたわけですが、一〇年前、もし労使協調の道を取らず、弱肉強食的な自己本位の路線のままだとしたら…、あまりに現在と違う地獄絵図的状況になっていたのではないかと痛切に感じる次第です。

後継者の皆さんには、まず安定をめざすこと。さすればその中から未来の夢は、このように芽吹くとの助言をさせて頂きます。その為にこそ、この六〇年史のすみずみまでのご精読を、ここにお願い申し上げるものです。

意義深い六〇年史刊行を共に喜ぶ

小田　要
一般社団法人中小企業組合総合研究所理事
大阪兵庫生コン経営者会会長

この六〇年史ができるということで、はっきり申せることは、業界の生きた書物になりますし、私にとっても同時代に生きて泣き笑ったりしてきた所から、自分史の一部のような感じがして、非常に嬉しいと思います。

私ども経営者会も、近年の年史の中でもその曲折が示す通り、様々の展開がありました。

本会は経営者の会であります所から当然経営者即ち、会員の利益になる事を指向して参りました。然し対労問題を取り扱う我々の会に於いて、各労組は敵ではありません。経営と労働はそれぞれ立場が異なり、意見の違いがあって当然であります。その中に在り互いに意見を交換し合意点を探り、業界の円滑な運営を行うこと、これが大切であります。時間も回数も必要ですが誠実に話をすれば、到達点は見えて来るものと信じます。

現在業界の環境は決して良好とは言えません。労使の関係も労々間も経営同士も最悪と言えるかも知れません。明日にも地獄を見る様な中で、各事業者は必死にあがいております。

当会は労使の関係の良好な状態を構築すると共に、業界に生ずる様々な事柄の窓口役割を担い、調整方向づけも大切な仕事と考えています。その意味で、今回の年史は過去を点検する最上のペーパーとして存在し機能すると思われ、広く経営の方々に購読をお願いしたいと考えるところです。

さて、私ども業界を振り返りますと、生コンは歴史が短いので、たくさんの間違いがありました。

本来であればセメントメーカーがセメントを供給するわけですから、あとの生コンの流通についてきちんとした方向づけが、例えばセメントであれば各県にメーカー販売店を置いてコントロールできた。

しかし生コン主流にかわったとたんにメーカーは流通に関しての哲学をもたないままま、ただセメントを流す拠点としての生コンということで、生コン工場をどんどん増やした。

これはある意味で生コン産業の悲劇でありその後、品質とかそのほかの問題もあり、地域ごとに協同組合化をして、うまくいったところとそうでないところの差が出たというのが、現在の状況です。

生コンというものは地域で製造したものを一定時間内でお客さんに届けなければならないので、純然として地域単位です。工場は品質で地域社会に貢献する役割がある。であれば競争ではなくて、公正・公平・分配という形の運営のありかたが正しく、これは従業員のためにも中小零細企業にも必要かと思います

セメントと生コンの哲学ですが、きちんとした協議をする機関ができれば、正しい哲学がそこから出て来ようし、生コン産業も変わってくると思います。

今の社会システム・社会哲学では駄目なのです。人を押し退けて、勝つ者だけが勝って負ける者は惨めでもいいというところに、生コンが呑み込まれてはいけない。これは自明のこと。

原価をオープンにして、国に対して「独占ではありませんよ。このような原価構成だからこのような額です」ということで、(協組は) 一つですからそれができるわけであります。

そのかわり、品質については責任を持つと、そういう理想的な協同組合なり、一地域一株式会社的な生コン産業にならなければいけないと考えています。

ですからお互いをおもんばかることが肝要です。悪い道を歩く時は、自分の足元をしっかり見るだけでなく、連れの足元も見てあげる。――それが協同組合をうまく発展させていく道だと固く信じています。

歴史から変化の時代性を読み取る

矢倉　完治
阪神地区生コン協同組合理事長

今般、業界六〇年の先輩諸氏の汗と苦闘に綴られた歴史の書を、後に続く者としてひたすら敬意を込めて一言一句、各頁丹念に読ませて頂きたいと存じます。われわれ阪神協も、業界の経緯を集約する形で「中小の、中小による、中小企業のための権益を追求する」のテーマを念頭に、あるべき姿を追い求めてきたここ数年でありました。

これまでの道のりで、業界関係者・有志皆様の日頃のご協力ご尽力に紙面から改めて謝意を表するものです。今、経営側もメーカーも、労組側も、現況の流れに沿った変化を互いに遂げる必要――あるいは変化が要求されている時代かと思われます。苦しい状況の中でこそ、人類が大きな進化を遂げてきたように、業界も全ての面で変化を求められている環境にあると感じられます。業界人等しく、互いの立場の重要性を尊重しつつ、過去の歴史に立脚した上で、業界の一翼を担って今後とも更に歴史を学びとり、変化を続けていくよう心がけ邁進してまいりたいと強く思います。

コンクリートの新規需要分野への関心も併せ、過去にとらわれず全てにわたり新しい変化に対応しうるだけの自己研鑽を、仲間の皆様とともに、積み上げる努力は今後も続ける決意です。

我われ協組の取り組みとしては、各個社での「製品配合」を従来の統一配合方式にとらわれず、各プラントなりに新しい配合方式に挑戦し、かつ研鑽を重ね、これが最適として自信を持てる適正化を図ることを急務にすべきと今年初めから呼びかけております。経済的にもまたユーザー業者にも満足頂けるような、製品供給体制の向上に向けて、次代への挑戦を続けて行きたいと考えます。

船出間もない協同組合ですが

湖東生コン協同組合理事長
奥　宗樹

長期に亘る不況の下、平成二〇年度に二三万㎥あった出荷量が、平成二三年度には一六万㎥へと半減しました。需給バランスが崩れ、過度極まる価格競争により、組合員企業の経営は著しく困難を極めている現状です。この窮状から脱するために「和歌山方式」について、同県連合会中西会長から数度の研修を受け、五つの事柄に取組んでいます。

①工場の集約―過当競争による経営の悪化を防ぐために、先ず組合傘下一〇社三工場の運営をめざしました。その結果、現在では九社五工場まで集約しました。

②適正価格販売―昨年来、適正価格販売に取組んでいます。顧客への通知、商社との協議会の開催、また県市町村、商社、調査会社等への訪問により、官に対しては積算引上げ・地産地消の要望を、民に対しては値戻しへの理解を求めてきました。

③員外社対策―工業組合には従来四社が加入していましたが、平成二五年五月に新たに四社が加入しました。これで湖東生コン協同組合の発言力は強まり、工業組合の組織改革を通じ〇適マークの適切な管理を目指します。また、員外社対策や値戻しに於いても、滋賀県には連合会が無いためなかなか共同歩調をとれません。そのためにも連合会の設立が必須のものと思われます。

④原料の共同購入、⑤輸送の集約―今後の課題として経費削減のために「原料の共同購入」と「輸送の集約」を進める必要があります。

こんなまだ船出間もない私たち協同組合ですが、今回関西生コン産業六〇年にわたる歴史書を発刊される記念の年に小なりと言えども、方針を発表させて頂くのも大きな機縁だと感慨ひとしおの思いです。

生コン業界の明日への道

久貝　博司
京都府生コンクリート工業組合副理事長
グリーンコンクリート研究センター理事

関西生コン産業六〇年史の刊行をまず、お祝い申し上げます。さて今回の年史ですが、われわれの身近な業界歴史を集大成したものがいよいよ現実化すると聞き、喜びにたえません。色んな立場の方が個別に創ったものはあっても、独自に編纂されたものは過去なかったところから、一層意義深いものがあると感じます。

さて、この六〇年間を振り返るにつけ、当初から一貫して変わらないこの産業の商品＝生コンクリートの特殊性—その有利、不利の両面性について、改めて考える今日です。

マーケットが狭く、練り上げ後一時間半以内に、重くて扱い辛い生コンを、しかも（ゼネコンから）言われた時点で、言われた場に有無を言わさず納入せねばならないというあくまで受動的な受注形態。自発的なセールスもままならず、極端な〈忙しいと閑の繰り返し〉の波の中で、安定した需要に乏しいという常に切迫した立場ゆえ、安くしてでも売り捌きたいとする拡販策に走るのも、この商品の特殊性によるものと一定の理解は出来ます。

だからそれゆえに、これら商品の特殊性に着目し、長所を活かして、悪い箇所を克服していく前向き姿勢と、皆で協同組合の結成理念を再度かみしめ、協調と相互扶助の精神を基にすれば全員で良くなる道が開けることも、これまでの歴史で学べる重要な事実ではないでしょうか。私自身、工組青年部育成の重責を担い、その活動の中で人材を見つけ、次代のリーダー育成に主眼を置きたいと常々考えており、それら課題のヒントも本書から探りたいと思います。

グリーンコンクリートという新しい生コン分野に注力するのも、改めて生コン品質を大切にすることが目的であり、旧来からのコンクリートを再度検証した上で、新しい分野への可能性を求めたいという私なりの姿勢であり、これからも生コンクリートの品質と産業、二つのポテンシャルの向上に邁進する決意です。

当労組の現状および課題を考える

桑田　秀義
近畿コンクリート圧送労働組合執行委員長

私と生コンとの関係は、ボンネットのコンクリートポンプ車に乗って作業をした時からで、三〇年ほど経ちます。昔は、ポンプ職人が現場で主導権を取り、現場所長や下請け専門工事業の職人が一体となり、お祭りのように生コンを打設したものです。生コンの運転手の方にもいろいろと手伝って頂いた記憶があります。

当時は、日曜・祝日関係なく仕事があり、給料も一般のサラリーマンと比べても雲泥の差がありました。

しかしバブル崩壊後に建設需要が落ち込み、二〇〇〇年には圧送業界も崩壊の危機に見舞われました。

そのしわ寄せは、圧送労働者の賃金・労働条件を劣悪な環境へと導きました。そこで労働者が立ち上がり大阪コンクリート圧送労働組合（近畿コンクリート圧送労働組合の前身）を結成するに到りました。

生コン業界の運動を手本に産業別・業種別・職種別労働組合として政策運動を繰り広げてきました。

二〇〇三年、協同組合による共同受注事業を後押しし、二〇〇社を超えるゼネコンが賛同。適正価格を収受することで社会保険加入・労働基準法遵守・月給制への移行・年間休日カレンダー作成等々、圧送労働者の労働条件改善に向けた統一基準を確立することができました。

また、三府県での圧送勉強会の開催や圧送技術研究会の開催など、圧送業界の地位向上と社会的な認知を得ることができました。さらに、安全施工・品質管理の観点でも取り組み、付加価値を作りながら値戻しを実現し、結果、二〇一二年に最低賃金制度や退職金制度を確立しました。

圧送業界の再建は、生コン関連の労働組合（連帯・産労・全港湾）の支援がなければ実現しなかったでしょう。今後も連携を取りながら産業政策運動を繰り広げ、労働者が主役となる社会を目指して頑張ります。

生コン協同組合運動の新たな胎動

山元　一英
全日本港湾労働組合関西地方大阪支部執行委員長

私が生コン産業の存在を知ったのは、一九八二年頃であったと思う。七〇年代後半頃から全港湾でも生コン労働者が組織し始められ、大阪兵庫生コン工業組合参加の企業の中で、協同組合運動が盛んに展開されていました。集団的労使関係が確立し、当時の労組員たちは、かなり高い労働条件を獲得していました。生コンの羽振りのよさは、全港湾の中でも目を見張るものでした。ところが、労働争議での「解決金」取得を理由に、全日建連帯労組への権力弾圧が行われ、労組共闘が崩れると共に協同組合運動も崩壊し企業間の競争が激しくなったようです。

次に生コンに関わるようになったのは、一九九四年頃の早水組闘争でした。当時、私は支部組織部の事務局長をしており、新組織の労使紛争に関わっていました。当時の早水組は、労働者を個人請負業のように見せかけ、労働組合との交渉は進まず、絶えず紛争が続いていました。

三労組（全日建連帯、生コン産労、全港湾大阪）で作られていた「生コン政策協議会」は、協同組合運助の前進にとってアウトの組織化が重要だとし、早水組に対する全港湾の無期限ストライキ闘争への全面支援を決定します。会社門前でのテント籠城闘争は五か月にわたり闘われ、会社はついに組合との和解を行い、協同組合への参加を決断しました。その後、アウト業者の協組参加が急速に進展し、八割近くの業者が広域協組に組織化され、政策運動が前進しました。

二〇一〇年に入り、五労組共闘の分裂、連帯労組への不当弾圧、経営者会からの集団離脱、メーカー系列による広域協組介入策動等があり、再びダンピング競争が常態化し、生コン業界は厳しい状態が続いています。しかし、二〇一一年春闘から三労組政策協議会と近畿二府四県にまたがる政策懇談会が再建され、生コン価格の値戻し運動が進みつつあります。六〇年にわたる生コン産業の中小企業運動、協同組合運動の新たな胎動が感じられます。

六〇年史の刊行を機に、労使が一体となった政策課題の実現が図られることを祈念して、挨拶とします。

苦境の中、労使が一体になって

澁谷　健二
奈良県生コンクリート協同組合理事長

この度、関西生コン六〇年史を発刊されましたこと心からお祝い申し上げます。

生コン業界の六〇年を振り返ってみれば、バブルが崩壊した一九九〇年代初頭からは、公共事業が毎年大幅に削減され、生コンクリート業界はどこも生産のスリム化が必至な状況となり、必然的に工場の集約化に追い込まれました。

その結果、生コン工場の多くが閉鎖され、たくさんの方々が職を失ってしまいました。

当協組の奈良地区においても例外でなく、最盛期二四工場（一〇〇万㎥）あったのが現在は六工場（二三万㎥）となり、当時の四分の一までに激減してしまいました。こうした生き残りをかけた必死な労使の合理化の取り組みにもかかわらず、各工場とも経営環境は一向に回復しないまま、尚も厳しい状況が続いています。

一昨年からは、六工場の内、奈良市北部、中部にある四工場間においては労使一体となって共同配車事業を取り組んできており、ここに漸く経営改善の兆しが見え始め、日々の出荷状況に応じた輸送体制も整ってきました。

これもひとえに苦境の中、真に労使が一体となって取り組んできた結果だと言えます。

今後は、原材料や物価も高騰していく中、生コン価格を適正価格へと早急に値戻しをやりとげなければなりません。

さらに、我々中小企業者と労働組合の結束を通じ生コンクリート工業組合や生コンクリート協同組合連合会と共に生コン業界の発展を目指して行かなければならないと考えておりますので、一層のご理解とお力添えをよろしくお願いいたします。

結びに、関西生コン創立六〇年を迎えるに当たり、これまでの歴史と実績を礎に更なる発展を遂げられますことを心からお祈り申し上げます。

マイスター塾の構想と発足

和田　貞夫
組合総研マイスター塾塾長
全国中小企業団体連合会会長

長い期間の課題でありました「関西生コン産業六〇年史」が発刊されることになったのは関係者各位の限りない努力の結晶であり、先ずは感謝申し上げたいと存じます。

歴史を遡りますと、今日的な業界の環境と比較にならない六〇年前の弱肉強食的な業界の実態、無統制・無秩序な業界の実情の中で、セメント製造大資本の攻撃を真正面から受け、手の打ちどころがなかった生コン製造を業としていた個人事業者を始め、小規模資本の専業経営者各位のご苦労、そして、何よりもこれらの事業に従事し、長時間労働、低賃金という悪労働条件に甘んじて応じ、家族をかかえて生活をしなければならなかったご苦労を推察すると、よくも今があるなと考えさせられます。

この六〇数年の間、経営者は自分達の団結がなければ大資本と対峙することができないことを悟り、事業協同組合を組織化することに努力し、労働者も又、団結して労働条件の改善を目指して、労働組合づくりと、労働組合への加入によって労働条件と生活環境の改善に努力されたことに尽きると思います。

マイスター塾の構想と発足

二〇〇四（平成16）年八月二四日に大阪・兵庫を始めとする近畿一円の生コンクリート製造業や生コン関連業種の中小企業者が一丸となってセメント製造のメーカーと対峙するために、一般社団法人「中小企業組合総合研究所」を創立させたのであります。まさに、中小生コン関連経営者の団結シンボル組織であるとともに、この協同組合の構成に生コン関連の労働組合も参加する、経営者と労働組合が協同で運営する業界唯一の協議団体であります。

従って、この団体で最も重要なことは、経営側と労働側が活発に議論を重ねて協業的精神で業界の発展に協同して寄与して行くことと、セメント製造メーカーには共同して対処して行くことを大きな柱としていることであります。

このためには、経営側の管理職と労働側の指導者とは共通した理論武装を施す必要があります。その発想が「マイスター塾」の開講であります。「組合総研」結成の翌二〇〇五（平成17）年には、マイスター塾を開講することを決め、同年一〇月八日には第一期のマイスター塾を開講し、以来毎年開講を積み重ね、来年には一〇期目の開講となります。その修了者は三〇〇名を超え、生コン関連事業の経営には大きな役割を果たしているのではないでしょうか。近い将来には、マイスター塾の内容をもっと高度化した専門コースの創設に努力し、他の業界に見られない経営発展の役割を果たす人的資源の養成に役立てる必要があると思います。

真の「中小企業基本法」に

○中小企業基本法に謳われている中小企業の定義に「質的定義」の条項を挿入させよう。

現行の中小企業の定義は、「中小企業基本法」に規定されていますが、それは、資本金の額と従業員数による量的規定で中小企業の範囲を定めています。量的規定は、大企業と中小企業を規模で区分するものですから、判りやすく運用しやすく定着してきました。しかし、企業の形態が多様化し、細分化がなされたり企業の系列化が進んだりして、大企業の影響を多大に受けた中小企業が出てきて、本来の中小企業が脅かされる状況が起こってきています。

本来の中小企業は、それぞれの地域社会の中で生まれ、地域社会の中で育てられ、同時に地域社会を支え日本を支えてきました。中小企業者が戦前戦後を通じて果たしてきた経済活動の役割を今後も果たしていけるように、次のような質的事項を中小企業の定義として明確に条文化して挿入させるべきであります。

①地域に根ざした「もの造り」を主体とした「製造業」「加工業」を営む、企業や事業者であること
②地域の産業活動や流通業等によって「地域住民」にサービスを提供している企業や事業者であること
③それぞれの立場で地域経済の発展に貢献し、同時に地方財政の確立に寄与している企業や事業者であること
④大企業の資本や施設・設備等の提供を受けた企業や事業者でないこと

「関西生コン」業界六〇周年にあたって

大賀　正行
（社）部落解放・人権研究所名誉理事

日本社会は大手独占企業が支配しているということは周知のことです。大手独占企業は自らの利潤追求と国際競争に勝つためには、働く労働者の賃金を下げ、中小企業の下請け工賃や仕入れ価格をどう安くするかということに邁進しています。

中小企業の経営者はこの大手独占企業による工賃や仕入れ価格攻撃と雇用する従業員の賃金上げや労働条件改善の要求の上下二つの関係の間に立って夜も寝ておれない苦労の連続です。上に屈すれば、そのしわ寄せを従業員に押し付ける形になり、ストライキなど激しい労働争議に見舞われ、悪くいけば倒産、労使共倒れとなります。

中小企業のこの難しさを、どのように闘うのかということが常に問われています。

こうした中小企業の「生コン」業界は、バラバラな自由競争をしていては、セメントの仕入れでは大手メーカーからの値上げ、ゼネコン等への受注・販売では値下げの価格競争にさらされます。これでは従業員の賃上げも待遇改善もままなりません。原料の値上げに反対し、生コン価格の維持と下落防止には団結しかありません。

団結したらいい、団結しよう、言葉は簡単ですが、実際は大変なことです。「関西生コン」の皆さんは、経営者側も労働者側も事態を深く認識して、事業の協同組合化を図り、共同購入、共同受注・販売を実現されたことは実にすばらしいことです。時にはストライキ破りが出て困難な事態にもさらされたことでしょう。まさに紆余曲折を経ての六〇年、心よりおめでとうと申し上げます。

さて、四年前になりますか。私の自宅からわずかのところに協同会館アソシエが出来ました。

二〇一一年七月九日、開催された「震災と津波と原発事故」に関するシンポジウムに参加したとき偶然にも主催者の武建一氏と再会し、この日から私や地域との交流がはじまりました。

企業と地域との交流、共に手をたずさえて地域社会をよくしていこうということは今日全国的にも活発になっていますが、それが私の地元でもこのように実現しました。

二〇一二年三月には、関西生コン関連業者が広く後援されている大相撲・把瑠都関（当時大関、初優勝の直後）や尾上部屋の力士一行を、私の孫も通う西淡路小学校に招請され、阪急淡路駅前商店街を行進するなど地域の皆さんとの交流を大きく促進されました。

それは、二〇一三年においても地域医療の中心たる淀川キリスト教病院の小児難病棟や高齢者施設など慰問を続行して頂き、これら心の交流は地域住民や大阪の一般市民にも感動を届ける行事として多くの報道がなされたこともあり、大きな話題となりました。私の実弟・山中多美男経営の老人ホームや障害者施設との交流や諸行事にも支援頂いたり、学校・ＰＴＡ・地域町内会の盆踊り、社交ダンスなどの文化活動など全般に亘り地域を盛り立てられ、草の根的交流に心を通わせる配慮など感謝で一杯です。

さらに、アソシエ関係スタッフによる機関紙等を通じ、地域の障害児教育の先進性をアピールする報道や、映画会や講演などや常に住民を本位とした文化活動も真摯に広めて頂き、協同会館アソシエのテーマである「共生協同」の理念を裏づけアピールするものとして、心強く感じる次第であります。

今後ますます貴業界並び、協同会館アソシエの発展を祈念し、お祝いの言葉とします。

労使の共通した認識とテーマで 自立した産業へ

業界の近代化、構改推進
産業別賃金・雇用・福祉

大阪兵庫 生コン経営者会が設立
産別政策確立へ 新たなスタート

全社加入の協力を訴え

業界の新たな労務対応組織として二月十二日、大阪兵庫生コン経営者会が設立され、ホテル阪神で設立記念パーティーが開かれた。同設立記念パーティーには大阪兵庫生コン経営者会加入の一一六社を始め、セメントメーカー、労働組合の各代表が参加。業界の近代化・構造改善事業の推進と、企業の枠を越えた集団交渉によるコストの平準化、産業別賃金・雇用・福祉政策確立への新たなスタートを切った。

式典は、大阪兵庫生コン経営者会の会長に就任した田中裕会長（シンワ生コン）が挨拶。新たに設立した経営者会が、広域協組の販売・営業活動を支え、働く人々の適正な賃金体系や条件をまとめる組織として重要な役割を果たすこと。そして、労働組合の有無を問わず本来、全員参加が基本であることを指摘。「ただ乗り」することなく、全社が（経営者会の）「船」に乗り、業界の状況を見ながら諸問題を調整し解決をめざすこと。大阪兵庫に続き今後、和歌山、京都、奈良地域など近畿一円で（経営者会の）「船」が出航できるよう抱負を述べ、協力を呼びかけた。

来賓挨拶として、岡本晃住友大阪セメント大阪支店長は、構造改善の推進と現実化の為には近代的な労使関係の確立が不可欠であること。労使双方が現状を認識し、互いの立場を尊重して十分に政策論議を交わし、構造改善の円滑な推進への整備に尽くすこと。自らの手で生コン業界の近代化を実現し、全国に注目される経営者会の発展を、と祝辞を述べた。

そして、労働組合側から生コン産業政策協議会を代表して、武建一連帯労組関西地区生コン支部執行委員長が挨拶。大阪兵庫生コン経営者会が、今日の時代状況を反映し、労使によってつくられた団体であること。業界の歴史的教訓として、(1)労使が一体となって業界再建に取り組むことが必要であること。(2)労使が共通した時代認識で、解決すべきテーマを明確にすること。構造改善は、労働者の雇用と労働条件に直接影響を与える問題であり、労使が十分協議して方向性を出す必要性に迫られていることを指摘。さらに、九七春闘では昨年からの継続事項として定年延長や退職金制度、コストの格差是正等の解決すべき課題に労使が力を合わせて対応するよう呼びかけた。

式典は乾杯音頭にたった松本光宣大阪広域協組理事長が「業界の確固たる地位確立と向上へ工組、協組、経営者会が三位一体となって取り組もう」―と締め括り、全員で乾杯を三唱。パーティーで懇親を深め合った。

労使の政策協議へ

「経営者会」役員構成

（敬称略）

役職	氏名	所属企業名
会長	田中 裕	㈱シンワ生コン
専務理事	井手 忠信	新関西菱光㈱
常務理事	西井 政	千代田生コンクリート㈱
常務理事	小田 要	泉洋レミコン㈱
常務理事	藤原 孝俊	神戸フェニックス生コンクリート㈱
常務理事	山本 留男	枚方小野田レミコン㈱
常務理事	宮本 武雄	大喜生コンクリート工業㈱
常務理事	川上 保雄	春日出生コン輸送㈱
理事	西川 国雄	八幡生コン㈱
理事	中西 茂	阪竜ルミコン㈱
理事	金本 暁男	新大阪生コン㈱
理事	中島 久男	新淀生コンクリート㈱
理事	有山 康功	タイコー㈱
理事	牟田 政宏	泉北コンクリート工業㈱
理事	細尾 勝洋	㈱シンワ生コン
理事	後藤 茂	産企会
理事	辻 峻司	東大阪生コンクリート㈱
理事	島田 一郎	三和生コン㈱
理事	大橋 輝一	王水産業㈱
理事	福岡 孝夫	堺レミコン輸送㈱
事務局長	井狩 利一	
監事	谷村和貴夫	関西スミセ生コン㈱
監事	上野 正平	大阪ライオンコンクリート㈱

弾圧の狙いと不当性を社会的に追及
抗議・要請活動、議員団と連携し

大阪地検・大阪府警は今年一月十三日に連帯労組関西地区生コン支部役員一名・組合員二名を「暴力行為等処罰に関する法律違反」で、二月五日には交通労連生コン産業労働組合役員二名・組合員七名を「威力業務妨害」で、さらに二月十六・二八日には同労組役員各一名を「同容疑」で不当逮捕。生コン産業労働組合本部や連帯労組関西地区生コン支部事務所など三六カ所を強制捜索した。

弾圧の不当性

今回の弾圧の不当性は、●正当な組合活動の（しかも九カ月も前の）全く軽微な出来事を大事件にデッチ上げるために、大がかりな長時間の捜索を行ったこと。●連帯労組の三名は二月三日に起訴され、大阪地検藤田義清検事が「証拠隠滅・共同謀議の疑いがある」と称して起訴後も拘留を不当に延長し、保釈を妨害していること。二月十三日の拘留理由開示公判で、「証拠は会社が、意図的に組合員を騙して写真撮影するなど事件を「デッチ上げ」威力業務妨害事件をつくりあげたこと。さらに、この取り調べの中で、警察官が「唾を吐きかけ」たり組合員の供述調書を検察・警察にとって都合の悪い部分を勝手に削除するなどデッチ上げに躍起になっていることが明らかとなったこと―等に象徴される。

弾圧の狙いと本質

今回の弾圧の狙いは、日本セメントが意図する、(1)労働三団体による背景資本への責任追及を求める運動を規制すること。(2)労使の協力による中小企業の事業協同組合活動が発展し、セメントメーカーに対する影響が大きくなることを嫌悪していること。(3)そして何よりも、企業の枠を越えた産業別運動を展開し大阪兵庫生コン経営者会による労働三団体との集団交渉が今春闘から行われ、産業別賃金や雇用・福祉の確立など産業別運動の発展を恐れていること。こうした狙いを権力の力を借り、安定的労使関係を崩壊させようと躍起になっているのが今回の弾圧の本質である。

生コン産業政策協議会は、こうした日本セメントと一部企業大阪地検・大阪府警の弾圧に対し、その不当性を追及する諸活動を展開。早期保釈を求める要請署名をはじめ、大阪地検・大阪府警に対する抗議行動、国会議員団による調査活動を踏まえた国政への反映など、弾圧の不当性を社会的に追及する運動を強化する方針だ。

従来の各社個別交渉ではなく、関西生コン産業を横断し、労働側と交渉する経営者側窓口が誕生

発刊の辞

六〇年の苦闘から発見した道

武　建一
一般社団法人中小企業組合総合研究所代表理事
全日本建設運輸連帯労働組合関西地区生コン支部
執行委員長

二〇〇三年五月、宝塚において、関西に生コンプラントが誕生して五〇周年の節目を記念して、「関西生コン創業五〇周年記念シンポジウム」が開催されました。

この記念行事の中で、振り返ってみると五〇年もの歴史があるのに、関西生コン産業の歴史がほとんど整理されていない。労働組合の場合はそれぞれ年史を出しているが、業界自身が年史を出していない――。

このことに気づいて、その当時の工業組合の松本光宣さん、大阪広域協理事長の猶克孝さん、経営者会会長の嶋田智巳さん、これに当時の労働側の五労組（連合生コン産労、全港湾大阪支部、連帯、建交労、ＵＩゼンセン同盟）が、労使合同して関西生コン創業以来の歴史を編纂すべきであるとの合意に達しました。

この時、それ以外にも会館、試験場、教育機関の設立、広報活動なども合意されました。

しかし、これら合意は、途中で潰されてしまいました。なぜ、潰されたのか。一つは権力弾圧です。二〇〇五年に、私ほか数名が逮捕され、そのことによって、この二〇〇三年の五〇周年記念行事における合意は全部反古にされました。年史についてはすでに編集委員など決まっていたのですが潰され、「会館」も土地選定委員も決まっていたのですが、それも含めて全部が潰されました。

それだけでなく、「大同団結」と言うことで、一七社一八工場が広域協組加盟を表明していたにもかかわらず、その話も全部潰され、また「〇適」をアウトに与えないという約束すら反古にするというありさまでした。

もう一つは、生コン産業はセメント、ゼネコンなど大手資本の狭間に位置しており、生コン業者と労働者が一緒になって歴史を振り返ると言うことは、それによって「なぜ、現況がこうなっているのか?」「これから未来に向けてどうあらねばならないか」などを考える機会を与えるわけで、これはセメントメーカー、大手ゼネコンなどにとっては、都合が悪かったのだと思います。

それ以降、経営者会、工業組合、広域協はもうまったく年史を発刊すると言う意識はなくなってしまい、われわれはこのような妨害を乗り越えていくにはどうすればいいのかと考えました。そこで、八年前に中小企業組合総合研究所(当時は中小企業組合研究会。後に有限責任中間法人・中小企業組合総合研究所に)を立ち上げました。

この中小企業組合総合研究所は、構成メンバーも経営・労働が対等に参加する形でスタートし、当時は建交労、UIゼンセン、大阪広域協、大阪兵庫生コン工組も参加していたのですが、現在は抜けています。

しかしながら、近畿二府四県三二七社の結集で、それら経営者団体と四つの労働組合(連合生コン産労、全港湾大阪支部、連帯の三組合に近圧労が参加)が、先の合意事項の約束を継承して実現しようと、この生コン産業六〇年史を刊行することになった次第です。

刊行の目的について

大企業の狭間にいる中小企業が結束しなければ、中小企業の経済的、社会的地位向上は到底なしえないし難しいということが、歴史を整理する中で必ず発見できると考えます。

「お願い」という立場ではなく、結束した中小企業団体が「闘って」いかなければならない。闘うには、労働組合と連携することが有効な結果を出すとの実際の経験からして、「闘いの書」として、今後への展望とも併せ歴史を振り返るという所に、本書刊行の大きな目的があり、意義もあります。

多分、日本全国四七都道府県で、生コン業界が誕生して以来の歴史は刻んでいても、この種の歴史書を編纂しえている所はどこにもない。

そういう意味で、本書の刊行は、近畿二府四県の生コン業者と労働者の、「道標(みちしるべ)」になるだけではなく、全国四七都道府県すべての生コン業界の身近な「道標（みちしるべ）」の書になると確信しています。

それは強いて言えば、わが国の99・7％を占めており、大企業から収奪されている一方の苦しい思いをしている中小企業にとっても、一つの「モデル」として本書を参考にすれば大企業と対等に取引可能だという確信に繋がるだろう、と思います。また同時に、これは産業の民主化、経済の民主化に直結するような書になるだろうし、またそのように希望して、本書を作ろうといった志を当初からもっての刊行です。

ますます重要な共生・協同の道

私は、一〇年前の年史発刊が発意された「五〇周年記念シンポジウム」で、日本の大企業寡占体制に切り込み、対等取引を実現して中小企業が生きる道は、「共生・協同の道」しかないと提言しました。

一〇年後の今日、「グローバル資本主義」の危機の進行とともに、その矛盾のしわ寄せによる弊害は一層深刻に、一層多くの国民諸階層の生活に影響を及ぼし始めています。

グローバル資本主義とは、新自由主義といわれる「市場原理」主義のことです。

「競争、競争」と、競争によって弱者を踏み台にして、わずか1％の者が利益を得るという、いわゆる弱肉強食の社会システムを世界的規模で造り出してきました。

そういう競争原理に対抗し、対置する考え方が、われわれの言う「共生・協同」です。

これが時代の要請であり、そんな時代の要請にも応える確かな道を苦闘の中から発見してきたわれわれの六〇年の歩みだったのではないかと、思います。

一九六〇年代の高度成長期は、凄い勢いで生コンプラントが建ち、この時代は中小企業といえどもいくらかは利益を得られる時代でした。が、労働組合ができると「あれは、アカである」とか「労働組合ができると会社が潰れる」と、一社の中に五つも労組を造ってみたり、時には会社を丸ごと閉鎖したり、中小企業もセメントメーカーと（ある時は権力と）グルになって労働組合潰しに狂奔し、われわれ労働側と雇用主との対立は先鋭化していました。

一九七三年頃までそんな情況でした。ところが、闘いの中で、直接は雇用主が不当労働行為をしているように見えるが、どうもそうでなく背後で操っている者たちがいるとの認識に至り、やはり背後の主たる敵はセメント資本ではないのかと。セメントメーカーは、銀行財閥系の大企業であり、太平洋にしろ、三井住友、三菱にしろ、そのような巨大資本が背後にいる。これら背景資本と闘わねば、労働条件はおろか中小企業の社会的地位は確保できないといった判断から七〇年代に入り、「産業政策闘争」というものをわれわれは志向しだした。

この時から、万博後の需要の落ち込みで軒なみ苦境（大企業からコストダウンを要求され、といった厳しい情況）に追い込まれていた中小企業もわれわれと共同・共闘し、社会的地位向上、経済的地位向上を実現するといった方向に変わってきました。

詳しくは、本書をお読みいただくことにして、要するに六〇年～七三年までは個別資本との闘争が主だったのです。以降は、当時の日経連会長の大槻文平に「関西の生コン闘争は資本主義の根幹を揺るがすものだ。箱根の山を越えさせるな」と言わしめたように、スケールが産業全体に拡大した運動になって、そんな運動の中で、中小企業の経営者も鍛えられたし、労働者も鍛えられた。共に共通した産業政策を創るとか、一緒になって中小企業組合総合研究所のような機関設立などに繋がっていったということです。

振り返ってみると、日本の労働界は一番大切な所を見落としているのではないか。

それは、企業内のこじんまりとした、自分たちの中だけでしがみ付いているような運動の歴史ではなかったか、と思います。われわれはいろんな闘いに学び想像力を働かせました。

一つは「背景資本と闘うこと」と発想したのは、七〇年代に打ちぬかれた「全金」の川越闘争で下請けの人たちが上部の責任を追及するとか、大阪の港合同の闘いで三菱資本に責任を取らせるといった、多くの闘いを生コン流に活かそうとしたのが始まりだったのです。

もう一つは、投資＝新増設をコントロールするといったことなどを制度として確立しましたが、これなどは三〇数年前のイタリア旅行の時、ホテルが建設完成していたのに「シージーマイエル労働組合」との間において雇用問題が「解決してない」とのことでホテル開業がなされていないことを聞き、これを参考に、これを生コン流に活かすにはどうすればいいのかと考えた結果として出てきたことです。

新増設の社会的規制、労使協定による規制など、あるいは退職金50％を労働側管理という要求などは、アメリカの労働運動に学んで適用したもので、退職金50％を保全しておけば、会社が潰れても最低50％は確保できるといったことと、それを労働側が管理することで財政力も付くといったように、内外の闘いに学んで生コン流に活かしてきたものでした。

他の労働組合は、残念ながらそんな想像力・創造力を発展させる場面が欠けてはいないか。

われわれはそんな「ソウゾウリョク」で新しい境地を切り開いて来たという強い自負心があります。

そういう意味で、六〇年を振り返って、労働運動でも、事業展開でも、「イマジネーションとクリエーション」という二つの「ソウゾウリョク（想像力、創造力）」を発揮させることが非常に重要ではないか、そんな問題意識を改めて持つところです。

さて、本書は近畿二府四県三二七社の方々に協力を頂いており、四つの労働組合も一緒になって組合総研を創り、今回の六〇年史の作成に当たることができました。

最後になりましたが、これら多くの方々と同時に本書にその論文を収録させていただいた百瀬恵夫先生や本山美彦先生、故石松義明氏、木下武男先生、丸山茂樹先生など諸兄に感謝申し上げます。特に先生方については、関西の生コンの協同組合運動というものが中小企業にとってどんな役割を果たしているのかといった点と、労働運動の本来あるべき姿とは実はこの関西型ではないのかといった有難い問題提起もいただいております。

そうしたことによって、この六〇年史の刊行が、社会的に説得力を持ち拡がる可能性を与えていただいたということにおいても、改めて感謝の意を捧げたい。

本書が、大企業の支配と収奪に苦しむ全国の中小企業と労働者の希望への何よりの「道標（みちしるべ）」となり、共生・協同への力強い運動が全国に広がり、大きなうねりになっていくことを願って、ここに発刊の挨拶とします。

（二〇一三年七月）

南三陸町で、住民を支援する拠点に、震災直後から関西の多くの経営者、労働者が立ち寄った

第一部　関西生コン産業六〇年の歩み

――われわれはどこからきて、何をめざし、どこへ行こうとしているか

序章　二つの道――アメリカ型弱肉強食の市場原理主義への道か
共生・協同によって生きる道か

一　六〇年史の対象時期

日本のセメント産業は、セメントが「摂綿篤（せめんと）」と記された頃より数えると一四〇数年の歴史を持つ。日本の生コン産業の特徴は、後に見るように、その出発点から今日に至るまで、セメントメーカー主導で進んできた点にある。

そこで、そのセメント産業の創業期について、まず簡単にみておきたい。

明治期――セメント産業の誕生

具体的には、セメント産業は、一八七〇（明治3）年一二月に明治新政府に工部省が設置され、富国強兵を目的とする国策として、政府主導の殖産興業政策の推進によって興った産業である。

一八六八（明治元）年、殖産興業の中心となった鉱工業の近代化は、旧江戸幕府から接収した造兵工場、新設した東京、大阪の砲兵工廠、横須賀・長崎・兵庫・石川島などの造船所など、造兵部門を第一歩に、次々と官営工場が設立されていった。

セメント工場もその一つとして、大蔵省土木寮深川摂綿篤製造所が明治六年に建設され翌年工部省所管に移された。

明治期、運河を利用し艀《はしけ》で、原料を運んだ浅野セメント深川工場の全景

一八八〇（明治13）年工場払下げ概則が布告され、これら国営工場は無償に近い金額で次々と民間（三井・三菱などの政商・財閥）に払い下げられていった。

例えば三池炭鉱や富岡製糸所は三井財閥に、長崎造船所や生野銀山・佐渡金山は三菱財閥に払い下げられた。

セメント工場は一八八四（明治17）年、渋沢栄一によって、当時コークスを納入していた浅野総一郎に払い下げられ、匿名組合浅野工場として再出発し、これが後の日本セメントである。現在は秩父小野田セメントと合併して太平洋セメント㈱となっている。

（注）—明治政府の秩禄処分と地租改正によって、家禄を失った旧武士階級は、政府の授産興業政策による授産資金の貸付などを受け、紡績、製紙、マッチ、セメント、製鉄などの近代産業を起した。廃藩置県後山口県の会計大属となっていた笠井順八が同族救済を目的にセメント工場を設立したのも、このような背景による。

かくして、日本の近代産業の多くがそうであったように、セメント産業も官営工場の払い下げ、民営企業への強力な保護政策により、国策として「官営工場」「士族授産」からスタートしたのである。日本産業界、日本の企業の体質の特徴には、よって生コン産業も、戦後の対米従属の構造と共に、明治以来のこの前近代性の問題がある。

それは、日本の企業の創世紀、つまりこうした明治維新革命によって誕生した近代国民国家・明治天皇制国家による「富国強兵」・「殖産興業」など国策の下で、その後、日清・日露戦争を契機に、朝鮮・台湾などへの侵略と多民族抑圧によって、欧米列強に追いつけ、追い越せを至上命題とした後進・日本資本主義の生成・勃興の原像の中に由来するものである。

国策産業として誕生したセメント産業界が、戦争とか災害とか人の不幸な時期に大量に生産され需要が伸びるという、いわばある種の軍需・兵器産業と似た体質をもってきたこと、また国の経済政策・産業政策が行き詰まれば需要が落ち込むという傾向や、競争に明け暮れてきた産業であることも、こうした歴史の中で形成されてきたものである。

以上、六〇年史のいわば前史として、セメント産業の創業とその特質がどのような歴史的経緯の中で形成されてきたのかについて、簡単に触れた。

明治期——日本における協同組合の誕生

同様に、日本では、民衆が相互に救済融通し合うことを目的とした中世以来の「頼母子講」「結い講」などから、江戸幕藩体制末期の二宮尊徳、大原幽学の協同思想・運動の先駆的事例があったが、近代的な協同組合運動の誕生は、明治一〇年代初期にロッチデール方式の協同組合が紹介され、都市と農村に協同組合が設立されて始まる。

そして、日本の協同組合運動の発展には大きく二つの流れがある。

一つは国家主導型の「産業組合」運動の流れであり、もう一つは、民衆自発型の明治中期以降の「労働組合期成会」の発足によって設立されたものや、大正末期から昭和初期にかけて進められた消費協同組合などの流れである。

これらの流れは、第一次世界大戦とロシア革命を契機とした「大正デモクラシー」と呼ばれる労働運動や社会運動の発展と相まって発展を遂げ、同時にまた活性化する労働運動への激しい弾圧、その後の第二次大戦への戦時経済統制の強化の中で、解散と壊滅に追い込まれていく。そして、敗戦後の経済混乱の中で労働組合の闘いの活性化と相まって、自然発生的に生協や様々な協同組合が再生されていくのである。

生コン産業の始まり

セメント産業に比べて、生コン産業は比較的新しい産業であり、最初はアメリカで一九一〇年代（大正時代）に機械でコンクリートを製造するという形で始まっている。

日本では、戦後の産業で一九四九年に東京磐城生コンの創業からである。

関西・大阪での始まりは、一九五三（昭和28）年の大阪セメント佃工場である。

こうした歴史的経緯から、本書六〇年史の対象は、戦後の関西生コン産業の創業からを対象とする。

この序で、セメント産業と協同組合などの戦前における特徴を概括したのは、この前史の流れが、戦後の関西の地における中小企業と労働者の闘いの奔流の中に、伏流水となって流れており、今日に至っているからである。

また、そうした観点から、関西の地に生み出されている闘いの成果が、いったいどこまで来ているか、いかなる意義をもつものか、こうした歴史の中においてとらえることで一層はっきりしてくるからである。

二　六〇年史を貫く一筋の光——二つの道をめぐっての攻防

関西生コン創業五〇周年記念シンポジウム

「今の時代において、中小企業が進むべき道は二つしかないと思います。そのひとつはグローバリズムの名の下に進められているアメリカ型の徹底的な市場原理主義、これは多数

世界の協同組合運動の流れを毎号報じる組合総研機関誌

を犠牲にしてごく少数の生き延びる道であります。

今一つは、近畿二府四県の多くの協同組合が進め、そして全生工組連、協組連が目指している共生、協同によって生きる道、これは多数の利益を目指す道であります。

この後者の道を選択する以外にわれわれの生きる道はないと思います。」

二〇〇三年五月一八日、関西生コン産業六〇年の歴史で、「次の新しい時代」に向けてのエポックとなった「関西生コン創業五〇周年記念シンポジウム」が開かれている。

これは、そのシンポジウムにおける、現在の中小企業組合総合研究所代表理事で連帯労組関西地区生コン支部執行委員長武建一の挨拶の言葉である。

第三部に「遺稿」として収録させていただいた亡き石松義明全国生コンクリート工業組合連合会前専務理事の同シンポジウムでの講演「生コン産業の創立から現状、そして将来の展望」を受けた挨拶である。

ここには、関西生コン産業の六〇年の歴史の中で、この産業で飯を食ってきた中小企業と労働者が何を目指して闘ってきた歴史であったのか、そして今なおどこに向かって闘っているかが、示されている。

このシンポジウムが画期点となって、その後の怒涛のような闘いに、目を見張る具体的な新生事物（中小企業組合総合研究所、協同会館アソシエ、『提言』発行など）の創設に通じる扉が開かれたのである。

大企業寡占〈独占〉体制と中小企業

ここで、整理しておけば、戦後日本の産業構造の中で、重層的下請構造や背景資本による個別企業の支配などによって、大企業の中小企業に対する収奪構造が存在する。

また安易な新規参入によって過当競争が引き起こされ、その中で中小企業の経営基盤は極めて脆弱であり、この中で働く中小企業労働者は過酷な労働条件におかれている。

大企業寡占体制が形成されて、その寡占大企業が市場を管理し、収奪し、支配している以上、中小企業とそこに働く労働者は、この大企業体制に切り込み、対抗力を強め、中小企業への資源配分を行い、その競争力と取引力を高めるために、公正・自立・対等取引などを特徴とする経済の仕組み、つまり経済民主主義の方向に行かざるを得ない。

生コンは、セメントと砂、砂利、水を撹拌して製品ができる。

その原料であるセメントは、大手セメントメーカーが高値を押し付けてくる。

また、製品の多くの販売先であるゼネコンは、生コンを買いたたく。こうした大企業に挟撃される形の生コン業界が生き残るには、中小企業が結束する以外にない。

その方法が中小企業事業協同組合である。

もともとセメント大企業は、自らの利益確保のために事業協同組合を利用してきた。

関西の生コン企業は、大企業体制に対抗するために、この中小事業協同組合を中小企業本位のものに代えて「共同受注」と「共同販売」を追及してきた。ゼネコンからの生コンの受注はこれらの協同組合が共同して受ける。そして、協同組合が販売価格を設定して、ゼネコンに「共同販売」する。これは独占禁止法に違反しない方法なのである。

道のないところも、人が通れば道となる。

その道も後続の人がどんどん踏み固めて広げていけば、やがて誰もが通ることのできる天下の公道となる。

関西の生コン中小企業とそこに働く労働者が闘争し、結束し歩んできた後ろに、一筋の光を放って道ができてきている。

それが、少数の「1％」の支配と闘う多数「99％」の共生と協同への道である。

三　六〇年史の主人公――中小企業と労働者の結束と共闘

現在、生コン業界の中小企業協同組合は全国に二五二団体が存在する（全国生コンクリート協同組合連合会調べ・二〇一三年七月三日現在）。

この全国の中小企業協同組合の中で、関西生コン業界の特徴はどこにあるのか。

木下武男昭和女子大学教授はこう書いている。

「労働組合と共同し、大企業と対抗する協同組合が関西でつくりだされたのは、関西生コン支部の激しい産業別統一闘争によってである。生コン支部は経営者に、生コンの安値販売を阻止するには、協同組合という方式によって「企業間競争の規制」を実現する以外にないことを闘争と説得によって理解させてきた。この経営基盤の安定によって賃上げの原資を確保することができる。その結果が今日の関西地方における生コン労働者の社会的地位の向上をもたらしたのである。」（第三部収録木下論文より）

労組の芯張り棒的役割は、一九九四年七月、生コン産業政策協議会が傾向の異なる連帯労組関西地区生コン支部、全港湾大阪支部、生コン産労（現在では圧送労組も参加）の団結・共闘によって発足したことをもバネに、現在では力を企業内だけでなく、政府・自治体・業者団体へと発展させ、経済のみならず政治革新を目指す運動への発展を獲得してきたのである。

こうした関西における闘いの中から獲ち取られた生コン業界の特徴・経緯からみて、この関西生コン産業六〇年史は、単なる産業史ではない。

それは、「練り屋」「練り混ぜ屋」「運び屋」という生コン業者に対する蔑称が残る生コン業界の中で、大企業に対抗し闘った、近畿二府四県の関西生コン関連中小企業と労働者、言い換えれば中小企業協同組合と労働組合の、涙も汗も血も流した人間たちの苦闘の六〇年の歴史である。

一例を挙げれば、関西の生コン関連中小企業の多くが資金を持ち寄り、二〇〇九（平成21）年六月に建設完成した「協同会館アソシエ」は、中小企業の団結力（五〇〇社以上結集）を内外に明らかにし、大企業との対等取り引きを実現する為の砦としての地位を確立。

中小企業基本法活用・改正に向けての国会要請行動や、東日本大震災被災地への復旧復興支援活動などにおける関西拠点として更に活動の輪を広げてきた。また同館での生コン総合試験所「グリーンコンクリート研究センター」設置で、技術力向上と生コン新規分野や人材教育の情報発信源として各方面で認知され、ユーザーに対する阪神協など協同組合への信用と信頼醸成の要因となっている。

全国でも稀有な、この中小企業と労働者が、中小企業事業協同組合という方式で切り開いたもの、また切り開きつつあるものは何か。

一言でいえば、「共生・協同」をもって日本の大企業寡占（独占）体制に切り込み、産業の民主化、経済民主主義への挑戦である。そして、この経済民主主義の実現への挑戦を通じて、日本の政治的民主主義の、また新しい社会形成に希望と展望とを示し、大きな貢献と飛躍を遂げようとしていることにある。

関西生コン産業における、中小企業（協組）と労働者（労組）の六〇年の歩みの客観的、社会的意義は、ここにある。

ただひと口に六〇年といっても、その全体像を網羅するのは至難の業である。

第一部では、戦後以降の六〇年を四期に分け、時系列に沿って、今日に至る推移とその時期の特徴を「出来事」を軸にたどり、その現在の到達点と未来への飛躍の課題を展望する。

第一期　生コン産業の黎明期

第一章　敗戦・戦後復興期――一九六五年、関西地区生コン支部誕生まで

戦後の生コン産業創業の歴史に入る前に、現在に至るまで、戦後日本の経済、政治、文化、生活様式、価値観に大きな影響を与え、その性格を決めた敗戦と対日占領、戦後復興とアメリカへの対米従属構造の特徴について、簡単にみておきたい。

一　敗戦と戦後復興――対米従属の刻印

鎌田慧氏が、その著書（『鎌田慧の記録4　権力の素顔』）で、日本の敗戦によるアメリカの対日占領の実に印象深い決定的瞬間について、こう書いている。

「一九四五年八月二八日。天皇が敗戦を告げた玉音放送の日から二週間がたっていた。この日、厚木飛行場には強い南風が吹いていていた。敗戦国日本政府の委員たちは、東の空を見上げて並んでいた。まもなく、連合国軍最高司令官ダグラス・マッカサー元帥の専用機がそこに姿を現すはずであった。

その歴史的瞬間を『朝日新聞』はこう報じている。

「『一二時五分…星の標識の入った巨鯨の胴っ腹から銀色のはしごがおろされた。

扉が開いた。一同かたずをのむ。やがてマッカーサー元帥が現れた。薄い上着なしのカーキー服に黒眼鏡、それに大きな竹製のパイプ…。』わたしたちは、タラップを降りたマッカーサーのポーズを、黒のサングラスにコーンパイプをくわえた彼の写真を何度見ることになったかしれない。それは日本占領の決定的瞬間だった」

敗戦による転換――GHQの対日占領政策

一九四五年九月二日、「大日本帝国」はポツダム宣言を受諾し連合国に無条件降伏した。戦争末期の沖縄における地上戦で沖縄の夥しい命の犠牲者、広島・長崎の原爆の犠牲者、東京、大阪大空襲の犠牲者とともに、軍民三〇〇万以上の死者、アジアにおいて中国を中心に二〇〇〇万に近い命を犠牲にした戦争が終わった。

(注)―この日本のアジア・太平洋戦争の本質は、一方で米英など列強との帝国主義間戦争、他方で中国・東南アジアへの「大東亜共栄圏」を目指す侵略戦争の性質を持つ。

天皇制維持のため、沖縄・奄美諸島などを米国に売り渡し、日本「本土」は米軍・連合国軍の単独占領下におかれ、連合国軍最高司令官総司令部(GHQ)の間接統治となった。米軍の直接統治でなく米軍の指令・勧告によって日本政府が政策を立案・実施する統治形態である。

GHQは、同年九月から、軍人・政治家など戦争犯罪人容疑者の逮捕(翌年に、極東国際軍事裁判)、一〇月には、政治・思想犯の釈放や天皇に対する批判の自由などの政治的自由の拡大を求める人権指令の発布、東久邇宮稔彦内閣から代わった幣原喜重郎内閣に「人権確保五大改革」と憲法改正を示唆した。

「人権確保五大改革」とは、①選挙権付与による日本婦人の解放、②労働組合の結成奨励、幼年労働の弊害の矯正、③より自由な教育を行う為の諸学校の開設、④秘密警察およびその濫用により国民を不断の恐怖にさらした諸制度の廃止、人民を圧政から保護する司法制度の確立、⑤独占的産業支配が改善されるよう日本の経済機構を民主主義化することなどであった。

特に、GHQは、日本帝国主義・軍国主義の基盤となった経済機構の改革を不可欠として、一つに、財閥解体、独占資本の分割、労働基本権の確立、独占禁止法・過度経済力集中排除法・中小企業等協同組合法などの産業の民主化施策。

もう一つは、農地改革で寄生地主制の解体、小作農から自作農への転換を図った。

（注）—第一次、第二次農地改革で、自作農は四一年の28％が五五年に70％に。

さらに、自作農育成のために農業協同組合が法制化されていく。

戦前の経済体制の大きな特徴であった不在地主の膨大な農地を半農奴的な小作人が耕作する寄生地主制が崩壊しこれを基盤とした地主階級が解体した。

戦勝国GHQは、敗戦国日本帝国主義の経済的支柱である独占資本の解体——財閥解体と農地改革をもって、また先に述べたような政治的民主化を通じて、通称言われるところの「上からの革命」を断行したのである。

敗戦後の中小企業とその運動の高まり

こうしたGHQによる財閥解体——独占資本の解体——経済民主化は、敗戦直後の生産を支えていた中小企業を経済社会の新しい中心・主体として押し出していく。

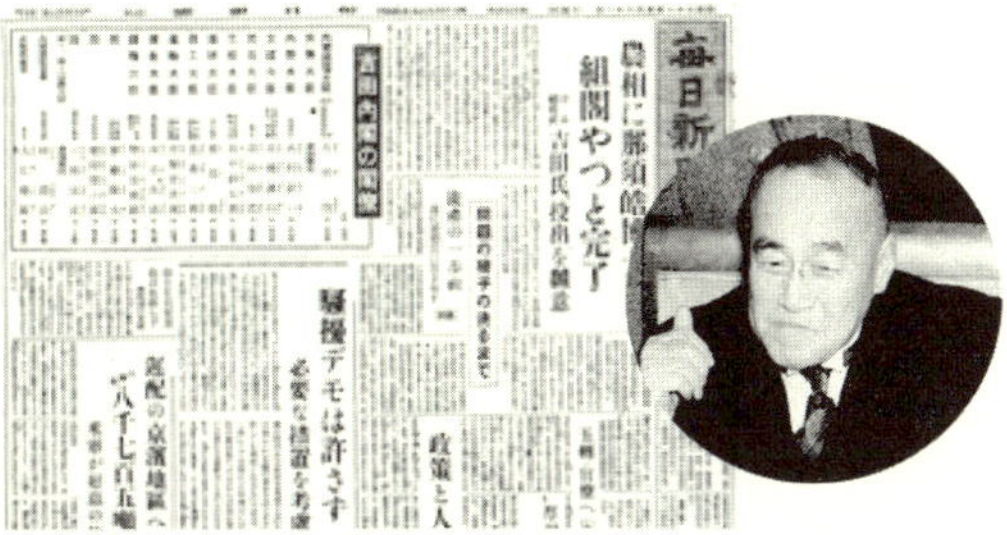

難航した吉田茂の第一次組閣

当時の新聞は中小企業を時代の寵児と呼んだ。

これは、第一次吉田内閣・一九四六－四七年（昭和21－22年）での「傾斜生産方式」によって、巨額の国家資金が当時のエネルギーの主役・石炭産業など大基幹産業に注ぎ込まれて次第に大企業が復活し、中小企業が逆に資金難に陥っていくまでの短い繁栄に過ぎなかった。

しかし、この時期、各地での経済民主主義の流れを受けて中小企業は次々と自主的・民主的団体を結成し、中小企業の資財・資金難の深刻化もあり、中小企業運動は大衆的に高まっていく。

この時期の運動の結集軸となったのは、「全日本中小工業協議会」（一九四七年五月結成。翌四八年全日本中小企業協議会と改称）、「日本中小企業連盟」（四八年三月結成）である。

また、四七年一〇月、戦後初の中小企業者による大衆集会「全国中小商工業者大会」が開かれ、その後も次々と大衆集会が開かれた。こうした下からの中小企業者の運動の高揚にもよって、四八年七月「中小企業庁設置法」が制定された。

同法第一条は「経済力の集中を防止し、中小企業を育成し、その経営を向上させるに足る諸条件を確立することを目的とする」と明示した。

この中小企業庁設置法は四七年に制定された「独占禁止法」と相補的な関係にあり、財閥解体政策の延長上にある経済民主化型中小企業政策の基本方針を規定していった。

ただし、いろいろの曲折を伴ってではあるが——。

（注）一九四七年、結成後二六〇万人に膨れ上がった全官公庁労組共闘は、生活権を政府に要求したが、吉田茂内閣から不誠実な回答しか得られず、全国一斉ストを二月一日と決定。だが、ＧＨＱは時の伊井弥四郎共闘委員長をＭＰの手で連行。ＮＨＫラジオマイクの前で

↑伊井弥四郎委員長
1947年2・1ゼネスト弾圧で戦後労働運動は迷走、後退する

全官公庁労連　2・1ゼネストのポスター（昭和22年）

伊井は、マッカーサー指令によりゼネスト中止を涙ながらに発表させられ、逮捕。禁固二年となる。このゼネスト弾圧は、日本の民主化へのＧＨＱの方針転換を示す事件であった。

占領軍を解放軍と規定していた日本共産党は、しばらくの間、この事実を受け入れられずに迷走した後、山村工作隊など暴力革命路線へ転換するが、労働者からの支持を失ったことから労働組合からの求心力も低下し、その後の労働組合は日本社会党支持に傾いて行くこととなる。

朝鮮戦争を機としたアメリカ対日政策の転換——対米従属構造

ヨーロッパでの冷戦構造、中国や朝鮮半島が革命化していく中で、四八年一二月、ＧＨＱは日本経済の自立政策「経済安定九原則」を指令した。

これはインフレの収束を図るため、「ドッジ・ライン」と呼ばれる緊縮財政を実施、単一為替レート（一ドル＝三六〇円）を設定し財政金融引き締め政策を中心に実施された。この結果が四九年－五〇年のデフレ不況で、企業倒産一一〇〇〇件、五一万人の首切り解雇となっていく。

ドッジ・ラインはデフレ政策であったため、労働者は首切り反対闘争を実施し、その最中の下山・三鷹・松川等の謀略事件をテコに、ＧＨＱはこれら労働者の闘争を鎮め、切り崩していった。この時期、運動の背骨となった国鉄労働者が一次・二次合わせ九万三七〇〇人解雇された。こうしたＧＨＱの対日政策の大転換、四七年の二・一ゼネストのＧＨＱ命令による中止を軸に、戦後直後より全国の鉱山における強制連行されてきた朝鮮・中国労働者の決起から始まった労働者民衆の戦後革命は敗北した。その後、日本の民主化政策は一九五〇年六月の朝鮮戦争を契機に大きく転換していく。

その事情は次のようである。

経済安定九原則
1948年12月19日、米国政府がＧＨＱを通じて日本政府（当時の首相吉田茂宛）にインフレーションを抑制し、日本経済を短期的に自立化させる目的で指令した経済政策。
予算の均衡・徴税強化・資金貸出制限・賃金安定・物価統制・貿易改善・物資割当改善・増産・食糧集荷改善の9項目からなる。

戦後、日本の降伏により植民地支配から解放された朝鮮人民の独立をめぐり、南北地域を分断して軍事占領していた米ソの対立と抗争は激化していた。

一九四八年には南北を実効支配する大韓民国と朝鮮民主主義人民共和国が成立し、一九四九年には中華人民共和国が成立する。アジア全域で次々と、帝国主義からの侵略と植民地支配からの独立をめざす民族解放革命戦争が勝利していた。

日本経済は、朝鮮戦争特需で沸き立ち戦前の水準を超え、日本の「自立化」への機運も高まっていた。

サンフランシスコ講和条約と日米安全保障条約（旧）・日米行政協定

ＧＨＱは、朝鮮戦争とアジアで高まる民族解放の波を契機に、日本を「極東における全体主義（共産主義）に対する防壁」（反共の防波堤）とするべく対日占領政策を転換した。日本は、一九五一年九月にサンフランシスコ講和条約（五二年発効）に調印し独立を果した。しかし、この独立は、占領軍である米軍がそのまま駐留し、超法規的にふるまうことを許す日米安全保障条約（旧）・日米行政協定とセットであった。

そしてそれは大企業〈独占〉体制が本格的に復活し、経済民主主義が骨抜きにされていくことの政治的表現、そして政治的節目でもあった。

（注）―アメリカによる日本の再軍備は、一九五〇（昭和25）年、朝鮮戦争勃興直後の「警察予備隊」創設から、「保安隊」。さらに海上警備隊を加えて、陸海空の三軍を持つ「自衛隊（一九五四年／昭和29年七月発足）」へと変遷した。また、この時期の日米行政協定は後に日米安保条約の改定と共に今日の地位協定になっていくがその本質とするところは変わってない。

保革五五年体制

この時期「保革五五年体制」と呼ばれた政治構造成立。（1955年～1993年の38年間）

五五年以降、自由民主党・日本社会党と戦後に議会政党へ変質した日本共産党が補完する体制。

「保革五五年体制」といっても実際は、社会党の勢力は自民党の半分程度だったため、実質的には自民党一党単独支配の長期政権となる。

警察予備隊から、自衛隊へ

ここに、戦後日本の国家・政治は、米国の軍事的支配下にあるだけでなく、その後の戦後資本主義の高度成長期における大企業体制への確立（戦後のアメリカ型独占資本の確立）が、米国主導の自由貿易秩序（ＩＭＦ・ＧＡＴＴ体制）に組み込まれ、米国への依存・従属の構造（アメリカ型の大量生産・大量消費・大量廃棄のシステム）へと、再編されていくことになった。

この時期の石油、原発エネルギー政策による、「石炭から石油」政策、原子力・原発政策への転換も、こうした構造化の一環である。

この対米従属構造の形成は、沖縄の切り捨てと米軍支配、復帰後の現在に続く沖縄への米軍基地の犠牲を強制する「構造的差別」と一体である。

三井三池闘争
　1959年総資本対総労働の対決といわれた、戦後最大の労働争議「三井三池闘争」が起こった。
　石炭から石油へのエネルギー転換により経営危機に陥った会社側が、労働者一二七八名の指名解雇を断行。労働組合は大闘争も結局敗北。これ以降、民間における総評の影響力が衰退していく。

高度成長と中小企業

朝鮮戦争による特需は、日本経済に敗戦の痛手から立ち直らせ、東京オリンピックをピークに日本経済は、一九五五（昭和30）年には、「神武景気」、一九五六（昭和31）年には、経済白書に「もはや戦後ではない」と記述され、一人当りの実質国民総生産（ＧＮＰ）が、戦前の水準を超えた。

こうして日本経済は、一九五四年から（五七年度後半の「なべ底不況」や、東京オリンピック後の「戦後最大の不況」などを経て）、総じて一九七三（昭和48）年の第一次石油ショックによる本格的不況に至るまで続いた。

この時期、国民の生活水準は飛躍的に向上し、テレビなどの電化製品や乗用車などが普及したが、その成果を享受したのは独占的大企業だった。一九六〇年代半ばの日本の賃金水準はアメリカの八分の一、ＥＣ諸国の二〜三分の一だった。

（注）―五五年～六五年を第一次高度成長期――重化学工業への旺盛な設備投資を中心とする内需拡大が成長の牽引車となり、六五年の不況で頓挫。新たに第二次高度成長期〈～七三年〉が始まる。高度経済成長をもたらした諸要因として①国際的にはＩＭＦ、ＧＡＴＴ、ＯＥＣＤなどの国際機構が日本経済に有効に機能。②国内的には、まず年20％増というすさまじい設備投資と技術革新の取り組み。政府が社会保障や生活基盤政策を切り詰めながら、他方で道路、港湾、鉄道、空港などの産業基盤の整備を集中的に行い、税収面でも企業を優遇した。

二重構造問題の変化と中小企業政策の変化

また、高度経済成長は、中小企業問題の構造を変えることになった。

一九五〇年代後半、高度成長で年平均10％の経済成長を遂げていく中で、日本政府は経済政策の中心課題は、雇用問題の解決と産業構造の高度化にあるとして、近代化施策を進めている。これに関連し中小企業問題は、日本経済の二重構造問題として考えられた。

つまり、二重構造とは、大企業に示される近代化した領域と中小企業・農業に示される近代化していない領域が存在し、両者の間には大きな断層があること。大企業は政府の産業育成で設備投資し、近代的管理手法で生産管理の高度化を図り、これに対して一部の大企業系列にあるものを除き、中小企業は資金難のためと、中小企業の過当競争とこれを利用する大企業の収奪、特権的支配によって適正価格の実現も困難を極め、両者の間の生産性の格差は広がるばかりであった。

この中小企業問題は、本来は大企業寡占〈独占〉体制に対して経済民主化の方向で解決されるべきだが、そうはならず中小企業問題は日本経済の二重構造問題に矮小化されて、「機械工業振興臨時措置法」〈一九五六年施行〉などに見るように本格的な中小企業近代化政策が開始されている。

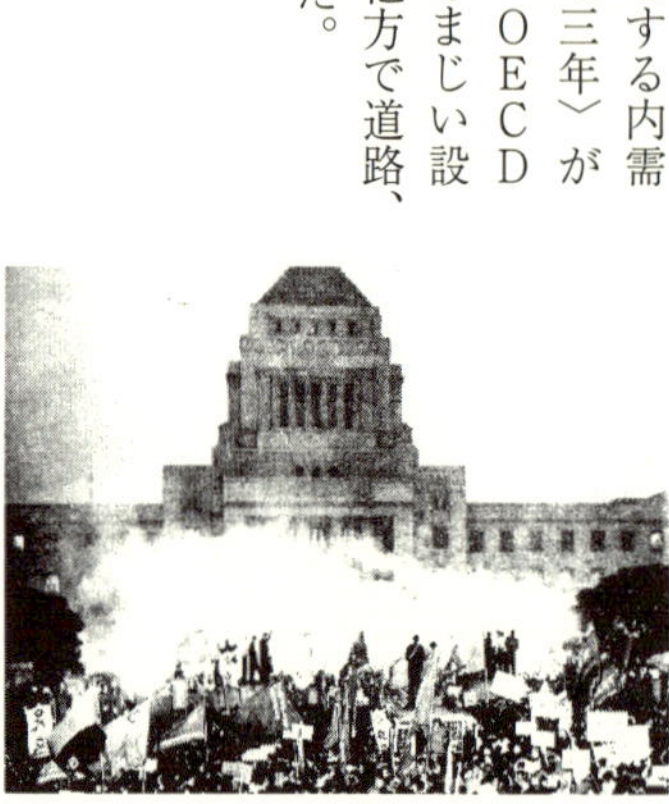

国会へ、30万人以上のデモ隊

六〇年安保闘争

１９６０年に日米安全保障条約の改定が行われ、条約に反対する労働者や学生・市民が日本史上空前の規模の反対闘争を繰り広げた。

国民の安保反対世論で米アイゼンハワー大統領は来日できず（大統領訪日での打ち合わせで秘書官J・ハガティが来日したが、デモ隊に阻まれ急遽ヘリコプターで脱出）に岸内閣は崩壊した。

（注）一機械工業振興臨時措置法＝昭和31年6月、最初の本格的な機械工業振興策として導入された。この法律はその後も第二次、第三次と二度にわたって更新され、戦後しばらくの間、工作機械工業や部品工業など中小業者が多い機械工業発展に極めて重要な役割を果たした。

こうして高度経済成長は、この中小企業問題の構造を変えた。

つまり日本の高度経済成長は、米国の世界支配、とくに第三世界への経済侵略と支配なしにはありえなかった（米国のベトナム侵略戦争による特需）。また、高度成長を支えた技術革新ももっぱら米国からの技術導入に依存してきた。

しかしそれは同時に日本政府にとっては、米国に依存を強めながらも米国をはじめとする世界の巨大独占資本から日本企業を守るためにも、国際競争力強化のために、大企業資本の集中をはかる産業構造政策をはじめ、金融・労働・技術・中小企業などに対する政策を必要とした。

その政策化の現れが一九六三年七月の中小企業基本法の施行による①資本の集中に対応する中小企業構造の高度化、②大企業との競争における事業活動の不利の補正などである。

この「基本法」による中小企業構造の高度化とは、中小企業の規模の適正化と集約化〈合併、協業化、共同化、集団化〉であり、さらには事業転換を意味していた。

（注）一一九六九年には、中小企業規模適正化と集約化をより強化する措置として、「中小企業近代化促進法」（基本法施行直前に施行――近促法）の中に、「構造改善事業制度」を導入した。この構造改善事業は、中小企業の合併、協業化に力点をおいた。

※生コンクリート業界では、一九七九年に通産省の「生コン製造業の中小企業近代化計画」告示を受けて、構造改善計画に工業組合単位で取り組んだ経過がある。いわゆる第一次構造改善である。（「基本法の性格」『提言』連載参照）

連日、沖縄の嘉手納基地からB52がベトナム北爆のため飛び立った

高度成長は、一九七一年八月の「ニクソンショック」（ドルと金の交換の停止）により、戦後の世界経済を規定してきたブレトン・ウッズ体制の崩壊とともに終焉した。これによって日本の産業構造政策の変化に連動しながら、中小企業政策も大きく様変わりして行く。

（注）—日本原子力発電所

広島・長崎に原子爆弾を投下されたわが国が、最初に原子力開発への第一歩を踏み出したのはアメリカの意向による。一九五三（昭和28）年、当時改進党の代議士・中曽根康弘が原子炉建設予算として二億三五〇〇万円を国会に提出、可決されたことに始まる。一九五五（昭和30）年一二月、原子力基本法が制定、同時に設置された原子力委員会会長に正力松太郎（読売新聞社社主）が就任し強力に原子力政策を推進、日本は原子力の時代に入った。

五七年一一月に設立された日本原子力発電会社に、三菱・三井・住友などの財閥系企業が参入。その後、田中角栄首相の一九七二（昭和47）年「日本列島改造論」の一翼を担うかたちで実施された電源三法「電源開発促進法、電源開発促進対策特別会計法、発電用施設周辺地域整備法」は、過疎地への原発の誘致が、完全に利権として定着した。

戦後、アメリカ主導で建設されはじめた日本の原子力発電は、今では米国一〇四基、フランス五九基に次ぐ世界第三位の五四基の原発を持つ「原発大国」になった。

↑左・中曽根康弘　右・正力松太郎　この時期、正力は米国CIAから暗号名「ポダム」と命名され活動していた

二　関西における生コン産業の創業　一九五三―一九六五年

少し長くなったが、戦後復興から高度成長へのこうした状況の中で、関西の生コン産業が創業を開始する。いよいよ六〇年史の本史の始まりである。

一九五三年　関西生コン発祥の地、大阪市西淀川区佃にて

セメント産業に比べ、生コン産業は比較的新しく戦後の産業で、日本では一九四九年、東京磐城（イワキ）生コンの創業からである。

一九四九（昭和24）年、初めて設立をみた東京コンクリート工業（後に磐城社に吸収）が端緒となって、五一（昭和26）年にはアサノコンクリート、五二（昭和27）年には小野田レミコンが設立され、セメント業界の大手三社系が草分けとなった。

初期の生コン産業は、製造・販売ともに無経験であり、現在のようなアジテータートラックもなく、砂利・砂を運ぶダンプトラックで現場に急遽納入するという、まったくあわただしい状態だった。しかも市場では、品質も経済性も能率性も認められず、ただ現場打ちとの比較で価値判断される機能主義的な意味しか持たれなかった。

つまり創業期の約六年間は、製造業者・販売業者・資材業者・需要者のそれぞれが、生コンに対する認識を深め、生コン関連知識を吸収した揺籃期だったといえる。

関西の生コンクリート産業の発祥の地は、大阪市西淀川区にある佃工場である。

兵庫県尼崎市と境を隔てる神崎川支流に囲まれた護岸沿いに、一九五三（昭和28）年五月、旧大阪セメントが全額出資し、大阪生コンクリート㈱佃工場として出発したのが記念すべき第一号である。

この区域が選ばれた経緯は、基幹道路に近く戦前からのわが国工業地帯としての地歩を築いていた阪神工業地帯の一角で、骨材等もすぐに海から陸揚げできるなど、海岸地帯に配置されたプラントとして絶好の場にあったからといえる。

（注）—一九八二（昭和57）年、同社は区内の中島工業団地内に移転し翌年、新淀生コンクリート㈱として出発、現在も操業中である。

移転前の旧佃工場

一九五五（昭和30）年に全国で六一万㎥、翌年一一三万㎥と、ようやく生コン製造は一〇〇万㎥台を突破した。

当時大阪では、大阪アサノ、磐城、大阪生コン（窯業）、小野田の四社だけだったが、その後、小型生コンの発展により生コン業界は一層躍進することとなり（静岡県が全国に先駆けて小型生コンの普及に貢献した）、生産高は一九六〇（昭和35）年、約五九〇万㎥に達していた。

一九五五（昭和30）年春の東京での生コン市況は、強度一五〇kg（スランプ20～22）もので、四八〇〇円～四九〇〇円／㎥程度。当時のセメント市況が八〇〇〇円／トン前後で、現在と比較すれば、骨材が安かったにしろかなり低値であったといえる。

当時のプラント設備は、浅野社、小野田社、大阪社、阪急社の四社で二万㎥／月、の出荷をしており、各社はすべてセメント傍系会社で、大阪社は窯業系の傍系、阪急社は磐城社の傍系である。

需要者（ゼネコン）側の取組みも東京とは違っていた。

大阪では東京に比較して生コン業者が立ち遅れていた間に、需要者の方で自家用プラントをどんどん作り、大手建設業者が各社とも大なり小なり何らかの設備を持ち、特に竹中工務店は二八切サイロと、アジテーター車一三台を常備するなど、ほとんど生コン業者並みだった。

では中小の建設業者はどうだったのかというと、関西では、自家練りと生コンとで最終的にいくら違うかを説明することが、まず重要事項であった。

当時セメント市況が上昇を続けていたにもかかわらず、生コンが強気材料を含みながら伸び悩んでいたのはこの理由による。

（注）―当時、ミキシングまでの工程では、自家練りの方が七〇〇円位安く、しかしセメントの値上がりで三〇〇～四〇〇円位に縮小されたため、生コン各社の営業が極めてやりやすくなっていた。とはいうものの、三〇〇～四〇〇円の差は、究極的には生コンの方が「得」になるという計算が、建築施工技術者ではない生コン業界人は、自信をもってハジキ出せないでいた。東京では到底考えられない「需要者の非常識」ではあったが、ここではこの流儀の方が「常識」だった。

大阪での需要者は生コン業スタートの時からモタついていた。しかしこの間における生コン各社の宣伝などの努力の結果もあって、国鉄環状線、城東線、桜島線等の工事、大阪、吹田線、地下鉄岸里線延長工事、港湾工事等、全て生コンが使用された。大阪の地盤はオランダのそれと同じく、年々非常な勢いで沈降しつつあり、この大都市を海底に没し去らせないように、その最も有力な道具として、生コン・セメントこそ必需品だったからである。

日本初の傾斜注入方式を採用

一九五六年四月、近畿コンクリート工業社が日本初の傾斜注入方式を採用実用化した。この方法の利点は、①手詰めが目分量による測定であるのに比べ、計算され合理的に調整できて材質が均等となる。②蓋の締目より漏れるコンクリートロスが皆無で材料の節約となる。製品の外観が優美で工場も汚れないなど。この方法により能率は60％程度跳ね上がり、人件費も二～三割減少した。

つまり従来は製品一本に六人で八分かかった作業が、三人で三分に短縮された。

1959年頃の大阪環状線
港大通りでの工事風景

同社が傾斜注入法のテストを開始すると、業界の内外ではこの方式を白眼視し、成功を疑ったが、関電と小野田の資力で押し切り、遂に成功した。

生コンプラント出荷数
（万立方メートル）

1955年	62
1960年	670
1967年	5,220
1969年	8,460
1971年	11,000

生コンプラント数

1949年	1
1955年	11
1960年	80
1965年	692
1968年	1,291
1971年	2,866（うちJISは1,192）

セメント国内需要
中・生コンの割合

1955年	1.9%
1958年	4.9
1960年	9.6
1963年	21.8
1966年	35.2
1968年	43.6
1970年	52.5
1971年	55.3

出典：『セメント年鑑』より

当時の関西販売店の状況

「セメント新聞」一九五五（昭和30）年九月記事から当時のセメント販売事情を見ると、**「巨大販売店「植田」、神戸、京都の販売店」**なる見出しでこう書かれている。

「大ていの府県で、販売店間の長老的存在が一人や二人はあるが、大阪にはそれがなかった。勿論岸和田の木村兼太郎氏（先代）のように、古い人が全然いないではないが大販売店では、第一期生が大正の中期頃からの人が多い。

また、関西の老舗といえば、京都の山内灰考、大阪は品川、神戸は…今は全国的な組織を持っている樫野石灰（本社は徳島）等々と、小野田勢が有力で、しかし数から言えばアサノの方が有力である。

小野田が大販売店主義をとっているのに対し、アサノは中堅クラスが多いので一つの地区にデーンと腰をおろして、網の目のごとく販売網を張っているのが特徴である

磐城社は小野田、日本社と並ぶ三大社で、近畿地区では比較的出荷量が少なく、販売店の数も多くない。姫路の北浦商店は神戸、大阪にも出張所を設け進出している。

窯業社の大栄商店（神戸・姫路）は北浦商店の姉妹店。同じ磐城では原田化工があり、かつては品川商店の下店で、昨年磐城の特約店に昇格している。京阪神で大きな地盤を築いている西筋メーカーでは、まず豊岡社がある。

宇部社のマークは、まず谷山商店大阪市交通局、港湾局等の官庁を窯業の第一商事と共にほとんど独占するなど、近年最も目覚しい販売店の一つに数え上げられていて品川、小山内、玉置、中西等と共に、大阪ベスト五と数えられている。

野沢社にいくと大阪では富士商会、他に岡田商店あり、八幡製鉄では木下、鉱澤、有光、三晃という大物が並ぶが、本社が大阪にあるのは岩井産業だけで、岩井産業といえば大阪資本の代表的商事会社で、三井、三菱、住友の系列に入る筋である。

麻生社では、中西商店の独占場で、大阪のベスト五に入る全国的有力店である。

中西商店は、和歌山、南紀方面に相当の勢力を持つ。電化、三菱社は最大の大物窯業社で、大阪市需要の半数近く、二〇余件の販売店をもつ窯業社は文字通り群雄並び立っている。

京阪神の中で最も市況が安定しているのが神戸である。

最も大きな原因は小数の大販売店という点に懸かっているところにある。

年別セメント需要は、恐らく大阪、名古屋に次いで日本第三の消費都市。それに対してセメント販売店数は、日本社では河合商店、木村建材店、小野田は樫野石灰、窯業社

では寺沢商会、宇部の松尾商店、これに植田商店を加えてわずかに六店を数えるだけである。人口一〇〇万の大都市にセメント問屋六軒というのは類例がなく、それに磐城の北浦、アサノの市田、麻生の中西等が出張所をもっている。

京都では、年間需要一六万トン強、つまり熊本、富山なみのペースだが、販売店の数となると一二〇万の京都には一六件のセメント問屋がある。そのほとんどが老舗であり、販売店相互の申し合わせがほとんど実行されないという不文律がある」

三　労組の誕生――低賃金、無権利、「タコ部屋」の前近代的な奴隷労働

すでにその概要はみてきたが、生コン産業が関西に初めて誕生した一九五三（昭和28）年であるが、当時の日本経済は朝鮮戦争の特需ブームで敗戦の打撃から立ち直り、重化学工業の本格的確立に向かう〈日の出の勢い〉であった。

この時期、生コンは「作れば売れる」という大口需要に沸き立っていた。需要があればそれに合わせて生コンが練られて現場へ運ばれる。早朝から深夜まで、休日も返上しての操業の毎日だった。セメント・生コン産業の資本家にとっては「輸送費の圧縮」こそ、もうけの源泉だったからである。

「関西地区生コン支部が結成される（一九六五年）以前の生コン輸送労働者の状態は、低賃金・長時間労働であり、労働基準法などカケラもない状態で、一言でいって『タコ部屋』であり、それを維持するための暴力的労務管理であったことが大きな特徴である。

残業は月に二〇〇時間をこえ、年間休日は日曜を含め二一～五日。会社の名ばかりの

『仮眠室』で少しばかりの睡眠・休憩をとって、何日も家に帰らずに、朝星・夜星を仰ぎながらの連続勤務につき、弁当も信号待ちや積み込みの間にミキサー車の運転席でかきこむという毎日だった。

こうした劣悪な労働実態を強制してきたのが業界独特の体質ともいうべき暴力労務支配である。暴力団を導入して一言も物を言えないという状況を続けてきた」（『風雲去来人馬』一一八頁）

こうした「タコ部屋」の暴力的労務支配による地獄の奴隷労働の実態は、末尾にふれた戦前・戦中に鹿島組や麻生セメント等が強制連行してきた中国・朝鮮人労働者にしてきたものと同じであった。

そしてこういうセメントメーカーの前近代的体質は、先にみたように明治期の国家主導によるセメント産業の創業の経緯、その後の朝鮮・中国への侵略と多民族への暴力的支配を通じて膨張してきた日本企業――日本資本主義の体質を色濃く引き継いだものといえる。

このような中で、労働者の労働条件の向上と地位向上を目指して全自運の支部が次々と結成された。

最初に結成されたのは、小野田セメントの下請けの「東海運」。次に日本セメントの生コン部門・大阪アサノ生コンの下請け「関扇運輸」、梅田イワキ（現在の西宮生コン）、大阪セメントの直系工場の輸送部門「三生佃」「三生和歌山」など。しかしそれらはいずれも企業内の労働組合であった。

その後、六〇年安保闘争の最中、全自運傘下の此花・アサノ・東海運の三者共闘会議を母体にして、一九六〇年八月、経営側との「統一要求・統一交渉」を目指して「大阪生コン輸送労組共闘会議（生コン共闘）」が結成された。当時の労組のスローガンは、「残業なしで生活ができる賃金をめざそう」「日曜日ぐらいは休ませてほしい」といった切実なものだった。

その中で、一九六二年～六三年の全国生コン共闘、全自運非加盟も含んだ「関西生コン労働者共闘会議」結成など横への広がりなど全盛の頃は、「三六協定」（時間外労働や労働時間の決定）、日曜日休暇、固定給志向型の賃金体系への変更等を労働組合として実現している。

セメントメーカーの切り崩し攻撃

このような生コン共闘の闘いをセメントメーカー（資本）は、六四年頃から、「関西生コン輸送協議会」を結成し、労働組合つぶしの激しい攻撃をかけた。

その内容は、「組織を分裂させ」、「労組幹部の首を切る」、「企業を清算する」等、生コン労働者にとっては生き死にかかわる厳しい切り崩し攻撃だった。

セメント年鑑によると、一九六五（昭和40）年度のセメント資本の合理化実態は次のようである。（要旨）。

・二月一四日　小野田社　経営不振から第一次合理化案を労組に提示
・三月五日　豊国社　第三次合理化案　希望退職募集で一三四名解雇
・七月三〇日　大阪社大阪工場　一〇〇名希望退職を労組に提示
・一一月二日　小野田社　第二次合理化で八〇〇名（内一五〇名は指名解雇）希望退職を労組に提示
・一二月一七日　日本社　二カ年で一二〇〇名の「自然退職」人員削減等合理化を提示

これらの合理化のなか、小野田セメントは累積赤字八三億円を抱え、すさまじい合理化を断行し、管理職を含め五人に一人・一〇〇〇名を解雇し、三名の自殺者を出した。

関西地区生コン支部の結成――なぜ、結成されたか

こうしたセメント資本による攻撃に対して、組合では闘う方針を立てたが、生コン共闘は、それぞれが企業別に組織され、別個の指導機関を持っているため、企業別支部（組合）の連絡機関であったため、個々の闘争を統一的に指導することができなかったのである。

こんな中で産ぶ声をあげたのが、関西地区生コン支部（当時、全自連／全国自動車運輸労働組合）である。

関西地区生コン支部がなぜ結成されたのか？　その経過を、当時全自運三生佃支部の教宣部長をしており、結成された生コン支部の委員長となった武建一はこう書いている。

「――当時、生コン共闘会議を指導していた石井英明氏（故人）が中心になり、「生コン業種別統一指令部を作ろう」という動きが出てきました。

三生運送だけでも四つの営業所に別べつの支部があって、会社にそこをつけ込まれてどうしても統一対応ができないので、もう一度、個人加盟の原則に立ちかえって関生支部を作ろうという機運が盛り上がってきました。

この事では当時、全自運大阪地本で生コン担当であった石井英明氏のことを抜きに考えることはできません。（中略）この石井さんが当時の私をつかまえて、次のように力説

したんです。

『今日の各支部にかけられている合理化の手口は皆それぞれ違うんだ。企業や職場の状況を敵もよく分析し巧妙になってきている。』というわけです。

だから組合の方ではどうしても支部ごとに分断されて各個撃破されてしまうし、それぞれの「お家の事情」で物を見てしまう為に敵の攻撃のねらい——一番弱い所、隙のある所から叩いて行って他の所にも波及させているというような事が見抜けてない。

企業の枠を乗りこえた運動が発展しにくいという弱さを持っていました。

その弱さを克服するためにはどうするのかになって、私達は「統一した指導機関や決定機関をもっていない」、それから作っていこうという事になり、生コン支部ができるきっかけになりました。」（「風雲去来人馬」一二三頁）

企業の枠を超えた業種別統一指令部の誕生

こうして、一九六五年一〇月一七日、合理化の嵐のなかで、セメント・生コン資本の熾烈な攻撃に有効に反撃する手立てとして、どうしても単一の組合、統一的指導機関を持った組合が必要とされていたことにこたえて、個人加盟を原則とする小さくとも企業の枠を超え、議決決定権を持つ統一指令部として、五分会一八三名の結集する全自運関西地区生コン支部が出発した。

これに参加した支部は、全自運の三生運送佃支部、同千島支部、同和歌山支部、同苅藻支部、全自運豊英運輸支部である。

生まれたばかりの生コン支部にとって、結成して最初の七年間は一進一退をくりかえし後にみるように一九七三年春闘の集団交渉方式の採用、七五年不況のドン底での中小企業主導の産業政策の発表を契機に、以降、関西生コン産業における中小企業・労働者本位の民主化への発展のしんばり棒となっていくための、血も汗も流して踏み固めていく苦闘と希望への歩みが始まった。

資本の攻撃の只中で必要に迫られての関生支部の結成は、資本との闘いのために、闘いの中で、闘いの教訓から学びとった思想性、戦略性をつかみ政策に具体化していく、労働者の生きた知恵と団結の力を源泉としている。

それは関生支部の闘争路線、企業別を超えていく産別組織論、政策闘争優位の特徴をもつ関生型といわれる運動となって数々の成果をもたらし、特に闘いのドン底で次の運動の発展の契機をつかむところに発揮され、さらに磨かれていくものであるが、その原点はその支部誕生の始まりに宿っている、と言える。

証言／生コン産業創業初期、地獄の労働をめぐって

一九五五（昭和30）年、ハイロという強制攪拌方式のミキサー車が開発されたことは、画期的なことでした。それまでは、例えばいすずのダンプ式の車に生コンを積み、現場で生コンを降ろし、仕上げの「練り作業」をするといった幼稚な方法であったり、袋詰めセメントの場合は、建設工事現場で多数の労働者が袋セメントを肩に担ぎ、セメントと砂利と砂を混ぜるという、労力と手間ひまが必要なやり方だったのです。

ハイロの登場により、省力化、工期の短縮化が現実のものとなり、これが生コン導入の最大のメリットだったのです。

一九五八（昭和33）年頃だったと思うのですが、当時は夜・昼なしの出荷でしたね。当時の工場はほとんど「海岸工場」で、尻無川の地区や佃工場、千島工場、築港、桜島などがありました。

当時主流のハイロ型ミキサー車

セメントを海上から運び、砂利も海から採るという形でした。

輸送距離もめちゃくちゃでした。片道が一時間というのはザラで、佃から神戸地区、ひどい時には高槻や京都。大正区の千島工場から、南の方では二五号線の王寺あたりや、金剛山の麓の千早赤坂村の小学校の建設現場まで持っていきました。

朝から晩まで徹夜で運ぶという猛烈な労働条件が当たり前というような考え方でした。

（前・三生運輸㈱代表取締役のT氏）

N氏・当時の初任給は約二万一〇〇〇円、残業代が二万二～三〇〇〇円（一三〇時間）でした。

H氏・和歌山は残業が一五〇～一六〇時間／月。一回につき一〇円～二〇円の歩合がついていました。ほとんど歩合制の月給だったのです。

T氏・一年三六五日のうち、休日は五日だけ。よく残業する人は三〇〇時間／月もしました。本当に身体にこたえます。

当時の生コン運転手は「腰かけ」みたいなもので、残業をしまくってお金を貯めて、自分で事業をするか、バスに乗るか、田舎に帰ろうかと考えていました。

新婚の人は、残業に明け暮れて家に帰ることができないので、知らないうちに嫁さんをよそにとられたとか、信じられないこともおこりましたね。

H氏・あまりに仕事がきついので「金たま」が溶ける病気が流行ったものです。これは本当のことです。仕事しまくって、三日か四日に一回しか家に帰れないという状況でした。

T氏・そのような中、一九六三年頃には、月二回・第一と第三の日曜日に休暇がとれる制度が導入されるようになったのです。

付記／おびただしい犠牲の上に成長してきたセメント等建設産業の負の歴史を忘れてはならない

第二次世界大戦中の特に一九四〇（昭和15）年～四五（昭和20）年、当時日本の植民地下にあった中国満州や朝鮮半島では、徴兵・徴用として多くの民衆が日本に連行された。戦時中であった日本の労働力不足を補うために連れてこられた中国人は推定四万人、朝鮮人は一二〇万人に及ぶと言われている。

彼らは、鉱山・土木工事・壕堀・弾薬運搬などの過酷な労働を強いられ、虐待と暴力、飢餓により、多くの人が命を落とした。こうしたことに抗議して中国人、朝鮮人による蜂起も起こっている。

花岡事件

鹿島組（現在の鹿島建設）の秋田県花岡出張所で強制労働に従事させられていた中国人一〇〇〇名の内、一三七名が過酷な労働で死亡した。このことに抗議して一九四五（昭和20）年六月、八〇〇人の中国人が蜂起、日本人補導員四人を殺害し逃亡するという事件が起こった。

結局彼らは憲兵に鎮圧され、四一九人の中国人が虐殺された。

戦後、被害にあった中国人の遺族は鹿島建設を相手に交渉を続けたが、交渉が進まないため裁判を起こし、二〇〇〇（平成12）年一一月、鹿島建設が責任を認め謝罪し、現在は賠償金の支払い等和解する方向に進んでいる。

旧日本軍憲兵による過酷な拷問で多くの中国人が虐殺された秋田県花岡事件

麻生鉱業朝鮮人争議

麻生セメント（株）の麻生太郎前社長（第九二代の内閣総理大臣）の曽祖父太吉は、生前「筑豊石炭鉱業連合会」の会長をしていた。

一九三四（昭和9）年、日本政府に「炭鉱労働者の補充」に関する陳情書を提出したことがきっかけで、朝鮮人労働者の強制連行が始まったと言われている。

その後、三井、三菱、古河、住友等も労働者を要請、一九三八（昭和13）年、内務省より「朝鮮人労務者内地移住に関する件」の通達があり、本格的に強制連行が進められていった。

（注）一日本による植民地政策の始まりは、一九〇五年の第二次韓日協約以降のこと。

セメント産業――おびただしい犠牲の上に

戦前・戦中の建設業界等は、「タコ部屋（過酷な労働を強いられ、ここに入るとタコ壺のタコのように出られなくなるところから言われた）」という言葉に象徴されるように、過酷な労働と、中国人・朝鮮人・被差別部落民のおびただしい犠牲の上に成り立っていたことを忘れてはならない。

麻生鉱業所は、筑豊の石炭鉱業の中でも特にひどい圧制を労働者に強いた。

一日二食一七時間労働・休暇なし・賃金は半分で遅配、未配があたりまえという状況で、当時の特高警察ですら、「麻生の炭鉱はひどかった」と証言している（詳しくは、日本石炭鉱夫組合発行の「麻生罪悪史」参照）。

過酷で奴隷的な待遇は、戦時下警察の厳重な監視の中でさえ、麻生鉱業所移入者八〇〇〇人の内、四九一九人（61・5％）の朝鮮人労働者が逃亡し、その後蜂起した彼らに会社

九州の炭鉱王とされた麻生太吉だが、その財は、朝鮮ほか人々の犠牲の上のもの

側は、警察や特高だけでなく暴力団まで動員して、虐殺・血の弾圧を繰り返した。麻生一族は、朝鮮・韓国の人達、日本の被差別部落の人達（彼らも同じように炭鉱で酷使されていた）の人生も搾取して莫大な富を築いた。

セメント業界のルーツはこのようにして朝鮮人・中国人・被差別部落民の犠牲の上に成り立ってきたという隠れた歴史は見逃せず、戦後の生コン産業を指して「ヤドチョウ」産業（やくざのヤ、同和のド、朝鮮のチョウ）と揶揄されたのは、こうした歴史的背景があってのことだ。

第二期　挑戦の始まりと激動期、『赤旗』声明まで

一九六五～一九八二年

第二章　高度成長期と挑戦の始まり（一九六五－一九七三年）

この時期の特徴

この時期は、高度経済成長の第二期（一九六五年／昭和40年～七三年／昭和48年）にあたり、日本経済は、東京オリンピックの終了（一九六四年）後の不況に見舞われ、山陽特殊鋼やサンウェーブなどが倒産したが、六五年末には景気は上昇、七〇年までの五七カ月に及ぶ好景気が続いた（いざなぎ景気）。

この間、公共投資とベトナム戦争特需に支えられ、実質経済成長率は毎年10％を超え、生産力が飛躍的に増大し、一九六八（昭和43）年には国内総生産・GDPが当時の西ドイツを抜いてアメリカに次いで世界第二位になっている。

諸外国からは「驚異の経済成長」と注目されたが、その内実は、インフレの昂進と物価の上昇、下請・系列の締めつけ強化、公害問題の深刻化などの国内矛盾が蓄積されていたが、隠蔽されていた。

セメント産業も第四次といわれる発展期を迎え、石炭から石油へのエネルギーの転換のもと生産規模が大きく拡大した。そして高度経済成長の一九五五（昭和30）年からの一〇

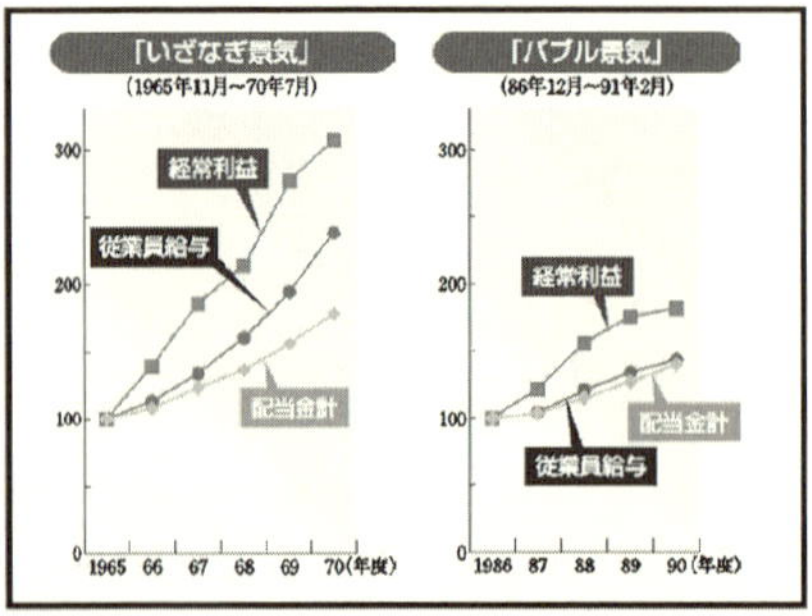

従業員給与の伸びが中間層を育んだ「いざなぎ景気」

年間は、主に地方農村の青少年が集団就職で大都市に移動し、生コン業界でも特に関西では四国、九州などの農家の青年や炭鉱離職者、さらに自衛隊を除隊した青年達が、ミキサー車運転手となって業界で働くようになっていた。

この時期の生コン業界は、協同組合や工業組合が次々と設立されていったこと、コンクリート技士試験の実施等、生コン産業としての体制が整っていった時代である。

一九七〇（昭和45）年の大阪万国博覧会終了後、通産省より「構造不況業種」として指定され、構造改善事業が施行された。しかし、生コンの構造改善事業は一九七九年からである。「スクラップ・アンド・ビルド」の風潮にしめされたように、儲け至上主義による欠陥コンクリートの問題が、後の時代に大問題となっていく。

その後、米ニクソン政府の「金ドル交換停止（ニクソン・ショック）」で世界中に衝撃が走り、七三年の第一次石油ショックで高度経済成長期が終了した。

労働組合においては、劣悪な労働条件の改善を主張、一九七三（昭和48）年に初めての集団交渉が実現し、集団交渉方式と中小企業経営者だけではなくその背景にある大資本にこそ責任があるとの認識と背景資本との闘争方針を確立し、後の生コン産業における産業政策闘争への大きな発展の契機をつかんだ時期であった。

一般情勢

一九七一（昭和46）年、ニクソン大統領はドル防衛のため「金とドルの交換レート」を突然中止（ニクソン・ショック）。ここに第二次大戦後の国際金融体制（ブレトンウッズ体制）が崩壊（その後、一九七三年スミソニアン体制の崩壊で、円は変動相場に移行）。

またこの時期は、資本主義の矛盾があらわになり、交通ゼネスト・沖縄基地デモ・海員組合スト・公労協・公務員統一ストなど活発な労働闘争が頻繁に起こった。

一九七二（昭和47）年五月、沖縄返還協定が発効し、沖縄の施政権が二七年ぶりに日本に返還された（沖縄県の復活）。しかし、「沖縄の復帰に伴う特別措置法」と安保条約が適用され、軍用地の強制収奪と在沖米軍基地が存続した。

同年七月、総理大臣になった田中角栄（一九七二年／昭和47年〜一九七四年／昭和49年）は、「日本列島改造論」を発表。しかしドル・ショック後のドルの国内流入が過剰に民間資本と結びつき、デベロッパーによる空前の投機的な土地の買占めを進め（土地投機）、七〇年代の狂乱地価を生み出した。

一九七三（昭和48）年一〇月の第四次中東戦争をきっかけに、原油価格が急激に上昇（短期間に三倍以上）、世界経済に深刻な不況とインフレをもたらした。日本経済のエネルギー消費量は、当時世界第二位であり、原油への依存度が高く、しかも99・7％を輸入に頼っていたので、その打撃は大きかった。

ここに高度経済成長は終了した。

（注）一九七二年国会における田中総理演説（国民福祉と中小企業政策）

【●豊かな国民生活を実現するために欠くことのできないものは、社会保障の充実であります。このため、今日までの経済成長を思いきって国民福祉の面に振り向けなければなりません。とくに、わが国は急速に高齢化社会を迎えようとしており、総合的な老人対策が国民的課題となっております。また、今日の繁栄のために苦難の汗を流してこられた方々に対する手厚い配慮が必要であります。

さらに、寝たきり老人の援護、老人医療制度の充実等をはじめ、高齢者の雇用、定年の延長

ベトナム戦争

1965（昭和40）年2月、ベトナム戦争が本格的に開始。第二次世界大戦後最大規模で行われたこの戦争は、アメリカが一方的にしかけた侵略戦争で「正義なき戦争」。

以後10年も続いた戦争では、アメリカ軍による大量の枯葉剤や化学兵器ナパーム弾による無差別爆撃が行われ、120万人超の人命が失われた（1975年3月終結）。

を推進してまいります。

（中略）
●中小企業については、国際化の進展等による環境の変化に適応し得るようにするため　構造改善の推進をはじめとする各般の施策を強化いたします。】
――として、中小企業の国際化等戦略が通産省から語られ始めた時期と重なる。

一　大阪万博と生コン産業

一九七〇（昭和45）年、大阪千里丘陵で「人類の進歩と調和」をテーマに万国博覧会が開催された。万国博は国の公共投資を大阪に引き出させるプロジェクトでもあり、大阪集中型の交通体系は整備されたが、生活関連施設の整備は遅れ、万博終了を機に公害問題や都市問題が拡大し大阪の地盤沈下がいっそう進んだ。

生コン産業の状態

生コンを初めて使った建設業者は竹中工務店、清水建設と言われているが、生コンの普及段階で大手業者と零細業者が生コンの経済性を認めつつ、合理化の一翼を担っていた。

一九六〇（昭和35）年、磐城社が、関西市場の足場を固めようと西宮・神足にセメントサービスステーション（SS）を建設し、五六切二基の生コンプラントを併設。宇部、三菱、窯業も相次いで生コン工場を建設、特に三菱は鶴見SS建設と同時に生コンプラントを建設した。

一九六八（昭和43）年度の生コン向けのセメント出荷量は、三八八万六三二七トンを記録、セメント出荷量に対する生コン構成比は49・1%と、ほぼ半分近く生コンの形で出荷されていて、関東一区に次ぐ第2位の記録となる。

地区内の六府県別にみると、各県別構成比と生コン向け出荷高は、滋賀県44・4%(二五万六五〇〇トン)、奈良県33・1%(一三万六〇〇トン)、京都府34・3%(二七万五四〇〇トン)、大阪府60・4%(一九七万三九〇〇トン)、和歌山県41・9%(二八万六六〇〇トン)、兵庫県44・6%(九六万九二〇〇トン)で、大阪府では実にセメントの六割以上が生コンで出荷され、大きなウェイトを占めている。

また日本海側や山間部が含まれている京都府と兵庫県の場合も、その需要分布は京都市周辺、神戸市、阪神地区が主体であるため、これらのみを集めた関西地区の生コンのセメント出荷上に占めるウェイトはさらに上回り、大消費市場における生コン時代の典型的な姿を現している。特に万博関係需要の大部分が生コン需要で占められたため、これが従来全国的に高かった大阪セメント出荷における生コン依存度をさらに高めた一因といえる。

万博後の生コン業界

万国博需要が終わりを告げた後の関西生コン業界は、ポスト万博の需要減による生コン市況の悪化が急速に表面化し、各工場とも四苦八苦の状態に追い込まれていた。

特に市況の落込みは激しく、京阪神の中心部から周辺郡部へと浸透し、各地区とも軒並みの出血受注に悲鳴をあげ、このまま推移すれば倒産工場が必至という最悪の状況に陥っていた。

ここ数年の関西生コン業界は、万国博関連の旺盛な需要増進ムードに包まれ、少なくとも出荷面では極めて好調な発展をとげてきたが、この間における諸経費・資材面の値上がりによるしわ寄せが生コンに集中し、地元の業界ユーザーにとっては、万国博という国家的事業に強力を惜しまないという前提があるだけに、一向に伸びない市況を固めるよりも工事が円滑に推進することを優先課題にせざるをえない状況にあった。

つまり生コン工場側も、外にはこうしたユーザーへの協力体制、内には骨材・輸送・人件費などの上昇によるコスト高という二重苦の板ばさみの中で、極めて薄い利益を莫大な出荷量によってわずかに確保する形で推移していた。

特に一九六九年になり、骨材・運送・一般経費の値上がりは、万博工事が峠を越すのと合わせて次第に大きな圧迫要因となって業界を締め付けていた。

（注）—例えば各工場の平均上昇値をみると、骨材でトンあたり三〇円、㎥あたり五四円以上、人件費5～10％以上、輸送費五〇～一〇〇円以上といずれも上昇、一般経費を加えた立米あたり製造原価は二〇〇円を越える高騰ぶり。さらに輸送面の効率低下などを加えると、関西の生コン業者が数量景気の陰で、いかに苦しい経営を続けてきたかが想像される。

こうした市況と、製造コスト高要因をかかえた関西の生コン業界では、すでにポスト万博に対する危機感は前年度初めより各地区に浸透しつつあったが、これにさらに拍車をかけると共に、決定的な市況悪化へのダメージを与えたのは、万博需要のピーク終了の予想以上の早さだった。新年に入っても何ら持ち直しの気配もなく、急速に悪化の一途をたどり、遂に全地区に赤字市況が浸透してしまった。

この問題を解決するには、適正市況回復以外に、どうすることもできないところまで追い込まれていた。

販売店の状況

一九六〇年代、セメント販売業界は、流通業界よりセメントから生コンへの転換でゆさぶられていた。つまり販売店が生コンへ転換し、三井・住友・三菱・伊藤忠などの商社が進出することにより、セメント販売業界の商圏（商勢力）は狭隘化をたどり、七〇年代後半の生コンからセメント二次製品への転換の促進過程で、これに適応できない特約販売店は脱落していった。

二　生コン協同組合が続々と設立に向かう

生コン業界が工業組合・協同組合の設立に入ったのは、一九六四（昭和39）年の大不況後である。この頃から全国的な規模で工場の乱立＝過当競争＝市況低落という一般中小企業群がたどる宿命的な道順を踏んでいた。しかも生コン工業は、わずか半径一五㎞以内（ＪＩＳによる規定、時間は一時間半以内）程度の小市場にすぎず、このため過当競争は一層過酷なものだった。

当時、名古屋の小牧地区では最低値一㎥あたり二八〇〇円という驚くべきダンピングが表面化した。

また、オリンピック後の反動市況が重なった東京地区では「アジテータ・ミキサー・トラックに一〇〇〇円札を貼って走っている」とまでいわれ、大手生コン業者は軒並み月間五〇〇万から一〇〇〇万円見当の大赤字を計上しながらで、まさに「ベトコン」といわれる様相だった。

仙台方式、岐阜方式と呼ばれる共同受注の開始

こうした実態の中で、宮城県と岐阜県はいち早く組合設立に踏み切り、独自の実績、能力調整方式をあみ出して共同受注体制に入った。これがいわゆる仙台方式、岐阜方式と呼ばれるもので、後に各地で始まった共同受注方式である。

その後、一九六八（昭和43）年秋から、関東の多くの地方でも、各工組でも仙台方式にならい共同受注体制に入っていく。一九七三（昭和48）年二月、セメント業界は生コン工業組合の設立に条件付で合意した。

その条件とは、

①非出資組合である（生コン組合は事業をしてはいけない）。

②セメントの共同購入は行わない。

③販売店の商権を侵さない（当時セメントの販売は販売店経由だったから）。

ここには、セメントメーカーが生コンを自分の支配下に縛っておきたい意図が如実に表れている。

一九六五（昭和40）年頃からは、順次協同組合の組織運営がなされていき、一九六八（昭和43）年一〇月、全国生コンクリート協同組合連合会が発足した。

共同受注の始まり、関西でも

一方、関西地区でも、和歌山県が先鞭をつけ一九七〇（昭和45）年一月一日から和歌山・海南両市を中心に、北は大阪府との県境、東は粉河町から名手に至る那賀郡一円、南は海草郡下津町におよぶ広範囲地域で共同受注が実施された。

滋賀県でも市況安定と経営合理化を目指して仙台方式に習い共同受注化の準備を進め、

湖南（七社）、湖西（二社）、湖北（五社）、湖東（六社）の四ブロックに分け、共同受注・共販システム化と四月実施を目指し、さらに奈良県でも協組設立の準備は進められていった。

関西における生コン協同組合発足一覧は次のようである。

・**紀南生コンクリート協同組合**／一九七〇（昭和45）年七月発足　一〇社一一工場
・**阪南地区生コンクリート協同組合**／一九七一（昭和46）年八月発足　一七社一九工場
・**北神地区生コンクリート協同組合**／一九七二（昭和47）年一月発足　五社五工場
・**東播地区生コンクリート協同組合**／一九七二（昭和47）年三月発足　八社八工場
・**阪神地区生コンクリート協同組合**／一九七二（昭和47）年四月発足　三〇社三三工場
—阪神生コン協の前身は、関西生コンクリート協会。阪神生コン協はその後、大阪兵庫生コンクリート協同組合へと改組改名したが、地区協の整備とともに解体し、一九七七（昭和52）年三月、北大阪阪神地区生コンクリート協同組合として発足。
・**姫路地区生コンクリート協同組合**／一九七二（昭和47）年五月発足　一二社一二工場
・**神明地区生コンクリート協同組合**／一九七二（昭和47）年七月発足　一〇社一〇工場
・**南大阪地区生コンクリート協同組合**／一九七六（昭和51）年一一月発足　一一社一一工場
・**神戸地区生コンクリート協同組合**／一九七七（昭和52）年一月発足
・**大阪地区生コンクリート協同組合**／一九七七（昭和52）年三月発足　一一社十三工場
・**赤穂地区生コンクリート協同組合**／一九七七（昭和52）年四月発足　四社四工場
・**東大阪地区生コンクリート協同組合**／一九七七（昭和52）年五月発足　二一社二一工場
・**北摂地区生コンクリート協同組合**／一九七八（昭和53）年四月発足五社五工場
・**淡路地区生コンクリート協同組合**／一九七八（昭和53）年八月発足　一二社一二工場

・氷上多紀地区生コンクリート協同組合／一九七九（昭和54）年一二月発足　五社五工場（以上、京都、滋賀、和歌山一部を除く）

生コン産業における公害防止問題

この時期、（一九六〇年代以降）、深刻な公害問題が進行した。全国的に公害規制が強化され、生コン工場も公害防止対策を厳しく要請され、違反には罰金等の措置がとられることになった。

生コン工場の公害といえば工場排水、粉じん、廃棄物、騒音が主で全生連でも公害委員会を設け、公害防止法規の周知徹底と生コン工場における公害防止対策指針を作成した。全国の生コン工場が公害を発生しないための指針となるように、実験データを調査整備する。沈澱槽の設備・処理方法・回収設備・ＰＨ調節計・沈澱槽の成分等の調査などを、工場規模の大小、地域性等を考慮し、標準的な防止設備、作業方法、処理方法等を複数の形で盛り込んでいる。

その結果、工場廃水処理設備は必ず施設し、工場外の放流は厳重に規制されるようになり、バッチャーミキサーおよびミキサー車の洗浄汚水は必ず処理し、無毒化して排水しなければならなくなった。

また、洗浄場設備を必ず設置し、産業廃棄物等は常時微量分析することなどが規定されている。

さらに、粉じんについては構内全般について、車両通路、洗車場周辺、その他空地、骨材受入ホッパ周辺、ベルトコンベヤーなど骨材搬送機、セメント受入れおよび搬送機、バッチャープラント、集じん機および集じん風車等について、粉じん防止対策を徹底する必要を求め、ヘドロ、捨てコンなどの廃棄物は、重金属処理に重点を置き処理することが規定されている。

また公害規制法規を遵守するため、特定工場における公害防止組織の整備に関する法律が制定施行されるとともに、公害防止管理者国家試験が行われ、その合格者を工場責任者として置かなければならないことになった。

ＪＩＳ改定と試験研究機関の設置

またこの時期、超早強セメントなどの開発で、生コンクリート製造についても技術的に試験研究すべき課題が多くなっている。

そこで全生連は、セメント協会、その他学界・関係業界と協議し、研究機関設立準備委員会を設けた。主原材料のセメントも超早強時代に入っていて、コンクリートもホット時代、軽量化時代を迎えていた。生コン技術もこれらの技術革新に即応して、原材料の品質と配合設計に関する技術の追及、さらには社会的にも公害防止管理技術面でも、専門知識蓄積のトレーニングセンターとして役立つ生コン研究機関の実現が待望されたのである。

三　関扇運輸、大豊運輸争議を大きな契機に

関西の生コン労働者の実態

この頃の関西の生コン労働者の低賃金・長時間労働の状態は、経営者のサジ加減一つで

決まっていた。

給与は「日給」と「各種手当」の体系が主流だったが、手当てには「精勤手当」「無事故手当」「洗車手当」「週休手当」「住宅手当」「家族手当」など多岐にわたっていた。「回数手当」は、一回運ぶと五〇円が支給される制度だが、いずれにしても低賃金・長時間労働による過酷な労働は、「タクシーの運転手になっても、生コン車には乗るな」と言う迷言を生むほどであった。

万博開催にあわせ阪神高速道路、大阪市営地下鉄等の工事が急ピッチで行われたが、労働者の低賃金、長時間労働は一層ひどい状況であった。特に地下鉄工事では、夜間九時頃から仕事にかかり、午前四時・五時の帰宅は当たり前で、仮眠をとり朝の八時には出勤するという異常な勤務状態であった。

当時のミキサー車は冷暖房の設備がなく、夏は運転席に水を入れたバケツを積み、走行中に足元に水をかけて暑さをしのぎ、冬は空になったペール缶に炭火を入れ、運転席に持ち込み寒さをしのいでいた状態であった。

関扇闘争、背景資本・アサノに勝利——背景資本との闘いを学ぶ

関扇闘争の出発点は、「日曜日休日」の協定を無視して日曜稼働を強行していたことに対するもので、親会社（背景資本）のアサノは、関扇運輸に対して契約更新をエサに組合つぶしを指示し、警察上がりの労務屋の導入、組合を分裂・乱立させ、第一組合への時間外労働のカット（日干し）や解雇攻撃に出てきた。社屋へのビラ貼りを理由に七名を逮捕、警察と会社が一体となった弾圧を行った。

だが、大阪地労委は不当労働行為を確認し、会社の残業停止の解除や解雇撤回を勝ち取

った。ところが一九六四（昭和39）年六月一六日、関扇運輸の社長・上田清太郎氏は、国電に飛び込み投身自殺したのである。

自殺した上田社長のポケットからは「永らくお世話になりました。アサノの指示によりシュンジュンしたため、第二勢力が崩れたためと、会社に金がないため自主的に進めなかったことによる。残念、残念でたまらん（原文のまま）」と書かれた遺書があった。

関扇運輸は日本セメントの100％出資の会社で、大阪アサノ生コンクリート専属の下請輸送をしていた。当時、大阪市西成区と東淀川区にそれぞれ十数台の車輌があり、一〇〇名以上の労働者を雇用していた。

関扇運輸には、労働組合（全自運）が組織化されていたが、同年四月に大阪府警曽根崎署警備二係長のY氏などが入社し、「合理化」案に始まる様々な圧力を労組にかけてきていたが、その最中の社長の自殺だった。関扇運輸の背景資本「アサノ社」が、突然二つの工場を閉鎖し、大阪地裁に関扇社名で自己破産を申請し、「破産」した関扇運輸の責任は「アサノ社」にはないと責任を逃れようとした。

関扇運輸問題は結局五年後の一九六九（昭和44）年一〇月、一八五六日間に及ぶ闘いの結果、親会社・大阪アサノを解決のテーブルに引っ張り出して労働側勝利で解決した。

このアサノとの勝利は、労働組合側に、①下請け中小企業は大企業の都合によりつぶされる。②労働組合の闘う相手は背景資本であると教えた。

後の「使用者概念の拡大」「背景資本追求」の闘いへとひきつがれていく。

親会社の責任で企業再開へ――「使用者概念の拡大」を獲得した大豊運輸争議

大豊運輸の労働争議は、一九七〇（昭和45）年八月、会社が突然工場を閉鎖し、一一名の労働組合員を解雇したことに始まった。

当時大豊運輸は、豊国生コンの高槻・守口などの四工場の生コン輸送を生業とする会社であった。三年後の一九七三（昭和48）年三月、中央労働委員会が立会い、親会社の三菱セメント、豊国セメント販売会社との間で和解が成立した。

協定の内容として特徴的なことは、

①和解協定の調停者として、三菱セメントが前面に登場してきたこと。

②大豊運輸は倒産したが、一一名の解雇された労働者は新工場へ継続して雇用されたこと。

③大阪地労委の「生コン輸送部門は、生コン製造部門の労務管理部門に過ぎず、法人的独立性より作業実態によってその責任は明白である」とする命令書

それは、「使用者概念の拡大」を基本的に承認したもので画期的な内容であった。

関西生コン支部の揺籃期を彩る三大闘争（関扇、三生、大豊）の勝利や、東海運など様々な労働争議を経験する生コン支部の創世記ともいうべきこの時期に、関生労働運動は、現実の攻撃を受けてその中で、「闘いなくして成果なし」の闘争路線の思想と戦略をみがき、自主性と大衆性・階級性を備えた作風と伝統を育て、背景資本との闘争を重視した産業別・業種別・地域別の運動を独自に創り、練り上げていく組合活動の基礎を築いた。

それは同時に、この時期、冒頭にみたような共同受注を軸とする関西全域での生コン協同組合の相次ぐ結成とも相まって、この六〇年史の二つの主体――中小企業と労働者がその組織化をもって、その後の七五年から八〇年代初頭への発展と飛躍、激動への決定的踏み石を置いたのである。

第三章　不況のドン底で進む協組と労組の労使共同の産業政策闘争の高揚——画期をなす「三二項目の協定」へ（一九七三—一九八二年）

この時期の特徴

この時期は、石油ショックに始まるかってない不況（スタグフレーション）を経験することで、不況脱却のための構造調整が行なわれた時期であるとともに、不況脱却後の七六年以降には国民の「中流意識」や「経済大国意識」が認識され、「貿易摩擦」が本格化した時代であった。

生コン業界は、一九七六（昭和51）年、通産省主導による「近代化委員会」が発足し「生コンクリート工業近代化のための六項目」が発表され、一九七八（昭和53）年には通産省により生コン製造業が、「中小企業近代化促進法」の『指定業種』『特定業種』の同時指定を受け、一九七九（昭和54）年三月より第一次の構造改善事業が実施されていく。（一九八七年／昭和62年三月終了）。

大阪兵庫生コンクリート工業組合が設立（一九七六年一月）されたのもこの時期で、奈良県など近隣県でも工業組合が設立されていく。

またこの時期には相次いで、公取委がセメントメーカー、生コン協組、直系生コン等に独占禁止法違反で勧告審決を行い、セメント業界と生コン業界の階層性（直系・専業）に指導が入った時期でもある。

一方、協同組合の共販事業は阪南協同組合が先鞭をつけ、そして共販事業の開始とともに、にわかに新増設問題が浮上し、その抑止策として工組と労組の協調的な連携がなされるようになった。

また、関生支部など労組の「集団交渉方式」の確立と拡大、中小企業と労働者の共同行動で共通の敵であるセメント資本・大企業に向かっていく政策闘争の確立と提起によって労組間の共闘の前進と集団的労使関係が飛躍的に進展した。

その結果、「八社協定」「新増設を認めない等七項目の協定」「雇用を第一義とする協定」「優先雇用協定」「三二項目協定」等の締結へと、この六〇年史において一つの大きな山となるような発展を見た時期である。

こうした工労の労使の集団的労使関係・結束への発展に対して、セメント独占・国家権力・共産党による労組への大弾圧と集団的労使関係の破壊が行われ、直系主導にまき戻すため「阪生会（後の弥生会）」が結成された。

関西の生コン産業において熾烈な攻防による激動の時を迎えた時である。

一般情勢

一九七〇年、日本万国博覧会終了後、それまでの花形産業の鉄鋼・自動車・家電に減産が起こり、高度経済成長を牽引してきた設備投資に陰りが生じ始めた。その後、石油ショックが直接的な原因となって原油輸入国の国際収支を悪化させ、戦後最大の不況となった。七七年一月に脱出するまで三六カ月を要した。

質的にも、消費者物価が狂乱高騰するインフレと、景気後退が同時進行するスタグフレーションを伴ったのを特徴とする。

高成長の時代は終わりを告げ、雇用調整が最重要視されると共に、徹底的な効率化が図られていく。

一九七六（昭和51）年度の倒産（負債一〇〇〇万円以上）は、史上最多で一万五六〇〇件に及んだ。

その後も一九七九（昭和54）年の第二次石油ショックを契機に一九八〇（昭和55）年～一九八二（昭和57）年への不況に突入していく。

七〇年代末～八〇年代初の日本経済は、高度経済成長期の鉄鋼・化学・石油化学産業など装置産業と家電・自動車・精密機械などの組立工業の二系列の重化学工業が中心であったが、この時期から自動車・電機・電子・通信・精密機械などの高度技術・知識集約型機械工業が急速な発展を遂げ、その後に続く情報化時代の幕開けとなっていく。こうして輸出市場に支えられた日本は好景気を維持し、「経済大国」となりアメリカとの貿易摩擦が本格化する。

一九七七（昭和52）年以降、自動車・電機・半導体などのアメリカの中核産業との間で貿易摩擦が生じ、これらの産業で輸出規制が強いられた。

（注）—特に、一九八〇（昭和55）年、日本が自動車の生産台数でアメリカを抜いて世界一となってからは、自動車をめぐる日米摩擦が深刻化した。

一　第一次石油ショック後の生コン業界

業界全体は史上初の大不況のドン底に

一九七四（昭和49）年、生コンは「一兆円産業」に成長を果し、しかしこれと同時に深刻な需要の冷え込み期に突入していく。

この年、生コン生産高は一億三三二二万六〇〇〇㎥となり、前年まで維持してきた稼動率30％台を大きく割込み、26・5％に低落した（対前年比89％、通産・承認統計より）。

この減産によるコスト高は大きく、これに対して市況は、こうした需要の冷え込みを反映して各地区とも低調に推移した。

関東では、セメント一、五〇〇円アップを含む原材料の騰勢を反映して、八月段階で九四〇〇〇円／㎥を目指しながら、その九〇〇〇円はおろか、都内は八〇〇〇円で持ちあい、都を除く三県下は、いずれ七〇〇〇円台を維持するに過ぎず、市況回復は望めない状況となり、東海、関西も七〇〇〇円台に止まり、悪化は全国に浸透していった。

（注）―同年のセメント年鑑は「後半に入ってからは安値受注、先取り契約が目立ちはじめ、手形も長期化し半年のところもあるといわれている。契約残の数量でも通常六カ月と言われていたのが三カ月程度に減少、この三カ月分の中には先行き工事の予定がたたないものもあり、年当初から早期回復を見込んでいた生コン業界もとうとう泣かず飛ばずで終ってしまった」と紹介し、概況では、
「前年の物件不足から一転して深刻な需要冷え込み期に突入、需給ギャップ率が嵩上げされる中で、セメントをはじめとする原材料の高騰、春闘ベースアップによる人件費の大幅値上げ、同様にガソリン、人件費アップによる輸送コストの急昇とスタグフクレーション下にあえぐ年となった。各地生コン協同組合は、きびしい情勢を踏まえ協業化へ一歩踏み出す積極姿勢を示したものの、総じて共同受注の成果は上らず夏場からは安値受注攻勢が強くなり、引合い上程方式による準共同受注体制を取っていた協組内部では、うら受注に苦慮する一幕もあり、内部的には疑心暗鬼が募っていった」と述べている。

こうして、一九七五（昭和50）年は、不況に明け不況に暮れた一年で、石油ショックを契機とする丸二カ年間の総需要抑制は、生コン業界に対して決定的な打撃を与えた。関東、東海、関西の三大市場は軒並みに30％余の大幅需要減をきたし、その実需の動向は七

一〜七二年（昭和46〜47年）程度のペースで推移していて、二〜三年間逆戻りした状況下となった。

プラント能力に対する操業度は22・2％に落込み、ピークにそなえて余力を持つ輸送部門さえもおよそ三分の二が遊休状態にあり、生コン業界全体は史上初の大不況のドン底にあった。

不況のドン底で「生コンクリート工業組合」設立

全国生コンクリート協同組合連合会、完全共販体制の推進

政府は重い腰をあげて、第四次の不況対策実施に踏み切ったが、効果がなかった。不況の最中に通産省からは「生コンクリート工業組合」設立への強い勧めがあり、全生連として工業組合設置運動の取り組みが始まった。

一九七五年六月、全国生コンクリート工業組合連合会が二〇団体の加入を得て発足することとなり、一九六八（昭和43）年以来の全国生コンクリート事業者団体連合会（全生連）は発展的に解消、法的根拠をもつ全生工組連が業務を継承。同年後半、岡山、大阪・兵庫、長野、山梨の各工業組合も誕生し、一二月末段階で、全国三四都道府県に工業組合が設立、不況対策としての調整事業に着手した。

一方、全国生コンクリート協同組合連合会は、新たに完全共販体制の推進を重点目標にかかげ、全国各地協組に対して共販の指導を強化していく。

新増設問題

「ミキサー車に千円札を何枚も貼りつけて生コンを運んでいる」

一九六五（昭和40）年ころは、生コンへの転換が進みプラント建設が相次いでいたが、一九七一（昭和46）年以降は、各地区とも大幅な増加は姿を消していた。しかし成長期のような大幅な新増設はなくなったものの、ドン底の年である一九七五（昭和50）年でも、増加は全国で一六三三工場を数えている（セメント新聞調査）。

一方、出荷動向は、一～三月・二七八二万㎥（81・6％）、四～六月・二五七一万㎥（79・6％）、七～九月・二七七七万㎥（88・0％）、一〇～一二月・三〇六五万㎥（86・9％）と、いずれも前年同期に比べて減少、これは政府が石油ショックへの対処という形をとって政策転換した総需要抑制策の影響が大であり、年度合計では、一億一一九七万㎥にとどまり、平均約10％の減少を余儀なくされた（生コン承認統計による）。

この承認統計からみて、生コンの需給ギャップはさらに拡大し、平均操業度は21％を割る結果となっている。特に関東、東海、関西など三大市場での業界が集計した出荷動向でみると、いずれも平均20％強の大幅減となっており、市況の低迷と相まり東京の場合は1㎥当り二〇〇〇円、東海、関西でも同一〇〇〇円を越える赤字経営を強いられた。「ミキサー車に千円札を何枚も貼りつけて、生コンを運んでいる」という嘆きのたとえが生れたのもこの頃である。

生コン産業近代化委員会の発足

一九七六（昭和51）年に至っても生コンは長期不況の泥沼から脱せず、ついにこの年の稼働率は前年の20・2％からさらに割り込み、18・3％という、最悪の状態に陥った。問題解決の深刻さは、もはや全生工組連、協組連をはじめとする業界単独の対策では解決できないほどその度合いが増していた。

政府通産省は、同年二月、「生コン工業近代化のための六項目」を提起し、これをきっかけに同年九月、「生コン産業近代化委員会」が設置された。（生コン、セメント、通産省の官民で構成）。

そこでの検討事項は、①過当競争の防止対策、②取引条件の適正化を二本柱に、協組の共同販売の実施などをめざし、実行に移すための組織として、近代化委の中に第一部会（組織）、第二部会（設備）、第三部会（取引条件）の三分科会を設けた。

（注）―調査等で分かったことは、三大都市圏で三割以上の会社が㎥あたり一〇〇〇円の赤字であること。設備については36％が過剰であるという意見が集約されている。

こうして、近代化計画を業界あげて取組むことで、生コン業界は起死回生への努力を続け、生コンの生きる道を追及していった。

公正取引委員会、直系生コン六社を協同組合から脱退勧告

一九七三年の石油ショックの嵐が日本経済を直撃し深刻な不況とインフレが同時に襲う（スタグフレーション）なか、セメントメーカーも七四年六月、20％の大幅な値上げを実施したが、公取委は各セメント会社に立入調査し、価格協定の破棄を勧告した。

さらにセメントメーカーが生コン業界を支配している構造に、「ヤミ価格協定」の疑いで生コン業界に一斉立入検査を実施するとともに、「直系生コン企業六社の協同組合からの脱退」勧告を発令した。

翌年一九七五（昭和50）年三月には、関西や北海道の直系セメントメーカー七社に、「協同組合・独占禁止法の適用除外」の趣旨に背くという理由により、協同組合からの脱

退を審決している。

その後も、一九七八（昭和53）年に、公取委が大阪の五協組に独占禁止法の疑いで立入検査を実施。一九八〇（昭和55）年、公取委が大阪の五協組に独占禁止法（協組間価格カルテル）で勧告、一九八一（昭和56）年、公取委が大阪兵庫工組に独占禁止法違反で勧告、一九八三（昭和58）年、公取委がセメントメーカー一四社の独占禁止法違反に排除勧告、一九九〇（平成2）年、公取委がセメントメーカー一一社に課徴金カルテル行為で勧告、一九九一（平成3）年、公取委がセメントメーカー一二社に課徴金カルテル行為で一一二億円の支払い命令など、公正取引員会によるセメントメーカー、生コン業界への摘発が続いた。

資料（一九八三年四月一五日　セメント新聞記事より）

公取委セメント一四社に勧告（要旨）

公正取引委員会は六日、セメントメーカー一四社に対し、南関東、近畿、中国（岡山、広島両県）、九州の四地区において五十六年秋以降、価格協定、出荷制限など独禁法違反行為があったとして、同協定の破棄などを内容とする勧告を行った。

勧告を応諾した場合、審決となりこの内容にもとづいて課徴金調査、算定が行われ、数カ月後に納付命令が出される。

課徴金の額は「ヤミ協定の実効期間の売上額の一〇〇分の二」と規定されているため、この実効期間をどうみるかでその金額は変わってくるが、四地区の勧告書の内容から推計すると、総額で一二～一三数億円、一社平均一億円程度となりそう。

公取委の勧告書によると、違反事実があったのは南関東（業界区分での関東一区）、近畿（大阪、兵庫など六府県）、中国（岡山、広島両県）、九州（七県）の四地区で、これに関係したのは、日本、小野田、住友、三菱、宇部、秩父、大阪、徳山、麻生、新日化、敦賀、日立、電化、三井の一四社。

近畿地区ではこのうち一三社が関係、五六年九月一六日と一〇月一三日に会合を開いて、バラ、袋物それぞれについて価格引き上げ、出荷停止方針などを決めたとし、

①今後共同して価格決定せず、各社が自主的に決める旨、取引先、需要社に周知徹底させること。

②今後価格の維持や引き上げを目的として、同業者間の会合を開催しないことなどを勧告した。

勧告を受けた一四社は、セメントブランドを持つ一七社のうち、北海道、東北のみをエリアとする日鉄セメント、東北開発と、沖縄のみをエリアとする琉球セメントの三社以外の全てである。

二　労働組合による産業政策の提起と大きな成果

中小企業と労働者の集団的労使関係の進展

関生支部「集団交渉方式」の開始

一九七三（昭和48）年の石油ショックをきっかけに、日本経済がスタグフレーションという前代未聞の不況の嵐に巻き込まれるなか、セメント事業も暴落するとともに生コンも

日に日に安売りされていった。大阪セメントなどでは倒産の噂さえ出る状態であった。

セメント産業は、戦後一貫して不況知らずの急成長を遂げてきた。

しかし肥大化したセメント資本は、巨大金融資本の系列下に組み込まれると共に、他方では慢性的な過剰生産に追い込まれていき、まさに生コン市場を安定確保することで産業の安定維持をはかる必要に迫られていたのである（七五年時点でセメントの生コン転化率は60％に上昇していた）。

一九七三年は、生コン支部が初めて七三春闘での集団交渉を開始した時期で、七三年～七五年の集交方式による賃上げ成果は、非常に大きなものだった。（例：七三年　二万五〇〇〇円、七四年三万八八〇〇円など）。

労組より政策課題の提起——なぜ政策課題が必要になったか

一九七四－七五年、労働組合より初めて政策課題が定式化されて提起された。

なぜ政策課題が必要だったのか。

生コン支部は「使用者概念の拡大」「背景資本の追求」を掲げて多くの成果を獲得した。だが、七三年以来のドルショックと石油ショックのダブルパンチの空前の不況の中で、業界そのものを淘汰してでも生き延びようとするセメント資本の攻撃に対抗する新たな打開方針が必要であった。

そこで、中小企業と労働者の共同行動によって、セメント・生コン独占資本と対決して業界の自立を確立することが、中小企業の安定と労働者の生活向上につながるという路線—政策課題の提起が関生支部より発せられたのである。それは、セメントメーカーと中小生コン専業者の矛盾が拡大・進行しており、この業界の大半を占める中小企業の経営者の立ち位置を明確にすることが避けられないと判断し、「中小企業の二面性」理論にたどり着いた。

つまり、中小企業は、一方では大企業（独占資本）・メーカーから収奪されながら、他方で労働者を無権利状態において搾取するという二面性があるという理論である。

後に「一面闘争・一面共闘」方針となっていく決定的ともいえる産業政策闘争の思想性と戦略性を確立させたものといえる。

「中小企業八社協定」

このような政策課題を提起していくなかで、労働組合としての最初の政策闘争とその成果は、一九七四（昭和49）年締結された「中小企業八社協定」に見ることができる。

その後一九七五（昭和50）年八月一日、「生コン政策懇談会」が、三八社の関西の生コン製造・輸送会社と労働組合の間で開催され、労組側より、七四〜五年の短期間に一三の生コン工場が倒産するなど、中小企業と労働者が危機に見舞われているので、労使に共通する政策提言――①対等取引関係の確立と業界自立への道筋、②優先雇用等の雇用問題などが提言された。

これ以後、労組より政策闘争の定式化した「政策パンフ」の発表もあり、こうした政策課題の積み重ねにより生コン業界の賃金・労働条件の統一化と、セメント・ゼネコンに挟撃された中小生コン企業の業界としての自立化に向かって前進が始まっていくのである。

生コン近代化計画推進と工組による雇用保障協定

一九七六（昭和51）年、通産省が「生コンクリートの近代化のための六項目」を発表し、七八（昭和53）年には中小企業近代化促進法の「指定業種」「特定業種」の同時指定をした。

いよいよ政府が主導して、構造改善事業に取り組むことになり、まず「生コン近代化委員会」が全生連・セメント協会・通産省の三者で発足した。しかし、生コンの構造改善事業はその鳴り物入りの「近代化」の掛け声にもかかわらず、この事業は、一口で言って、セメントメーカーの主導による過剰設備の共同廃棄・合理化を推進するものであった。

またそれは、中小企業の経営者にとっては倒産の不安を、他方で労働者にとっては雇用保障問題への不安を高めるものとなった。

それは、一層の政策闘争への拍車をかけるものとなった。

怒涛のような新たな産業政策闘争の発展——集団的労使関係の確立へ

一九七六年度、「政策課題一〇項目（雇用福祉基金の設立、賃金労働条件の統一、中小生コン社への優先受注、労働者の社会的地位の向上など）」を作成した労組側は、翌七七年には、通産省主導の近代化計画に基づく「構造改善事業」について、

①構造改善にあたっては「雇用を第一義課題」とする

②プラント廃棄のかたわらで新増設（スクラップ・アンド・ビルド）があるという問題への抑止などの提言をし、ゼネコン等と対等な取引きを実現するため業界全体として努力する旨要求した。

一九七八（昭和53）年三月には直系工場で組織する阪生会と懇談会を開始、四月には生コン支部より「政策パンフ第二号」の発表、五月には新増設を認めない等七項目にわたる協定書が大阪地区生コン協組と労働組合で締結された。同年一〇月には輸送協議会、阪生

会と労働組合が合同してセミナーを開催、「生コン産業の近代化と雇用労働条件」について検討された。さらに同年七月、大阪兵庫工組と労働組合の間で第一回の交渉が開始され、一九七九（昭和54）年四月以降、月一回ペースの具体的な交渉が開始されていく。

同年七月には、三労働組合と工組、輸送協議会、阪生会の六団体で「生コン産業の近代化を進める会」が発足。

一九七九年、住友セメント、北浦商事、竹中工務店による「神戸苅藻島新プラント設立」問題がもち上った。労働組合と神戸地区協組が一体となって、「北浦商事物件排除と竹中工務店の不買運動」を展開した。結果、一〇億円以上かけて完成していた生コン工場の稼働を中止させた。この闘争は後の新増設反対運動に大きな力を与えた。

一九八〇（昭和55）年二月、大阪兵庫生コン工組は構造改善計画を申請したが、「その際に配慮すべき事項」として、「労働者の雇用不安を払拭するため、雇用確保を第一義とする」ことを加えた。ここに「工労の協調的労使関係」という新しい体制が、後の大阪兵庫生コン関連事業者団体連合会（八二年七月設立）として工組活動の中に確立された。

一九八一（昭和56）年四月、労使協議機関として、「特別対策委員会」が設置され、この「特別対策委員会」の下部機関としてテーマ別の五委員会（雇用対策委員会、賃金労働条件委員会など）を設け、特に民主的労使関係の確立と中小企業の権益、労働条件の向上などが謳われている。

労働組合側は、独占資本と対等な関係を構築して、中小企業と労組が連帯し、産別闘争や地域闘争を進めていくことを方針として掲げてきたが、

①「大阪兵庫生コン関係事業者団体連合会」との集団交渉は、日本的な企業内組合から産業別組合闘争への実績となり、

②構造改善事業等の推進のため、大阪兵庫生コン工組と連携することは、地域闘争にあたると、この二つの実績を「新しい領域」と意義付けられた。

特に、構改による雇用の受皿として「大阪兵庫生コンクリートサービス会社」に労働組合が資本参加し、役員を出すことは中小企業との「ヨコ」の連帯を如実に表していて、セメントメーカーの「タテ系列」を極力薄めていく方針となった。

芦屋技研センターにて「労使共同セミナー」開催

一九八一（昭和56）年一一月、完成したばかりの技研センターを会場に「労使共同セミナー」が開催された。主催は、大阪兵庫生コン関連事業者団体連合会（経営者三団体）・大阪兵庫生コンクリート工業組合・関西生コン産業政策委員会（四労組）の三団体で参加者は各地区協組（八六名）・労組（五一名）・来賓等一五一名。

一、生コン産業の現状と構造改善事業について　大阪通産局　岡本生活物資課長

一、構造改善事業（共同廃棄）について一　大阪兵庫生コン工組　武藤理事長

一、構造改善事業（共同廃棄）について二　大阪兵庫工組　田中常任理事

一、一九八二年度運動の基調について　関西生コン産業政策委員会　武事務局長

終了後には活発な討議が行われ、そこでは労使の連帯と協調の合意形成ができたことの歴史的位置づけが謳われ、将来の生コン産業の安定と労働条件確保のためにはセメントメーカーの拡販政策に対抗する必要があると語られた。

三　画期をなす「三二項目」の確認

集団交渉については、経営側は「関西生コン経営者連盟（生コン輸送協議会・輸送業者・阪生会等を母体に設立）」から大阪兵庫工組が集団交渉の責任者になり、労使二〇〇名のマンモス団体交渉が実施された。

一九八二（昭和57）年四月の春闘では、妥結したベア額は一万五〇〇〇円だったが、他に総合福利厚生などを含んで二万六〇〇〇円程度。（当時の大型ミキサー運転手の年収は平均五一二万五〇〇〇円とされる）。同年七月、「大阪兵庫生コン関連事業者団体連合会」（大阪兵庫生コン工組傘下の一二協組と生コン輸送二団体）を経営者団体として設立、春闘等対労組の経営側窓口となった。

同年八月、生コン団体連合会と政策委員会加盟の各労働組合との間で、それまでの労働協約事項や合意事項あわせて「三二項目」について確認しあった。

現在に至るまで、工組との間で懸案となっている生コン産業にとっても画期をなす、いわゆる「三二項目」の確認である。

経営側と協議で実現した政策等には、保養、研修設備の設置として、大阪兵庫工組の「組合会館（大阪駅前第3ビル4階一九八〇年／昭和55年九月完成）」に続き、「たけの保養所（兵庫県竹野町：一九八一年／昭和56年六月完成）」、「技術研修センター（兵庫県芦屋市：一九八一年／昭和56年一〇月完成）」を建設。

工場の廃棄による雇用政策：一九八二（昭和57）年工組が九工場の廃棄を決定し、四〇工場の統廃合予定のため、特に退職従業員で生コン関係以外の就業希望者に「大阪兵庫コンクリートサービス株式会社」を設立し（労使で資本を拠出）、当面の事業として、建設現場におけるガードマン派遣を予定。さらに将来の雇用福祉基金として一〇〇億円構想が経営側より出され、ゴルフ場の建設など（により雇用を確保する）が予定された。

その他にも様々な提案があり、そこでは「労使の連帯と協調」という集団的労使関係確立への合意形成ができたことと、構造改善事業（共同廃棄）に対する共通認識ができたことへの歴史的位置付けが確認され、将来の生コン産業の安定と雇用、労働条件の確保のためにセメントメーカーの拡販政策に対抗していく必要があるという認識が示されている。

一九八二（昭和57）年六月二一日のセメント新聞には、大阪兵庫工組田中裕常務理事のコメントが掲載され、「セメントメーカーがしっかりしていれば、一〇〇億円構想・技研センター・保養所などいらなかった。メーカーは、批判はすれども実践しない。頭は良いが決断力がない。約束も不履行が多い。力関係で対応していく必要がある」と述べた。

「三三項目」

1. 茨木・小川・矢田の雇用責任とシェアー配分。
2. 組合員統一化による支部・分会の撤収費用の負担。
3. SSの集約化と雇用の確保。
4. 生コン工場新増設の抑制。
5. 年間休日一〇四日の増日。
6. 第二次共廃とシェアー配分。
7. セメント窓口の確保、大・兵工組は工組代表、その他は近畿地区本部長。
8. 希望者、退職金負担の問題。
9. 配転先労働条件の取扱い。

10. 竹野ロッジの建設を計る。
11. 生コン会館の設置。
12. 直系の専業化と輸送の一体化。
13. 小型の適正生産方式の設定。
14. 第二次共廃（神戸以西七協組）。
15. 生コン産業年金制度の確立。
16. 生活最低保障制度の確立。
17. 総合レジャーセンター建設（一〇〇億円構想の一環）。
18. セメント遺失利益の還元。
19. リクレーションの実施（五六年度分を五七年度に上乗せ）。
20. 海外視察団の派遣。
21. 退職金の保全（50％は労働組合が管理）。
22. 業種別・職種別賃金体系。
23. 私傷病補償の統一。
24. 交通事故処理案の作成。
25. 年次有給休暇の取得条件。
26. 人員補充、一車一・一人制と製造人員。
27. 会社創立記念日の取扱い。
28. 人間ドックと再診。
29. 一時金欠格条項の統一化。
30. 生コン運輸共済会の機能回復。
31. 満五七歳以降20％カット分の積立、運用方法。
32. 組合活動の賃金補償統一。

政策課題での労組間共闘の発展

こうした八一年から八二年にかけての数々の成果は、みてきたように共通の政策要求による集団交渉、集団的労使関係の発展によってもたらされたものである。

そして交渉主体が、大阪兵庫生コン工業組合（業者団体）に一本化され、他方これに対する生コン産業の主要な四つの労働組合の共闘組織になったことが大きい。

その原動力は何と言ってもこの時期の関生支部の組織拡大と主体的力量の強化に支えられている（一九八〇年から一年間一〇〇〇人ずつ拡大し、一九八二年には約三五〇〇人となっていた）。

この力を牽引力とした各労組間の共闘の成立と発展による。

七〇年代半ば頃より、上部団体も異なり、理念も路線も違う労組の共闘が進み、生コンコン支部と同盟、日々雇用労組三団体（新運転・自連労・阪神労）と生コン支部朝日分会などの統一要求による合同交渉・共同行動が前進した。

七八年から、全港湾労組も生コン支部・同盟とともに政策推進会議の準備に加わり、七九年には、この三労組の「政策推進会議」が発足。

その後、「生コン関係労働組合協議会」（生コン労協）発足に至り、八一年春闘時には、運輸一般（生コン支部）・全港湾・同盟交通労連などによる事実上の交渉・行政機能を持つ「関西生コン産業政策委員会」の結成をもって、様々な困難をのりこえて共通する要求の一致に基づいて共闘を発展させてきたのである。

四　セメント資本・国家権力・共産党による大弾圧と集団的労使関係の破壊。

大槻文平「箱根の山を越えさせるな」——三菱先頭にセメント総がかりのシフト

こうした八二年にいたる集団的労使関係の発展による産業政策闘争の前進は、全国的に大きな注目を浴びた。反応が早かったのは何よりもセメント独占資本であった。

大槻文平氏が会長を務める日経連は、その機関紙『日経連タイムス』紙上で、生コン型運動に対する経営者の警戒感をあらわにした。

「関西生コンの運動は資本主義の根幹にかかわるような闘いをしている」と発言し、またこの時期の『セメント新聞』の一連のキャンペーンは、「工業組合と労働組合が提携して独占への闘いを挑んでいる。これは人民公社的な運動だ。この闘いを放置してはならないし、『箱根の山を越す』ようなことを許してはならない」（要旨）。

独占資本が恐怖を感じ警戒したのには根拠があった。

八一年六月、神奈川では鶴菱闘争が運輸一般セメント生コン部会の全面的支援を受けて三菱に勝利した。

東京地区生コン支部の運動と組織も飛躍的に前進していたことに象徴されているようにこの時期「関生型運動」が名古屋に飛び火し、静岡から東京へと、「箱根の山」を越えて広がり始めていたからである。

八一年一一月には、大槻文平氏らの「箱根の山を越えさせるな」の指令を受けて、セメント協会会長は、生コン支部シフト体制として、流通委員会と労務委員会の合同対策委員

「コンクリート工業新聞」1981年（昭56）6月11日付

会を設置した。

これが、以後の政策闘争発展の牽引車となってきた関生支部への権力弾圧の総司令部となり、三菱を先頭に独占資本総がかりの大弾圧が始まる。

相次ぐ権力弾圧

当時、一九八〇（昭和55）年九月、大阪府警により突然実行された生コン支部労組事務所など数カ所の家宅捜査と組合員の逮捕事件（阪南協事件）から、八二年になっても一層の弾圧が続き、セメントメーカー、警察等による大阪生コン業界の取り組みを阻止し解体しようとする一連の反撃が強化されていく。

八二年、セメント協会の合同対策委と連動して、警察は大阪府警・東淀川署に「対策本部」を設置、常時数十名のプロジェクトチームを編成して弾圧を本格化させていった。

（注）—弾圧の手口は以下のようであった。一つの例であるが、経営者団体・工組・労組の三団体が「生コン産業の近代化を進める会」で決議し、「一〇四日協定」としたものの実施にあたり、北大阪阪神地区協組に所属する一社・阪南協に所属する数社が違反する。

しかし違反企業の社長から、労働組合から恐喝があったと訴えられ、一連の大阪府警による権力行使が実行される。この事件では労組の運輸一般関西地区生コン支部武委員長他が逮捕起訴される、というように。

民主化グループ事件

セメント独占の意を受けた権力弾圧は、労組から生コン業界・工業組合に向けられていく。永和商店を二分割した「東淀工業」「永菱工業」社長のS氏は、右翼団体「大日本殉誠会」の最高顧問をしていたが、一九八一（昭和56）年八月、同氏が中心となり生コン経営者一三名で「民主化グループ」を結成する。

「工労連帯」の中心人物で、大阪兵庫生コン連合会の会長をしていた田中裕氏に、工組資金の横領・着服があると非難（その事実はない）、同年夏の一時金支払いをめぐり、政策協力金を「ヤミボーナス」「工組と労組の密室交渉」等と攻撃するなど、S氏の「工労連帯」の破壊を目論んでいるような動きに対し、労働組合側は永和商店他でストライキを実施、工組側は制裁処置を発行した。

これらの経緯の後、「民主化グループ事件」は一九八二（昭和57）年二月、S氏の社長退任により一件落着した。

だが、その後S氏が大阪府警に名誉毀損等で告訴。

大阪府警が三月一日、労組の立入捜査を行うとともに、工組首脳部に事情聴収。さらにその後、工組政策委の事務所の立入捜査、背任容疑で工組五理事、恐喝容疑で政策委四労組委員長に強制捜査が及んだ。同年七月、工組の武藤元理事長・田中裕元常任理事、中司元理事が逮捕されたが、一九八四（昭和59）年三月無罪が確定している（労組側も一二名が逮捕、五名が起訴された）。

強制捜査と大量逮捕の結果は、この完全無罪であった。

しかし、この弾圧は、工組体制をマヒさせることで集団的労使間関係の崩壊をもたらした。（一九八二年／昭和57年四月、武藤理事長、田中常任理事が工組の役職を辞任したことで、対労交渉団の窓口はセメント直系社に配属された）

（注）一九八四（昭和59）年一〇月発刊の『月刊生コンクリート』誌で「工労連帯の終焉」と題する記事が掲載され、セメント新聞では一九八二（昭和57）年六月二八日号で、「工労連帯を断ちきるため、セメントは断乎たる決意を示せ」とある。

高田建設・野村書記長刺殺

一九八二年はこうした権力弾圧が吹き荒れて、その頂点に達した。

そんな矢先に、兵庫県東播地方にある高田建設分会書記長野村雅明氏が、出勤途上で会社の雇った暴力団に刺殺されるという事件が起きた。

この時期の弾圧が関西地区生コン支部を集中弾圧した。八一年の「三二項目協定」にみる政策闘争が全国に波及するのを恐れてこれを阻止したものであった。野村書記長刺殺も、こうした一環で、組合の闘いの要である分会つぶしを狙ったものであった。野村書記長を殺害した事件は、一九七三年の片岡運輸副分会長だった植月一則氏がやはり会社の雇ったヤクザに殺害されたのに続く大事件だった。関西地区生コン支部武委員長も、一九七九年の昭和レミコンが暴力団を雇っての監禁・暴行事件をはじめ、五回も殺されかけたり、自宅に火の玉を投げこまれたり、石でガラス窓を割られたり、消火器をまかれたりしている。

これら攻撃は、政策闘争の前進のしんばり棒となっている労働組合つぶしに手段を選ばない、資本の悪辣な本性を見ることができる。

セメント直系主導の新執行部の形成――「三二項目」切り崩しに、労組はストライキで対抗

こうした事態の中で、一九八二（昭和57）年六月二七日、大阪兵庫工組の通常総会が開催された。武藤理事長、田中常任理事など執行部七名を含む合計九名の役員の辞任にともなう新理事の補選が行われた。選出されたのは、溝田久慶（枚方小野田レミコン）、武田純一（大阪アサノコンクリート）、立花輝雄（関西菱光コンクリート）、遠山宏（大阪生コンクリート）など、いずれもセメントメーカーから派遣された直系生コンの役員。

溝田新体制はセメントから送り込まれた四名の執行部と各協組代表八名の常任理事を中

心とした体制で、セメントメーカーの意向を実行することが主な方針であった。

それは「工労協調路線」を廃棄し、「三二項目」協定を選別対応しきり崩していくものであった。労働組合側は、「三二項目」の不履行、ストへの賃金カット、残業補償の打ち切りなどに不服があるとして、各種ストライキ（早出残業拒否・指名ストなど）に突入して対抗した。

これらストが経営に与えた打撃は大きく、同年一二月二四日、工組の溝田執行部は、組合側の攻勢に耐え切れず、工組・労組による特別対策委員会を召集、そこで

①工組執行部は専業主体でバランスのとれた人事を確立する、

②「三二項目」はじめ継続審議については、新たな体制のもと誠意をもって解決にあたる——等労働組合に回答した。この確認は、「専業主導体制に再転換を認めた」もので、セメント主導の工組の溝田執行部は五カ月間の短い体制を終了した。

だが、セメント独占にとって思わぬ援軍が現れたのである。『赤旗』声明である。

日本共産党の機関紙『赤旗』紙上における運輸一般「声明」

その後、直系一一人委員会や直系七社グループを中心にしたセメント直系の巻き返しや専業木曜会などを中心とした専業社の思惑、労働組合側の主張などが入り乱れて、関西生コン業界は泥沼状態の紛争が続いた。

その渦中の一九八二（昭和57）年一二月一七日、日本共産党機関紙『赤旗』に「権力弾圧に対する基本的態度」と題した運輸一般中央本部の声明が発表された（いわゆる「一二・一七声明」）。

同声明は、今回の一連の権力弾圧の原因を「社会的一般的行為として認められない事態

が下部組織にあった」からだとして、権力弾圧にさらされている仲間を平然と切り捨て、権力に手を貸した。

（注）―一九八〇年代後半から関西生コンの労働組合・運輸一般に二年間でのべ三八名の逮捕者がでて、八二年一二月の赤旗声明の直前、東京の中央本部で恐喝容疑で三名が逮捕、中央本部等が家宅捜査される事件があった。日本共産党は翌年に控えていた総選挙のイメージダウンになると判断し、党を防衛するため「トカゲのシッポ切り」をしたと考えられる。

以降、生コン支部内の一般党員グループの分裂策動、共産党・運輸一般中央・各地本による政党の労組介入・支配・分裂攻撃が一年間にわたって繰り返された。こうしたセメントメーカー、警察、大阪兵庫工組・労働組合・日本共産党が入り乱れるなか、殺人事件も発生している。（一九八二年／昭和57年、野村雅明さん殺害事件）。

この日本共産党の背後からの攻撃とその後に始まる運輸一般労組内の紛争に、喜び漁夫の利を得たのはセメントメーカーだった。

八二春闘の協定、・約束事項、いわゆる「三二項目」を履行しないばかりか、直系七グループを中心に一九八三（昭和58）年、セメント主導の人事を確立させることに成功、政策委員会の機能を停止、工組と政策委の共同交渉を廃止するなどの工労協調路線を、総力を挙げて潰しにかかってきた。

（注）―そのため田中裕氏を中心にした宇部グループは協同組合を脱退、新しく近畿生コンクリート協同組合を設立。

京都事件の背景――過当競争の時代に逆戻り

賃金・臨時給闘争では、四労組（生コン産労・運輸一般・全港湾労組・全化同盟）結束で大阪兵庫工組との集団的労使関係を確立した。だが、労働側ペースで推移することを好まない一部勢力は、工組体制再編を狙い「特別背任・強要」などの疑いで、国家権力を介入させ、理事長・交渉団長などを辞任に追い込み、労使協調体制が大きく崩れた。
京都地区でも、四労組が政策課題を協議しセメント各社に対し拡販政策を慎むよう要請していたが、シエア拡大に走る住友セメントが労組弱体化を画策。メーカー側手先の国家権力が介入する「京都事件」がデッチ上げられた。
さらに共産党『赤旗』が、一二月一七日、突然メーカーへ追い風となる「権力弾圧に対する声明」を発表。これらにより、構造改善事業によって九工場を廃棄し安定した市場で、セメント及び生コンの適正価格が浸透し始めたのも束の間、業界協調は頓挫。価格は下落し、過当競争の時代に逆戻りする結果となった。
こうして、セメント資本は、警察—国家権力、日本共産党の背後からの攻撃という（援軍）をえて、工組体制を掌握し、政策委員会の事実上の機能停止、政策委と工組との集団的労使関係を崩壊させることに成功し、この年、セメントメーカーは勝利宣言を行った。

一九八三年九月八日コンクリート工業新聞　武委員長に聞く分裂問題（要旨）

質問：「赤旗声明」を出した原因は、警察権力の介入問題で、矛先をかわすためでしょうか？

答え：それは間違いなく基本にありますが、特に七月になってからは、共産党グループに、大阪地本などの委員長が（それぞれ共産党員）生コン支部を公然と分裂させていくようにしました。

質問：関生攻撃の狙いはどこにありますか？

答え：中央本部の狙いは、共産党の役員を関生の役員に入れ替え、共産党の下請機関にすることです。私に「反共分裂」というレッテルを貼り、社会的に私を孤立させることで関生支部の執行部を孤立させる。そういう雰囲気作りによって少数孤立している彼らが多数に転じていこうという狙いです。これは時々の支配者のなす権力的体質と共通しています。

質問：中央との問題により、大阪兵庫工組との約束履行を迫ることが弱まりませんか？

答え：結局、共産党グループは、現在の執行部を入れ替えすることが出来なくなったら、今の関生支部を割ってもいいということを公然と言います。我々は生コン支部を割られないよう全力をあげますが、最悪彼らが割っても工組との協定は政策委員会加盟組合（四労組）との協定ですから、分派した連中に拘束されずにむしろ力強い運動ができると思います。今回の問題で、組合員が自発的に盆休み期間も学習に励んでいます。だから今度の事態は組合員自身を質的に高めていくということになり、組織も労働組合の原点に立ち返って組織を作り上げるという上においては、絶好のチャンスが与えられていると思います。

第三期　後退の中で業界再建への核心を育んだ苦闘の時

——新自由主義との闘い（一九八三－一九九四年）

第四章　工労・集団的労使関係の破綻、分裂と混迷

——激しい労使の闘争へ

この時期の特徴

中曽根内閣による軍事拡大と医療費抑制、三公社民営化など新自由主義的政策の進行の中、生コン産業は中小企業近代化促進法による構造改善事業が三カ年延長された。その後も第二次構造改善事業が引き続き行われるなど、業界が構造不況業種であることが際立った時期である。

一九八三（昭和58）年三月、直系生コン社二一社二八工場で「弥生会」が結成され、発展し広がりはじめていた集団的労使関係を破壊し、関西の生コン業界をセメントメーカーが主導する従属的組織にするための巻き返しが激しさを増した。工労両者はこの動きに対抗するものの、日本共産党による運輸一般労組分裂策動や警察権力の介入（弾圧）などにより後退を余儀なくされ、セメントメーカー・弥生会・経営者会等が主導して業界への再編が進行していた。

一方こうした後退、分裂、苦闘のなかで、奈良県では、当時二年間に及んだ労使紛争を解決し、後の時代に「奈良方式」とよばれる集団的労使関係の再建が成功し、大阪で失敗

した業界経営が、奈良で成果をあげた時である。またこの時は、後の時代に大きな社会問題となる「欠陥コンクリート」等コンクリートの品質に、はじめて市民の関心が高まり、業界のコンプライアンス意識を促した時期でもあった。

こうして、八〇年代は総じてバブル経済の影響もあって何とかできた時代状況だったが、経営側にとって時代と産業構造の大きな変化、中小企業政策の変化を見据えて、業界の未来を思考し対策を講じなかったこと、またセメントメーカーが労組を「敵」と位置づけ一方的に排除し攻撃したツケが、九〇年代に一気に現実の苦しみとなって吹き出てきた。労組側もこの時代は弾圧と分裂とで傷だらけの時代で、「前門の虎（セメント資本・国家権力）」、「後門の狼（共産党・運輸一般）」に挟撃されて、苦闘を強いられた時である。

しかし、苦難は中小企業と労働者を鍛えた。この後退と激しい労使の闘争の中から、奈良に見るように、生コン産業の中小企業と労働者が、その集団的労使関係の再生と強化こそ危機を乗り越える鍵があると改めて確信し、次の業界再建への反転攻勢への道を開いていく。

一般情勢

一九八〇年代は、一九八一（昭和56）年「強い国家の建設」を目指す新自由主義勢力の登場であり、東西冷戦の緊張が一気に高まった。新自由主義と呼ばれるケインズ的有効需要政策を否定する政策が、米レーガン大統領と英サッチャー首相によって打ち出され、日本の中曽根首相がこれを強く支持し、新自由主義政策が大きな流れになっていく。（サッチャーリズム、レーガノミクス）。

日本も一九八二（昭和57）年一一月、中曽根政権の発足以来、ソ連の脅威という危機

M・H・サッチャー／鉄の女（Iron Lady）の異名をもつ英国初の女性首相（在任：1979年－90年）。当初新自由主義に基づき、電話～水道等の国有企業民営化や金融システム改革を掲げ、労働組合をその妨げになると敵視し、失業者を短期間に倍増させた。←写真は、G5会議で中曽根首相（右）と

意識を煽りながら、「強いアメリカ」を掲げたレーガン政権に追随し、経済大国日本を「国際的に開かれた日本」にするための市場原理を基本とする弱肉強食の新自由主義政策を基調として、中曽根「臨調―行革」―上からの「戦後の総決算」政治が断行されていく。

金融の規制緩和、独占規制緩和、企業・高額所得者に減税、国有企業・公的機関の民営化、自助努力による社会福祉政策の縮小、防衛費の対GNP1%枠の規制を取り払い、専守防衛の枠を越えて、日米共同作戦体制下での防衛力増強、そして当時の総評労働運動の背骨・国労の民営化である。国鉄の分割民営化の実施によって、国労を崩壊、総評を衰退させ、現在の御用組合・連合への日本労働運動の右翼的解体・再編への道を開き、戦後以来の労働運動に壊滅的な打撃を与えた。現在の社会が抱える、「非正規雇用等のワーキングプアー、過労死、うつ病、自殺」などの労働者に係わる問題の淵源はこの中曽根の「闘う労働組合潰し」にある。戦後の五五年体制を崩壊させ社会党に壊滅的な打撃を与えたのもこの時である。(後の小泉政権に続く新自由主義的政策の源となった。)

こうして、新自由主義政策による八〇年代後半の経済に特徴的なことは、金融の国際化・自由化を契機に金融活動の肥大化が起こり、これら金融行政の転換のなかで多くの資金が一度に創出する金融の肥大化が起こり、実態経済と乖離する「投機性の強い資本主義」に日本経済は傾斜していった。(バブル景気)

一九八五(昭和60)年九月、レーガン政権が政策を転換し、G5でドル切り下げの合意を取り付けた。(「プラザ合意」)アメリカの狙いは、ドル安へ各国が協調介入をすることにより、米国は輸出を増やし経済を立ち直らせようとした。プラザ合意により、急激な円高ドル安転換が始まり、大量のマネーが株式市場や不動産市場に流れこみバブル

R・レーガン／第40代アメリカ合衆国大統領、最年長で選出された大統領(69歳349日)。前民主党政権の政策が企業活動を阻害し、勤労意欲を奪ったとの主張から、市場原理主義を強行。軍備拡張する一方で、歳出削減と減税で刺激政策をとったが結果的に対外債務と財政赤字の「双子の赤字」を抱え、衰退化を早める。

経済へと進んでいった。

こうした新自由主義は中小企業政策にも大きく影響し、後に見るように、「大店法」の規制緩和・廃止、中小企業カルテルの縮小・全廃、中小企業対策費の削減などをもたらしていく。まさに、前節の大槻文平・経団連会長、セメント協会指令による中小企業と労働者の集団的労使関係の破壊、闘う労組への国家権力を使った弾圧、組合つぶし攻撃は、レーガン政権に追随した中曽根政権の上からの攻撃と一対のものであったことがわかる。

一　弥生会の発足と直系主導の巻き返し

一九八三（昭和58）年三月、「弥生会」が直系七社（三菱、住友、小野田、日本、八幡、麻生、敦賀）の生コン二一社二八工場で結成された。（『阪生会』に続く組織）。結成の目的は、セメントメーカー主導の工組人事の確立と生コン業界の実現、対生コン労務機関のためである。

弥生会結成の中心的人物の一人、西協生コン常務の八田常一氏は「工組連合会の時代に、労働組合との密室運営の中で直系排除の動きがありました。それで自ずと、危機意識をもった直系社が集まり、結束していきました。」と、一九八六（昭和61）年大阪地労委で証言している。直系グループ弥生会の結束は固く、争議等で損害をこうむった場合、弥生会全社で費用を負担するという取り決めもなされている。

翌年、大阪セメント、徳山セメント、三井セメントの直系社に輸送専業社も加盟して、セメント一〇社の労務委員会と弥生会代表幹事が協議を行い、弥生会が労働組合との団体交渉にあたることも委任された。

一九八三（昭和58）年五月、桜島生コン、新和生コンなど、宇部系生コン九社が突然、協同組合を離脱すると表明した。離脱の理由は弥生会の直系二一社が、宇部系七社の代表取締役田中裕氏を排撃するため、田中氏に背任があった等として告発したからで、そのことに抗議するため、宇部系九社が離脱表明をした。宇部系生コン九社の協同組合離脱表明の直後、工組の通常総会が開催され、席上、弥生会の直系二一社が、弥生会主導の直系主導の執行部の擁立を図り、一九八五（昭和60）年四月二五日、関西菱光生コンクリート工業社長の伊藤達弥氏が理事長に選出された。

（注）―離脱後、七月、大阪兵庫の宇部系九社は「近畿生コンクリート協同組合」を設立。発起人代表：桜島生コン社長　笠井伸圭氏。笠井氏は、「我々は自ら協同組合を脱退したのではない。直系二一社によって排撃されたのです。私の副理事長排除や、阪南協組において、新和生コン、興和生コン両社に新規物件を割当しないなどがあった。問題の根は深いが、例えば工組財政をめぐり、技研センターの売却を主張するなど構造事業に逆行することをしようとしていて、これまでの問題の責任をすべて田中氏のせいにしている。対労関係についても対決をあおるばかりで混乱を拡大してきた」とコメントしている（宇部社の協同組合離脱は翌年解決）。

弥生会による直系主導、続く労組への弾圧・分裂攻撃

一九八三（昭和58）年六月二三日、運輸一般労組は、大阪兵庫工組下の生コン社七一社と、直系二一社の納入セメント（セメント銘柄七社）の不買を行う他四項目を要求したが、宇部系を除く経営側が同意しなかったので、大阪地区、北大阪阪神地区など五地区三六工場で無期限のストライキに突入した。

同年六月二九日には、神戸卸販売協同組合（木村英司理事長）が共販を中止した（神戸卸販売協組は、同年三月より完全共販に移行していた）。ゼネコンの強烈な反発に合い、販売店の立場が流動的になり、断念せざるをえなかったため。

同年一〇月、日本共産党・運輸一般中央等は生コン支部に対して、組合の組織分裂工作を強行した。その結果、一九八四（昭和59）年一一月一八日、全日建連帯労組が発足。時を同じくして、大阪府警も組合事務所などを強制捜査し、労組組合員を多数逮捕した。

一九八四（昭和59）年一月、弥生会は「労使協定一部解約通知書」を各労働組合に提出した。その内容は、①四五時間残業保障制度を解約する、②組合用務による不就労・ストライキについての賃金補償の解約など。さらに、工組と協定している集団的労使関係、「三二項目」の破棄、生コン労働組合がそれまで獲得してきた民主化、団結権などの既得権を否定し、賃金・労働条件なども全面的に切り下げることを実行しようとした。

以上のように、一九八四（昭和59）年は、弥生会を中心とした直系経営側が全面的に直系主導へ巻き返すことに成功した年となった。しかし弥生会の活動が活発化するに従い、今まで大阪兵庫工組のもとに一本化していた対労窓口は乱立し、生コン業界は混乱を極めた。こうした中で、八四年六月、三八社が参加して「生コン専業会」が結成された。さらに専業会に参加しなかった企業が同年八月「生コン経営者会議」を結成。同会は生コン専業会に対抗して結成された専業組織だが、「第二弥生会」的性格の対労組織と言える。この結果、八四年後半から、経営者団体は、①弥生会、②専業会、③宇部グループ、④経営者会議の四つのグループに分裂し、混迷を深めていく。

1984年工組、32項目協定遵守の団交拒否／弥生会結成とその後の直系主導による工組人事乗っ取りで経営側は全面的巻き返しへ
←写真は、団交を拒否し、内側からカギをかけ立ち入り禁止を表示する工組事務所

二　「三二項目」協定などをめぐる労組の反撃と工組との攻防

一九八四（昭和59）年二月、大阪兵庫工組が労働組合の「団体交渉の申し入れ」を拒否するなどの行動をとったことに対して、労働組合は「団体応諾命令」を求める訴えを、大阪地方労働委員会に起こした。

一九八五（昭和60）年八月、大阪地労委は工組に対して「三二項目」の労働協約事項や合意事項等に関して、「速やかに団体交渉に応じよ」と命令した。その理由は、①従業員の労働条件について影響力を持つ。②工組自体が交渉の当事者である。③過去に締結している労働協約である等。

一九八六年四月、舞台を中央労働委員会（中労委）に移して調停が図られた。

一九八七年一〇月、最終的に中労委の立会いのもと、労組側の主張を受け入れた内容で可決した。大阪兵庫工組の伊藤達弥代表理事と、連帯労組生コン支部の武建一執行委員長の間で協定書が調印された。協定の内容は、①第一次共廃などにより失業した者への雇用責任と退職金の補てん、②保養所や技研センターの管理運営に労働組合を参加させる、③レクリエーションへの補助金の助成。しかし中労委が斡旋したこれら協定は、工業組合により履行されることはなかった。

（注）―「木原確認書」

一九七八（昭和53）年九月、大阪兵庫工組と労働組合は合意事項「木原確認書」を締結。それは通産省が「生コン製造業の中小企業近代化計画（第一次構造改善事業）」を告示し、工組が近代化事業計画（七九年一月）を通産省に申請する直前のことだった。その確認書には、「本事業計画の実施に伴う関係労働者の雇用不安を払拭するため、本組合は雇用確保を第一義とし万全の措置をとる」「実施にあたっては、関係者と事前協議し一致点を見出すようにする」等々が謳われている。

労働組合は、もともと「合理化反対」「構造改善反対」の声が大きく、近代化や構造改善の名の元に工場を閉鎖したり、労働者を解雇することには反対する。構造改善のなか、雇用の保障をどう取り付けるのかが、労組にとっての大きな問題だが、「木原確認書」で、工組が業界として責任を負うという約束ができたので、労組が構改事業に積極的な協力をするようになっていた。

一九八二（昭和57）年三月、構改の第一次集約が行われた時、約五〇〇人の労働者が希望退職に応じた。残る余剰人員については、工組が出資して新会社「(仮称)大阪兵庫生コンクリートサービス会社」を設立し、雇用の受け皿を作ることが計画された。この会社には労組の代表も取締役として参加し、工組と労組による管理会社として雇用責任を果たしていくことが確認された。工組が出資して雇用を果たし、行き先が決まらない人には、工組が賃金を保障し、職業訓練を実施することも確認されていた。しかし新しいセメント主導の工組は、雇用責任について「単なる雇用の斡旋にすぎない」と言い、これは「木原確認書」作成の経緯からしても正しいものではなかった。八一年当時の確認協定が、セメント直系にとって呑めるものではなく、後になって無理やり潰しにかかったというのが、一連の真相である。

三　奈良方式の確立

工労の集団的労使関係の再建へ

一九八〇年代、大阪兵庫の工労による集団的労使関係の取組みは、日経連・セメントメーカー・国家権力・日本共産党などが一体となり、関西地区生コン支部への弾圧もあり組織的に破壊され、崩壊していた。一方奈良県では労使の共闘が成功し、この労使による業界建設の集団的取り組みは、後年「奈良方式」と呼ばれることとなった。

当時の奈良県生コン業者は、常時過当競争に明け暮れしていて、原価を割る、安く程度の低い生コンが横行。さらに労働者の賃金体系もバラバラで、休日や労災・社会保険もなく、それらを要求するとすぐクビになるという不安定な労働条件であった。特に大阪や兵庫に比べて賃金も低く（一〇万円程度少ないといわれている）、生コン労働者は少しでも賃金の高い会社を渡り歩いているような状況だった。

奈良県の状況が他府県の市況にも悪影響を及ぼしかねないことに危機感を抱いた労働組合は、過当競争に終止符を打ち、生コンの適正価格の収受と労働条件を安定させるため、一九八一（昭和56）年四名のオルグ団員（三好峰人、加藤政一、奥林重夫、土居勉の各氏）を新奈良生コン社に派遣、同年九月に労働組合を公然化した。このことが、後の時代に奈良方式と呼ばれる「生コン奈良革命」を成し遂げるきっかけとなった出来事となった。当初、大手の稲川生コンを中心とする稲川グループは強固に労組と対決、ロックアウトや労働者の解雇をするなどして強力に抵抗したが、三年程度の後に和解が成立した。（当時の稲川グループの内、稲川社をはじめ数社がその後倒産、廃業している）。

一方、新奈良生コン社を中心としたグループは労組と集団的労使関係路線を取った。（しかし新奈良グループでも二〇一二年／平成24年、桝谷生コン社が生コン業界から撤退した）。

このように奈良方式確立までの初期の状況は、経営側と労働側の激しい闘争の連続だった。

業界再建には、何が必要かを教えた奈良方式確立への経過

一九八二（昭和57）年二月、奈良県北部協組が加盟八社で設立されたが（奈良県工組は

一九七八年／昭和53年設立）、労働側と第一回の集団交渉を実施した。当時奈良工組と北部協組では二五項目の協定が締結されていたが、北部協組内で協定履行をめぐり内部分裂した。（分裂により、奈良市内協組が設立）。

一二・一七運輸一般の「赤旗声明」が出るなか労働組合とも対立が深まり、以後二年間におよぶ労働争議が続いた。一九八四（昭和59）年一二月、争議が全面的に解決、組合員の現職復帰と新たに六社との解決条件として、新会社（タカラ運輸）が設立された。

一九八四年秋、弥生会の三人の代表が、関西地区生コン支部の事務所に現われ、セメントメーカーの労務政策に屈服することを求めた。そのいきさつについて、武委員長は次のように証言している。

「暑かった夏が秋風を運んでいた頃だった。突然に三人の男（弥生会代表稲田信義、経営者代表木村正隆、千田晶）が生コン支部の事務所に現われた。いわく『貴方は一世を風靡した歴史にのこる人物だ。しかし、今日、大勢は決している。そろそろ考えを変えたらどうですか』とセメントメーカーに屈服することを求めてきた。三人の男に対して、『セメントメーカーに屈服するぐらいなら切腹する。この屈辱は生涯消えることはない。覚えておけ！』これが答であった。この時の返事いかんでは、今日の関西における歴史、否関生型労働運動の歴史が大きく変っていただろうと思います」

一九八五（昭和60）年三月、奈良市内協組と奈良県北部協組を統合し、新たに「奈良県生コンクリート協同組合」を設立、協同組合の大同団結と労使紛争を和解し、業界の再建に向けて労使の協同路線を歩みだした。

（注）—当時の経営者の一人は「組合つぶしに膨大な資金と体力を投入したが、すべて失敗に終わった。結局、労働組合との対立は企業側に何のメリットもない」とコメントしている。

一九八五年一一月、構造改善事業の最中、大仏産業は香芝市にプラントを建設しようとしていたが、業界と労組と地域住民が一体となって建設反対運動を起こしたため建設計画を断念した。この成果が労使の信頼につながり、労使共通課題・奈良方式として第一回の奈良労使懇談会を開催し、業界の政策課題について議論した。(二〇一二年／平成24年八月現在、一六八回開催)。

一九九八(平成10)年、奈良県生コン卸協同組合を設立、現金回収制度が開始された。(当時の出荷数量は一五〇万㎥)。当時影響力の強い販売店に、山形販売店と桝谷販売店があり、この二社は第二販売店を設立しようとしていた。しかしこのことは共注共販体制(現金回収制度)に支障が出ると共に、協同組合の崩壊にも繋がるとして労働組合中心に設立を阻止することに成功した。

二〇〇〇(平成12)年には奈良県東部協組と奈良県南部協組が設立、二〇〇三(平成15)年、需要者のゼネコンとの対等取引目指して、生コン中小企業が自立して健全な協同組合構想を目指したが、歴史的教訓を活かすことができず過当競争―値崩れ―倒産という悪循環を招いていた中、業界の再建に向け、本格的に企業と労働組合がアウト越境対策に取り組んだ。大阪からの越境アウト業者に対して、広域協組や懇話会への加盟促進やコンプライアンス運動による物件の差し戻し等で業界が立ち直ってきた。当時県内の出荷数量は九〇万㎥にまで落込み、労使協力して二一社から一八社へ奈良協組内で集約している。

二〇〇九(平成21)年、その後奈良協組内では八工場まで集約事業を推進したが、出荷量は全盛期に三分の一程度の四五万㎥にまで落ち込み、県内の生コン工場の存続そのものが困難な状況となった。二〇一一(平成23)年、南部協、奈良協、東部協等により連合会結成準備会が結成され、奈良県生コンクリート協同組合連合会が発足した。

こうした奈良地域の生コン業界史は、労使関係の協調と信頼関係に立った集団的労使関係の再生と健全化こそが、業界再建に必要不可欠であり、中小企業の権益を守ることであるということを改めて教えたのである。

四　生コンの品質管理

一九八四（昭和59）年、ＮＨＫドキュメンタリー番組「コンクリートクライシス」が放映され、コンクリートの劣悪施工が一挙に社会問題となった（高度経済成長のシンボル新幹線と高速道路に手抜き工事があったことは、一九九四（平成６）年起きた阪神大震災で明らかになっている）。

特に、一九六七（昭和42）年着工して一九七五（昭和50）年営業を開始した山陽新幹線のでたらめな施工と品質不良のコンクリートが、世界でも類を見ない異常劣化を起こしていたことが判明した。

（注）―『コンクリートの文明誌』を執筆された小林一輔氏の見解。

「私が初めて山陽新幹線高架橋の現地調査に出かけたのは、一九八三（昭和58）年三月のことであった。調査したのは西明石駅から相生駅にいたる約五〇キロの区間である。そこでは建設後一四年で激しい鉄筋腐食が起こっていたことに衝撃を受けたが、もう一つ理解に苦しむ現象を目にした。それは橋脚コンクリートの表面状態である。ガサガサとした肌で気孔がやたら多く、いまにも崩れそうな感じであった。私はそれまでの四〇年間に数多くのコンクリート構造物を見てきたが、このようなコンクリートに接したのは初めてであった」

二〇〇三（平成15）年朝日新聞朝刊一面にも『公団マンション欠陥工事』の大見出しで、記事が掲載された。バブル期に建設された公団住宅（当時）の分譲マンション二二棟に、大規模な欠陥のあることが判明した。公団は屋根や壁のひび割れや充填不良、鉄筋不足、配筋不足などで一九棟の補修工事と三棟の建て替え工事をする事態となった。

このようにコンクリートの品質に市民の関心が高まるなか、一九八九（平成元）年一一月、労働組合を中心に、経営者、市民も参加して「品質管理を監視する会」が発足した。安定した品質の製品を供給するため、特に過積載やシャブコン、打設までの時間等を点検するとしている。

（注）一一九九〇（平成2）年六月の衆議院商工委員会の席上、和田貞夫議員（当時）は、代表質問のなかで欠陥生コン問題を取り上げている。

この時期の大阪の生コン産業の状況

コンクリート工業新聞一九八九（平成元）年五月一一日記事（要旨）

大阪の生コン市場を探る

「大阪の生コン市場の安定のためには、セメントメーカー、販売店、生コンメーカーの間のバランスが大事」。関係筋の言葉だが、現在はそのバランスがとれていないという意味を言外に含んでいる。

かつて大阪市場では、生コン協組側は地域独占的な形態のもとに強気の共販を展開できたが、一方で流通業者は建設業者との間に立って口銭確保に難儀した。が、生コンメー

和田 貞夫（わだ さだお 1925年1月5日ー）
元日本社会党衆議院議員（4期）。細川内閣では通産政務次官として、官僚中に「和田組」と呼ばれる人材の輪を作り、その後の衆議院厚生常任委員長時代には、「エイズ薬害」事件を追及。菅直人厚生大臣の名を引き上げた。／組合総研顧問・マイスター塾塾長

カー側に、協組未加入業者の多くなった現在は、様相を異にしている。流通業者が協組員、及び員外の生コンメーカーを使い分けることが出来るというのが現状だ。

大阪府下でも阪南地区は、協組員内、員外の能力差が最も接近した地区。同地区の阪南協組は昨年、個別の自社営業を断ち切って共販に集約し、底値を引き上げるとの方針でまとまり、一〇月から実施に入った。共販再開直後、引き合いは細ったものの、実際の出荷は最近でも比較的好調に推移しており、三月も前年同月を上回る一二万m³強。引き合いの減少は、共販再開前の駆け込みの反動に加えて、流通業者が様子見の姿勢をとったことによるもの。その後引き合いはあがってきているわけだが、共販の維持という意味から問題とされるのは、工場指定、セメント銘柄指定のついた物件が多くなっていることで、共販は難しい要因をはらんでいる。背景には、協組員数を上回る協組員外業者がある。

大阪府下市場の中心に位置し、府下の市況形成をリードする立場にあるのが大阪地区協組だが、その事業エリアは、かつては協組未加入業者が少なかったが、一昨年新規参入、及び脱退で四工場が増えて、協組側は昨年価格面で対応せざるをえなかった。が協組が価格対応をすれば、員外業者も価格で応えるというかたちで、員内、員外の構図は変わっていない。

北大阪阪神地区はこのところ近来にない出荷増の中にあるが、今年三月末に協組員の中の二社が協組を脱退し、また、東大阪協組も非協組員との競合の中でいかに協組の市況維持機能を堅持していくかが課題。

一方、そうした中で特異の動きのみられるのが南大阪地区で、同地区の協組員外四杜が新たな協組を設立するべく動き、これが値戻し策にプラスとなって、和歌山寄りの南の地区では価格の一段アップがみられた。次は地区全体の値戻しを考えている。が、それ以外の地区では協組側と協組員外業者との距離のとり方に大きな動きはない。生コン協組側にも相互の歩み寄りへの気運は強まっているもの、具体的な動きは表面化していない。

この両者の描く構図が生コンメーカー側と流通業者のあいだのバランスを左右している。大阪府下の生コンの出荷はこのところ好調だ。近畿地区の昨年度の生コン出荷は前年度を5％上回ったが、これは地区内のほぼ六割を占める大阪兵庫が8％増えたことが主因。この出荷が好調の間は、現在の状況に大きな動きはないというのが支配的な見方だ。が需要の曲がり角の迎え方が難しい。

今の大阪府下の生コン市場では地域による差はあるものの、数量と価格のふたつを十分満足させることは難しい状況に置かれている。価格を満足させようとすれば、数量で不満足をよぎなくされ、数量を得ようとすれば、価格をさけざるを得ない。一方非組合員の側は協同組合の市況対策を踏台にし、その一段下に価格を設定して、数量を伸ばすことができる。

協同組合側として、市況と数量のバランスの最善値を求めるとすれば、組織率を上げていく以外にない。が、その具体化の前には、大きな困難が横たわっている。

一九八八（昭和63）年三月一〇日　コンクリート工業新聞　近畿のセメント輸入（要旨）

大阪、兵庫を中心として近畿地区における輸入セメントサイロの建設が急ピッチで進められている。近畿地区におけるセメントの輸入ルートは一一ルートにのぼるとみられるが、そのうち昨年末までにバラ貯蔵用サイロが設けられていたのは五カ所（コンテナ方式を含む）。現在そのほかに二カ所の建設計画が具体的に進められ、さらにもう一カ所建設の構想があると伝えられる。

近畿地区における昨年一～一二月の国内セメントの販売数量は九六二万トン。一方近畿地区内の税関におけるセメント輸入通関量の合計は六四万六〇〇〇トン。近畿市場における輸入品のシェアは約6％ということになる。昨年の国内品の出荷は対前年比1％増であったのに対し、輸入通関量は約二倍。地区内のセメント需要は4％程度増えたと推定されるが、その多くを輸入セメントが占めた。

近畿地区におけるセメント輸入ルートは、双龍セメントの双龍ジャパン＝大龍セメント㈱（本社堺市）、東洋セメントの㈱和材（本社兵庫県芦屋市）、台湾セメントの㈱北商（本社岸和田市）、亜洲セメントの臨海資材㈱（本社堺市）、台湾セメントの㈱パシフィック・インターナショナル、亜洲セメント、幸福セメントの三起鋼業㈱（本社大阪市東区）、亜洲セメントの㈱トウヨウベンチャー、亜洲セメント、幸福セメントの開進貿易㈱（本社大阪市南区）、東南セメントの㈱歓山（本社堺市）、台湾セメントの富士鋼材㈱（本社大阪市西区）、現代セメントの現代ジャパン㈱（大阪支店＝大阪市南区）。

双龍ジャパンの揚げ地は泉大津市臨海町の松ノ浜、和材は尼崎、北商は岸和田市新港町、臨海資材は大阪府泉北郡忠岡町新浜、パシフィック・インターナショナルは大阪市此花区の桜島、三起鋼業は大阪府・泉北港、トウヨウベンチャーは大阪市住之江区南港、開進貿易は和歌山港及び新宮港、歓山が堺市築港南町、富士鋼材が尼崎市出屋敷。現代ジャパン大阪支店は「東京、大阪、九州に揚げている」としている。

バラ貯蔵用サイロを保有しているのは大龍セメント、和材、北商、パシフィック・インターナショナル、トウヨウベンチャー（コンテナ方式）の五ルート。これらに加えて、臨海資材が現在泉大津市小津島町に一万トンサイロの建設計画を進めている。四月に完成予定。三起鋼業も泉北港に建設計画を進めている。三〇〇〇トンサイロ五基の合計一万五〇〇〇トンで、八月稼働開始を予定している。大龍セメントも「現在の松ノ浜SSのサイロだけでは足りない」ところから、さらに一カ所増設の計画を持っており、「神戸か、あるいはそのあたり」が考えられている。これらのサイロが完成すれば、さらに輸入セメントの供給圧力が強まることは必至である。

第五章　バブルの崩壊と広域協組の設立　一九九一〜一九九五年

――危機の中で業界再建へ

バブルの崩壊は生コン業界を直撃。一九九一年から九三年の三年間で、大阪府下の生コン工場は五一社もの倒産・廃業の憂き目にあった。

販売価格の値崩れによる「業界ぐるみ倒産」という崖っぷちの危機は、バブルの崩壊とともに全国的に拡大。特に札幌・名古屋・大阪などの大都市部では、一九八〇年代を通じて一万三〇〇〇円台で推移してきた販売価格が、九〇年代に入りあっという間に一万円／㎥を割り込む異常事態を迎えた。

業界が危機に陥った背景には、生コン産業が抱える構造的な矛盾にある。

①セメントメーカーはセメントの販拡を目的に生コン産業を創設・育成し、

②ゼネコン等需要者は現場工事の負担を軽減する等、調整弁として生コン産業を活用、

という、つまり生コンを別産業として育成する方が、セメント・ゼネコンには都合が良かったという背景がそれだ。

全国、四四〇〇社の九割以上が中小企業という生コン産業は、形の上では独立した産業なのだが、価格や契約形態などの主要な取引条件を、何ら自主的に決定できないという矛盾した構造に据え置かれた。

さらにセメントの拡販政策で、生コン工場は恒常的に過剰設備体質に陥り、例えば九三

pixta.jp – 3392097

年度の通産省「生コン製造業実態調査報告書」には、生コンの製造能力が年間総需要から約六倍（一工場あたりのミキサー稼働率は17・1％）もの設備過大であり、極端な低水準の操業率となり、それが過当競争を生む元凶であるとの指摘さえあった。

これら通産省の提起を受けて、同年七月、大阪兵庫工組は「経営改善政策懇談会」開催を呼びかけ、翌年には労働三団体で「生コン産業政策協議会」が発足。

それまでの協組・工組による労働組合敵視政策から、労使双方で力を合わせて「業界再建」に取り組むことが決議された。仮死状態の業界危機突破へ、十数年ぶりの労使対立を乗り越えて業界再建への気運が生じてきた。そんな中で、業界再建のまさに切り札として「大阪広域協同組合」が、緊迫の情勢下に設立される日を迎えた。

一般情勢

日本のバブル経済期は一九八六（昭和61）年12月～一九九一（平成3）年二月の四年三カ月間を指すと各種の経済指標では言う。

一九八九（平成元）年の年末に三万八九一五円の最高値をつけた株価は、年明けには四万円を突破すると思われていた。

しかし一九九〇（平成2）年正月の大発会から株価は下がりはじめた。

バブルの直接の原因は、一九八五（昭和60）年のプラザ合意（円高・ドル安誘導に為替レートを変更）である。

米国の高圧的な差配で詰め寄られた合意により急速に円高が進んだことで、中曽根内閣は超金融緩和政策に走った（金利の引下げ等）。

このことが結果的に富裕層での資産の跳ね上がりと、余った資金の不動産や株式への殺到に繋がったのだ。

これら投機的な資金の市場流入により、不動産価格や株価は見る見る急上昇。

「カネがカネを呼ぶ」バブル経済の時代に突入していった。

しかし一九九〇年三月、日銀は膨らみすぎた地価や株価を押さえ込もうとして、急激な金融引き締めを実施。市場は一気に冷え込んだ。

そこに一九九一（平成3）年二月勃発した湾岸戦争による原油の高騰などが重なって、ついにバブルは崩壊したのだ。

これに続く九〇年代不況は、企業の投機的な不動産投資が、地価の下落による不良資産を抱え込み、金融機関も不良債権を増加させることになり、景気は急速に冷え込んでいった。

「住専問題」は初期の金融機関破綻の処理を巡り国民の注目を集めた存在ではあった。

大蔵省の主導で八社作られた住専（住宅専門金融会社）は、バブルの破綻で農協系住専以外の七社が破綻。

これら住専の殆どは大蔵省OBが、会長や社長で天下りしていた。

しかし住専の母体銀行は住専を利用してリスクの高い不良債権を担わせ、自らは破綻の責任を取ろうとはしなかった。

大蔵省や天下った役員等も何ら責任を取ることなく、税金投入六八五〇億円で破綻処理をしたことで、ついに国民の怒りに火がついた。

一九九一（平成3）年はソビエト連邦が崩壊し、冷戦が終結した年でもある。

一九八九（平成元）年冷戦の象徴でもあった「ベルリンの壁」が崩壊し、翌年東西ドイツが統一、それらからさらに六九年間続いた社会主義国家・ソビエト連邦が解体した

ベルリンの壁崩壊／冷戦の真っ只中にあった1961年8月13日に、東ドイツ政府によって建設された、東ベルリンと西ベルリンを隔てる壁。1989年11月10日に破壊され、翌90年10月3日に東西ドイツが統一されるまで、この壁がドイツ分断と東西冷戦の象徴に。

のだ。

冷戦終結後の米国にとって最大の脅威は日本の経済力とされ、日本をどう叩き、米国に組み込ませ、金を吐き出させるかが重要な課題となったのだ。

（日本は湾岸戦争で、各国よりも突出した一三〇億ドルもの金を拠出している）

一九八九（平成元）年、日本政府は「日米構造協議」の開催を米国から要求され、「系列取引」「株式持合い」などの日本的経営の在り様の改革を要求された。

以後日米構造協議は、日米包括協議を経て「年次改革要望書」へと形を変えていくのだが、日本は毎年米国から過大な対日要求を求められることが恒例となった。

◆

一九九〇年代以降の日本経済は、高度経済成長期の産業構造から新しい産業構造（例えば福祉成長型、人間成熟型など）への変化が必至であり、時代における発展段階の変わり目であるにもかかわらず、産業構造の変化に対応できず、景気刺激効果も薄いものに低下させて行く一方だった。

効果の少ない無駄な不況対策を実施することにより、それを支える高い租税負担を国民に強いたことが不況をさらに深刻化させるという悪循環に陥った。

それら特徴的なこととして、九七年四月の消費税の増税等九兆円の国民負担は、当時緩やかに回復していた景気を一気に下降させる主因になってしまった。

一　過当競争による安値乱売で業界崩壊の危機

九〇年代に入りバブル経済の崩壊で「全国企業倒産白書」には年次倒産件数が掲載されているが、九一（平成3）年度から増加傾向となり、負債総額も大きく増加した。生コン産業についても、業界の凋落が例外ではなく、九一年から九三年の三年間で、大阪を中心に生コン工場が、実に五一社倒産・廃業した。

一九九〇（平成2）年度の近畿地区の生コン協組の概要は、協組員外アウト企業が増加、協同組合は員外企業との競合のなか、価格破壊へ歯止めが利かなくなりつつある状況の一途だった。

協同組合は生コン数量と生コン価格の両方の満足を目標として協組運営を図って来たが、価格を満足させようとすれば数量で不満足を余儀なくされ、数量を得ようとすれば、価格を下げざるを得ないという状況に陥っていた。そのような協組状況の中、員外社は協同組合の市況対策を踏み台にし、その一段下に価格を設定して数量を伸ばして行った。

新設工場の無秩序な建設、「インとアウト」の対立問題、生コンの品質問題、行き先・用途を明らかにしないセメントの氾濫等による危機的状況の中、大阪兵庫生コン工組の伊藤達弥理事長は次の談話を発表した（一九九一年／平成3年一月二四日付コンクリート工業新聞より）。

伊藤大阪兵庫生コン工組理事長の談話（要旨）

大阪府下ではこれまで相次ぐ新増設、不明セメントの氾濫などで苦しめられてきて、そういう中にいながら何とか価格維持に努めて来たが、もはや限界に達した。

即ち需要好調であるはずなのにイン側の出荷は減る一方で、加えて価格も下落、経営は完全に行き詰った。このままでは倒産、ひいては雇用不安ということにもなりかねない。この時にあたり、たまたま外国セメント輸入量激減、国内セメント枯渇となったので千載一遇の時と判断し、値戻しを決断した。

大阪地区協組が昨年一〇月一日に、一〇〇〇円の幅で値戻しを発表したのに続き、北大阪阪神協組、東大阪協組、南大阪協組等でも一一月一日に値戻しを発表した。

之に対しトータルで七〇〇万㎥の駆け込み受注があるなど反響が出た。

しかし、新規契約物件が少ないことから先行きが懸念されている。

生コン側の原価割れは既に久しいが、現場ゼネコン側には、今だに質より値段という風潮がある。これは社会バランス、品質問題からみても改めなければならない。

生コン側の累積赤字は刻々膨大に膨れ続けている。

これ以上続けば協組の組織は全滅し、品質管理監査機能も全滅するであろう。

その時間的余裕はもはやいく時間もないのではなかろうか？

（中略）

次に、生コンプラントの新増設の無制限認可は今や大きな社会問題である。

生コンは衣類や御菓子の製造販売ではないのである。

自由に競争して廉価販売すれば、経済の原則にそって自然に品物もよくなるというものではなく、限界を超えれば品質に危険が及ぶのである。

又生コンは電気製品のように、先端技術で原価を下げるという発明がきかないものである。我々の原価低減もプラントの自動化も最早や限界にきている。

この新増設問題は既にイン、アウトの問題を超えている。

これ以上新増設が無制限に認可され続ければ、生コン業界の稼働率は限界以下に低下し秩序崩壊で国民の税金で賄われる社会資本（建物、道路、橋）が危険にさらされる。

東大阪協組崩壊へ

近畿の生コン業界で新設工場の無秩序建設、過当競争による価格低下と経営危機の状況の続く中、東大阪協組では雲川庄二理事長の経営する「和興生コンクリート社」が廃業。新執行部体制づくりに時間を要していた。

当時、東大阪生コンクリート協同組合（東協組）は、大阪府東部の一〇市町村、人口約二〇〇万人のエリアを擁し、生コン需要は月間約一七万㎥程度であった。東協組が経営の危機に見舞われた最大の原因は、協組に加盟している協組員内（イン企業）二一社に比べ、員外社（アウト企業）が三〇社近く乱立していたという現実による。

アウト社は総じて規模が大きく、セメントメーカーとの独自のパイプを持つ企業も多い事を特徴とし、「安かろう悪かろう」というように、儲けることだけに固執し過ぎる企業も多く、したがって過当競争・安値販売に陥りがちな体質でもあった。

つまりアウト社の拡大は、生コン業界を崩壊させかねない危険性を含んでいた。

当時、東協組が生き残るためには、品質が保証された生コンを、適正価格で販売する仕組みを作ることが必要だった。

そのため、①アウト社が生コンのダンピングを行わない②アウト社が協同組合に加入する③セメント、ゼネコンに理解と協力を要請する——などが、協組の生き残りに必要な条件であると、東協組の理事等役員には共通の認識はあった。

一九九一年五月、東協組は協同組合の再生を目指し、労働組合に協力を要請した。

その結果、労使が協力し同じテーブルに着き、業界正常化のための「政策懇談会」を開催することとなった。

懇談会での数回の話合いの後、協組と労組は合意に達する。その内容は、

①イン・アウトを問わず、適正なシェアを確保する。
②生コン価格を適正価格に値戻し、一万二九〇〇円とする。
③買い上げ方式が実行できない場合は、契約形態を出荷ベースに変更する。
④越境対策をすること

など緊急を要することばかりであった。

買い上げ方式

一九七四年〜七七年、過当競争による安売り合戦のため、生コン業界が疲弊衰退していた時、阪南地区生コンクリート協同組合は業界の正常化と協同組合の活性化を目指して、「買い上げ方式」を採用した。

この方式は、各企業がすでに契約している物件を協同組合が資金（金融機関から買い上げのための資金を調達する）を出し、協同組合員内外を問わず、一旦全部協同組合が買い上げるという方式を指す。

安い価格での契約物件でも、協同組合が適正価格（七七年当時、㎥あたり八〇〇〇円〜一二〇〇〇円増で買い上げる）で一旦買い上げ、協同組合の物件としてシェアに基づいて個社に割り振りする。

阪南協はこの買い上げ方式で、関西で初めて共同受注・共同販売に成功した（一九七一年／昭和46年）。

一九九一（平成3）年、東大阪協組もこの方式にならい危機を回避しようと試みた。

この仕組みが有効になれば、過当競争による価格破壊が収まり、未加入の員外企業による協同組合加入が促進され、業界あげて協組に結集する可能性が増大する（つまり協同組合の組織率が向上する）と確信したからだ。

卸協との話し合い決裂——東大阪協解体から、非常事態へ

労働組合との合意をふまえて、東大阪協組は卸協（大阪生コンクリート卸協）やゼネコンと折衝を続けた。しかし値戻しについての合意には至らず、卸協との話し合いが決裂するという事態になった。

東大阪協組は申し入れをする段階で、「東大阪協組の申し入れが聞き入れられない場合は、生コンの納入を控える」と通知していたので、最終的に「九一年一一月一日より一二九〇〇円／㎥で、出荷ベースによる納入」することを関係筋に通達した。

しかし卸協、商社、ゼネコン、セメントメーカーは揃ってこの通知を渋ったため、東大阪協組はついに生コンの出荷を停止するという事態を選択したのだ（約一週間）。出荷停止のなか、東大阪協組と卸協、労働組合の三者で話合いは継続されていたが、同時にセメントメーカーとゼネコンは新たな動きを起こし始めており、それは東大阪協組の解体を意図しているとしか考えられない動きだった。

まず、日本セメントと三菱マテリアルの直系工場が、東大阪協組から脱退する可能性があるとして協同組合に伝達するとともに、メーカーが有利になるよう人事に介入した。

徳山セメント系工場は実際に東大阪協組を脱退し、東大阪協組に対抗し「東部企業体」なる別組織を立ち上げた。

ゼネコン一部などは露骨に「値戻しを要求する企業には発注しない」と協組に迫った。

そんな緊迫の中、遂には何と東大阪協組の理事長・副理事長の会社を名指しし「契約解除」するとの通知をした。

　これらセメントメーカーとゼネコンの苛酷な策動の中、遂に東大阪協組は活動停止に陥り、一九九二（平成4）年二月一日、事実上の休会決定の事態に陥ってしまった。この東大阪協組の崩壊が、関西や全国の生コン業界のその後にあたえた影響は、当時として計り知れない程の大きいものとなった。

　これ以降、大阪エリアの値崩れは止まるところをしらず、遂に五一社もの多数の生コン工場が連続倒産し、閉鎖するという中小企業阿鼻叫喚の非常事態へと進んで行く。

　その間での、生コン関連業者の倒産に見る悲劇、労使問わず突如路頭に迷わさせれた苦渋の極限体験は、今でも地区業界の中で苦く、鮮烈な思いとして残されている。

　このように九〇年代初頭は、関西生コン業界の歴史始まって以来の大きな危機的情況で迎えた年代でもあった。

「東大阪協の苦い思い出」　伸光生コンクリート工業（株）　則光定麿さん

　七〇年の大阪万博以降、生コン業界に入り八一年寝屋川市で生コン製造業を開始。最盛期にはミキサー車六〇台とトレーラー車を稼働していた。

　一九九一年に入り、東大阪協組の理事長をさせていただいた。

　当時は、地区内にアウト企業が乱立していて、確か最後は八〇〇〇円／㎥位まで値下がりしたように思います。

　八〇〇〇円で売っても、一万円以上支払うという、それはひどい赤字経営でした。

　東協組の組合員や理事さんからは、生コンの値上げをしてほしい。そうでなければバンザイするしかないと切実な要望がありました。協組で会議をすると、ほとんどの人は値上げに賛成するのですが、しかしその後、なぜか値上げに消極的になります。ゼネコンのあるメーカーは嫌がらせをして、私の会社と、東協組の副理事長をしていたM社を締め出し、

出荷できなくなってしまったこともありました。

その後の東協組の組合企業五社が「東部企業体」という名称の協同組合をつくり、東協組を脱退してしまったのです。これには「やられた」と思いましたね。

苦楽を共にしてきた同志だという思いがありましたから、本当に残念でした。

この業界は今まで、だいたい一〇年単位で浮き沈みしてきました。現在は「沈」の時期です。あらゆる面で限界ラインにきているのではないでしょうか。だから皆で知恵を絞り安定飛行できるように業界を築いて欲しいと思います。まず「適正価格」が守れる仕組みをつくらなければなりませんね。若い経営者にがんばってほしいです。

そして卸協を再建してほしい。卸協がしっかり卸協の役目を発揮できる仕組みをつくらなければなりません。生コン製造や輸送の個社は、販売店を待たず本来の仕事に専念するのです。それが業界正常化の第一歩だと確信するからです。

大阪アメニティパーク(OAP)事件

一九九二(平成4)年春、三菱マテリアル(旧・三菱金属)は三菱地所と共同で、三菱金属大阪精錬所の跡地(大阪市北区天満橋1)を再開発する計画を発表した。

現在、大阪アメニティパークと呼ばれているスポットで、大阪市北区天満橋一丁目を中心にする約五ヘクタールの川べりに、高層ビル(OAPタワー)、ホテル(帝国ホテル)やオフィス群、ショッピングゾーン、高層住宅などが配置された計画で、近畿での大規模複合開発プロジェクトの先陣を切るものだった。

三菱グループの計画通りに工事が進めば、二五万m³もの生コンが必要になり、同地域をエリアにもつ大阪地区生コンクリート協同組合(市内協)の出荷総数の三カ月分にも相当する大きな仕事量が確保できるものであった。

大阪アメニティパーク(OAP)

この二月には東大阪協組が活動停止に追い込まれ、その影響で連鎖的な倒産・廃業が続く中、持ち上がった大規模開発事業であり、これで業界も少しは活性化するかと期待された事業でもあった。

しかし三菱側は、同敷地内に仮設プラントを建設して、開発事業で使用する生コンを三菱マテリアル単独で賄うと表明したのだ。

三菱社がこれを強行すれば、中小企業の多い大阪の生コン業界は存続できなくなり、このような先例が一端あると、今回は免れたとしても、いずれ業界崩壊に繋がる危険性があると、業界中に一気に危機感が走った。

九二年七月二日、建設現場で地鎮祭が行われ工事は既に開始されてしまい、急ぎ市内協に所属する経営者と労働組合の代表は、①中小企業の振興政策上問題がある。②同敷地が金属工場の跡地のため地質調査の必要があるなど、大阪市等に申し入れをし、大阪のみならず生コン業界全体の、さらに地域住民の問題であるとの世論形成に入った。

労組存在感を高める

二〇〇六（平成18）年七月一三日国土交通省と東京都は、大阪市北区の複合施設「大阪アメニティパーク（ＯＡＰ）」で土壌汚染を隠したまま、マンションを販売したとして三菱マテリアルと大林組を業務停止処分にするとともに（二週間～一週間）、三菱地所など三社に改善を求めた。

当時の同省見解によると、三菱マテリアルなど五社は一九九七（平成9）年から二〇〇二（平成14）年にかけてマンションを販売したが、ヒ素などの重金属でマンションの敷地の土壌が汚染されていることが調査で判明していながらも、購入者にそれを隠蔽し、説明しなかったと発覚したがための処分であった。

はからずも九二年の生コン労使の申し立てにおける正当性が立証されたのだ。

一九九二（平成4）年一〇月、労働組合が中心となり三菱マテリアル等と交渉を重ねた結果、三菱側から、

①一〇万㎥（全体の四割）を市内協にゆずる。

②残りの一五万㎥については、賦課金を市内協に納入する。

ということで合意ができ、実行された。

これなど労組が先頭に立ち、当時市内協エリア内での組織率が非情に低い中でも、いわば労使関係のない企業のために、連日の街宣活動、省庁請願、議員への要請などでフル回転した卓越した行動力によるものであると評価を受けた。産別組合として関西地元の産業界全体の利益を何より優先してのことであった。

ところがこれにより、この官民を巻き込んだ運動をうねりに対して経営側の多くから、労組の存在を見直す雰囲気が出始めてきたのだ。

困難を余儀なくされたこの時代の労働組合は、輸入業者・アウト業者との共闘体制を確立し、労働組合敵視の協同組合対策を実行した協同組合加入の工場ではストライキ・不買運動を展開した。その結果、一九八三年から一九九二年までの約一〇年間で、セメントメーカー全体がこうむった経済的損失は一兆五〇〇〇億円に達した。この運動成果は相手側の労働組合敵視政策を改めさせる源泉となっている。

二　労使の歩み寄り

一九九四（平成6）年二月、大阪、神戸の生コン協同組合に連なる五人の理事長が、政策協議会の労組代表三人を大阪市中之島のホテルに招き、「労組を敵視してきた政策を見直し、労使が協調して深刻な大阪兵庫の生コン業界を再建していきたい。労組の力を貸して欲しい」と話を切り出した。

当時の協同組合は、まだ労組敵視の最中であり、その中での大きな方向転換だったことも手伝って、当初は労組幹部（生コン産労・坪田健一委員長、同岡本幹郎書記長、連帯労組関生支部・武建一委員長）にとっては警戒心など到底緩めえる情況ではなかった。だが、その席上での心情のこもった経営側の「労務政策の転換」への重大決意を受け、労使は協調して業界の再建に立ち上げることで衆議一決した。

この労組の承諾を受けて、各協組は、

①アウト社と大同団結する。

②協組理事会案件として、労働組合と話し合いをする。

③広域協組の準備会を発足し、その中に適正生産委員会や品質管理委員会等の各種委員会を設置する。

―委員会の中には有力アウト企業や労働組合も参加し、共同で作業に取り組むこと等が確認された。

大阪広域協組設立準備委員会　発足

弱体化が進む生コン各協同組合は、小さいエリアの現協組では単価は常に安きに収斂する結果を招かざるを得ないという状況の中、大阪兵庫生コン工組を中心とした政策協議会を立ち上げたのだ。

協議会では、一九九四（平成6）年四月一九日「大阪広域生コンクリート協同組合」設立準備委員会を設立、松本光宣氏を設立準備委員長に選出。

ほぼ毎週各部会が作業を進めるという精力的な取組みを見せた。

委員長の松本氏は、「広域協組設立の作業の進捗状況としては一〇月一日を営業開始とし、創立総会は八月中上旬に実施するという日程に向けて大詰めに向かっている。今後の広域協組の成否は組織率の拡大にある。今後セメント各社の支援も必要になるため、セメント社との懇談では協力を要請している」と業界紙に語っている。

広域協組の設立に向け、適正価格や適正取引の実現を目指し、行政組織や政治家にも積極的な陳情活動も合わせて精力的に開始された。

九四年二月一日、労働組合が主導して時の五十嵐広三建設大臣（注）への申し入れに成功する。

五十嵐建設大臣は「公共工事のダンピングにより、品質の低下や安全への不安が生じることは許されない。指導が必要である」との認識を示し、ゼネコンを指導する立場の行政自ら、適正価格、適正取引について指導することを約束した。

その後、協組と労組の代表は近畿通産局とも交渉。

セメントメーカーの拡販政策やゼネコンの規制と適正価格の確立等、業界の近代化に向けた行政を迅速に行うよう陳情した。

五十嵐広三（いがらし こうぞう　1926年3月15日－2013年5月7日）
北海道旭川市長、衆議院議員。93年の細川内閣時、建設大臣（第59代）、内閣官房長官ほか歴任。地元民芸品振興の実業活動も。

さらに七月一四日、同じく協組と労組の代表が通産省と交渉。通産省の富田窯業建材課長は、業界側要請に答えて「業界の正常化のために、広域協組の設立が必要であれば、是非ともうまく進めて下さい。可能な限り応援します」との回答を引き出した。八月九日には、同じく協組と労組の代表が大阪府の代表と交渉、万全の対策を検討するよう陳情を重ねた。

一九九四（平成6）年七月三一日、業界の再建をめざし、組織の枠を越えた共闘が遂に実現した。

関西生コン産業再建をめざす自動車パレードが、大阪兵庫工組、大阪広域協組設立準備委員会をはじめ、業界組織をあげて開催されることになり、当日は会場の大阪南港に、早朝から二六八台のミキサー車と一〇〇〇人の人々が集い、業界の再建＝「経営者と労働組合が団結し、広域協組設立を成功させ、共同受注・共同販売を再構築しよう」を誓いあい、その決意を多くの市民にアピールした。

後に広域協組の初代理事長に就任する松本光宣氏は、当時のこう情況を語っている。

トラやライオンに囲まれた草食動物、シマウマの闘い

あの頃、大阪地域には五つの協同組合があったが、協組の役割を果たすことができないでいた。アウトの数が多く、生コンの価格はどうしても安い方に引きずられる。

当時は何としても値戻しの必要があった。実態として一万円を切る価格で熾烈な競争をしていたのだから、経営が安定するわけがない。

そこで、各協組の理事で話し合った結果、業界の再建、つまり協組の再建は広域化しかないという結論になった。例え一つの協組が、がんばって値戻しに成功しても、近隣の協組が安値販売をしたら、そこに食い荒らされてしまうからだ。水は低きに流れる。だからこそ、五つの協同組合を一本化し、大阪エリア全体で大同団結するしかないと考えたのだ。（中略）

それ以前も、無秩序な状態が良いと思ったことはなかったので、買い手であるゼネコンや、売り手セメントメーカーに対して、何度でも値崩れ防止を申し入れていた。しかしうまくいかなかった。

我々生コン業界は、ゼネコンとセメントの間で生きる弱者でしかない。言うなればトラやライオンに囲まれた草食動物のシマウマみたいなものだ。団結して身を守るしかない！。我々弱者の団結をゼネコンやセメントは嫌うでしょう。弱者が挑戦状を叩きつけているかのように思われるかもしれない。しかし、『お願い』するばかりでは何も変わらない。

黙って死ぬのを待つことだけは避けたかった。

この最後のフレーズ〈黙って死ぬのを待つことだけは避ける〉との、静かだが赫々たる闘志を秘めた名言は、協組、労組関係者の心に地下水脈のように沁みこんでいった。

三　大阪広域生コンクリート協同組合設立総会

一九九四（平成6）年一一月四日、大阪市内のホテルで、大阪広域生コンクリート協同組合の設立総会が開催された。

大阪・北大阪阪神・東大阪・阪南の四つの協同組合が合併して大阪広域生コンクリート協同組合として新たに発足、スタートを切ったのだ。

初代松本光宣理事長は、「画期的な出来事だ。少し前までは経営者と労働組合が一緒に並んで決意表明をすることなど考えられなかった。それだけ労使双方の危機感が強かったからだろう。何もしなければ、間違いなく業界はもっと悲惨な状況に陥っていた。だから我々は同じ場所に立つしかなかった」と、生コン業者がかつて取り組んだことのない偉業のこれまでを語った
だが、その前途にはまだまだ切り開かねばならない多くの課題が横たわっていた。

当日、大阪・兵庫から、四六社・五二工場の参加はあったものの、当初の目標を大きく下回っていたため（44％）、設立後もアウト社の協組加入を呼びかけることが席上決議され、経営・労働双方の取り組みに期待がかけられた。

総会では新協組の役員人事を選出し、組合定款・事業計画を決定。

生コンの共同販売、事業資金の貸付・借入、福利厚生、情報提供などの事業内容の骨格と、業界の再建へ適正価格の確立、品質保証、安定供給を軸に構造改善に取り組むことが確認された。

総会後パーティーに各セメントメーカー、商社、卸協、労働組合の代表が参加した。

〈生コン製品をそうあらしめるための、全ての成員が初めて一堂に会した〉。

その当たり前であっていい筈の姿を「歴史的」と評されることに、多くの参加者は一様に強い感慨を憶えたと証言している。

松本新理事長は挨拶の中で、

1994年、大阪広域協の設立／大阪府下及び兵庫県の一部をエリアとし、61社71工場の組合員を擁する（平成24年6月1日現在）全国最大規模の協同組合。年間の共同販売数量は228万㎥、売上高は約352億円（平成23年）。

写真は、挨拶する松本光宣初代理事長→

「厳しい業界の現状を打破するため、広域協組の設立が提唱され、協議を経て本日、業界再建の第一歩を踏み出しました。残念ながら組織率は目標に及ばず厳しい状況下での船出となりましたが、業界再建に毅然と立ち向かい、信頼と相互扶助の精神で団結して価格の安定、品質保証に取り組み、新協組への支持獲得につとめたい」と抱負を述べた。

この産声を上げたばかりの画期的団体が、どこまで組織率を拡大させることが出来るかに、大阪広域協ばかりか、関西生コン産業の未来を占わせるカギがかかっていた。

大阪広域協組初代役員

理事長　松本　光宣　大阪生コンクリート㈱
副理事長　佐々木和郎　淀川生コンクリート㈱
副理事長　川下　喜悦　新河内菱光コンクリート工業㈱
〃　島田　一郎　三和生コン㈱
〃　高橋　泰　枚方小野田レミコン㈱
専務理事　谷村和貴夫　関西スミセ生コン㈱

大阪広域協組は、その後設立から一年で、当初の四六社五一工場から一〇七社一二二工場（一九九六年）まで組織を拡大することができた。

しかし値戻しを成功させることが、広域協組の真価が問われる最優先課題でもあり、より一層強固で信頼できる組織を構築するためにも、新規に加入した有力企業に執行部参加を呼びかけた。

一九九六（平成8）年三月六日、臨時総会を開催し、新執行部を選出した。

新執行部は、松本理事長は保留として、副理事長に田中裕（営業本部長・シンワコーポレーション）、猶克孝（中央ブロック担当・関西小野田レミコン）、島田一郎（北部ブロック担当・三和生コン）、有山泰功（東部ブロック担当・タイコー）、西井政一（阪南ブロック担当・千代田生コンクリート）、専務理事に谷村和貴夫（関西スミセ生コン）の顔ぶれとなった。

またこの時期、尼崎に工場のある早水組プラントでの六カ月間にわたる政策協議会のストライキがアウト企業のイン加入促進化となって、協同組合の組織率アップへとなっていった。

広域協組70％超の組織率達成へ

一九九四（平成6）年一一月、セメント協会・全生工組連と労働組合との初会合があった。セメント協会からは、セメント各社の業績が悪化しているので、コスト引き上げが思うようにいかない現状にあるが、生コンの構造改善は重要な問題なので引き続き協議していきたいとの話題であった。

全生工組連との懇談会では、石松義明専務理事から、

①大阪の広域協組が活動すれば、他方面に刺激になる。第三次構改では労働条件の改善を重視している。

②流通（商流・物流）を整備する。コスト意識を高め、社会的に生コンの生産原価をアピールしなければならない。

③雇用問題については。労働組合と協組・工組の話し合いが必要で、労組に理解してもらわずに無理をすれば、間違いなく業界が沈没する。これからは利益三分法が必要で、第

一に労働条件の改善、第二に企業基盤確立のための内部留保、第三に株主配当だ。④近く品質保証の基準を決め場合によっては経済保証を求める等について話があった。その後九四年年末にかけて、第三次構造改善委員会を発足させると共に、工組・協組・労組の三位一体で構改事業を推進していくことが確認された。

この時代、「工組・協組・労組の三位一体」の重要性が叫ばれ、それが苦境にあった生コン産業を大きく救ったという歴史の実在をここに見る。

大阪広域協組の展望と課題（要旨） コンクリート工業新聞一九九五年一月五日掲載

大阪広域生コンクリート協同組合（松本光宣理事長）が昨年十一月四日、紆余曲折を経て設立された。紆余曲折とは、同協組が組織率80％を目標としているためアウト社加入の買い増し資金が必要となり、セメントメーカーの支援を仰いだものの、資金の確保ができず、当初予定していた設立総会が延期されたからである。

設立総会では、広域協組設立へ向けての経緯を説明、一年間に亘る関係各界との話し合いなどを明らかにした。

そもそも広域協組設立の発端は、全国でも異常な数に上るアウト工場の存在とそれによる過当競争の体質にある。

バブル崩壊後、さらにその体質が如実に表れ、四十に上る工場が休・廃業し、危機感が募っていった。

このため大阪府下の各協組は、アウトとの競争による価格の低迷、出荷の減退などを考慮し、組織率のアップによる協組体制の強化をめざすため広域協組の設立を検討大阪地区協組、北大阪阪神地区協組、東大阪地区協組、阪南協組に加え南大阪協組、神戸協組が参加し、広域協組設立準備委員会を設置、一年に及ぶ話し合いを続けてきたわけである。取決めや諸条件を加味したうえで広域協組（五十二工場）をスタートさせたが、組織率が現状のままであることから、関係業界から危惧されており、早急に有力員外社等の加入促進が求められることになろう。（中略）

労組側としてもこれまでのように経営者側と単に敵対関係にあったのでは工場を廃業に追い込むばかりと判断し、むしろ組合員の生活補償、雇用確保を求める上で協力支援を統けるという明確な立場を打ち出したわけである。

その支援の一つの例が、昨年七月三十一日に行われたミキサーパレードで、産労、連帯など三労組が一丸となって決起集会を開き、二百台にものぼる自動車パレードを繰り広げたことである。

このことからも労組側の並々ならぬ支援体制が明らかとなっており、また逆に考えればそこまで追い詰められていることにもなる。

ここまで追い詰められ、追い込まれた生コン業界の最後の砦が広域協組という発想である。労組のこうした支援を受け、広域協組側としても大同団結して設立した以上、期待を裏切れないことになり、前進するほかないことは明らかだ。

四　阪神大震災発生　一九九五（平成7）年一月一七日

広域協設立から二カ月半の後、淡路島北部の明石海峡付近を震源とするマグニチュード七・三の巨大地震が発生。死者六四〇〇人以上、負傷者四万三〇〇〇人以上を出す大災害となった。

多くの木造家屋、ビル・マンションが損壊したが、その中でも特に、隣接するビルや民

阪神大震災と神戸協の活躍／死者：6,434名
1995年1月17日に発生したこの大災害では、阪神高速道の崩壊など都市インフラが打撃を受けたが、神戸協は24時間出動態勢をいち早く敷き、復興への働き頭として高い評価と社会的信用を勝ち取りその後も労使協力のもと新増設監視や市場正常化に大きく貢献する

家にほとんど被害がない地点で、山陽新幹線や阪神高速道路神戸線が随所で崩落している惨状に国民は衝撃を受けた。

小林一輔千葉大学教授は、著書『阪神大震災の教訓』(第三書館)の中で、「阪神大震災で破壊されたコンクリートに品質異常のものが目立った。塩分を大量に含んだコンクリート。風化が進んだ粗悪な材料の使用。粗骨材がほとんど存在しないコンクリート。アルカリ量が異常に多いセメントの使用などはその一例である。

このような品質異常の生コンが用いられた理由に、生コン産業の脆弱な体質と、これにつけこんだゼネコンの買い叩きがある。生コンの価格は景気の変動に左右されやすいと言われている。これは平均操業率が20%という数字が示すような過当競争の体質が災いし、不況期にゼネコンに買い叩かれるからである(中略)。

生コン産業では生コン価格に占めるセメント、骨材などの原材料費の割合が極めて高く約60%に達している。要するに零細企業である生コン工場では、生コンが買い叩かれた場合、セメントや骨材の原材料費の品質を落とす以外に対応するすべがないのである。」と業界の惨状を浮き彫りにした。

阪神大震災で操業不能の被害を受けた協同組合員企業は、神戸協組で一二社、北大阪阪神協組で一社あった。

広域協組と神明協、北神協、北摂協などの協力体制を整える中、復興特需にむけた共販事業体制をすばやく開始させた。

設立間もない広域協組は、震災復興事業を手始めとして、協同組合事業を始めることになり、労働組合と協力しながら震災通行手形で優先輸送を確保するなど、事業規模を拡大することとなった。

三労組による「生コン産業政策協議会」発足

震災翌年の春闘で、労働組合の要求する「完全週休二日制」が経営側との合意で決定された。さらに広域協設立に到る過程の中、業界に不況の嵐が吹き荒れ、経営が立ちいかなくなる状況ながら、一九九〇年に平均二万六四円、九一年三万五〇〇〇円、九二年三万三五〇〇円、九三年平均二万二五七円と、次々高額の賃上げ回答を引き出した。

生コン産業の構造的な矛盾は、特にセメントの拡販政策とゼネコンの買い叩きの狭間で翻弄されてきたことから起きている。両者の強い影響力・支配のもと、形の上は独立した産業でありながら、常に従属を強いられてきたという歴史であった。

しかし広域協組設立に至る期間は、それまでの経営と労働の対立ではなく、協調・協力関係を構築する中に、業界の秩序維持と発展があるという認識が生まれ拡大し、業界が一丸となることができた一時期である。

九四年五月、生コン産労、全港湾大阪支部、連帯関西生コン支部の三労組は【生コン産業政策協議会】を発足させ、別の二労組【運輸一般（一九九九年に建交労に）、全化同盟（一九九六年にCSG連合に）】も政策グループを結成。さらに同月、大阪兵庫生コン工組による第三次構造改善事業計画が申請された。

構造改善は生コン業界に働く労働者雇用の問題でもあり、労働組合の全面的協力なしには実行されることが困難だ。ゆえに、その後の業界再建のため、工組と労組が同じテーブルに立ち、同じ目的に向かって協議を開始したのである。

経営新組織・飛鳥会　結成

一九九五（平成7）年八月一日、経営者側新組織として「飛鳥会」が結成された。

当日は生コン製造業、運送業の六四社が参加し創立総会を開催。規約・予算等を決定するとともに、会長に広域協組の松本光宣理事長が兼任した。

その結成目的は、構造改善事業の円滑な推進と、近代的な労使関係を構築すること。構造改善事業の推進にあたっては、労働組合の理解と協力が不可欠であるが、それまでの経営者会では、すでに両者交流は崩壊状態になっていたからだ。

工業組合には労働組合との交渉権はないので、近代的な労使関係を確立するには、新しい経営者会を結成する必要があるということで、名称も「飛鳥会」とする新経営者会を発足させることになったわけだ。

里敏治飛鳥会設立準備委員長は設立総会の席上、次のように挨拶。

飛鳥会設立総会での里準備委員長挨拶（要旨）

「まずは①業界の第三次構造改善事業を円滑にするために、②会員相互の連帯と協調を基本に企業の発展と近代的労使関係の確立を図るために、経営者の団体を組織する必要性がありました。九五年六月一二日からは設立準備委員会を編成して協議してきました。工業組合は労組法に基づくところの使用者団体ではないので交渉権はありません。今後は本日創設の飛鳥会が対応していきます。工業組合と飛鳥会とが、それぞれの役割を分担する形で、構造改善事業を円滑に推進していきたいと考えています」。

松本光宣飛鳥会会長の挨拶

「微力ではありますが、業界の再構築に向けて工業組合・各協同組合とも連携して、一日も早く所期の目的を達成するよう努力していきたいと思います。過当競争に対処するため、①共販体制の再構築と、②構造改善を最重点課題として取り組んでいきますが①については先にスタートした大阪広域協組の設立②については労働組合の理解と協力を得るため飛鳥会設立の運びとなりました。この二つは業界再建の車の両輪であり、どちらも成功させなければ業界の未来はありません」。

この飛鳥会の結成で、共販体制の再構築（値戻し・再建）を目指す広域協組と、構造改善事業を円滑に推進する飛鳥会という二本の柱が立ち、関西生コン業界は新たな段階に入った。結成当初は44％という低い組織率だった広域協組は、その後有力アウト企業が協組に加入、80％以上の組織率に引き上げることに成功した。

さらに兵庫県・神戸生コン協組でも組織率１００％を実現することができ、震災復興事業の拡大と重なり、順調に業界再建の道が開けた。

第四期　飛躍と高揚期——未来への風

第六章　失われた一〇年と五〇周年シンポ　一九九六〜二〇〇四年

阪神大震災からの復興需要が急激に落ち込む中、関西国際空港第二期工事やテーマパーク（USJ・ユニバーサルスタジオジャパン）の建設計画など、生コン需要増への期待は一部にあったものの、総じて需要は年々下降し続けての一途だった。

大阪広域協組では一九九六（平成8）年以降一〇工場の買上げ廃棄を実施したが、それでも需要減による供給過剰の問題で一五工場の削減を早急に実施する方針を打出した。

二〇〇二（平成14）年からの一年間で、大阪広域協組では「九」工場減。和歌山中央は「三」工場減。和歌山紀北は「九」工場減（一三工場を四工場に）。神戸は「二」工場減。奈良は四社「五」工場減など、近畿地区内では軒並み集約化が急がれた。

しかしそれでもなお需要の減少は大きく、更なる集約化事業は必至だった。

生コン現金取引へ　広域協の英断

一九九七（平成9）年四月、大阪広域協組は日本初の「現金取引」に踏み切った。現金取引の成功は、しわ寄せが生コン業者に集中していた業界の脆弱さを解消し、赤字を抱えあえぐ生コン企業にとってた大きな福音となった。

第六章の期間は、近畿の各協同組合が連合会を結成〜共同試験場を建設するなど体制が充実するとともに、生コン輸送やバラセメント業界にも協同組合が結成され、業界発展への様々な取り組みが模索された、試みの年代でもあった。

その中での「創業五〇周年記念シンポジウム」は、経営・労働が同じ土俵で、創業五〇年を総括した初めての場であった。そして将来の発展に向け、課題の共有と決意を確かめあった一大エポックであり、そこで語られた構想は、やがて後年には実現する様々な動きへの端著となった。

一般情勢

二〇〇一（平成13）年、「中央省庁等改革」により日本の中央省庁が一府一二省庁に再編された。この行政改革を柱として、この時期は米国の圧力等が加速していく中、政府主導による様々な改革再編が行われている。

主要産業の、①自動車工業、②石油精製業、③金融業などの再編成。「大手銀行二〇行はつぶさない」という政府の誓約（護送船団方式）は自ら破棄され、九七年には北海道拓殖銀行が破綻。さらに一週間後、当時まだ経営陣が再建策を講じている間にもかかわらず、日経紙が「山一證券、自主廃業へ」と大きく掲載し、證券一万人の社員が仰天しつつ、仕事を失った。

九八年には、日本長期信用銀行が破綻（米国の投資組合・リップルウッドに売却「新生銀行」となる）し、日本債権信用銀行はソフトバンク等企業連合に譲渡され「あおぞら銀行」に変わった。

二〇〇一（平成13）年四月に住友・さくらの両銀行が合併し三井住友銀行が誕生したのを最後として、日本の金融資本の集中集積が進み、四大メガバンクへの再編構図が定着した。

この時期、橋本龍太郎首相は聖域なしの財政再建を唱え、財政構造改革を実施。その改革は、九七年四月に実施された消費税の引き上げ（3％から5％に）をはじめ九兆円におよぶ国民への負担増政策を進めた。

そのことで上向きかけていた景気は一気に下降し、右記の金融不安を招いた。

この二〇〇一年実施の中央省庁改革も結局、「財務省」「金融庁」に権限を強化しただけと、現在ではその効果さえ疑問視されている。

その他この期間には、流通業界、株式市場など様々な分野で再編成が行われた。

二〇〇一年に登場した小泉純一郎首相は、戦後歴代三位の長期政権を打ち立てたが、内実は市場原理主義政策の一辺倒であり、イラクへの自衛隊派遣、健康保険法・労働者派遣法等のその遺法改悪、郵政民営化等、アメリカに隷属し「聖域なき改革」等国民受けするキャッチフレーズのみ巧みで、その実日本経済を後戻りできないほど疲弊させた政権だった。

中小企業の倒産増、失業率の悪化（5・3％）、自殺者増（この時期から毎年三万人以上が自殺）等の負のデータは、後の時代に明らかになっていくが、若者に無気力・草木的な傾向がと問題視されたのも、この時期からではなかったか。

この頃から、「勝ち組」「負け組」が当たり前の世情とされ、数パーセントの勝者に資本が集中する時代へと変遷していく。

「中流」階級のもつ経済的活力と自由・協調性など、戦後日本での圧倒的中流が形づくった無形の文化が、音を立てて崩れていく過程でもあった。

一　業界再建へ協組の挑戦

大阪兵庫生コン工組　創立二〇周年記念行事開催

一九九六（平成8）年五月二九日、大阪兵庫生コン工組は創立二〇周年記念行事（第二一回通常総会を兼ねる）を開催した。

席上、里敏治理事長は市場の国際化による内外価格差の問題、ゼネコンの受注競争によるしわ寄せ、規制緩和による競争激化問題等について次のように語った。

新しい時代にあった組合の運営を　里理事長　挨拶（要旨）
頼れるものは組合、協同の力

昨年から今年にかけて、かつて全国的にモデル協組と言われた所の共販崩壊ニュースがどんどん飛び込んでくる。

その原因について考えてみるに、市場の国際化による内外価格差問題、一般競争入札におけるゼネコンの受注競争のしわ寄せ、規制緩和の流れの中での競争の激化があげられるだろう。

さらに世の中がめまぐるしく変革している時代に、組合の制度なり運営の仕方が環境の変化に適合しなくなりつつあるという事も事実だ。新しい時代に合った組合の運営はどう在るべきかが問われている。

大阪でも広域協組が、今迄のイン・アウトの競争から協調へと方針を変更した中で、大同団結し市場を再建。さらに土曜休日では、各工場の生産性の向上やゆとりと豊さを求めての時短につながる政策を打ち出している。

構改事業については皆さんと共に考えたメニュー。昨年一年間かけて準備してきた事をあと三年余りでテーブルに乗せて実行し、競争力のある組織を作り上げたい。

広域協組　現金決済へ

一九九六（平成8）年七月、広域協組は新たに助成金事業を開始した。運用は四月の出荷分に遡り、二〇〇〇円／㎥を組合員に支給。そのため広域協組は原資一二〇億円を商工中金から借り入れ、可能な限り広く活用できる内容とした。七月以降、決済の方法を現金化することを決議（手形から現金決済へ移行）したものでこの現金決済システムは、全国でも初めての取組みとして話題を集めた。

現金決済について一九九八年一月　大阪広域協組谷村和貴夫理事長コメント（要旨）

一九九七（平成9）年四月以前の現金取引は、生コン協組が手形の金利を負担する「現金払い」でしたが、四月以降は明らかに中身が変わってきました。

少しずつ新しい契約物件が増えつつあることから、金利を負担しない純粋な現金取引が増加しているということです。

卸協組としても、当初は一度に純粋な現金取引に移行すると困ると言われていましたが、いずれにしても純粋な現金支払いが増えてきた現在では、金利負担を考えると流通のあり方を見直さざるを得なくなるわけで、今検討に入っているようです。

このきっかけは、決して単純な動機からではなく、様々なことが織り込まれている。一つは流通の多層化という問題で、一つの物件に絡む販売店が増えてきたことが大きな問題となってきました。販売店が多くなったら、一定額を販売店で分け合うというのなら良いのですが、結局、力関係でこれだけの額をこれだけの数の販売店に分けなくてはならないから、当然多くほしいということになり、そうしたことで地下水の強要に走りがちになり、我々としては非常に危惧していました。

というのは、金の流れは、まずゼネコンから手形を頂いて、それをすぐ割引いて現金に換え、次への支払いは手形を切る。それが結果的に何段階にもなり、仮に五段階として一〇〇〇万円の支払いがあったら、市中には五〇〇〇万円の信用取引が実在することになる。それがどこかでつまずくと、連鎖になりかねないのです。そんなリスキーな流通業界では困るわけで、しかも最後にはその手形が生コン協組に回ってくるのです。

こうしたことから、何とか多層化を解決して欲しい、改善を図ってくれとお願いしたのですが、流通はきちんと対応してくれませんでした。

そこでもともと多層化になるのは、手形制度が悪いのだから、手形をやめにして流通を簡素化しようということになったわけです。

それと流通の保証制度が表面的にはあったのですが、実際にその中身としては、構成として頼りないものであり矛盾が多かったわけです。

現実的には、あるように見えて実際にはないものであり、砂上の楼閣ですと主張していましたが、なかなか改善出来ない。そういうことから現金化に踏み切りました。

現金化は、生コン協組としては、もろ手を上げて良かったと言えます。

しかし、これまで生コンを扱って業界の混乱をメリットとして享受していたのはゼネコンであり流通であったわけで、しわ寄せは全て生コン製造業者に集中していました。

それだけに今回の現金取引というのは、赤字を抱えている生コン企業としては非常に大きなものがあったと思います。

確かにそれまで、価格の立て直しを含めて協組で買い増しなどを実施しましたが、さらに現金化を実施したことにより、大きな成果をあげたことは間違いありません。

昔のようなデリバリーだけでなく、流通として発揮できる機能を持つことで口銭を獲得する等、ファイナンス機能で調整できる機能をもつことは重要だと思います。

二　大阪広域協、全国最大規模の協組に

関西、変わる生コン流通

一九九四（平成6）年に広域協組が設立した後、アウト企業に広域協組への加盟促進を働きかけるなか、九六年度には出荷率で１００％近くの組織率を達成するなど、広域協組は飛躍的に拡大し、全国最大規模の協同組織に成長した。

現金決済の他にも、共同受注・共同販売・統一シェア・完全週休二日制、六五歳定年延長等、数々の仕組みと労働条件の改革を全国の先陣を切って打ち出した。

一九九九（平成11）年四月、大阪生コンクリート卸協同組合（組合員三一社、土方正英理事長）は大阪広域協組からの共同購買を中止した。

前年に卸協組員社二五社が脱退して、大阪広域協組からの直接仕入れに移ったことに伴い、組合員は三一社に減った。

生コン生産者が大阪広域協組に大半まとまったことで、生産者側からの攻勢が強まったことに加え、セメントメーカーのグループ保証の打ち切りで共同購買維持ができなくなったことがその理由で、全販売店が大阪広域協組からの直接仕入れとなる方向に動いた。

ゼネコンと大手商社が相互に営業面の協力関係にある中、総合商社が生コンの流通に介在するケースも出るなど、生コンの流通が変わっていく兆しを思わせた。

関西で生コン販売を手掛ける商社も住友商事、丸紅、三菱商事、日商岩井の四社に絞ら

れていた。

大阪広域協組決起集会「打てば、響く」を開催

一九九六年四月二二日、大阪北区のサンケイホールで決起集会「打てば、響く」が開催された。会場には関連業界や労働組合代表が参加、約一三〇〇名が会場を埋めた。

主催者を代表して広域協組の松本理事長は――

「加盟組合員数四六社五一工場でスタートした広域協組もようやく一年を経過し、一〇〇社を突破する見込みで今や生コン業界においては最大の規模を誇る協同組合へと成長しました。

過去一年間の取組は、主に組織率の強化に努め、その意味においては一定の成果を収めました。しかし生コン業界は相変わらず危機的状況が続いております。

現状を打破する上で、今後の取組は決して生やさしいものではありません。まさに戦場に向かう戦士の気概なくしてこの苦難を切り抜けることはできません。

本日のテーマである雄々しき太鼓の響き『打てば響く』こそ、今日私たち広域協組の決意を表明するに相応しいものです。今後とも広域協組へのご支援・ご協力をお願いいたします」と挨拶した。

滋賀県工業組合が技術試験センターを開設

滋賀県工業組合では、一九九五（平成7）年二月一八日に起工した「技術試験センター」を一九九六（平成8）年七月一八日完工。

一〇月四日に開所式・祝賀会を盛大に開催した。

席上、増川滋賀県工組理事長は、

「この技術試験センターは、全国生コンクリート工業組合連合会の認定を受け、日本工業規格（JIS・A・5308）の審査事項で認められた、官公立の試験期間及び、民法三四条により設立を認可された期間と同等の試験機関として、製品試験をはじめ各種試験が実施できます。

今後は広く門戸を開き、各種外部依頼試験を実施し、同時に地域に密着した厳正中立の公的機関としてお役に立つべく一層の努力をいたします」。

等抱負を述べ、多数の新鋭実験設備を関係者に披露した。

【技術試験センターの概要】

①所在地　滋賀県愛知郡愛知川町

②建物　二階建・延べ七三四㎡

一階　試験室、事務室、養生室、恒温室、防音室、他

二階　化学室、研修室、試料調整室、他

③主要設備　万能試験機（一〇〇〇KN）

耐圧試験機（二〇〇〇KN）

全自動骨材安定試験機

輸送協同組合とバラセメント輸送協同組合の結成

一九九五（平成7）年五月、大阪兵庫生コンクリート工業組合では通産大臣の指導を受けて、第三次構造改善事業を実施（九九年三月まで）。

業界の再建と活性化のために工場集約、取引の近代化、品質管理の向上を主なテーマに

着実な成果をあげたが、その中にはコスト平準化の一助として、「生コン輸送の協業化・協同化」が謳われた。そのため、生コンクリート輸送と関連する資材の輸送を束ねるとともに、工業組合が行う輸送の協業化、協同化の受け皿事業として「近畿生コンクリート貨物輸送事業協同組合」が設立された。

輸送事業協同組合設立の目的

①中小企業の過当競争を抑制し、荷主や取引先と対等・適正な取引関係を確立する
②輸送秩序を確立し、社会的地位の向上と社会的責任を果たす
③適正運賃の収受により、事業経営健全化を図る（従業員の福利厚生の増進と事故防止）
④車両・燃料・タイヤ等の共同購入などを通じて、取引先との信頼関係を高めるとともにスケールメリットを追求し社会的な信頼を得る。

一九九六（平成8）年六月、近畿運輸局から承認を受け、輸送事業協同組合が正式に発足した。

名称：近畿生コンクリート貨物輸送協同組合
地域：大阪府、兵庫県、奈良県

事業計画

①組合員の事業に必要な資材などの共同購入及び斡旋
②貨物の運送、及びこれに関する共同施設事業
③貨物運送取扱事業による共同受注、共同配車
④組合員に対する事業資金の貸付、及び借入

⑤商工組合中央金庫や銀行に対する組合員の債務の保証と、金融機関の委任を受けて行う債務の取立て
⑥組合員の経済的地位の改善を目的に行う団体協約の締結
⑦経営や技術の改善・向上。協同組合事業の知識普及をはかるための教育・情報の提供
⑧組合員の福利厚生に関する事業
⑨前各号の事業に付帯する事業等

近畿生コンクリート貨物輸送事業協同組合 発足当時の役員

理 事 長　吉澤　昌治（近酸運輸）
副理事長　池田良太郎（コーイキ輸送）
副理事長　西井　政一（泉北車輌）
専務理事　山田　文俊（近酸運輸）
理　　事　上田　哲夫（関西資材運輸）
理　　事　中岸　昭治（タカラ運輸）

バラセメント輸送協同組合の設立

同年八月、バラセメント輸送業界でも、業界の再建と活性化を目指し協同組合を設立しようと考えていた。バラセメント輸送業界の浮沈は、セメントメーカーのお家事情と深い関係があるためだ。セメントメーカーには、常に拡販政策を志向するという重い課題が宿命的に存在する。

一つのキルン（セメントを製造する窯や炉）を製造するのに莫大な費用がかかり、その

輸送協同組合の初代理事長の吉澤昌治氏

投資を回収するには、キルンの操業率を上げなければならないためだ。操業率を上げるためにはどうしても、過当競争に走り、輸送コスト等あらゆるコストを削減しようと躍起になる。

こういった事情を抱えたセメントメーカーに対して、中小企業のバラセメント輸送業者が個社で対応するには限界がある。そのため、協同組合を結成し、スケールメリットを活かす共同型経営にシフトしようと、協同組合を結成することを決定したと関係者は力説していた。

バラセメント輸送協同組合設立の目的

①荷主であるセメントメーカーから適正な運賃を確保する
②個社の事業形態として、セメントメーカーの専属輸送グループと、セメントメーカーの販売店関連の先方引取車グループの二形態があるという矛盾の解決
③労働コスト問題
④個社の倒産回避

近畿バラセメント輸送協同組合が設立総会

一九九六（平成8）年一〇月一七日、近畿バラセメント輸送協同組合設立の記念祝賀会が、兵庫県西宮市の甲子園ホテルで開催された。

席上、安田善方初代理事長は、

「セメントメーカー間の競争としわ寄せによって、バラ輸送業界は窒息状態にある。今回一一社で設立した協同組合が、同志的団結で知恵と力を出し合い、時代に相応しい新しいシステムづくりをめざしていきたい。バラセメント業界の発展のため、労働組合の共闘組

物流を語る
安田理事長

近畿バラセメント輸送協同組合の
初代理事長、安田善方氏

織・生コン産業政策協議会とともに力を尽したい」と挨拶。

来賓を代表して、連帯労組関生支部の武執行委員長が挨拶。業界と労使関係の近代化に大きく寄与してきた経過を報告するとともに、バラ輸送業界では、セメントメーカーによる物流・商流の合理化によって、従来のメーカーとの従属関係ではもはや生き残れない。タテ構造支配から業者自身の「ヨコの団結」による新たなシステムづくりを提起し、今回の協組発足に至ったことに祝辞を述べ、共同受注・共同輸送の確立と協組加入促進にむけ労働側からも全面的に協力すると強調した。

近畿バラセメント輸送協同組合 発足当時の役員

代表理事 安田善方（日方運輸）
副理事長 佐竹 穂（彦根相互トラック）
専務理事 川端喜三郎（三協建材）
理　事 枇榔重樹（大阪今津）
　笹木清志（笹木組）
監　事 松本泰三郎（松本運輸倉庫）
　浅井綱茂（浅井運送）

三　大阪兵庫生コン経営者会の設立
——大きな広がりを持つ経営の対労働側窓口の出現

一九九二（平成4）年、それまでの「経営者会」が実質上崩壊していたため、一九九五

1996年10月17日近畿バラセメント輸送協同組合の設立総会が開催された

（平成7）年八月、構造改善事業の円滑な推進と、労働問題を扱う新しい経営者会として「飛鳥会」が結成され、会長には松本光宣広域協組理事長が兼任した。

松本会長は、広域協組の機能を強化し、構造改善事業を成功させることを最優先課題として取り組むと決意。「広域協組」「飛鳥会」の二本の柱を立ち上げることに成功した。

しかし当時、週休二日制（年間一二五日休日）問題のように、広域協組だけではなく、業界全体として解決が迫られている問題が起こり、大阪以外の近隣の府県も枠組みに加わることが可能な大規模の新組織設立を願う機運が高まってきた。

一九九六（平成8）年六月、新経営者会の発起人会が開催され、個社からの会員を募集し、まず一七社が加盟を希望した。

その後、新経営者会には専業社だけが加盟し、弥生会（一九八一年／昭和56年結成。当時セメント協会会長で日経連会長の大槻文平氏の意向を受けた、セメント直系の生コン経営者団体であった）と連携して労務問題に対応しようという意見が出てきたため、新経営者の設立問題は棚上げ状態となった。

しかし全体としてひとつの組織で運営するべきであるということで合意し、発起人会が再開された。その結果、新経営者会には広域協組をはじめ、近隣の協同組合の加盟も可能となり、一九九六（平成8）年一二月、広域協組からはプラント部門の加盟、神戸協組の加盟がそれぞれの理事会で決議された。

このような経過をたどり、新経営者会（大阪兵庫生コン経営者会）は、一九九七（平成9）年年始から会員を募集、二月一二日に設立総会を開催することとなり、かつてない大きな広がりを持つ経営の対労働側窓口が出現することになった。

大阪兵庫生コン経営者会設立記念パーティーで「T・Tラインのエール」

一九九七（平成9）年二月一二日、大阪市北区ホテル阪神で大阪兵庫生コン経営者会の設立記念パーティーが開催され、加入の一一六社をはじめ、セメントメーカー、労働組合の各代表が参加した。式典は、会長に就任した田中裕氏（シンワ生コン）が挨拶。広域協組の販売・営業活動を支え、働く人々に適正な賃金体系や条件をまとめる組織として重要な役割を果たしていきたいと語り、さらに労働組合の有無を問わず、本来全員参加が基本であることを指摘。「ただ乗り」することなく、全社が（経営者会の）「船」に乗り、業界の状況を見ながら諸問題を調整し解決を目指していくことが重要であり、今後は和歌山、京都、奈良地域など近畿一円で（経営者会の）「船」が出航できるよう協力を呼びかけた。

来賓挨拶として、岡本晃住友大阪セメント大阪支店長は、「構造改善の推進と現実化のためには近代的な労使関係の確立が不可欠であることと、労使双方が互いの立場を尊重して充分に政策論議を交わし、構造改善へ円滑な推進に尽くして頂きたい」と挨拶した。

労働側からは、生コン産業政策協議会を代表して、武建一連帯労組関西地区生コン支部執行委員長が挨拶。大阪兵庫生コン経営者会が、今日の時代状況反映し、労使によりカタチづくられた団体であると述べ、業界の歴史的教訓として、

①労使が一体となって業界再建に取り組むことが必要である。

②労使が共通した時代認識で、解決すべきテーマを明確にする。

構造改善は、労働者の雇用と労働条件に直接影響を与える問題であり、労使が十分協議して方向性を出す必要性に迫られていると語り、労働側もこの大きな枠組みの組織体に期

待を寄せていることを表明した。業界が大企業からの中小企業自立を図っていくため、労働組合との協力が必要との路線の象徴たる「田中－武・T－T」ラインがここに、業界再建のためのエールを送りあったのである。

大阪兵庫生コン経営者会　概　要

名　称：大阪兵庫生コン経営者会／地区は大阪府と兵庫県の区域。
所在地：大阪市北区梅田一－一－三　大阪駅前第三ビル四階五。
会　員：大阪府下、兵庫県下の生コンクリート製造業及び、生コンクリート輸送業で組織する。
①団体で加入するものを団体会員と称する。
②企業外労働組合を有する社をA会員と称する。
③企業内労働組合を有する社及び労組未組織社をB会員と称する。
目　的：正常な労使関係の確立をめざし、会員の相互啓発、相互扶助により、連携と結束を図り、以って会員各社の安定と発展に寄与することを目的とし、次の各号を扱う。
①大阪兵庫生コンクリート工業組合の構造改善事業実施に伴う諸問題。
②会員全体に影響を及ぼす春闘・労働条件の改訂等の労働問題に関する諸施策の円滑な推進。但し、
(一)　B会員各社の労働問題については取扱わない。
(二)　会員各社の個別労働問題については取扱わない。
事　業：前条の目的を達成するため次の事業を行う。
①各種研修会及び情報交換の事業。

②労働施策に関する事業。
③会員の相互扶助に関する事業。
④その他目的達成に関する諸施策。
交渉権・妥結権の委任と交渉：本会は必要に応じて企業外労働組合と交渉し、交渉権・妥結権を行使する。但し、地域差・労組組織状況・経営内容等により団体会員又はA会員の申し出により、個別交渉は可能とする。

「経営者会」役員構成

（敬称略）

役　職	氏　名	所属企業名
会　長	田中　裕	㈱シンワ生コン
事務理事	井出　忠信	新関西菱光㈱
常務理事	西井　政	千代田生コンクリート㈱
常務理事	小田　要	泉洋レミコン㈱
常務理事	藤原　孝俊	神戸フェニックス生コンクリート㈱
常務理事	山本　留男	枚方小野田レミコン㈱
常務理事	宮本　武雄	大喜生コンクリート工業㈱
常務理事	川上　保雄	春日出生コン輸送㈱
理　事	西川　国雄	八幡生コン㈱
理　事	中西　茂	阪竜ルミコン㈱
理　事	金本　晄男	新大阪生コン㈱
理　事	中島　久男	新淀生コンクリート㈱
理　事	有山　康功	タイコー㈱
理　事	牟田　政宏	泉北コンクリート工業㈱
理　事	細尾　勝洋	㈱シンワ生コン
理　事	後藤　茂	産企会
理　事	辻　畯司	東大阪生コンクリート㈱
理　事	島田　一郎	三和生コン㈱
理　事	大橋　輝一	王水産業㈱
理　事	福岡　孝夫	境レミコン輸送㈱
事務局長	井狩　利一	
監　事	谷村和貴夫	関西スミセ生コン㈱
監　事	上野　正平	大阪ライオンコンクリート㈱

大阪兵庫生コンクリート品質管理監査会議の設立

一九九七（平成9）年三月、「大阪兵庫生コンクリート品質管理監査会議」が設立された。大阪兵庫工組では、それまで年二回、第三者機関の（財）日本建築総合試験所に委託して、生コン工場への品質管理検査を自主的に実施してきたが、ゼネコン等関係業界からは内部検査の域を出ていないとの見方をされるなど、必ずしも高い評価を得るには至っていない状況だった。

そこでこれまで実施してきた品質管理監査制度を改めて、公正性・中立性を高めてコンクリートの品質保証に対応できる仕組みをつくることが検討されていた。

建設省や通産省の指導を受け、産・官・学の構成による「品質管理監査会議」を設けることにより、一層の品質向上をめざしていくことになった。

大阪兵庫工組の新理事長に松本光宣氏

一九九七（平成9）年五月の大阪兵庫工組　第二二回総会の席上、新理事長に松本光宣氏が選出され、次のように挨拶された。

「当業界は、大阪広域協組の一連の取り組みにより一定の前進がみられるものの、相変わらず厳しい状況にある。規制緩和の流れのもと、私たち中小企業、とりわけ生コン産業にとって強いアゲンストの風が吹くなか、互いの団結力と強い結束力こそが厳しい状況を克服できるものと信じている。

①共同事業の推進、共販の強化など従来の取り組みを強化するが、このためには各協組の組織率の向上に総力を挙げたい。

②構造改善は、現在大阪広域エリアを中心に推進しているが、他地区における取り組みも環境を整備し、推進できるようにしたい。

③品質管理監査は、販売政策面において員外生コン社との製品差別化につながり推進したい。

④生コン共同試験場の建設などについても条件整備をする。

⑤情報管理システムの導入については、各協同組合とのオンライン化を可能な限り早め

ていきたい。情報の公開・共有化は、各組合員の公平感、工組・協組への信頼感が強まり、組織力の強化となるので、早急に導入を図りたい」

来賓として挨拶した石松義明全国生コンクリート工業組合連合会専務理事は、業界の近代化にむけた全生連としての重点課題を説明した。

「今後の需要はかなり落ちると考えなければならない。第一次オイルショックの時よりも厳しい状況になるかもしれない。

①価格面では、コスト縮減対策が厳しくのしかかってくるので、きちんと積算の公開等を理解してもらわなければならない。

②与信対策も求められる。金融資本が倒産する時代となり、ゼネコンの経営も非常に不安定となって、今までは販売すれば代金回収ができたが、そうはいかなくなる時代がくることを予見し、対策を講じていくことが協組の大切な事業のひとつとなる。

③全生連から地区本部や工組へと、的確な情報を早く提供することが求められている。技術面では中央技術研究所と共同試験場のネットワークをつくる。こうした情報の共有化によって、互いのメリットを創出していく。

④労働省の協力を得て、九六～九八年の三カ年で労働条件制度を整備する。

⑤共同輸送については、運輸省が『協組の管理ならばよろしい』と話がついた。後は各協組でどのようにやっていくかということになる。

こういう時代に、個別企業で限界一杯まで皆様努力しているので、後は協組・工組が知恵とエネルギーを結集して、この難局を乗り切っていく以外に生コン産業の生きる道はないと考えている」

大阪兵庫生コン経営者会　労組法上の使用者団体として、交渉・妥結権を擁す

一九九七（平成9）年一一月四日、大阪兵庫生コン経営者会は臨時総会を開催し、経営者会が労働組合法上の使用者団体として、労働組合と交渉し合意内容を協定化するということを確認した。当日の懇親会では経営者会の田中裕会長が挨拶、「広域協組や神戸協組が大事業を推進する中にあって、労務問題の対応がバラバラでは業界の足並みは揃わないので、交渉権に同調してもらうという今回の結論にたどり着いた」と経過を語り、「経営者会が一枚岩となり労務問題をきちっと対応し、苦楽を共にする会に育てたい」と抱負を述べた。

席上、小田要氏（泉洋レミコン）が交渉団長に就任することが決まった。

奈良工組　組合会館起工式

奈良県生コンクリート工業組合は、長年の念願であった会館建設を決定し、一九九七（平成9）年一一月七日、起工式を挙行した。

この間、奈良工組は業界の近代化を目指して、第三次の構造改善事業を推進であった。しかし生コン需要の減退、環境や雇用問題、大口倒産等の影響で、かつてない苦境に陥ったが、業界の危機打開と安定化を目指す取り組みの一環として、組合会館の建設を決定し建設委員会を設置、晴れて起工式を迎えることとなった。

会館は、共同試験場を中心にしながら組合機能が充分に発揮できるよう、奈良県磯城郡川西町の敷地面積一三四六㎡に、鉄筋コンクリート造り三階建ての建物を配置。

一階が共同試験場、二階が事務所、三階が会議室・研究室とし一九九八（平成10）年三月に完成を目指したもの。

奈良県生コンクリート工業組合設立二〇周年記念

一九九八（平成10）年五月二一日、奈良県工組は、竣工したばかりの工業組合の会館で、来賓七五名、組合関係者五〇名を迎えて竣工記念式典を開催した。

関武理事長は、歴代理事長並びに会館建設関係者等の功績を称え、感謝状を贈るとともに、その労をねぎらった。

関理事長式辞（要旨）

「奈良県工組念願の生コン会館竣工と、時を同じくして組合創立二〇周年を迎えられたことは、関係各位の皆様方のお力添えと深く感謝する。先輩理事長が培ってこられたこの工業組合を、出来る限り奈良県生コン産業のために役立てていきたい。組合員一同団結するとともに、二一世紀に向けて徹底した品質管理のもと、安定、安心の生コンの供給に全力をあげていく。今後とも変わらぬ力添えをお願いしたい」

大阪府警の「不当弾圧事件」勃発――日本セメント・大阪アサノ事件

一九九七年二月五日早朝、大阪府警は日本セメントの子会社・大阪アサノコンクリート淀川工場専属輸送である三荒淀川営業所で働く生コン産労組合員ほか計一二名を、威力業務妨害容疑で逮捕した。

淀川支部組合員が、日本セメントのＳＳ新設に反対し九六年一〇月三日に行ったストライキが、大阪アサノの出荷業務を妨害したとの容疑だった。

その背景には、生コン産業政策協議会（生コン産労・全日建連帯労組・全港湾労組で構成）が、一九九六年七月以降に取り組んだ「日本セメント不買運動」にあった。

セメント各社は、これまで生コンを販売拡張の手段として支配してきたが、生コン中小企業が結束し、労働組合との産業別労使交渉が定着することによって自由に支配できなくなる恐れがあり、特に、三年前まではトップメーカーでありながら、業界三位に転落した日本セメントにとって、「生コン業界の安定」は即、シェア拡大の弊害要因を意味した。

そこで、日本セメントは、構造改善事業などが進められている時期にも、大阪・神戸でSS新増設を行い、滋賀県に新設を計画。また、生コン車やバラ車の過積載を容認し、更には労働者を無視した偽装倒産を全国的に進め、名古屋・北九州・大阪では労組との話し合いを拒否し紛争が続いていた。

そこで生コン産業政策協議会労組は共に、中小企業生コン工場に対して、日本セメントのボイコットを呼びかけ日本セメント大阪支店と取引のある「五六社・六二工場」のうち、「一五社・一九工場」が、要請に応えて日本セメントの不買を行った。

こうした運動に対し、日本セメントは、大阪アサノ淀川工場で偽装出荷による労働組合に対する弾圧を計画した。

日本セメントは、日本セメント大阪支店に「鈴木忠大阪支店長・大村副支店長」や「専属輸送の「株式会社三荒の管理職」などを集めて、偽装出荷の策動を企て「実務妨害」の状況を作為的に作り上げ、生コン産労に対する弾圧を実行した。

大阪アサノが大阪広域協組から出荷割り当てがあったかのように見せ、専属輸送会社の株式会社三荒の役員らに命じて淀川支部の組合員らをはめて、事件に仕立て上げた。

三荒の管理職百瀬宏部長らの誘導による画策は、

①日本セメントに報告しなければならないから協力してくれ。

②一応出荷する振りをするからストライキで阻止するポーズを取ってくれ。

③あくまでもポーズだから、ストライキ体制の形態を取ってくれ。
④出荷阻止のポーズの状況をビデオカメラで撮影するがポーズだ。
三荒淀川支部の組合員は、管理職の立場を理解し「ストライキ」の体制を取って「出荷阻止のポーズ」をビデオに撮らせて協力した。

これを受け日本セナントの指示で大阪アサノが「業務妨害」の告訴をしたため、二月五日の国策捜査となった。

この事件は、裁判官自体が日本セメント不買運動のような社会的取り組みを、一般的な企業内組合の活動と違った「組織的犯罪」として偏見を抱き見ていることが重大であり、背景事情や目的を問題視することなく、実行行為だけを問題にしてストライキの範囲を狭めようとするなど、警察・検察も公正中立の権力行使どころか、日本セメントとグルになって仕立て上げた権力犯罪であり、政治弾圧であることが公判の中でも明らかとなった。

同年六月、交運労協三単産（交通労連・連帯労組・全国一般）は、東京千代田区の日本セメント本社前で共同抗議、国会内シンポジウム、通産省などへの申し入れなど東京行動を展開。不当な組合潰しや中小企業いじめなどに奔走し、業界を混乱させている元凶たるセメント独占の責任を追及した。だが今も、その災いの根は残ったままだ。

秩父小野田セメント㈱と日本セメント㈱の合併（太平洋セメント）問題
日本経済新聞（九八・六・五）ほかで、直系社の協組離脱を憂慮
秩父小野田と日本セメントの合併条件の一つとされた直系生コン会社の協同組合からの脱退が、生コン市場に波紋を投じている。生コン市況は協組の影響力が強く、脱退に伴う組織力低下は市況波乱要因になるためだ」「『脱退が実現すれば組合の存在基盤さえ揺らぐ』

―全国生コンクリート工業組合連合会と同協同組合連合会の石松専務理事は危機感を強める。両連合会は合併する二社と公正取引委員会に、脱退条件の撤回を申し入れた」「生コン会社は地域ごとに協同組合を結成し、共販販売するのが一般的だ。製品価格は協組の組織率や結束度によって大きく左右される。例えば、大阪と周辺地区は100％近い組織率を誇る。広い販売エリアをもつ協組の力を背景に、同地区の生コン価格は一万四三〇〇円／立米と最安値地域の二倍以上の高値を保つ」「脱退した組合員が安値販売に動けば、協組の影響力が一気に崩れる可能性がある。ゼネコンにとっては、脱退メーカーは協組の枠に縛られない、有利な仕入れ先と映るはずだ。脱退メーカーがゼネコンの安値要求に対応するのか、それとも協組との協調路線をとるのか。それらメーカーがどういう価格政策を選択するかで市況の先行きは大きく変わる」

コンクリート構造物の安全を考えるシンポジウム開催

一九九八（平成10）年一二月六日、全国生コンクリート工業組合連合会近畿地区本部が主催、関連五労組が共催した、「コンクリートの安全を考えるシンポジウム」に、関連経営者や労働者三二〇名が参加した。

松本光宣近畿地区本部長は、「コンクリート構造物の安全性が社会問題として取り上げ、広域協組は、阪神大震災による被害の深刻さを教訓に、全国に先駆けて品質保証を掲げ、品質管理監査制度を展開してきた。コンクリート構造物が重要な社会資本であり、このシンポジウムを通して産・官・学による全国統一品質管理監査合格工場の製品を使っていきたい。」と挨拶。

基調報告として、八田常一近畿地区本部技術委員長は、「一九六五年にＪＩＳ表示制度が公示され、現在ではほとんどＪＩＳ工場となっている。品質管理監査制度は生コンの品質保持・向上を目的にスタート、一九九五年一二月に全国品質管理監査制度が発足した。しかしこの制度を支えるのは、経営者の品質・技術に対する認識である」と講演。

続いて五労組を代表して、全日建連帯労組関西地区生コン支部の武建一執行委員長は、歴史上の経験から、生コン産業の再建と品質確保は労使協力以外にないと語り、労使による協力関係と集団的労使関係による成果の実例を紹介した。

さらに生コン産業はセメント・ゼネコンという大企業の狭間にある中小企業群として、コスト切り下げによる原価割れ競争に陥り、品質管理に対する経営者の意識も低く「安かろう・悪かろう」の粗悪な生コンを生み出してきたと語り、業界の構造改革と品質管理体制強化とともに、赤黒調整・アウト対策・適正価格・集約等、協組運営の根幹にかかわる課題が差し迫っていると強調した。

四　近畿地区の協組、連合会次々と誕生

兵庫県中央生コンクリート協同組合連合会設立

二〇〇一（平成13）年五月一七日、兵庫県中央生コンクリート協同組合連合会の設立総会が開催された。神戸協組（一七社一八工場）、神明協組（一五社一五工場）、北神協組（一一社一一工場）の三協組が、広域化している地域環境に適応するため、販売協力体制をとる必要があるとの判断から、上部組織を設立することになったのが背景。

連合会初代の会長には、神戸協組の三好康之理事長を選出し、初年度事業として共販委員会、合理化委員会、事業委員会、技術委員会の四委員会を設置、事業を推進することと

なった。

兵庫における協同組合のあゆみ（概略）

一九七七年　一月　神戸生コンクリート協同組合設立　溝尾正重理事長（一〇社一一工場）
一九七八年　三月　出資金一八〇万円から一億円に増資
一九七九年一〇月　品質管理監査委員会を発足、規約の制定
一九八〇年　九月　兵庫県知事よりフロンティアグループ育成制度参加企業の指定
一九八〇年一〇月　価格体系を契約ベースから出荷ベースに改訂、グロス価格の採用
一九八一年　六月　理事長に有山博喜氏選出
一九八一年一〇月　理事長に中司知之氏選出
一九八一年一一月　小型部門に五社五工場加入し、計一五社一六工場となる
一九八二年　三月　出資金一億一〇〇〇万円に増資
一九八二年　八月　理事長に有山博喜氏選出
一九八二年一〇月　兵庫県中小企業団体中央会より優良組合として表彰
一九九〇年　九月　兵庫県より優良組合として表彰
一九九四年　五月　理事長に中司知之氏選出
一九九七年　三月　運輸省より震災復興建設事業への貢献として感謝状
一九九七年　六月　全生工組連より優良組合表彰
二〇〇一年　五月　兵庫県中央協同組合連合会設立
二〇〇三年　構造改善事業（工場の集約・廃棄）の実施
二〇〇七年　新ＪＩＳ認証とゼネコンとの共同大臣認定を取得
二〇〇九年　生コンクリートの契約形態の変更（出荷ベース）と生コン価格改定の決議

奈良県生コンクリート協同組合連合会　設立

（設立趣意書より）奈良県は全盛期の三分の一まで生コンの出荷量が激減しています。

一九六三（昭和38）年に初めて生コン工場が建設されて以後、共注共販体制の確立を目指して協同組合が結成されましたが、労働組合との協定（二五項目）をめぐり、内部分裂が起き、労使の対立も二年間に及びました。紛争中にかかった膨大な資金や労力がすべて無に帰し、労働組合との対立は企業側に何のメリットもないと認識した後、労使協調路線によりアウト社・越境対策等に功を奏し、予想以上の出荷量の激減にも耐えて、協同組合として健全な運営を可能としているのです。

セメントメーカー・ゼネコンとの対等取引と適正な価格形成をし、県内の業界安定を図るためには、県内協同組合の大同団結を図ることが業界再建にとって必要不可欠と考えます。奈良地域の歴史を振り返ると、労使関係の健全化が業界の健全化を図ることとなり、大企業の収奪を許さず、中小企業の権益を守ります。

中小企業が自立するためにも、南部協・奈良協・東部協の三協組が大同団結すると同時に、労使が共生・協同の精神を持ち、全国のモデルとなるような連合会運営を目指しています。

奈良における協同組合のあゆみ（概略）

一九六三年　奈良県内で三工場の生コン工場が設立され、以降四〇社近くの工場新設。

一九七〇年　六月　奈良県中部生コンクリート協同組合を設立（加盟六社）。
生コン産業が構造不況産業として位置づけられた。

一九七八年　奈良県生コンクリート工業組合設立（加盟二二社）。

一九八一年　北山生コンクリート協同組合設立（奈良県南部協に名称変更）。

一九八二年　奈良県北部生コンクリート協同組合設立（加盟八社）。
奈良市内生コンクリート協同組合が分裂し設立。八二年の春闘では労働側と経営側（北部協組八社）が始めて集団交渉を開催、奈良工組と北部協組に二五項目の協定が締結されたが、北部協組内で協定書の履行をめぐり内部分裂。新たに奈良市内生コンクリート協同組合が設立された。その後労働側との労使対立が始まり、二年間に及ぶ労働争議が始まった。

一九八四年　一二月二二日、争議が全面的に解決、組合員の現職復帰と新会社が設立。

一九八五年　一月　業界再建にむけて労使が協調、奈良市内協と北部協を統合し、奈良県生コンクリート協同組合を設立。

一一月　労使一体で新設を阻止。この成果が労使の信頼回復に繋がり、奈良方式と呼ばれる労使共通課題を推進。労使懇談会は二〇一二年までに一六八回実施。

一九九八年　奈良県生コン卸協同組合を設立、現金回収制度実施。

二〇〇〇年　四月　奈良県東部生コンクリート協同組合設立。

九月　奈良県南部生コンクリート協同組合設立。

二〇〇三年　集約事業開始（二一社→一八社）、県内出荷数量九〇万m³に減。

二〇〇九年　六年間で八工場に集約、県内出荷数量四五万m³（全盛期の三分の一）に減。

二〇一一年　奈良県生コンクリート協同組合連合会結成（南部協・奈良協・東部協）

和歌山県生コンクリート協同組合連合会　設立

二〇〇四（平成16）年六月、和歌山県生コンクリート協同組合連合会が結成され、県北の橋本地区から南の田辺地区までの六協組で連合会を結成、法人登記された。

連合会では理事長（紀北協同組合の中西正人理事長が連合会理事長を兼任）以下各部門がそれぞれ毎月定例会議を開催、さらに隣接する協組間でも都度打ち合わせ会が開かれ、和歌山県下での統一価格の実現に向けて努力することになった。

連合会の橋本・伊那協組は二〇〇五（平成17）年五月より共注共販に完全移行している（一万四〇〇〇円／㎥）。

紀北協組は二〇〇四（平成16）年三月、一四工場を二社四工場に劇的な集約に成功。四つの工場が事実上、協組のコントロール下で、「一つの会社」として機能しているといっても過言ではない（一万四〇〇〇円／㎥）。

中紀協組は道路公団のトンネル事業があり、価格は県下で一番高い積算単位価格（一万四二〇〇円／㎥）。

和歌山中央協組は県庁所在地で、一〇年ぶりで大幅値戻しに成功。大型プラントでのアウト社は存在せず。

和歌山における協同組合のあゆみ（概略）

二〇〇四年、連合会が設立される以前、和歌山県県庁所在地にある中央生コン協同組合にアウト社が存在し価格の乱立があった。それ以外の協同組合にもアウト社があり、価格の安定を図ることが出来なかった。それぞれが近隣の協組に影響を及ぼす状況下のなか、各協同組合は単価面に苦慮した経緯がある。

一九六七年　四月　生コン商工組合設立代表者大江富太郎
一九七一年　四月　組合の和歌山地区の共販事業分離、和歌山生コンクリート（協）設立
一九九〇年　一二月　和歌山生コンクリート（協）解散。混乱期に入る

一九九二年　四月　和歌山地区生コンクリート(協)設立
一九九八年　五月　紀ノ国会館の建設で、エリア侵害のトーア社と対決
（田中裕氏、松本光宣氏の仲介）
二〇〇〇年～二〇〇一年　大東陽、杉山産業が民事再生
二〇〇三年　八月　生コン業界活性化協議会を立ち上げる
二〇〇四年　二月　和歌山県生コン産業研究会に改名する。
七月　和歌山県生コンクリート協同組合連合会発足（六協組）。
各協組値戻しと価格の安定に驀進する。
二〇〇六年　一二月　日高地区生コンクリート協同組合脱退、五協組となり現在に至る。
二〇〇七年　公共事業・民間事業が減少。紀北協組（業界モデル）を筆頭に中央協組、紀南協組、橋本・伊那協組、中紀協組が各協組にちなんだ集約を目指す。
二〇〇八年　各協組で値上げ実施。一万四〇〇〇円～一万五〇〇〇円／㎥。
二〇一一年　「生コン産業の将来・展望を切り開く」のテーマで夏季研修会開催。
講師：近畿大学玉井元治元教授ほか。参加者九五名。
二〇一二年　各協同組合、現価格より一〇〇〇円～一五〇〇円／㎥の値上げ実施。
連合会主催の労使懇談会が六月で計九一回開催。

近畿地区本部傘下の共同試験場

◎滋賀県生コンクリート工業組合技術試験センター
〒五二九－一三〇三　滋賀県愛知郡愛知川町長野四一－一

◎奈良県生コンクリート工業組合技術センター共同試験場
〒六三六－〇二〇二　奈良県磯城郡川西町七八五－四
◎和歌山県生コンクリート工業組合技術研修センター共同試験場
〒六四一－〇〇三六　和歌山市西浜一六六〇－二九一
◎日高地区生コンクリート協同組合日高共同試験場
〒六四四－〇〇一一　和歌山県御坊市湯川町財部字東新田一〇五七－二
◎紀北生コンクリート協同組合技術センター
〒六四九－六四二三　和歌山県那賀郡打田尾尾崎九二－一
◎紀南生コンクリート協同組合技術センター熊野共同試験場
〒六四九－二一〇六　和歌山県西牟婁郡上富田町南紀の台四－二四

五　労組、政策ストライキ

二〇〇〇（平成12）年一二月二二日～二六日、連帯労組関生支部と近畿セメント支部・生コン産労は、バラセメント輸送業界の健全化を目指して、大阪・神戸の全SS二五カ所の政策ストライキを行った。

セメント供給が絶たれた生コン業界は重大な影響が出た結果、一二月二七日、大阪兵庫工組・大阪広域協組・神戸協組・神明協組・生コン経営者会と労働組合が協議の場を設けるため、専門委員会を設置することになった。※これをバラ専門委員会の始まりとする。

労働組合からのバラ輸送業界の健全化にむけた要求事項

①各セメントメーカーは公示運賃を守る。

②各メーカーは先方引取車対策を具体化する。
③各メーカーのSSが共同利用できること（出入り権の自由を保障する）。
これらの要求に対して、協同組合側から左記確認事項が提出された。

確認事項

①工組・広域協組・神戸協組・神明協組・経営者会は、連帯し要求事項の解決を図る。
②経営者会が関係協組の窓口となり、専門委員会を設置する。
③セメントメーカーの不誠実な対応により、解決に至らなかった場合は、連帯して責任をとる。

関連労働組合は、政策三課題（公示運賃の収受・先方引取車対策。SSの共同利用）の実現をめざして共同行動を実施、生コン産業政策協議会による二五SSでの四波のストライキなどの共同行動を背景に、二〇〇一（平成13）年一月二二日バラセメント専門委員会が開催され、共同行動によって情勢が大きく変革しつつあることが報告された。

報告は、セメントメーカーが「各企業の適正輸送量確保にむけ、余剰台数削減の合理化資金を出す」「先方引取車対策を中長期的に講じる」という内容だが、しかし余剰台数削減は本来、専属輸送業者と引取業者間の公平性・共存のあり方の指針を示すことがその前提となり、近バラ協への結束と自立機能を高めることによって政策三課題を実現することが求められている。

こうしたことから六月一日以降、三六SSで先方引取車対策の点検活動を展開。

その結果六月四日現在、新たに四社（三〇台）がバラ業界の構造改革に共鳴し、近バラ協に加盟する成果を得た。

近畿バラセメント輸送協同組合　シンポジウム開催

二〇〇一年八月五日、バラセメント輸送業界の自立と共生をめざして「共注・共販を学ぶ」シンポジウムが近バラ協組主催で開催された。

会場はセメント・生コン関連業界に携わる労使二七九名が参加。

業界の危機を打開し、新たな枠組みを構築する指針を確かめあおうと、参加者は各講師の講演に真剣に聞き入った。

開会の挨拶に立った松本浩直近バラ協組専務理事は、依然として厳しい経営環境が続く中、労組の運動による組織化の飛躍的な前進によって、車輌台数五二〇台、大阪・神戸の都市部では80%以上もの組織率に到達した現状を報告。

この組織力をもとに、関連業界・各協組・工組と連携して、業界の新たな枠組みを構築する方針を立案・実践し、難局を打開する出発点が本シンポであることを宣言。

シンポジウムは、関係団体から寄せられた祝電、メッセージ披露の後、記念講演とパネルディスカッションが催された。

その後近バラ協は、近畿運輸局を交え、在阪セメントメーカー七社と七回にわたり三課題の解決に向けて話し合いを続けた。近バラ協からは、適正運賃について一台あたりの損益分岐点（月一六七円の運賃収受が必要）をクリアするには、現行運賃からトンあたり四九六円（生コンに換算すると一五〇円／㎥）、引き上げが必要と提示された。

生コン関連協組が連合会を結成

二〇〇一（平成13）年一二月一日、近畿生コン輸送協同組合、近畿バラセメント輸送協同組合、大阪生コン圧送協同組合の生コン関連三協同組合は、生コン関連協同組合連合会を発足させた。

三協組の力を結集し、対等な取引条件の確立、経済基盤の強化、社会的地位と影響力の強化などを目指すとした関連連合会の初代会長には、関口賢二大圧協理事長が選出された。

「知っておきたい生コンのいろは」発刊

近畿生コン輸送協同組合は二〇〇二（平成14）年五月の第七期総会を記念して「知っておきたい生コンのいろは」を発刊した。

全国生コンクリート工業組合近畿地区本部の出版協力のもと、日刊建設工業新聞社大阪支社制作により出版。執筆は八田常一京都工組理事長、関口賢二大圧協理事長ほか。

六　関西生コン創業五〇周年記念シンポジウム開催

二〇〇三（平成15）年五月一八日、関西生コン創業五〇周年を祝う記念シンポジウムが開催された。

関西生コン産業の創業半世紀を記念する一大イベントとなるシンポジウムは、大阪兵庫生コンクリート工業組合が主催。広域協組・兵庫県中央協組連・経営者会が協賛、全生連近畿本部・生コン関連協同組合連合会・交通労連関西地方総支部生コン産業労働組合・全日建連帯労組関西地区生コン支部・全日本港湾労働組合関西地方大阪支部・UIゼンセン同盟関西セメント関連産業労働組合・全日本建設交運一般労働組合関西支部が後援する、五〇周年記念シンポジウム実行委員会が結成され、兵庫県宝塚市宝塚グランドホテルを会場に開催された。

当日は三部形式で開催され、一部には講演三題（①明治大学政治経済学部・百瀬恵夫教授の「生コン産業の生きる道」②全生連・石松義明前専務理事の「生コン産業の創立から現状、そして将来の展望」③宮崎県西臼杵生コン事業協同組合・木田正美理事長の「宮崎県　その成功事例」）が披露された。

パネルディスカッション「新しい五〇年にむかって」を経て、元西鉄ライオンズ投手で監督～評論家の稲尾和久氏から「人生はスポーツそのものである」という演題で記念の講演があり、会場は大いに盛り上がった。

各主催者挨拶

生コン産業の未来を語ろう　開会挨拶

五〇周年記念シンポジウム　実行委員会委員長　藤原　孝俊

多数のご参加ありがとうございます。本日、工業組合主催のもと、生コン産業五〇周年記念のシンポジウムを開催いたします。

我々はこのシンポのなかで何を議論するのか、全国に、関西に、アピールできれば良いと実行委員長として考えております。これからの生コン産業、関連業界の生きる道を見つけようではございませんか。

労使力を合わせ業界の再建を　主催者挨拶

大阪兵庫生コンクリート工業組合　理事長　松本　光宣

2003年5月18日、宝塚グランドホテルで開催の「関西生コン創業50周年記念シンポジウム」

昭和二八年に当時の大阪生コン佃工場が操業開始して今年で五〇年になります。

節目の年になり記念行事を開催してはどうかという提案があり、労使で設置した実行委員会のご努力により今日このように盛大に開催できたことを感謝いたします。どうもありがとうございました。

今日の社会経済状況は、良し悪しは別にして欧米型の競争原理が強力に推し進められようとしています。こうした状況下、セメント、ゼネコンの狭間にある生コン業界とその関連業界は極めて厳しい状況にあります。こうした厳しい時代に生き抜くには弱い立場のものが寄り添い、団結力をもって対処する以外には道はないと思う。

アフリカの草原などの弱肉強食の世界では、草食動物は自らの生存を集団に託して生き延びようとしています。私たちも全生連のもと、全国の生コン業者が結集して個々の企業では果たせない業界全体として効率化、品質の確保などを武器に、社会的な評価を味方にして、この厳しい世の中を生き抜く以外には道がないと考えています。

本日は関西に結集する労働五団体の後援を得て開催しました。

このような困難な状況にあっては、お互いの立場を乗り越え、労使双方の力を合わせて生コン業界の再建に取り組むことが関西においては重要である。今後とも労働組合の皆様方のご協力をお願いします。

本日の催しが、五〇年の歴史に学び、その上に立った新しい知恵をもって夢ある未来を作り出す第一歩となることを願っています。

先日京都にある生コン工場の品質上の不祥事が報道されました。全生連近畿地区としては、平成七年一月に発生した阪神淡路大震災を経験する中、特に生コンの品質向上に取り組み、全生連が進める全国統一品質管理監査制度の充実を図り、各界から高い評価を得てきました。建築、土木両学会をはじめ、多くの公共団体でも合格工場の生コンクリートを使用するのが望ましいという評価を得ています。

こうした皆様方の努力に水をさす遺憾な事件であると怒りを禁じえない。

当該工場は工業組合員ではなく、日常的な技術問題に関与できなかったことが残念でならない。これを教訓に府県の工業組合に加入していただくことをお願いするものです。本日は全生連を長年にわたって指導いただいている明治大学の百瀬先生、全生連の石松前専務、宮崎県の西臼杵協同組合の木田理事長、皆様方お馴染みの神様、仏様、稲尾様のそれぞれの先生をお招きした。

本日が近畿地区における生コンの歴史に刻む新しい第一歩となることを祈念して、主催者としての開会の挨拶とします。

業界の将来真剣に考える時　協賛団体代表挨拶

大阪広域生コンクリート協働組合　理事長　猶克孝

一口に五〇年といっても、この道を振り返れば、非常に長い歳月であり茨の道でした。しかし私たちは幾多の苦難を乗り越えて、今日を築き上げてきました。自社の経営の安定は業界の安定なくしてはあり得ない。

五〇年を迎え、これからの将来を真剣に考えるときがやってきたのです。広域協組は事業を推進していく中で、私たちの地位向上を図ることが大切。私たちの将来を、皆さんと一緒に力をあわせて進めて行きたいと思っています。

業界の過去・現在・未来を語ろう　後援団体代表挨拶

全日建連帯労組関西地区生コン支部執行委員長　武建一

歴史的な記念事業の第一歩として本日のシンポジウムが開催されました。今までは催しがあっても業者だけしか集めないという閉鎖的な傾向がありましたが、今回は販売店とか骨材業界、あるいはバラセメント、トラックとか建設資材関係等に案内状を出しています。

これはかつてないことです。

やはり田園の煙突になっては駄目だと言われるように、業界が安定するためには関係する業界と労働組合の協力が必要です。その意味において今回のシンポは画期的なもの。この業界は五〇年の経過を経ているのにかかわらず、「練り屋」と言われ、生コン産業としての市民権を得ていません。色々な要因がありますが、一つには製品の社会的有用性をアピールできていない・製品に対して品質管理監査能力が十分備わっていない・透明性が低く、公開性が弱く、依然として原価が公開されていない・業界が社会に向かって説明責任を十分果たしていない・業界の質的レベルを向上するような行事があまりにも少ない等。これでは業界の近代化が図れません。

今ひとつはセメント業界がこの業界を生み育てましたが、セメントの国内消費は70％以上を生コンクリートで消費されている。その意味でセメント業界の責任は70％以上あると思います。関西においては、セメントメーカーはなかなか生コン業界を自立させない。人事、財務、販売、政策のすべて、メーカーが支配関与しています。

労働組合に対する対策は非常に熱心ですが、労働組合のエネルギーを業界の近代化に結びつけることについて、明らかにセメントメーカーの政策は失敗したと思う。

今ひとつは、直系工場の代表の方々は挑戦心が弱い。関西の風土は挑戦心が非常に強いといわれていますが、少なくとも生コン直系の人たちは挑戦心が非常に弱く、すべて先送りするという悪い癖を持っている。

専業の方々は一匹狼で、自らの目前の利益だけに支配されるという傾向があります。もちろん労働組合も各々のセールスポイントを経済闘争のみに長期にわたって割いた時期があり、政策的な基本合意がなかなか出来ないこともありました。これらは反省点として振り返らなければならない。

今の時代、中小企業が進むべき道は二つしかありません。ひとつはグローバリズムの名の下に進められているアメリカ型の徹底的な市場原理主義。これは多数を犠牲にして、ごく少数が生き延びる道。今ひとつは近畿二府四県の多くの協同組合が進め、そして全生工組連・協組連が目指している共生・共同によって生きる道。これは多数の利益を目指す道です。

後者の道を選択する以外に我々の生きる道はない。全国四七都道府県の中でこの道を選択し大きな成果を収めているのは、近畿と宮崎、沖縄、高知くらいではないでしょうか。事業活動には自助努力、共助努力、公助努力が必要です。競争していいことと、よくないことを区別して対応することが大事です。

今後経済は、右肩上がりに向かうことは不可能。しからば自らが需要創出するにはいかなることを為すべきであるのか、業界において信用を確保するためにはいかなることを為すべきであるのか。こういったことが後ほどの討論で深められていけば、すばらしい記念行事の催しになるのではないでしょうか。

生コン産業基盤整備事業を発足

五〇周年記念のシンポジウムをきっかけに、生コン産業基盤整備事業が発足。大阪広域協組、神戸協組、大阪兵庫工組、大阪兵庫生コン経営者会、生コン関連五労組は、業界の新たな近代化にむけた整備事業に取り組むこととなった。

生コン産業基盤整備事業

①需要創出委員会

（ア）今ある技術力で仕事を増やす。

（イ）新たな技術力を開発する。

（ウ）自主規制力・知的レベルアップのために学校を設立する。

（エ）リサイクル生コンの活用に取り組む。
②広報委員会
（ア）工組・協組のパイプ役となる。
（イ）マスメディアを利用する。
③共同試験場、生コン会館建設委員会設置
④品質管理・監査委員会を設置
（ア）○適マークを有効に活用する。
（イ）品質チェック能力・補償能力を持つ。

その他、適正生産基準による原価公表、労働コストの平準化、卸協の設立（生コンの価格維持・販売店の適正マージン確保・アウト対策）など、大阪・兵庫の生コン業者が二一世紀に生き延びるために、実現しなければならない重要なテーマが、取り上げられた。

しかしこれらすべての委員会は、残念なことに、セメントメーカーが継続できないように介入があった。その後、それぞれの団体が基盤整備事業を放棄、これらのテーマは実現することはなかった。

七　中小企業懇話会の設立――アウトとインの大同団結を目指して

二〇〇三（平成15）年一〇月一日、大阪広域協組エリア内の協組員会社とアウト企業五〇社と、関連業界と労働組合の代表が参加して、「関西生コン関連中小企業懇話会」の設立総会が開催された。

「関西生コン創業五〇周年シンポ」を機に、業界の過去と現状の認識を共有し、未来を展望した生コン業界の持続的な発展を目指すため懇話会設立の準備会が発足、そこでは協組員内企業とアウト企業が立場の違いを乗り越えて大同団結し、協組機能を高めるために新たな基盤組織が必要であるとの認識で一致し、懇話会設立への機運が高まったからだ。

既存組織の枠を越えて、業界と各社の健全な発展をめざして新たなスタートを切った懇話会は、初代の会長に、藤原孝俊氏（神戸フェニックス）を選出した。

十二月一五日には、新事務所開設懇談会を開催。

藤原孝俊会長は、設立以降会員が順調に増えている現状を報告し、「既存組織の枠組みを越えた業界の新たな基盤組織で、協組機能を高める懇話会の趣旨・目的をさらに広めたい」と抱負を述べた。

資格制度の確立と学校建設について

二〇〇四（平成16）年二月二二日～二三日、中小企業組合研究会（代表・松本光宣大阪兵庫工組理事長）主催による「生コン従事者の資格制度確立と学校設立のためのシンポジウム」が開催された。関連業界の労使の代表一九七名が参集、業界を取り巻く危機的な現状を共有するとともに、中小企業の労使が取り組む二一世紀型の業界の将来象を学習。「資格制度と学校設立」にむけた取り組みについて語り合った。

武建一研究会副代表（連帯労組関生支部執行委員長）挨拶

関西生コン五一年の歴史上、七〇年万博以降三四年間、供給過多にあり、労使で業界再建に取り阻んだ歴史である。

設立一〇年目を迎えた大阪広域協組が、現状で推移すると危機に陥ることから昨年以降労使で業界の基盤整備に着手してきた。

　需要創出にむけた新技術開発、会館、共同試験場・技術センター建設、品質管理体制強化と保証システム、広報活動の充実、教育資格制度の見通しが立ちつつあること。

　加えて中小企業組合研究会による機関紙「提言」の発行と学習会、本シンポの取り組みを紹介し労使が「情熱・責任感・見識・先見性・不屈性を発揮して業界の新たな発展をめざそうではありませんか。

講演　百瀬恵夫明治大学教授（要旨）

　大企業でさえ共同事業を展開する時代にあって、中小企業が一匹猿で生き残れるわけがない。協組も労組も「弱者の組織体」というキーワードはまったく同じ。中小企業の生コンは、協同組織以外に生き延びる道はない。

ロバート・オウエンの協同主義の「原則」とは、
①組合の門戸開放（加入脱退の自由）、
②政治・宗教についての中立主義、
③出資配当の制限、
④購買額に応じた純益の払い戻し、
⑤現金主義、
⑥組合運営の民主化（議決権の一人一票主義）、
⑦教育の重視、
⑧公正な品質をもつ物資の取り扱いである。
　協同組合の本質とは何か。①経済的弱者の組織体であり、②人的精神的結合体、人間どうしが信頼しあい協調精神・相互扶助の精神に基づき運営すること、③共同経済を行う組織体である。二一世紀は、すべての業界・企業が顧客第一主義に徹する経営戦略と経営戦

術を展開しなければ生き残れない。生コン組合の注目すべき共同経済事業に、全国統一の品質管理監査制度がある。加えて国土交通省が推進する電子商取引（キャロスＥＣ）は、協組がその運営にあたることから、アウトとの差別化が図れる。

学校をつくって何をするか。教育活動は組合運動の原点であり、どういう目的と方向性かを明記し、それに必要な人材を育てること。二一世紀に生き残る生コン組合は「護送船団方式」から「やる気」集団への質的転換が必要。学校も志と魂の入った教育をすることが大切だ。

二〇〇四（平成16）年一一月六日　関連連合会設立シンポジウム（要旨）

マイスター塾の展開について

連合交通労連生コン産業労働組合　書記長　岡本幹郎

学校を作ろうという話が出たのは、宝塚で初めて百瀬先生を迎え、「この業界は間違っているというよりも、狂っている。何をやっている」というお叱りを受けた。

研修した中で欠けているもの、求められているものは何かというと、教育が一番欠けているのではないか。こういう点を重視し、関係する労働者や事業者側が心を一つにする形で会を重ねた。特に業界団体の工業組合の理事長と労働側は連帯の武委員長を軸に、労使で研究団体を作り立ち上げようではないかということでスタートした。

輸送協では労働者、特に運転手の教育をするという形で何年かご苦労いただいた。生コンの運転手は年間一二五日完全週休だが、それに加えて年次有給休暇が二五日あるので、年間一五〇日休みがある。年収は最低でも六五〇万円で、あらゆる諸制度が完備。条件面では確かに我々は日本一であると誇れる状態にきている。

その中でもこれにふさわしい意識、資質が付いてきているか。今後、労働組合としても業界としても対応を図っていく新しい局面にきているのではないか。

昨年一年間で四回の研修会と三回の勉強会を開催した。

参加者は浄財を参加費として負担し、教育費だということで分担を願った。

何らかの形で法人化をしなくてはいけないということで、九月一日スタートした。これには労働組合では連帯労組、全港湾、生コン産労が参加。近々、日々雇用の労働組合も参画するという意思表明をいただいている。

事業者団体は工業組合を柱にして、近畿地区の関係協同組合、工業組合の参画をいただき、会費をもって会の運営を図っている。

この会の目的は、従業員教育だけではなく人間教育も兼ねて資質を高めようということに重点を置いている。

これに関連して、この業界では、今までの歴史を出していない。

生コン年鑑だけ、セメント年鑑だけで、これも作られた部分がある。従って、研究所としてはこの業界の五〇年の歴史を編さんしようでないかということで、別室を作っている。

マイスター塾の四月開講へ向けては、関係する皆さんのほうにも要望、意見を聞くために発表会を早い時期、できれば一二月に何かのイベントを兼ねて予定している。

第七章　逆流―労組への大弾圧

聖域なき構造改革と組合総研設立　二〇〇五〜二〇〇七年

二〇〇五（平成17）年一月一三日、大阪府警による連帯労組関生支部・武執行委員長はじめ組合役員四名の逮捕事件は、その後も連続した強制捜査など、合計八名の組合役員の長期拘留の始まりとなった。

当時のマスコミは「生コン界のドン逮捕」などと、大見出しをつけた記事で負のキャンペーンを張り続けたが、これら五次にわたる弾圧事件の真相は一体何であったのか。

〇三年、「関西生コン創業五〇周年記念シンポジウム」が開催され、

①過去を総括し業界を近代産業に転換する。

②大企業セメントメーカーから自立する。

③生コン学校や技術センター、生コン会館、試験所を建設する等、

いくつかの項目が確認された。

しかしいざ実施の矢先、それまで同調し、確認書まで交わしていた労組の一つ建交労（全日本建設交運一般労組）が突然、「労使が一緒に研究学習機関をつくることはできない」と、理由なき理由で、いわばセメントメーカーの意向を受けた形で離脱した。

それは当時、協組・工組・労組等の結束力が強まっていた時期、「協同会館や試験所、研究センターの設置」合意のもと、いよいよ中小企業中心の安定した業界建設が可能になろうかという、まさにその時に起きた逮捕事件であった。

これは労組が芯張り棒となった「産業政策運動」を嫌悪し、中小企業業界そのものの発展を自らの不利益とする大企業セメントメーカーや資本・権力等が、近代化直前にまで発展した関西生コン業界を、再び「古きタコ部屋時代」に戻す大仕掛けではなかったか。二〇〇七（平成19）年には、太平洋・宇部三菱・住友大阪・トクヤマの大手四社は四月出荷分から五〇〇〇円～一〇〇〇〇円／トンの値上げを実施した。これは生コンの製造コストを即押し上げるため、それら前後の年度は生コンの価格形成力が改めて問われることになる重要な試練の時期でもあった。

それだけにこれら時代に逆行する形で強行された労組弾圧にまつわる一連の動きこそ、この業界を支配しようと目論む思惑が交差したものであり、その後にも続く民主化を目指す業界グループを都度狙い撃ちする動きの伏線でもあった。

一般情勢

小泉首相の首相在任期間は、最近では異例の五年半の長期に及んだ。

彼は、社会を弱肉強食のトゲトゲしい格差社会に変貌させ、異常な犯罪を多発させただけでなく、憲法で保障されていた基本的人権や生存権さえをも侵して、この日本社会を劣化させた極めて重い責任が問われる。

「人生いろいろ、会社もいろいろ」と答弁をはぐらかすなど、国会答弁の不真面目さは言語を絶するものがあり、日本の政治を著しく幼稚化させた。

小泉首相は、竹中平蔵という米国仕込みの市場原理主義者を重用。ブッシュ米国大統領への追従姿勢を後ろ盾に、「不良債権処理」にあわただしく対応したのは、米国の金融資本が日本の不良債権を買い叩く水先案内を務めただけであり、医療制度を中心にして社会保障制度を改悪（財政再建という名目で、毎年二二〇〇億円を削減）したのは、日本の国民皆保険制度に風穴を開け、米国の保険会社の参入を容易にする狙いがあったことは今や明らかだ。

郵政民営化のシナリオは、経済相兼金融担当相になった竹中が訪米して、米国政府と一緒に練ったものといわれる。勿論、狙いはＡＩＵ、アリコジャパン、アメリカンホームダイレクトなど米保険業界参入、さらに障害者とその家族を路頭に迷わせる「障害者自立支援法」、平成の姥捨て山制度といわれる「後期高齢者医療保険制度」の制定などその他にも、国債発行額を三〇兆円以下に抑制するという公約も二五〇兆円に増額、国民を疲弊のどん底に叩き込む改悪の連続だった。

地方財政の三位一体改革では、国の財政再建を地方に押し付けることで、例えば二〇〇四（平成16）年から二〇〇六（平成18）年度にかけて、四兆六六一億円の補助金が削減され、地方経済の枯渇は想像を絶する状況となり変わった。

小泉首相退任後、登場した安倍晋三首相は「戦後レジームから新たな船出」を掲げ、憲法改正の意欲を露わにした。

安倍首相はかって「日本の核兵器保有は憲法の禁ずるところではない」と、祖父で右翼反動の総理として日米安保を取り仕切った岸信介でさえ言わなかった、許すことのできない重大発言をし、「非核三原則」については「政策判断」との見解を表明していた。第二次世界大戦とアジア諸国への侵略戦争で三〇〇万人を超える死者を出し、同時に世界で唯一の被爆国である日本が心魂に刻んだ平和憲法における「絶対平和主義」と「非核三原則」を、さらに近代憲法の原則・立憲主義を安倍は何ら理解しえていない人物だった。

その安倍の突然の政権投げ出しのあと、福田康夫、麻生太郎と自民党はトップリーダーの首を何とかすげ替えて延命を図ろうとしたのだが、彼らもまた日本を崩壊させた小泉構造改革の共同責任者達でもある。

この時期、これら目を覆うばかりの醜態をさらし続け、対米追従と大企業本位の政策をとり続けた自民党と、口先では平和を言いながら、ブッシュ米大統領のイラク開戦では、率先旗振り役をした公明党の、自公二党体制が日本の全ての活力と道義心をすり減らした元凶だった。

一　組合総研の設立へ

生コン関連業界全般にわたる諸問題の課題研究と調査、学習などに関するシンクタンク「中小企業組合総合研究所」は二〇〇四（平成16）年九月一日に設立された。

その設立具体化への直接のきっかけは、二〇〇三（平成15）年五月一八日に開催された「関西生コン創業五〇周年記念シンポジウム」であり、シンポに参加した業界関係者の問題意識からであった。

当日のパネルディスカッションでは、明治大学政治経済学部の百瀬恵夫教授をはじめ、全生工組連等各分野の代表と労組代表で討議され、新時代での生コン業界の立ち位置を築くため、品監制度・教育制度・共同事業など、あらゆる角度から意見が交換された。

この「五〇周年記念シンポジウム」以前からも業界の枠を越え、経営者や労働者の立場を越えて、協同組合・労働組合等の組合について研究する機関や教育の場（生コン学校）

の必要性があるという議論を重ねてきた経緯も手伝って、「五〇周年記念シンポジウム」をきっかけに、具体化の動きに拍車がかかった。

二〇〇四（平成16）年四月二八日、生コン研究会の会則を決めるとともに、研究会内に「マイスター塾設立準備会」を設置することが決まった。

〈生コン研究会の設立目標〉

・生コン研究会は、生コン業界のシンクタンク（研究所）として位置づけ、中小企業経営者の組合（協同組合・工業組合）と労働者の組合（労働組合）により構成される。

・研究所の名称は、「中小企業組合総合研究所」とする。

・事業内容は、①調査研究事業②メディア・出版事業③教育事業の三つを柱とする。

これらの実現にむけ、経営者や労働者に対する教育運動を提唱。機関紙の発行を通じて研究所の存在を全国にアピールするとともに、理論誌を発行する。

さらに業界に教育制度「マイスター塾」を設立し、労働者教育を推進するとともに資格制度等を導入する。

歩み

・二〇〇三年六月二〇日、第一回中小企業組合懇話会（同総合研究所・学校設立準備会）開催。

・二〇〇三年七月二二日、中小企業組合研究会に名称を改める。

・二〇〇四年二月二三日、生コン従事者の資格制度確立と学校設立にむけてのシンポジウム開催。

初代の研究会顧問・世話人

顧　問　百瀬恵夫（明治大学政治経済学部教授）
顧　問　和田貞夫（大阪中小企業経営センター理事長）
顧　問　石松義明（全生連　元専務理事）
代表世話人　松本光宣（大阪兵庫生コンクリート工業組合理事長）
副代表世話人　木村真一（日本ローカルネットワークシステム協同組合連合会副会長）
副代表世話人　久貝博司（京都生コンクリート協同組合理事）
副代表世話人　武建一（全日建連帯労働組合関西地区生コン支部執行委員長）
世話人／事務局長　岡本幹郎（交通労連・生コン産業労働組合書記長）

生コン従事者の資格制度確立と学校設立にむけて神戸でシンポジウム開催

二〇〇四（平成16）年二月二二〜二三日、「生コン従事者の資格制度確立と学校設立にむけて」と題するシンポジウムが、神戸市有馬温泉「兵衛向陽閣」で開催された。基調講演は、明治大学政治経済学部の百瀬恵夫教授と、全生連の石松義明元専務理事が行い、パネルディスカッションでは活発な意見が交換された。

> **百瀬恵夫教授の発言**
>
> 生コン組合は出所だけを抑えて、セメントや骨材の共同購入をしていない。このような組織は他にはない。今独占禁止法が大きく変わろうとするなかで、二二条の適用除外は何をしてもいいことではない。法の網があることを忘れてはならない。

協組の役員人事の不当介入の問題もある。

セメントなどから不当介入すれば独禁法の違反になる。

今人類がたどり着いたことは、競争を繰り返していては生きられなくなってきたということだ。過当競争を踏み台にして、皆で協調して生きようという時代に入ってきた。

ましてや生コンのように需要が減退していく業界では、皆で知恵を出す。スクラムを組んだだけで値段を吊り上げるという時代はもはや終わっている。

これからは労働に付加価値を付けなければいけない。これが生コン学校などの方向になるのではないか。

石松義明元全生連専務理事の発言

需要が減り、生コンの経営に危機感を持ちながらも、具体的な行動を起さないのが生コン産業ではないか。私は以前から原価を公表して、理解してもらう運動をおこさなければいけないと言ってきたが、企業の手の内を見せるわけにはいかないというのが、企業オーナーの意見であった。

「付加価値を上げるために一生懸命やっています」といっても、相手がそれを認知しなければ付加価値は上がってこないから、しっかり広報活動をしなければならない。

これからの生コン業界にとって、人材と、人材が持つ知識や技能は重要な経営資源。

これを企業の資源として大きく育てる以外に産業の活路はない。業界として教育に力を注ぐならば、必ずや高い志を持った人材が魅力を感じて生コン産業に集まってくる。皆さんのリーダーシップに期待している**（要旨）**。

生コンユーザーフォーラム開催

二〇〇四（平成16）年七月二〇日、建設・生コンクリート業界がはじめて消費者と対話する集会「生コンユーザーフォーラム」が神戸市で開催され、生コン・建設・圧送・マンション管理組合・学識者など四〇〇人が参加した。

フォーラムでは、NPOマンション管理組合サポートセンターの岩崎裕司代表理事が、「築後一〇年のマンションで何が起こっているのか」をテーマに基調講演をした。

岩崎氏は、生コン業界の品質管理監査会議について「エンドユーザーがどう関わっていくのかという視点が欠けている」と指摘。出荷段階に留まっている現行の品質保証を、打設段階まで拡大するべきであると語った。

さらに「生コン産業と社会との共生」のタイトルで行われたパネルディスカッションでは、各パネリストが、消費者視点の重要性で一致するとともに、フォーラム開催の意義を強調した。

論議では、製造から打設までのプロセスを総合的に管理、チェックし、「品質に責任をもつ制度」と、それを担う「人材育成の必要性」が話しあわれたのが大きな成果だった。

生コンユーザーフォーラムのパネラー

・明治大学政治経済学部教授　百瀬恵夫氏
・前田建設工業株式会社　総合企画部課長　浜野賢治氏
・株式会社聖設計　NPOマンション管理組合サポートセンター常務理事　岩根康朗氏
・大阪府堺市のマンション購入者　田中一光氏
・兵庫県中央生コンクリート協同組合連合会会長　三好康之氏
・全日建連帯労組関西地区生コン支部　執行委員長　武建一氏
・全国生コン青年部協議会会長　有山泰功氏

・株式会社モリノス副社長　加納謙一氏（コーディネーター）

来賓代表
兵庫県副知事　藤本和弘氏
神戸市助役　鵜崎功氏
国土交通省近畿地方整備局　企画部技術調整管理官　伊藤利和氏
株式会社大林組　神戸支店　玉置陽一氏
神戸市議会議員　村岡功

中小企業組合総合研究所 中間法人で設立

二〇〇四（平成16）年七月二八日、中小企業組合研究会（松本光宣代表世話人）は任意団体から有限責任中間法人の法人格を取得。

同年九月一日、有限責任中間法人中小企業組合総合研究所（略称＝組合総研）の設立総会を大阪全日空ホテルを会場に開催した。

総会では、経営側から松本光宣（大阪兵庫生コンクリート工業組合理事長）、労働側から武建一（全日本建設運輸連帯労働組合関西地区生コン支部執行委員長）の両氏を代表理事に選任。

経営者と労働者が協力して、二一世紀の中小企業および組合のあり方を調査研究していくという、新時代を見据えた新しいスタイルの研究所として設立された。

設立総会に引き続き開かれた第一回理事会では左記各氏を選出した。

組合総研　初代役員

代表理事　松本光宣　大阪兵庫生コンクリート工業組合理事長
代表理事　武　建一　全日本建設運輸連帯労組関西地区生コン支部執行委員長
顧　　問　百瀬恵夫　明治大学政治経済学部教授
顧　　問　和田貞夫　協同組合大阪中小企業経営センター理事長
顧　　問　石松義明　全生工組連・協組連　元専務理事

松本光宣代表理事挨拶

当初、任意団体として設立した研究会はとくに生コン業界を中心に、業界の現状から将来に向けてのあり方を論議し、協同組合による共販活動などの社会的信頼の向上を図るということで、従業員教育制度の導入などを関係者に働きかけることを目的に、有志による任意団体としてスタートした。

従来の研究会活動は一年有余を経過。この間、機関紙「提言」を通して中小企業業界のあり方などについて業界関係者に発信してきた。

また、生コン学校の設立に関するシンポジウム、生コンユーザーフォーラムなどを主催してきたが、こうした活動は業界サービス、品質のあり方について、業界関係者のみならず一般ユーザーからも高い評価を得てきた。

一方では、生コン業界においても新技術の開発、共同試験場の設立、資格制度の導入広報活動のあり方など労使で協議する基盤整備の推進役を果たしてきた。

こうした成果を踏まえ、より発展させ、この活動により多くの支援と高い信頼を得るため、改めて出発することにした。より多くの皆さま方が参加できる環境を構築し、活動規模を飛躍的に増大することでさらに大きな成果が期待できる。

中小企業組合総合研究所は、参加各社の健全な発展を図るため、異業種間の中小企業問題、経営者、労働者の組合に関する研究を進め、中小企業の経営安定化、中小企業業界の将来に向けてのあり方を考えようとするものである。
絶大なるご支援とご協力をお願いする。

二〇〇四（平成16）年一二月一四日、コンクリート品質向上フォーラム開催

国土交通省近畿地方整備局主催の「コンクリート品質向上フォーラム」が、大阪国際交流センターを会場にこの日開催された。

基調講演やパネルディスカッションを通じて、近年問題となっているコンクリート構造物の剥落問題や、品質管理・安全問題、技術の向上など、コンクリートにまつわる諸問題を研究、発注者、設計技術者、施工者・生産者など、それぞれの立場から活発な議論が展開された。

特に注目されたのは、生産者の立場として生コン業界から全生工組連近畿地区本部・片岡宏治技術部長がパネリストとして参加したことだ。

片岡氏は、「生コン業界は荷降ろしの地点までの性能の確保に留まっているが、良いコンクリート構造物を造るには、施工場所までの性能までを踏まえた約束事も必要ではないか」と語り、ゼネコン側からは「今後はお互いに歩み寄って考えていく必要がある」等の意見交換があった。

参加パネリスト：

京都大学大学院工学研究科・宮川豊章教授

近畿地方整備局・伊藤利和技術調整管理官

ＪＲ西日本・松田好史大阪建設工事事務所長
大林組技術調整研究所・十河茂幸副所長
中央復建コンサルタンツ橋梁系グループ・廣瀬彰則総括リーダー
全生工組連近畿地区本部・片岡宏治技術本部長

二　関西生コン支部への国策弾圧

二〇〇五〈平成17〉年一月一三日、大谷生コン事件関連での強要未遂・威力妨害容疑で、全日建連帯労組関西地区生コン支部の武建一執行委員長をはじめ、四名の役員が逮捕された（第一次弾圧）。

三月九日には旭光生コン事件関連の同容疑で、四名が逮捕（内二名は重複のため、計六名の逮捕と五〇カ所が家宅捜査）された（第二次）。

その後、同年一二月一五日、五名が保釈されたものの、武委員長だけは新たに、戸田ひさよし門真市議（近畿地本委員長）とともに政治資金規正法違反容疑で再・再逮捕（戸田ひさよし氏は一二月八日、武委員長は一二月一三日）され、さらなる長期拘留を強いられた後（第三次・第四次）、〇六年三月八日にようやく保釈された（一年二カ月の拘留）。

とどめは第五次弾圧として、〇六年九月二二日に、検察・警察は、大阪拘置所内での贈収賄事件を捏造で作り出し、武委員長を再・再・再逮捕拘留。同一一月一七日にやっと保釈されたという凄まじい逆流の年月であった（二カ月の拘留）。

以上、検察・警察の執拗な国策捜査と、手段を選ばない権力濫用の末に、大阪地裁は公正を欠く不当判決（武委員長に実刑、四名に執行猶予付の有罪、一名に無罪）を言い渡したのだ。だが続く大阪高裁では、弁護団の主張（労働組合の活動で、過去に例を見ない不当な判決であることと、贈賄事件の刑務官の執行猶予付判決に比べ著しく重い）を受け、いずれも一審の実刑判決を取り消し、執行猶予付判決に変更している。

二〇〇五（平成17）年の初頭から二〇〇六（平成18）年末にかけての二年間、連帯労組関西地区生コン支部は、権力による弾圧に明け、弾圧に暮れた。

国策弾圧の狙いと背景

さて、一九八〇年代初頭に次ぐ大掛かりな権力弾圧の狙いと背景はどこにあったのか。すでに前節までで見てきたように、生コン業界の再建を目指して中小企業協組と労組の集団的労使関係の発展は、生コン分野だけでなく、圧送業界、バラセメント業界、生コン輸送業界、そして地域的には、和歌山、滋賀、岡山、徳島など地方に拡大し、中小企業運動における大阪の典型・成果を広めていった。と同時に、中小企業組合総合研究所が出来て、『提言』を発行し全国に労働運動と中小企業事業協同組合運動とが一挙に拡がろうとしていた。

この狙いは、八〇年代初頭の権力弾圧の本質と同じように、つまり、当時の日経連大槻文平会長が関生支部への憎しみもあらわに「資本主義の根幹を揺るがすような運動は許さない」と発言したように、中小企業が労働組合と提携して、大企業との対等取引、自立して産業民主化を求める、こういう運動が拡がることを恐れ、この運動の芯張り棒的役割を果たしてきた労組を潰してしまおうという狙いである。

例えば、武委員長他が逮捕拘留されていた二〇〇五（平成17）年一月一三日から二〇〇

六（平成18）年三月八日までの業界の動向といえば、
①大同団結が進まない
②無秩序に工場新設（大阪で六工場新設）
③業界と労働組合との協定（土曜稼動問題、共同試験場など）が破壊
④生コン価格が下落し中小企業に倒産の危機等、明らかに生コン業界が後退している状況ではないか

しかし、国策弾圧は成功しなかった。

光と連帯を求めて、KU会発足

このような時代背景を受けて、KU会は二〇〇五（平成17）年二月二八日、武委員長以下四名が逮捕拘留されている最中に誕生した。

業界再建を牽引し、中小企業パートナーである関西地区生コン支部の強化発展を支援する経営者側応援団として、同支部と連携し教育・調査研究・各種交流を図り、会員企業の諸問題を共同で解決する相互扶助組織として結成され、初代の会長に牛尾征雄氏が選出された。

KU会設立趣意書　二〇〇五年二月二八日

日本経済は一九九〇年代以降「失われた一〇年」を経験し、今日までその回復に至っていません。一部、輸出に関わる自動車や家電など多国籍企業の好調が伝えられておりますが、地盤沈下の激しいこの関西の地で、本来なら其先に崩壊している筈のセメント・生コン関連業界が比較的安定しており、適正価格・品質管理・安定供給において、むしろ先進

モデルとしてその優位性を全国に発信しております。

本来なら、業界を代表する大企業のセメントメーカーやゼネコンなどが、健全な業界秩序を形成すべきです。

しかし、指導どころか、過当競争の拡大による中小企業の淘汰（工場閉鎖や破倒産）やエンドユーザーへの安心・安全を蔑ろにする結果に終始してきたのです。

では、関西発のこの成果について、誰が指導力を発揮したのでしょうか。

シンクタンクとなり、行動隊となり、提言と説得を繰り返してきたのは誰でしょう。

既存の大企業や団体に泣かされてきた中小企業の声を掬いあげてきたのは誰でしょう。

生コン業界ばかりでなく、多様な業種業態の中小企業経営者とそこで働く人々の生活を守ってきたのは誰でしょう。

私たちは、その組織こそ「連帯ユニオン・関西地区生コン支部」（以下、関生支部）であると考えています。

私たち団体も企業も個人も、みずからの生き残りをかけて血の汗をかきながら尽力してきました。

しかし、現在の情勢を鑑みるに、この関生支部の存在抜きに、中小企業の健全な経営や業界の再建・基盤整備は困難を極めると愚考する次第です。

そこで、私たちは熱き思いを込めて、生コン関連業界及び他業種の各団体・企業・個人の皆様に、ＫＵ会の設立を呼びかけます。

関生支部の強化発展を支援する応援団として、また、関生支部と連携して、教育啓発や調査研究、各種交流をはかる機関として、さらに、会員企業などが抱える諸問題を共に解決していける相互扶助組織として、ＫＵ会を立ち上げるものです。


ＫＵ会は、非営利活動法人「関西友愛会」と名称を変更し、当初の共生協同理念を社会に広く啓発する有志会員における活動組織として、約八〇社企業会員や個人会員に支えられ業界に認知されている。

三　組合総研、軸に生コン業界発展へ

マイスター塾開講記念セミナー開催

二〇〇五（平成17）年六月三日には、組合総研が基幹事業として位置づけている教育事業「マイスター塾」の開講を記念するセミナーが三井アーバンホテル大阪ベイタワーで開催された。

太田房江大阪府知事から寄せられた祝辞が読み上げられ、日本建築学会近畿支部代表等来賓の挨拶に続き、組合総研理事長の松本光宣氏は、「マイスター塾を社会に訴えることにより、品質向上に取組んでいる生コン業界を社会は評価する」と挨拶した。

初代マイスター塾塾長に就任した和田貞夫氏は、「生コン業界の事業は公共性が高く、社会的に品質保証できるものでなければならないし、各種作業に従事する者はその責任を自覚しなければならない。マイスター塾は自尊・自立・進取の精神に満ちた人材育成を目的に設立した」と設立の意義を語り、その後、大阪工業大学工学部准教授の二村誠二氏より記念の講演があり、本格的スタートを切った。

マイスター塾基礎課程　第一期開講

二〇〇五（平成17）年マイスター塾の「基礎課程」が開講、第一期は生コン産業関連団体から推薦された三〇人を対象に、コンクリート産業の基礎講習・協同組合理論・職業倫

理・ビジネスマナーなど六カ月三六時間のカリキュラムで授業が行われた。

その後、マイスター塾基礎課程は、二〇〇八（平成20）年大阪府の職業能力開発促進法にのっとり、普通職業訓練短期課程に認定され、大阪府の意向で「基礎課程」の名称を「基礎コース」と改変（職業訓練番号：大阪府指令能開第二七三七号）した。

二〇一二（平成24）年九月現在、マイスター塾基礎コース第八期が終了し、二七六名が受講修了したという大きな継続事業へと発展した。

組合総研　第一回経営者セミナー開催

二〇〇七（平成19）年五月一九日、芦屋山荘（大阪兵庫工組技術研修センター）を会場に、組合総研主催の記念すべき第一回経営者セミナーが開催され、近畿一円の七三名の経営者が参加した。

当日は、人権問題や放送と個人情報の問題等を長年追求してきた弁護士の坂本団氏を講師に、中小企業等協同組合法の「団体交渉権・団体協約締結権・独占禁止法適用除外」等の学習を通して、協同組合運動の根幹を成す概念について学習した。

組合総研の武建一代表理事からは、「セメントメーカーと生コン協同組合の実態、今後の課題」と題する講演も併せてあり、当時の混迷する関西生コン業界を救うべき協同組合の在り方について鋭い言及があった。

坂本団氏講演（要旨）

中小企業等協同組合法は、社会的弱者を保護する見地に立っている。

その理念は三つある。

①組合員のための、組合員の手による、組合員の協同組合。組合員以外の人が協同組合に影響を及ぼすことは正しくない。
②中小企業等協同組合法は、中小企業のための法律である。経済的弱者の中小企業が協同組合という形で団結し、大企業との社会的・経済的な競争をする。
③協同組合それ自体が一個の企業体であるので、他から援助を受けずに運営する等。さらに独占禁止法の適用除外規定について、小規模の事業者が大企業と互角に競争するために団結し、独占禁止法を適用除外する恩恵を受けることができる。
団体協約の締結については、事業協同組合の代表が団体協約締結のための交渉をしたい旨申し入れれば、メーカーは誠実に応じなければならない等。

武建一氏講演（要旨）

生コン業界の体質は、メーカーを川上に、業者自らは川下にへりくだる風潮がある。業界はセメントメーカーのセメント拡販の一手段として始まったからである。ゆえに現在でも大都市の大口需要地では、直系生コン工場を配置しメーカー毎に市場や協同組合を独占しているという実態がある。

大阪では一九七五（昭和50）年、労働組合の産業政策が初めて注目を集めた。協同組合は労組との約束を守るため「田中体制」が指導力を発揮、業界は安定した。その後の日経連や共産党の攻撃を経て、一九九四（平成６）年、大阪広域協組が設立された。生コン史を振り返ってみるに、弱い中小企業もしっかり団結すれば強者に変身できる。それには労働組合との協力関係が重要。中小企業は相互扶助・経済民主主義を旗印に、自らのなかに「裏切らない」道徳律を確立することが肝心だ。

協同組合を骨抜きにしている根っこを明らかにし、法律的権利を使い、限界は運動で補い、闘う。知的レベルを高め協同組合経営のなかで、やれることはいくらでもある。

二〇一二（平成24）年九月まで六回の経営者セミナー開催

第二回経営者セミナー「逆境が創造の原点」　岩手県葛巻町中村哲雄前町長

第三回経営者セミナー「関西生コン組合運動の総括と教訓」　組合総研木村茂樹理事

第四回経営者セミナー「時代が求める共生協同の経営思想」　同志社大学田淵太一教授

第五回経営者セミナー「焦点は地域に戦略は業界から」　菜の花ＰＪ山田実事務局長／大阪府議会中村哲之助議員

第六回経営者セミナー「生き延びる法則」　開運コンサルタント秋元龍氏

「癒しの絆を今」　食育ハーブガーデン協会田中愛子理事長

四　共生・協同の思潮へ

組合総研　フォーラム開催

二〇〇七（平成19）年七月二八日、大阪府吹田市千里が丘よみうり文化ホールを会場に「再生・共生・新生日本」と題したフォーラムが開催された。

中小企業と労働者の組合（協同組合、労働組合）に関する調査研究を柱に三年前に設立の組合総研を社会に広くアピールすると共に、共生協同の新時代を築くことを目指して関係者一同決意を新たにする催しであった。

当日は大阪工業大学の二村誠二准教授が、「地球温暖化と社会資本の再構築」と題して講演。道路・陸橋などの社会資本が耐用年数を迎え、維持管理が大きな課題になっていると指摘。社会資本の再構築にはコンクリートの技術革新が不可欠であると訴えた。その他

日本サッカー協会副会長で大阪スポーツ大学学長の釜本邦茂氏と法政大学元教授の田嶋陽子氏が講演した。

大圧協組主催の圧送技術研究会とワーキングによる圧送試験

二〇〇四（平成16）年七月一〇日、大圧協組は第一回圧送技術研究会を、大阪国際会議場グランキューブ大阪にて開催した。

「コンクリート圧送技術の現状と課題」をテーマに、全国の圧送業者、ゼネコン・生コン製造・混和剤メーカー・ポンプメーカー・自治体担当者・研究機関など二五六人が参加した圧送ポンプ関連ではかつて例をみない一大企画として、注目を集めた。

当日は、講演とパネルディスカッション等を通して、大圧協組が共注事業にとどまらず品質管理・圧送技術の向上に真摯に取り組んでいることを明らかにした。

・「コンクリート圧送における問題点の提起」
全国コンクリート圧送事業団体連合会　榎本精一会長

・「コンクリートポンプにおける機械能力の現状」
日本建設機械工業会コンクリートポンプ部会　千々岩伸佐久氏

・「コンクリート圧送に対する建設工事におけるゼネコンの対応」
竹中工務店大阪本店建築技術部　岩清水隆課長

・「生コンクリートの最近の動向と圧送に関する課題」
大阪兵庫生コンクリート工業組合　外谷与生氏

・「コンクリート圧送に関する混和剤の対応」
ポゾリス物産大阪支店混和剤技術部　阿合延明氏

席上、大圧協組の増田幸伸専務理事より、研究会を契機に具体的な圧送実験を実施、データの蓄積・解析をおこない、信頼のおける圧送計画をもとに研究会を開催したい旨話があり、その後日本建築学会近畿支部材料施工部会とともに、ポンプ工法ワーキンググループを設立された。

フィールド実験について

第一回のフィールド実験第一弾は、二〇〇五（平成17）年一月～二月に、鹿島建設㈱施工の弁天町高層ビル（二〇〇m・最高強度六〇N）で、実機試験を実施。

第二弾となるフィールド実験は、同年五月一九日～二〇日、大阪府高槻市の浅沼組技術研究所敷地内で、大阪生コンクリート圧送協同組合（吉田伸理事長）と日本建築学会近畿支部材料施工部会ポンプ工法ワーキンググループによる「高強度コンクリートのポンプ圧送性に関するデータ収集」のための実験を実施。

実験ではコンクリートの調整条件や骨材、セメントなど使用材料の違いによってポンプ圧送にどのような差が生じるのか等のデータを収集し、七月二三日に開催の第二回圧送技術研究会で発表された。

以後二〇一三年二月までに、七回のフィールド実験と九回の圧送技術研究会が開催され、関西始め全国の建築土木関係者の深い関心に支えられている。

第二回圧送実機試験　二〇〇六年二月三日鹿島建設㈱弁天町高層ビル高所圧送実機試験
二〇〇六年六月八～九日浅沼組技術試験場フィールド実験

第三回圧送技術研究会　二〇〇六年九月二一日圧送性評価CDソフト配布

第三回フィールド実験　二〇〇七年九月閉塞等の研究を主とした生コン配合等の解析
日本建築学会福岡大会で、ワーキンググループ一三本の研究発表〇七年一〇月三〇日
第四回圧送技術研究会　二〇〇七年一〇月三〇日圧送性評価CDソフト改訂版配布
日本建築学会広島大会で、ワーキンググループ一一本の研究発表〇八年九月一九日
第四回フィールド実験　二〇〇八年九月閉塞を解明するためのフィールド実験等
第五回圧送技術研究会　二〇〇八年一一月七日評価ソフトの精度向上を全国に依頼
日本建築学会仙台大会で、閉塞危険性に対する一一本の研究発表〇九年八月二九日
第五回フィールド実験　二〇〇九年八月閉塞解明のフィールド実験吊り打ち実験等
第六回圧送技術研究会　二〇〇九年一〇月二二日圧送性に関する総合的な評価
日本建築学会富山大会で、圧送評価性に関する一一本の研究発表一〇年九月一一日
第六回フィールド実験　二〇一〇年九月建設・土木の閉塞課題、吊り打ち実験等
第七回圧送技術研究会　二〇一〇年一二月一五日ポンプ工法に関する総合的な検討
日本建築学会東京大会で、閉塞危険性に関する一一本の研究発表一一年八月二五日
第七回フィールド実験　二〇一一年一〇・一一月軽量コンクリート圧送・吊り打ち
第八回圧送技術研究会　二〇一二年二月一五日圧送メカニズムの検討
日本建築学会名古屋大会で、圧送性に関する一六本の研究発表一二年九月一四日
第九回圧送技術研究会　二〇一三年二月二〇日超高所圧送の圧送性の評価

大阪広域協組、大阪府と災害協定を締結

二〇〇六（平成18）年七月七日、大阪広域協組は大阪府との間で「災害発生時の水利確保に係る防災活動協力に関する協定書」を調印している。

この協定は大規模災害発生時に、消防用水などをミキサー車で供給することを取り決めたもので、近畿では初めて。

大阪広域協鶴川順康理事長は「生コンは社会資本形成の一翼を担ってきたが、災害時に生コン工場の貯水槽の水をミキサー車で運搬するという「消防用の水利確保」に協力する件は、事業活動以外で地域社会に貢献できることであり非常に意義がある」と語り、社会とのCSR遵守の姿勢を当時打ち出していた。

二〇〇六（平成18）年四月九日「中級・ミキサー車乗務員学校」開講

ミキサー車乗務員学校は、乗務員のマナー、安全意識の向上、生コンの品質管理に関する知識の取得などを目的に、一九九九（平成一一）年に開講した。

講習は、大阪府をはじめ、滋賀県や奈良県等の他府県でも行われ、カリキュラムにそって、朝八時から午後五時半ごろまで実施された。

九九年の開講から四年間で述べ八〇〇名を超える卒業生を輩出。

一旦は組合総研主催のマイスター塾に合流することで終了した。

しかし二〇〇六（平成18）年、ミキサー車運転手のさらなるレベルアップと安全運行の意識向上、プロとしての知識・マナー等の向上を目的に「中級・ミキサー乗務員学校」を開講する運びとなったものだ。

受講生の声として、「もっと詳しい話を聞きたい」「もっと実践的な実技を増やして欲しい」等、積極的な意見が多く寄せられていて、主催者の輸送協組として、さらなるレベルアップを目指して、充実した乗務員学校を継続する方向である。

二〇〇六年四月一一日、「セメント生コン業界危機突破四・一一総決起集会」

二〇〇六（平成18）年四月一一日、生コン業界経営者・団体と労働組合約九〇〇名がエル大阪に参集して、「セメント・生コン業界危機突破集会」を開催した。

集会は、労働五団体が挨拶した後、大阪兵庫工組を代表して有山泰功氏、大阪兵庫経営者会を代表して木村貴洋氏が挨拶に立ち、労使共通のテーマである品質管理監査制度の充実、品質保証システムの確立、員外社との大同団結による業界再建で国民の財産を守り、社会と消費者に信頼関係を築いていく業界を目指すと述べた。

集会終了後は、参加者全員が大阪市役所前までデモ行進し、セメント・生コン業界の危機的な実情をアピールした。

大阪兵庫生コン工組　中尾哲治理事長選出　二〇〇五年五月二七日

二〇〇五（平成17）年五月二七日、松本光宣氏に替わり大阪兵庫生コン工組の新理事長に中尾哲治氏が選出された。

中尾新理事長　挨拶

まず始めに、勇退される松本前理事長は平成九年より四期八年の長きにわたり工組の理事長を務められ、大阪兵庫工組のみならず、近畿地区本部長、全生連副会長として業界の発展に寄与され、多大な功績を残されたことに敬意を表します。

生コン業界は長引く不況の中、公共工事の削減、民間事業の低迷により厳しい状況が続いています。このような状況を打破するには一層の団結と強い信念が必要と考えます。大阪兵庫工組は、組織率の向上、未組織地域の組織化に全力をあげると共に、品監制度の一層の充実、先進的な新技術を開発するなど工組の実力を向上させていきたい。

困難な課題が山積しますが、皆様と共にこの状況を克服し、将来の発展に尽力していきたいと決意しています（要旨）。

広域協組の民主化を求める会　公開質問状提出

関西生コン関連中小企業懇話会〈坪田健一会長〉は、生コン業界は中小企業が主体になって業界を再建出来ることを本位に、中小企業を法律で守り、団結できる協同組合に再建するべきであると訴えて来たが、二〇〇七（平成19）年五月一〇日、懇話会の有志が「大阪広域協組の民主化を求める会」を結成（専業社二三社で）、広域協組の当時の運営について左記の公開質問状「民主化への道・五項目提案」を鶴川理事長に提出した。

一、大阪広域協組は、「限定販売を20％枠に拡大（現行10％）、アウト対策をする」と言われているが、価格ダンピング競争により業界が混乱する。

　アウト社の協組加入強化とともに、セメント共同購入等セメント・ゼネコン・商社への規制強化。労働組合との協力関係の確立等の意見と限定販売の拡大が組織強化に効果があるのか明らかにしていただきたい。

二、貴殿は、試験業務をはじめ、品質管理監査全般を「日総試」に任せると言われているが、協組物件の生コンの品質管理・監査は、協組が責任を持つものである。

　さらに「マル適マーク」は厳正に監査し付与しなければならないが、大阪兵庫工組の付与行為は無責任とは言えないか。

　さらに共同試験場を設立し、品質管理・監査と需要創出に向けた新技術センターの設立が必要と考えます。

三、貴殿は「イン内の業者がアウト社にセメント・生コンを販売するのは、インの既得権侵害行為である」等発言されている。
　販売店の一元化を図り、イン・アウトの二者択一を実現することと、アウト社の育成・新設工場へのセメントの納入は協同組合の規制力発揮することこそ、阻害要因の排除と確信します。
四、役員選出について、①定款二四条の役員定数（二一人以上・二七人以下）は何に基づいた基準なのか。②役員選挙基準はブロックの工場数に比例していない。
　これは協同組合の民主・公平・平等の原則に反している。③ムラタ生コン㈱代表取締役社長・江田政充氏の役員立候補時、「候補者はもう決まっている」と、受付拒否した理由等。
五、シェアは、メーカー直系主導ではなく、相互扶助の精神を活かして、適正・公正に設定する。

以上の質問状を大阪広域協組鶴川順康理事長に同日付けで送った。これに対して、同協組からの回答状が次の内容だ。

広域協組の主張（要旨）
一、限定販売方式は本年も継続実施する。限定販売方式10％枠を20％枠に拡大し、アウト対策とするという意見が一部にある。
二、試験業務をはじめ、品質管理全般を日総試に任せる。品質管理強化については、技術者の倫理向上、新技術開発については工組と連携する。
三、協組員会社で、アウト社にセメント・生コンを販売することは、協組の既得権の侵害行為であり、改めること。インとアウトの二者択一を図り、協組組合員については規律を強化する。

四、役員の選出（定款第三〇条）は、総会の議決による。（定款第三〇条の四項）推薦委員は、推薦委員が属する組合委員を代表するものに、当該地域に属する組合委員の承認を得て選出される。

広域協組の民主化を求める会の論点

その後、広域協組の民主化を求める会は、関西生コン関連中小企業懇話会と連携しながら、広報活動・組織拡大等に精力的に動いた。

広域協組物件の販売価格一部値崩れとシェア問題・限定販売問題・役員選出の公平さ問題等について、民主化を求める会は、

①労使間の約束を守る（土曜稼働・袋洗いの廃止、適正生産基準の明示、新技術開発の促進、販売店の一元化）、

②限定販売方式を取りやめる、

③セメントメーカーの利益を擁護する協組役員等の解任、

④値戻し、

⑤司生コン等の員外社に協組加入の意思表示を求める、

⑥協組リーダーのリーダーシップ発揮等の要求是正項目を確認した。

民主化を求める会は、その後二〇〇八（平成20）年八月に至るまで、活発に会議を開催し、広域協組の①人事問題、②シェア問題、③約束不履行問題、④生コンの値戻し等について対策を講じ、業界世論の確立で役割を果たし、その後の中小企業専業者による、より開かれた協同組合運営について大きな発言力と交流の場を創っていった。

民主化を求める会アピール文

今、当面している課題の内、もっとも大きな問題は、生コン価格の値崩れ・出荷数量減とセメントの一方的な値上げです。今年二月時点で、広域協組は四月一日以降の新契約から仕切り価格を㎥あたり一五〇〇円引き上げると発表していました。

それは、原材料・燃料コストの上昇に加え、数量減と値崩れで各社の経営環境が悪化しているからに他なりません。

しかしここにきて、執行部は「六〇〇〇円の値戻しをする」と言い、四月の理事会で決定しました。

執行部を握る直系工場は、多くが湾岸地域にあり、輸送コストが少ない上、高品度の生コンを出荷し、高い利益を得ています。

よって切迫した値戻しの必要性を感じていないのではないでしょうか。

多くの専業社にとって六〇〇〇円の値戻しでは経済政策には繋がりません。

なぜ今六〇〇〇円なのですか。いつから本格的な値戻しをするのでしょうか。

そしてそのために、必要な員外社対策、卸協・販売店対策を具体的にあきらかにしてほしいと思います。

阪神地区生コン会　結成

二〇〇七（平成19）年四月、大阪広域協組に専業社二三社が「大阪広域協組の民主化を求める会」（その後広域専業会と名称変更）を結成、専業社が中心になり主導する協同組合を実現するための運動を展開した。その課程にあって、二〇〇八（平成20）年四月、大阪・兵庫地域の員外社が阪神地区生コン会を結成することになった（約四〇社）。

関西の生コン業界が、際限のない価格競争に終止符を打ち、共生・協同にむけて自主的に大同団結することを決断した瞬間であった。

懇話会の役割　坪田健一理事長　主張

生コン懇話会は二〇〇七年、ＮＰＯ法人の認可を受け、生コン業界の再生と発展に向け数々の活動を展開してきた。アウト社の総結集を目指した阪神地区生コン会の結成等、中小企業が主体となる業界確立の環境作りに取り組み、今回、懇話会の発足した目的である「インとアウトの大同団結」する体制づくりに成功した。

今後中小企業運動のめざす「共生・協同型」の業界基盤となりえる体制であろう。

第八章　中小企業運動の砦・協同会館アソシエ建設、そして…

二〇一〇（平成22）年六月二七日、関西の生コン関連事業全関係者が、こぞって参加した「生コン関連業界危機突破！　6・27総決起集会」が開催された。未曾有の経済危機の中、大同団結で苦難を乗り越えようという訴えが、各登壇者から発せられた。（「特別報告」参照）

七月に入り、労組（生コン産労、全港湾大阪支部、連帯労組関生支部、近圧労組）が、「一万八〇〇〇円／㎥の値上げと契約形態変更（出荷ベース）」の獲得めざして、四カ月半一三九日にわたる長期ストライキを敢行。

戦後の労働運動史に残る歴史的な壮挙と、学会やマスコミ等に注目をあびた。

二〇一一（平成23）年三月一一日、に発生した東北大震災は、観測史上最大となるマグニチュード九・〇に起因した海底地殻変動だけでなく、巨大津波と東京電力福島第一原子力発電所の空前の事故により、東北地方に壊滅的な被害をもたらした。一夜にして二万人弱の生命が奪われ、地域コミュニティごと暮らしが破壊された。

この悲劇的な状況のなか、大津波に耐えたコンクリート建造物がテレビ等マスメディアで数多く紹介され、改めてコンクリートが人間の生命を守る力があるということに、関連業界に生きる我々も責任と使命感を抱いた。

未曾有の事態に対して、関西の生コン業界は後に述べるように、労使の「協同の力で復興」への緊急の取り組みを行った。

二〇一二（平成24）年三月末、現在の全国の生コン工場数は、三五一五工場で、近畿地区では三九八工場。一九九二（平成４）年のピーク時（五〇三四工場）に比べ30・２％減少している。同年のセメント全販売量は四一九一万トンで、その内生コンとして使用されたものは三〇〇五万トン、転化率は71・７％。（近畿地区では76％弱）。

集約化が加速する中、出荷が底打ちの可能性はあるものの、残念ながら中小企業には、その余波は回ってきそうにもない状況が続いている。ただはっきりしていることは、セメントメーカー主導では生コン業界の再建も発展も無理で、中小企業が軸になって、大同団結する。

そしてセメントメーカーの支配・介入を排除し、業界の中で対等・平等・互恵の精神に基づいた労使関係を確立して、運動の発展を期す以外にはない、ということである。

この時期は、六〇年の長い苦闘の中で、その歩むべき道が、具体的な形となってはっきりした時であった。

一般情勢

金融資本主義の破綻は、二〇〇七（平成19）年のサブプライムローン問題を直接の原因とする。翌年二〇〇八（平成20）年には、投資銀行リーマンブラザーズの経営破綻（リーマンショック）をはじめとして、投資銀行メリルリンチのバンク・オブ・アメリカへの買収、米国最大手の保険グループのＡＩＧ（アリコ、アメリカンホームダイレクトなど）の国有化など、ソ連邦の崩壊・社会主義圏の崩壊以降、「独り勝ち」を謳歌してきた米国を震源地とする金融恐慌の発現によって、資本主義の根本的矛盾がいよいよはっきりとし、崩壊への始まりの過程が顕わになった。

当時、米国のグリーンスパンＦＲＢ議長は、「米国の財政赤字と貿易赤字は、もはや制御できない。米国の投機資本家の制御も不能だ」「自由競争主義の欠陥を見つけた。それがどのくらい深刻なものか分からないが、非常に悩んでいる。間違いだった」等と悲鳴にも似た発言をしているが、米国政府や投機資本が中心となって展開する「バクチ経済」・マネーゲームの破綻のつけは、二〇〇九年秋にはヨーロッパを襲い、共通通貨ユーロを使用するギリシャの債務危機へ、これが発端となりユーロの価値を急速に低下させ、ドミノ倒しのように欧州金融危機にいたった。

これまでドル建て預金で米国債を買い続けることで、アメリカの「独り勝ち」を支えてきた企業大国日本では、ドル安・ユーロ危機のなか、円は初めて一ドル七〇円台後半の超円高に推移、輸出中心の大企業に打撃を与えた。

コロンブス大航海とアメリカ大陸の発見以来五〇〇年余、血をしたたらせながら誕生した資本主義の近代資本制システムは、「資本」の無制限の価値増殖運動を目的とするものであって、この資本主義がＩＴデジタルテクノロジーを駆使してその極限にあみ出したのが「金融工学」である。

投機資本主義となって世界を駆け回る資本のグローバリゼイションは、人間労働力といわず、大地や海、水など地球と自然を壊し、制御機能を失って「死滅」・「地獄」に向かって暴走している。

小泉政権後、安倍・福田・麻生と首をすげ替えただけの自民党政権（二〇〇六年／平成18年〜二〇〇九年／平成21年）が終止符を打ち、二〇〇九（平成21）年八月に行われた総選挙で、三〇八議席を獲得した民主党政権が誕生した。

国民の期待を一身に受けて誕生した民主党政権だったが、財界・官僚・マスコミ・巨

大資本などの既得権益勢力や、それらを背後で操る米国の必死の巻き返しと世論工作により迷走を強いられ、〇九年鳩山由紀夫首相、一〇年菅直人首相、一一年野田佳彦首相と短期間に次々トップが変わり、挫折した。

二〇一二（平成24）年一二月の第四六回衆議院総選挙で、政権政党民主党が大敗北を喫し、自民党安倍政権が再び政権に返り咲いた。

現在、安倍政権はアベノミクスによる大企業本位での新自由主義経済政策、アメリカへの追随政治、朝鮮・中国敵視の排外主義の扇動、改憲と国防軍創設による「戦争する国家」への道を暴走し始めている。「3・11東日本大震災」は、それ以前と以後の社会を区切るある意味で人類文明史的転換を示し、われわれに「ポスト資本主義」＝二一世紀にふさわしい経済、社会、政治文化の在り方を問うた。

新しい経済社会を創造する責任が、「今、ここに、生きている」我々に課せられた大きな命題ではないだろうか。

関西の生コン業界が、労使で力をあわせて近畿一円に作り出してきた、産業の民主化―協同組合型社会の問いのモデルとその成果に立って、東北支援を行ったそのスローガン・「協同の力で復興を」にこそ、そのヒントはある。

「格差と不公平」から「平等と公平」へ、「分断」から「連帯」へ、「共生・協同」の経済、社会、文明を創造する、まさに今、その原点に立っているといえる。

一　危機の中から、共生・協同の新しい時代へ　二〇〇八〜二〇一二年

近畿生コンクリート圧送協同組合の現在

大阪生コンクリート圧送協同組合は、それまで事業範囲が大阪府に限られていたが、兵庫県七社・奈良県三社が加入することにより、事業地域が近畿一円に拡大した。

二〇一二（平成24）年現在、兵庫県一九社、奈良県四社が加盟。大阪府を加えると組合員総数五六社・賛助会員一九社を合わせ七五社が協同組合に加盟している。

近圧協組の歴史と今後の方向性（吉田伸理事長挨拶）

一九七一（昭和46）年大阪コンクリート圧送協会を設立。一九八八（昭和63）年五月一七日、大阪生コンクリート圧送協同組合として法人登記（大阪市港区市岡元町）。

二〇〇三年より、共同受注、適正料金収受、現金決済を実施、全コンクリートポンプ車に超音波探傷検査の実施・輸送菅肉厚測定の全社装備・圧送技術研究会・圧送勉強会・安全大会等や、圧送リスクアセスメントの作成と普通救命講習義務化の実践、原則ワンマン廃止等に取り組んできた。

さらに、労働者の生活の安定（社保加入、労基法遵守、業務上災害特別補償加入、賃金体制整備）が安全施工の基礎であることを再認識し、二〇一二年度よりは最低賃金制度と新退職金制度（大阪）を履行している。

さらに二〇〇四年七月一〇日、第一回圧送技術研究会を開催（二〇一三年二月までに九回実施）、より良いコンクリート構造物を社会に提供することを目的に、建設業界をはじめ、ポンプ業界・生コン業界・ポンプメーカー・混和財メーカーが参集した。その後も近圧協は、「圧送性評価ソフト」を作成し、無償で業界に配布し社会に還元している。

構造改善事業については、前段作業として、生産力固定【登録台数＝保有台数（稼動台数＋乗換車（予備車輌））、稼動台数×二名体制（大型部会員限定）】を実施、余剰車輌を削減する正会員については、権利放棄に伴う助成金を支給。
当該生産力固定の完了後に構造改善実施の協議を進め、各社の将来展望を根拠に構造改善の必要性について最終的な意思を確認し、近圧協適正台数を協議する方向である。

近圧協組の沿革

一九七一年：大阪コンクリート圧送協会設立（法人登記なし）
一九七四年：大阪コンクリート圧送協同組合設立（法人登記なし）
一九八二年：大阪生コンクリート圧送協同組合に名称変更（法人登記なし）
一九八八年：大阪生コンクリート圧送協同組合（五月一七日法人成立）
大阪圧送協同組合（生田嘉宏理事長・二八社一八七台）と大阪躯体コンクリート圧送協同組合（左光久理事長・二三社九八台）が結集　初代理事長：生田嘉宏氏
一九九五年一一月一日：圧送料金改定（近畿地区ポンプ車標準料金表作成）
二〇〇二年九月二五日：第一回コンクリート圧送勉強会開催
二〇〇四年一月二四日：第一回圧送労使セミナー開催（二〇一二年までに八回開催）
二〇〇四年七月一〇日：第一回圧送技術研究会開催（二〇一二年までに八回開催）
二〇〇六年一二月一日：軽油の共同購入開始　圧送性評価ソフト作成
二〇〇七年：近畿生コンクリート圧送協同組合に名称変更
第一回安全大会開催（二〇一二年までに六回開催）
二〇一一年一〇月一日：標準圧送料金改定
二〇一二年一月：大阪地区配車取引システム相互扶助機能強化実施

生コン業界危機の新たな展開

二〇〇六（平成18）年度をピークに日本経済が減速し始めるとともに、生コン業界も需要の大幅な減少とコストアップ（燃料や原材料価格の高騰）により、これまで以上の経営危機の局面に立たされた。

値崩れの原因として、

①セメントメーカーの拡販・ゼネコンの買い叩き・販売店各社の競争・協同組合の運営方法、②需給がアンバランスな生コン業界にとっては協同型経営が必要条件であるが、それが充分にできていない等に原因が求められる。

その上アウト企業が増加することにより、更なる価格競争が激化した。

中小専業社企業の経営環境は急速に悪化し、危機的ともいえる状況になった。

大阪広域協組の民主化を求める会結成

二〇〇七（平成19）年四月、広域協組の組合員の内、専業社二三社が「大阪広域協組の民主化を求める会（後に「広域専業会」と名称を変更）」を結成。

広域協組を（セメント直系企業のものでなく）、専業社が主導する「公平な協同組合に再構築したい」との主旨で運動を開始した。※第7章参照

員外社懇談会開催

懇話会（関西生コン関連中小企業懇話会）は、大阪兵庫地域で事業を展開する協組非加盟の員外企業に広く呼びかけ、二〇〇七（平成19）年一〇月三日、「員外社懇談会」を開催した（員外社三〇数社参加）。席上、呼びかけ人の一人である豊田明彦氏（紅陽生コンクリート㈱）が「生コン業界の現状と打開策」と題して講演。大阪兵庫地域の市況につい

て、販売価格の低迷はすでに危機ラインを越えていると前置きし、
①値引き受注の常態化がいかに業界を疲弊させているか、
②個社型ではなく、協業集約型の事業スタイルで市場を建て直す以外に道はない
等、具体的な数値をあげながら説明。

特に「値引きはしても、量でカバーすればよい」とする従来の安直な姿勢がいかに危険な商法であるか、スクリーンに投影したグラフと計算式を用いて解説した。

次いで組合総研武建一代表理事は、関西の生コン産業史の中で、近年の業界は三度目の大きな危機を孕んでいると語り、第一回は大阪万博以降の不況時（一九七〇〜七八年）。第二回は東大阪協組崩壊時に五一社の中小企業が倒産した時期（一九九一〜九二年）と指摘。さらに今回の危機こそ「危機を危機として認識しない層の多さこそ、真の危機である」と強調。各企業の安定経営のためにも、歴史を変える大同団結への第一歩を踏み出していくべきと強調した。

第二回員外社懇談会開催

一一月二七日第二回懇談会の開催前、大阪広域協組・経営者会・関連五労組が懇談の機会をもち、広域協組から、①流通の整備、②構造改善、③値戻しについて報告があった。
①の「流通の整備」については、新たに卸協組を立ち上げる。
②の「構造改善」については、この四年間で現在の一一四工場を七〇工場に集約する。
③の「値戻し」については、現在の員外社との価格競争を一二月一日以降の新契約物件から廃止する。限定販売は二〇〇八年四月までに廃止し、値戻しを実行する等の理事会決議があった旨、連帯労組関西地区生コン支部の武執行委員長より報告された。
さらに、業界を安定させるには、員外社が広域協組に加入することが最善であるが、協

組に加盟すると出荷数量が大幅に減少するので、値戻ししなければ加入は困難であり、広域協組としても多数社が一気に加入すると対応できないので、㈱生コン協同が取りまとめして中小企業による中小企業のための業界環境を整備していく等、語った。

呼びかけ人の一人である豊田氏は、中小企業のための中小企業の組織を立ち上げるメリットについて、

①生コン協同を窓口にして積極的な営業活動を展開する。
②実態に即してシェアを決める。
③すべての物件を公開する。
④自分達自らが約束事を決める等

説明し、品質・原材料等で組織化により多大のメリットがあると断言した。

第六回員外社懇談会開催　業界安定の新たな方向へ

二〇〇八（平成20）年一月二四日、三〇数社が参加する中、第六回の員外社懇談会を開催、業界の新たな取組み等について確認した。

広域協組の取組みの内、「流通の整備」については、「大阪広域生コンクリート卸販売協同組合」を設立し、一元化に向けて着実に成果を見ている（〇七年末に五二社が加盟）等、広域協組の状況が報告された。

さらに今後、①広域協組における大手商社のシェア（30％）を減少させる。②卸協に与信管理のための積立をする。③各販売店の積立金の一部を卸協に移動する。④販売店のすみ分けをする（インとアウトの二者択一）等。

さらにマル適マークについては、生コン協同と懇話会加盟社以外のアウト企業には次年

度（〇九年）より下付しない。休日稼動を禁止する等、広域協組は労働組合との約束事項を遂行している旨報告があった。

連帯労組関西地区生コン支部の武執行委員長は、「情勢は厳しいように見えるが、それは大企業にとってであり、中小企業や労働者にとってはチャンスとなっている。我々が団結すれば、良い方向に変えることが可能。ここに集われた懇談会の皆様を援軍として、また逆に労組が皆様の援軍になっていくことができますよう、今後とも奮闘していきたい」と挨拶した。

この後、員外社懇談会の呼びかけ人の一人、豊田氏を中心に、「中小企業による中小企業のための新規協同組合」の結成をめざして、員外社企業に広報宣伝活動が繰り広げられ阪神地区生コン会が結成される運びとなった。

阪神地区生コン会結成

阪神地区生コン会は、二〇〇七（平成19）年一〇月より協組員外者（アウト社）が定期的に開催してきた員外社懇談会を発展的に解消し、二〇〇八（平成20）年四月四日結成され、当日は協組非加盟専業社三六社の参加があった。

創立総会では、ＮＰＯ関西生コン関連中小企業懇話会・坪田健一会長による開会挨拶の後、来賓の連帯労組間西地区生コン支部・武建一委員長が以下のように挨拶した。

「世界的なグローバリズム・市場原理主義の状況、生コン産業での需要の落ち込み・価格競争激化による破産・倒産の危機。こうした時代状況がこの会を求めている。

この会は、相互扶助を基本精神とする中小企業による中小企業のための利益集団であり団結体である」

よってこれら会員の利益を確保するために次のことが確認された。
①買い手市場の生コン業界を売り手市場に転換する。
②各生コン協組と協調する。
③会員間の競争・トラブルの調整、各労組とのトラブルの回避、マル適付与、ゼネコン・セメントメーカー・販売店等との円満な関係を確立する。
当面の活動目標は
一．四月一日より新規契約物件についての価格引上げ。
二．販売店との協力関係の確立。
三．セメントの値上げについては先行的・一方的なやり方を認めない。
四．物件調整委員会による価格調整の典型を作る。
五．情報収集能力の向上と情報発信力を高める。
六．労組との協力関係を高め、マル適の有効利用と会の拡大に努める。
七．共同事業の積み重ね、規範能力の向上、内部組織の強化等。

最後に初代会長に選出された幸森俊夫氏（株式会社西神戸生コン）から「会員間の信頼関係を高め、専業生コン社のプライドをもって、生コン業界の再生に奮闘していきたい」と力強い表明があった。

二　中小企業の中小企業による中小企業のための

阪神地区生コン協同組合設立

二〇〇八（平成20）年一〇月二四日、近畿経済産業局の認可を受け、阪神地区生コン協同組合が設立された。

記念式典は一二月四日大阪市北区ウェスティンホテルで開催され、政・官等の来賓を含め四三〇名が出席、阪神協組の新生の門出を祝福した。

当日は大阪・兵庫地域の生コン専業社四八社が集い、業界初となる「中小企業の、中小企業による、中小企業のための協同組合」「民主的運営を主眼とした協組モデル」が実質的にスタートした（その後五〇社五五工場加入）。

記念式典では、初代理事長に選出された幸森俊夫氏が、同会設立の主旨の早急な実現をめざし「取り巻く環境は厳しいが、中小企業四八社の大同団結で、新しい業界の新時代を築いていきたい」と語り、まずは適正価格へ値戻しを実現するとともに、「①大阪兵庫工組への加入②全国統一品質管理監査によるマル適の取得③瑕疵保証・生産物賠償責任保険（PL保険）④バッチカウンター設置等実施」への決意を表明。

その後、大阪府知事、大阪市長からのメッセージの紹介、近畿経済産業局、全国中小企業団体連合会、大阪府中小企業団体中央会、全生連、大阪兵庫生コン工組、労働四団体等の祝辞があり、大きな期待の集まった総会風景だった。

阪神協組の値戻し工程

設立と同時に阪神協組の値戻し工程が発表された。
①当面は二〇〇八年一二月一日からの新規契約物件より値戻しを実施する。
②二〇〇九年三月一日からの新規契約物件よりさらに値戻しを実施。
③三カ月条項の白紙還元を適用する。
④販売手数料は6％とする。
⑤与信管理積立金として三〇〇円／㎥を販売店名義で協同組合が積み立てる。
⑥神戸地区の価格は取り扱いを検討する。
⑦価格表を作成する。

◆販売店との取引関係について

①販売店の実情を考慮し、新規物件から販売店名義で与信管理積立をする。
②支払いは現行の取引条件を継続、契約が成立すれば話合いで支払い条件等策定する。

阪神地区生コン協同組合　初代役員

理事長　　幸森俊夫（株式会社西神戸生コン）
副理事長　新井根守（有限会社大久保建材）
　　　　　松山　淳（有限会社さくら生コン）
　　　　　矢倉完治（昭和産業株式会社）
　　　　　泉池敏彦（ベルキン株式会社）
　　　　　木村秀一（有限会社トップライン）

阪神地区生コン協同組合　その後の取組み

発足より一年が経過、第二回臨時総会開催の二〇〇九（平成21）年九月二九日、幸森理事長は「マル適取得、瑕疵保証・PL保険加入、バッチャカウンタ設置、定価表作成」など、一年間の成果を報告した。

阪神協組の取組みとして特徴的なことは、

①多くの員外社企業が協同組合に結集した。

②セメントの値上げ（三〇〇〇円～四〇〇〇円／トン）を認めなかったことで、広域協組や神戸協組など他協組にも同様の動きが広がり、業界の利益に貢献した。

③セメントメーカーやゼネコンの言いなりであった他協組が姿勢を改めつつある。

④生コン価格の値戻し一八〇〇〇円／㎥と、契約形態の変更（出荷ベース）を打ち出したことにより、広域協組、神戸協組、神明協組など他協組も同様の方針を決定した。

⑤協同会館アソシエの建設に関わり、（社）グリーンコンクリート研究センターを支援することにより、社会的に大きな影響を与え、ユーザーに対して阪神協組の信用の要因となっている。

⑥〇九春闘での労働側からの「一二項目」の要求を受け止め、合意実行した等、阪神協組のここ一年での代表的な成果について強調した。

阪神協組への謀略

阪神協組は二〇〇八（平成20）年一〇月二四日設立（五〇社五五工場）、約二四〇万㎥／年の出荷高があったものの、二〇〇九（平成21）年末頃から急に、協組脱退を申し出る社が続出した。（二〇一〇年三月三一日付で、一一社二五工場が脱退）

理事会で原因を究明した結果、左記の結論に達した。

阪神協組は①セメントの値上げ阻止、②生コンの値崩れ阻止、③品質管理体制の強化、④協同会館アソシエ建設、⑤阪神地区生コン販売店の設立など、「中小企業の、中小企業による、中小企業のための協同組合」としての役割を果たしてきた。さらに既存の協組の員外社が阪神協に結集し、大同団結の枠組みがつくられたことで、周辺協組にも多大な好影響を及ぼした。

具体的には広域協組・神戸協組・神明協組のセメントメーカーからの自立に向けた動きであり、09春闘での「一二項目」合意など（セメントメーカー支配から脱却し、中小企業の自立を図る）。

阪神協組と労働組合の共同の取組みのなかで、一〇年四月からの新価格・出荷ベース・構造改善事業を実施するとともに、〇九年一一月には政策要求八項目を政府に要求、社会資本政策研究会を設立し、仕事おこし、価格安定、品質保証、品質管理システム強化など業界を長期に安定させる路線を進めてきた。

しかし、その矢先に突然脱退を申し出る社が多数発生した。何故か？　この不可解な脱退は、阪神協組が進めている経営安定路線が、自らの権益を侵すと考える一部勢力が存在し、その勢力による阪神協組への謀略行為だと考えられる。実際に明らかになったことは、他労組の幹部が怪文書を持ちまわり、阪神協組内部の対立を組織的に煽っていたこと。

その他にも、阪神協組の動きを快く思っていない様々な勢力が関与して、工作した模様という結論に達した。

さらに二〇一〇（平成22）年一月より月刊『宝島』に、労組一連の動きに対する誹謗中傷記事がシリーズで掲載された。衆議院の予算委員会でも、自民党の与謝野馨議員（当時）が、関西生コン産業の運動を誹謗中傷する目的と考えられる質問を時の官房長官・平野博文氏にした（テレビ放映）。

阪神協組では、これらの事実を総合して、国家権力も関与して阪神協組の内部を攪乱している事実があると検証した。

当時阪神協組では、脱退を申し出た社に、脱退を思い止まり、ともに難局を乗り越えようと説得活動を展開したが、〇九年末からの集団脱退事件を経て二〇一三（平成25）年六月現在、執行部一丸の取組みで二六社二八工場（賛助を含む）のラインまで回復させている。だが現状の組織でもその影響力はなお大きく、特に二〇一〇（平成22）年六月二七日実施の「生コン関連危機突破総決起集会」は、生コンの値戻しをはじめとする関連業界経営の安定を求めた闘争であり、生コン業界に生きるすべての人が、ゼネコン等と闘った。

その後七月より開始された生コン価格の値戻しを求めるストライキは実に四カ月半に及び、大手ゼネコンは中小企業が求める価格を認めざるをえない状況になった。しかし押印までして、値上げを認めた大手ゼネコンは、その後約束を反故にして、一二年八月に至るまで約束は実行されていない。その上、最も業界に影響力のある広域協組（一二年八月現在、加盟六七社）は、「質より量」と、原価を割る大幅な値引きを実施し、価格競争を煽っている。このような広域協組の方針では、特に中小専業社の経営が、かってない危機的な状況に陥り、総じて限界ラインを超えた状況を受ける。

その上、一二年の広域協組執行部は、「労働組合と距離を置く」方針さえ打ち出した。

関西生コン業界発足以来、セメントとゼネコンの大資本に挟まれた、弱い中小企業群の生コン業界では、労使が共同で建設してきた歴史がある。その歴史を無視する行為は業界の健全な発展にマイナスとなることは明らかであり、現広域協組執行部へ反省を強く求めねばならない。

阪神地区生コン販売店会　設立

二〇〇九（平成21）年四月一日、生コン販売店会が設立された。

きっかけは、二〇〇八（平成20）年一〇月の阪神地区生コン協同組合の設立にある。

阪神協組の設立にともない、懇話会は販売店にも懇話会への加入を促進した結果、当時の懇話会全会員65％にあたる四六社の販売店が加盟した（〇九年三月末）。

このような状況のなか、阪神協組が「販売店会」の設立を強く要望したことも一因となり　懇話会が中心になって活動し、販売店会の設立が実現した。

販売店設立　目的と役割

①中小企業生コン販売店の経営安定を図るため、セメントメーカー・ゼネコンとの対等取引を確立し、生コンの適正価格確立と販売店の社会的地位の向上を図ることを目的とする。
②そのために阪神地区の中小企業生コン販売店の圧倒的多数の組織化を図る。
③生コン業界の民主的発展を目指し、流通部門に於ける正常な役割を果す。

三　新しい時代へ、新しい闘いを起こす

労働組合12項目合意の画期的意義　二〇〇九（平成21）年春闘

〇九年までの連帯関西生コン支部などへの弾圧と続く冬の時代には、大阪広域協幹部社と建交労等一部労組との間でこれまでの労働協約を反古にするなど、反動的労務政策が吹き荒れた。いわく「連帯の時代は終わった。これからは建交労の時代だ」とか、「合わせ技」と称して、ゼネコンへの過剰サービス・生コン価格の一方的引き下げ・セメント価格の一方的引き上げ（三回）、土曜稼動など…、労働環境の劣悪化はもちろん中小経営者が、一方的にゼネコン、セメントメーカーに服従することを強いる醜い有様は誰の目にも明らかになった。

そうしたなかでの〇九春闘では、労組運動の隊列を組みなおした「政策協」三労組が存在感を示し、経営と左記の一二項目を合意することができた画期的なものであった。

一、限定販売方式（売上の10％の値引きをする）は四月一日をもって廃止する。
二、ブロック対応金（値下げのための原資を確保する）は四月一日をもって廃止する。
三、土曜稼働・袋洗いは〇七・〇八春闘を遵守する。
四、四月一日より値戻しをする（一万四八〇〇円／㎥）。
五、広域協組執行部の人事をセメントメーカーに決めさせない。
六、独占禁止法に基づく直系工場の協組脱退について実態調査を行い結論を出す。
七、シェアは公平・平等を基本に決定する。
八、阪神協組と協調して土曜稼働・袋洗いを撤廃する。販売手数料を確保して値崩れを

防止する。
九、広域協組の信頼を失墜させる不適切な人物を執行部に登用しない。
一〇、セメントの一方的な値上げに広域協組として反対する。
一一、過去の委員会で適正価格を実現できなかった原因を究明し（一カ月で報告）、適正価格を実現する。
一二、信頼できる労使関係をつくる。

〇九年以降の各年春闘では、この席で確認した一二項目合意の実行に関して、これら合意の存在すら無視しようとする、大阪広域協執行部との対立が先鋭化することになる。

中小企業の砦　協同会館アソシエ竣工

二〇〇九（平成21）年六月三〇日、大阪市東淀川区淡路三丁目六－三一の地に、近畿生コン産業の牙城さらに中小企業の砦と謳われた「協同会館アソシエ」が完成し、竣工式が挙行された。（※年表参照）

この会館は、敷地面積三六六坪、鉄筋コンクリート造三階建て（延べ床面積四五九坪）のバリアフリー建築で、屋上には緑化庭園やソーラーパネルが装備された。

協同会館アソシエの建築にあたっては、生コン関連の団体・個社企業等三〇〇社超から建設費の支援が寄せられ、中小企業が自立自尊の精神で経済の民主化に挑戦するという、「中小企業の砦」に相応しい象徴的な会館と評された。

当日の式典は、最初に厳粛に神事が執り行われ、設計担当の大西疋差治氏（株）オーク建築設計事務所）、施工担当の塚本義文氏（栄豊建設興業（株））など関係者による玉串の奉納があり、その後、祝宴が執り行われた。

武建一代表取締役　挨拶

協同会館アソシエは今の時代状況が反映され、開館にこぎつけることができました。今の状況とはグローバリズム・市場原理主義─弱肉強食の時代が崩壊し、これに変わる生き方として「共生・共同・公平・平等」という概念が世界中に台頭しています。

この会館は、大手の支配から脱却し中小企業の中小企業による中小企業のための拠点をつくろうという思いの人達が寄ってできた会館です。

生コン関連の中小企業にとって、大企業との対等取引、人材育成、調査研究・提言、新技術開発、情報受発信など全国約四万の中小企業協同組合にとって、何よりの見本としての機能をもつ活動拠点です。この間、金融機関の貸し渋り、大手ゼネコンの非協力など予想はしていたが、あらゆる妨害を排し中小企業の魂が入った「砦」が完成。

戦後中小企業運動の一大転機との役割を果せたものとの誇りを持ちます。

三〇〇社にのぼる出資企業の自信と達成感は予想以上です。今まで多くの協同組合は大企業の直接・間接支配を受けてきました。分社化・中小成りすまし等、大企業の販売手段の一環として協同組合を利用していました。しかしこの会館はそれら支配を一切受けずに完成、経営者と労働者が一緒になり、この産業を支えるに相応しい人材を育成していきます。

また九月スタートのグリーンコンクリートセンターを通じ、需要創出に向け着実に実行していく等、消費者と社会に貢献する活動を打ち出す拠点にしていきます。

協同会館に入居する主な団体

・(社)中小企業組合総合研究所・(社)グリーンコンクリート研究センター・近畿バラ

セメント輸送協・近畿生コン輸送協・近畿生コン圧送協・阪神地区生コン協・（社）関西生コン関連中小企業懇話会・NPO法人関西友愛会　他

グリーンコンクリート研究センター開所

コンクリートは人類にとって極めて大切な材料であり、ビルや社会インフラをはじめ様々な構造物の建築に有効に利用されてきた。安全安心な構造物を社会に提供し、新しい分野への応用を図るため、コンクリートはまだまだ進化しなければならない。

グリーンコンクリート研究センターは、それら負託を受けて、広く産官学と連携を図り自らも多彩な研究設備と研究者・支援者を配備して研究開発を進め、社会のニーズに応えるとともに、社会に貢献するため設立された。

二〇〇九（平成21）年九月一日、一般社団法人グリーンコンクリート研究センターの開所式が挙行された。

中西正人理事長から、「中小企業が、どこにも頼らず全くの独力でつくり上げた会館であり、研究センターは我々生コン業界の誇りです。この素晴らしい施設で、優れた人材を育成し、産官学が共同で研究した成果を、全国に向かって発信していきたいと思います。生コン業界にグリーン革命を起こす決意で、先頭にたって運営にあたってまいります」との挨拶があった。

二村誠二スーパーアドバイザーは、同センターの目標として、

①人を育てる
②技術開発の拠点となる
③産官学が共同で利用すること

技術開発と次世代の人材を産官学で育みたいと、抱負を述べる二村誠二スーパーアドバイザー

をあげ、業界に生きる全ての人がグリーンセンターと何らかの関わりを持ち、研究センターが中心となって情報を交流したいとの抱負を示した。

グリーンコンクリート研究センター　設備例

・万能試験機（引張り・圧縮・曲げ・硬さの試験に用いられる設備）
・乾燥収縮恒温恒湿槽（コンクリートの乾燥収縮試験のための試供体を保存する条件を一定に整える設備）
・粉末X線回折装置（X線を照射した時に生じる回折X線を測定し、物質の結晶構造を調べる）
・凍結融解試験装置（コンクリートの試供体を気中凍結・水中融解し、急速な繰り返しによる抵抗性の変化を測定する装置）
・全自動圧縮試験機（コンクリート試供体の圧縮試験を自動で行う装置）
・蛍光X線分析装置（物質にX線を照射し、発生する固有X線（蛍光X線）を利用して物質を分析する装置）

一般社団法人グリーンコンクリート研究センター　初代役員一覧（当時の役職）

理事長　中西正人（和歌山県生コンクリート協同組合連合会　会長）
理　事　久貝博司（京都生コンクリート工業組合　副理事長）
理　事　米澤博通（奈良県生コンクリート工業組合　理事）
理　事　門田哲郎（中小企業組合総合研究所　専務理事）
理　事　矢倉完治（阪神地区生コン協同組合　理事長）

理　事　有山博文（兵庫県中央生コンクリート協同組合連合会　常務理事）
理　事　豊田明彦（近畿生コンクリート圧送協同組合　副理事長）
監　事　内野　一（近畿バラセメント輸送協同組合　理事長）
技術顧問　玉井元治（元近畿大学教授）
※二村誠二氏は二〇一一年二月一一日に逝去された。
※後にスーパーアドバイザー　小野紘一氏（京都大学名誉教授）

グリーンコンクリート研究センターの教育・研究支援

【産学連携研究】：教育や研究開発は、国の将来を決定する極めて重要な活動であり、継続した若手研究者の育成が必要。グリーンセンターでは産学連携研究を通じて若手研究者の研究と育成を支援していく。

第一回産学連携研究発表会開催

二〇一一（平成23）年五月二〇日、建設交流会館八階グリーンホールを会場に第一回産学連携研究発表会が開催された。京都大学研究の一件を含み、計六件の研究がグリーンセンターから助成を受けることになり、当日はその成果を披露した。

第二部としては「コンクリートへの期待」をテーマに自由討議があった。当日は、学識経験者や生コン業界関係者等約二〇〇人が参加、熱心にメモをとり研究発表を聞いた。

研究発表

▽バイオナノファイバーを利用したコンクリートの基本特性に関する基礎的研究

▽凍結防止剤の種別によるコンクリート劣化形態の考察
京都大学大島義信准教授
▽ベイズ推定法によるコンクリートの中性化深さ予測に関する研究
神戸高専高科豊准教授
明石高専田坂誠一教授
▽爆砕竹繊維を利用した環境負荷低減型コンクリートの開発
明石高専武田字浦助教
▽コンクリートの乾燥収縮ひび割れ制御に関する実践的研究
和歌山高専中本純次教授
▽フラットヘッドスキャナを用いたコンクリートひずみ測定技術の高度化
木更津高専青木優介准教授

自由討議

パネラー：和歌山高等専門学校・中本純次教授／阪神高速道路㈱・金治英貞課長／前田建設工業㈱・浜野賢治部長／京都生コン・久貝博司会長・ＧＣＲＣ理事／小野紘一京都大学名誉教授

●自由討議の中で、小野紘一京大名誉教授が、「今橋梁が老朽化している。またゼネコンの技術伝承も薄れてきている」と問いかけたのに対して、発注者の立場で阪神高速道路㈱の金治課長が「とりわけ自治体の橋梁が課題。橋梁の老朽化は補修しても１００％元には戻らない。逆に架け替える方が、コストが安い場合もある。構造物がどのように変化していくのか見極める必要がある」と冒頭提議。

施工者の立場から、前田建設工業の浜野賢治部長は、「ゼネコンもサラリーマン化してきた。研修では自らコンクリートを練って打説し、制服が汚れるのは当たり前という精神的な教育をしている」と述べた。

学識経験者の立場から中本教授が、「技術者が少なく対応できていないのが現状ではないか。長寿命化がどこまで理解されているのか疑問だ」と指摘。

製造者の立場から久貝理事は、「コンクリートは持続が可能な材料。社会資本の整備には共同溝を造ること。安全・安心で快適な生活を送るためにも、それなりの予算が必要であり、システム造りを提言していかなければならない」と語った。

最後に講評として玉井元治・元近畿大学工学部教授が、「研究発表はアイデアが豊富で面白い研究だった。よい夢を与えてくれた。きょうの成果は大きい」と語り、組合総研の武建一代表理事は「発表会が、発注者と施工者に、信頼できる製品を世の中に送り出していくきっかけになってほしい」と期待を寄せた。

第二回の産学研究発表会（産学連携研究発表会は産学研究発表会に名称を変更）は二〇一二年七月一八日に開催された。

・近畿大学・麓講師（ポーラスコンクリートの隙間空間構造をX線照射し、ＣＴスキャン映像から透水性能との関係を探る）、

・和歌山高専・三岩准教授（胴スラグ骨材使用での性能低下原因・対策）、

・木更津高専・青木准教授（スキャナによる安価で簡単にかつ人的誤差をなくしたコンクリート供試体の収縮ひずみ測定）等の研究発表があった。

建築設計競技開催

【建築設計競技】：グリーンコンクリート研究センターは、「コンクリートと木のコラボレーションによる持続可能な住まいと地域住環境の設計」を目指した設計競技を、日本建

築学会近畿支部（材料・施工部会、環境工学部会、設計・計画部会、住宅部会、木造部会）との共催事業として、また、国交省近畿地方整備局、農水省近畿農政局、環境省近畿地方環境事務所、日本建築家協会、日本建築士連合会、日本建築士事務所協会連合会、日本建築協会、日本建築業連合会、コンクリート関連団体の後援を得て、全国レベルで実施、全国の建設設計関係者とも広い交流を期した。三年計画とし、最終年には最優秀作品は実際の建築に使われるという画期的なコンペとなっている。

第一回設計競技のプレイベントも開催

二〇一〇（平成22）年一〇月一四日、常翔学園大阪センターを会場に「コンクリートと木のコラボレーションによる持続可能な住まいと地域住環境の設計」のテーマに基づいたシンポジウムが開催され、当日は趣旨説明の後、五人の研究者による話題提供とディスカッションが催された。

当日の式次第（概略）

開会挨拶　中西正人（グリーンコンクリート研究センター　理事長）
趣旨説明　檜谷美恵子（京都府立大学教授　設計競技実行委員会委員長）
話題提供　①建築・都市の近代化が目指したもの　本多道宏（大阪大学准教授）
②まちなか戸建の持続可能性　森本信明（近畿大学教授）
③持続可能性からみた都市環境の分析　竹林英樹（神戸大学准教授）
④環境調和型コンクリートとエコマテリアル　玉井元治（近畿大学元教授）
⑤伝統構法木造建築から学ぶコラボの可能性　斎藤幸雄（広島国際大学教授）

授）
ディスカッション
閉会挨拶　笹村欽也（日本建築学会近畿支部常議員）

設計コンペでコンクリートの可能性追求

二〇一一（平成23）年一月一〇日、同テーマによる設計競技の公開審査が行われ、優秀な作品には各種の賞が授与され、専門紙にも紹介があり毎年話題を作った。

受賞チーム名（概略）

最優秀賞　一般　㈱竹中工務店設計部チーム「ＳＬＯＷ　ＦＲＡＭＥ」

学生　神戸大学大学院チーム「丘に根をはる息吹き」

自由な発想と豊かな表現力その他、優秀賞・技術賞・地域環境賞などを選出し、表彰（賞金授与）した。

会　場　協同会館アソシエ
二〇一〇年二月に逝去された二村誠二氏の功績を讃えるために、各賞とは別に「二村賞」を設けた。

第二回コンペのプレイベントでは、日本建築学会近畿支部の五部会とグリーンコンクリート研究センターとの共催で、連続シンポジウムをもった。

二〇一二（平成24）年三月一〇日、公開審査の上、最優秀賞は東京大学大学院の学生（「すきまの紡ぐ住まい」）の一件、他六作品に優秀賞等が授与された。

第三回コンペでは、二部会によるフォーラムがもたれた。最終年のコンペで具体的指示に基づく提案であったため、力作が並んだ。
二〇一三年三月二日、公開審査の上、最優秀賞はＡＴＥＬＩＥＲ－ＡＳＨという設計事務所の「繋がる住環境」の一件、他九作品に優秀賞等が授与された。
建築学会やコンクリート関連団体をはじめ、各界において大きな関心を集めた設計コンペは無事終了した。特に、コンペ期間中に東日本大震災、大津波があり、コンクリート構造物に対する考察を深めた。

小学生コンクリート教室・小学生ものづくり勉強会の開催

子どもたちに「ものづくり」を経験させ、その面白さを体得させるとともに、工学への関心を引き出すために同センターでは、小学生コンクリート教室を開催し、コンクリートを通じて子どもたちの健全な育成に努力したが、これは全国でも例のない取り組みだった。実際にモルタルコンクリートを作ったり、ミキサー車やポンプ車も見学し、座学のみでない取り組みに関心が集まった。二〇一一（平成23）年五月二五日と六月一三日、協同会館アソシエを会場に、「小学生ものづくり勉強会」を開催し、子どもたちの向学心を誘った。二〇一二（平成24）年も継続された。

組合総研新理事長　猶克孝氏選出

二〇〇七（平成19）年五月、大阪兵庫生コン工業組合理事長となった、猶克孝氏が経営側として第二代関武氏の後を受け、組合総研の第三代理事長に就任した。

猶理事長挨拶

需要激減の中、協組運営も一つの壁に直面し、近畿はじめ全生連を中心に、構造改善事業を呼びかけています。需要も一億㎥を切ろうとしている中、五年間で約三割・一二〇〇件の工場を削減していけば、一工場あたり約三〇〇〇㎥への数字が期待できます。

行政の方にも今後一〇年間規制措置を設け、新増設を認めないでくれと法的規制の申し入れをしている最中ですが、経済産業省も、過去三回の構造改善事業の期間中、逆に一〇〇〇工場増えたわけで今後は「環境規制」で新しい縛りをかける意向です。

プラント減少には資金が必要で、資金の円滑な仕組みというものを働きかけています。互いに事業を進めていく上で、何事にも挑戦していくことは当然ですが、大事なことはその中で新しい知識を獲得する必要があり、そのためには「学び」ということが肝要になります。組合総研が「学び」に取り組んでいるのは感心しています。

その組合総研の理事長に納まったことは、内心びっくりしていますが、皆さんと一緒に進めて参りたいと考えていますので、今後ともよろしくお願い致します。

提言業界ニュース

大阪広域生コンクリート協同組合（安田泰彦理事長）は、二〇〇九（平成21）年九月一五日理事会で、一〇年年四月から、新価格一万八〇〇〇円／㎥・標準製品（18－18－20）を、出荷ベースで実施すると発表した。

労働組合との一二項目の合意事項についても全社に徹底すると通知した。

（一二項目の合意は〇九年春闘での労組との合意項目で二四四ページに記載）

資格制度懇談会　開催

中小企業組合総合研究所では、この間、コンクリートの製造から打設までの一貫した工程に責任を持つ新たな制度として、コンクリートマイスター制度の検討も行った。

二〇〇九（平成21）年一月、国土交通省や学識経験者、関連団体からなる懇談会を開催、生コン業界のレベルアップと品質向上にむけた取組みとして、事業化の方向で検討した。

準備会のテーマ「コンクリートマイスターのあるべき姿」の共有

①中立性（第三者性）の確保、

②発注者による費用負担、

③製造側総監督制からインスペクター制度（第三者による中立的な検査制度）に発展、

④コンクリートマイスターの位置づけ、

などの議論を重ね、大筋で認識を一致させた。

資格制度懇談会は、行政を交えて二〇〇九（平成21）年一月より開始。

既存の資格制度との整合性や連携を図りながら作業部会を立ち上げる方向で、問題点を整理し議論を続けてきた。

この間、国交省地方整備局審議官など官側出席もあったが、当初座長を務められた二村誠二グリーンコンクリート研究センタースーパーアドバイザーの、突然のご逝去などでその後に具体的な進捗は見ていない。

主な参加者

国交省近畿地方整備局、大阪府都市整備部、大阪府商工労働部、日本住宅管理協会、日本建築学会、大阪府建築士会、コンクリート化学混和剤協会、マイスター塾塾長、大阪兵庫工組、兵庫県連合会、グリーンコンクリート研究センター、圧送事業団体連合会、組合総研他

四　政治民主主義求め、新しい歩み

社会資本政策研究会　国政へ関西業界の声を

二〇〇九（平成21）年八月、衆議院議員総選挙で一五年ぶりに、非自民のみでの政権（民主党、社民党、国民新党の三党連立）が誕生。鳩山由紀夫首相は、「生命を大切にし、暮らしのための政治」の実現を目指すとマニフェストに記載した。

近畿の生コン関連業界も、政治の流れが改善される機運が生まれたとの期待から、〇九年一一月一一日、近畿二府四県の生コン関連協同組合等一六団体の三五名で、東京都千代田区永田町の衆議院第二議員会館に、辻元清美国土交通副大臣等を訪問。「国民生活と環境に配慮した社会資本充実に関する要望書」（別掲）を手渡した。国土交通省、環境省、経済産業省、農林水産省の各大臣と内閣官房長官宛に社会資本整備や中小企業政策に関する政策提言を提出。

当日参加した団体の内訳は、大阪広域協組・阪神協組・兵庫県・京都府・奈良県・和歌山県・滋賀県など近畿の主要生コン協同組合、バラ・輸送・圧送等関連連合会、生コン産業労組等労働組合の各代表たち。

要望書のなかで、特に与党民主党のマニフェスト文言「コンクリートから人へ」のキャッチフレーズが、コンクリートの有用性を否定し、業界に働く人々の誇りを傷つけているとして、表現の早期変更を強く要望した。

この要請に対して、辻元副大臣も文言の変更などで考慮すべきと回答し、業界の人々の心象を傷つけたことについて大いに反省すべきこととして、担当の部署に伝えると約した。

近畿の建設業関連団体が団結して政治行動を起すことは、これまであまり例がなく、これら行動は業界内外に反響を呼び、これら文言も年内変更の方向で収束し成果となった。

国民生活と環境に配慮した社会資本充実と中小企業健全化に関する要望書（要旨）

①民主党のマニフェスト「コンクリートから人へ」は、コンクリートの有用性を否定し関連業界で働く人の誇りを傷つけているので、キャッチフレーズの変更を求めます。
②生活道路の充実、下水道の整備、電柱の地中化、既存の建物の耐震補強、堤防の整備など、生活者と環境に配慮した社会資本の整備を要望します。
③コンクリート舗装は経済性・耐久性・環境保全・安全性が確保できるので、道路をコンクリート舗装に転換することを要望し、保水性の高いポーラスコンクリートの使用を求めます。
④ＪＩＳ制度を見直し、新たに総合的なコンクリートマイスター資格制度と人材育成制度の創設と要望します。
⑤生コンクリート製造業の構造改善事業を経済産業省の産業政策と位置づけ、実効性ある措置をとられることを求めます。
⑥協同組合加入の資格は中小企業と限定されることを要望します。
⑦大企業と中小企業の対等な取引関係が成立する制度保証を求めます。
⑧コンクリートの品質管理を担う自立的研究機関の活用・助成を要望します。

社会資本政策研究会発足（二〇一〇年／平成22年一二月二〇日）

この一一月一一日の要望書提出を契機に、社会資本の整備に関わる事業者、協同組合、労働組合、研究者や、国会議員、自治体議員、専門家などが合同で「社会資本政策研究会」を設立させ、社会資本の整備と中小企業の新たな展望を切り開いていくという構想が生まれ、同年一二月二〇日、「社会資本政策研究会」の発足総会が開催された。

マイスター塾塾頭の和田貞夫顧問を初代の会長に、近畿生コン関連団体幹部と多くの国会議員顧問団との協議で、国の施策に提言する組織として進展を期した。

発足趣意書（要旨）

強度・耐久性・作業性の優位性から、民間の建物や社会資本・インフラストラクチャー整備の中心的資材として多用されてきたコンクリートを専門的に取り扱う私達は、営々と事業や研究を行ない、新たな製品や事業システム、品質保証体制を開拓・提言し自己研鑽を重ねてきました。

それは同時に長きに渡る大企業優先主義、営利至上主義、弱肉強食競争主義を強いる政治経済体制の中、コンクリート構造物の安全性が問われる事態が頻発し、コンクリートへの社会的不信が拡大する中での苦闘でもありました。

しかし今般の衆院選挙において、戦後初の本格的な政権交替が実現し、「生活者の目線に立った政治」「生活と地球環境に優しい政治」を高らかに謳う新政権に切り替わりようやく政治経済の流れが改善される期待と機運が生まれてきました。

私達はこれを絶好の機会と捉え、一一月一一日に近畿の生コン関連の協組、研究所、労組など一六団体で国土交通省、環境省、経済産業省、農林水産省の各大臣と内閣官房長官あてに社会資本整備のための政策や中小企業政策を提言しました。私達のこの果敢で道理ある行動は、新政権と官庁の政策を改善させる大きな可能性を持っています。

しかしその「可能性」は、私達がこの提言のゆくえを検証し、政治家や官庁との対話と協同を積み重ねていく事なしには実際の改善につなげる事はできません。

今必要な事は、私達が責任と見識と行動力ある集団として結集し各方面に幅広く仲間の輪を広げ調査研究、提言、研鑽啓発、行動を展開していく事を措いて他なりません。

そのために私達は今、「社会資本政策研究会」を発足させます。

コンクリートを基礎に、人と環境に優しい新たな国土作り、都市整備、生活空間の改善に向けて、またあらゆる産業の現場を実際に担う中小企業の新たな展望を切り開くため、関係するすべての皆さんに結集を呼びかけるものです。

中小企業の振興育成は、外需主導型の経済政策を内需主導型に転換させるものであり経済社会の健全寅発展に資することになります。

生コン建設産業に関わる事業者、協組、労組、研究者のみなさん、この問題に関心を持たれる専門家、政治家のみなさん！

生活と地球環境に優しく、有意義で適正な建設事業や技術の発展を促すため、関連産業の従事者の中で圧倒的多数を占める中小企業とその労働者家族の社会的・経済的・文化的地位向上をめざし、より良き民主主義社会、公平・平等・共生・協同型社会としての日本形成に寄与する為、「社会資本政策研究会発足総会」に参加される事を願います。

役員体制（第一期）

会　　長：全国中小企業団体連合会会長・和田貞夫

副 会 長：中小企業組合総合研究所代表理事・武建一

：兵庫県中央生コンクリート協同組合連合会副会長・高井康裕

：阪神地区生コン協同組合理事長・幸森俊夫

：和歌山県生コンクリート協同組合連合会理事長・中西正人

：奈良県生コンクリート協同組合理事長・稲川隆彦　他九名

幹 事 長：中小企業組合総合研究所専務理事・門田哲郎

副幹事長：近畿生コン関連協同組合連合会専務理事・増田幸伸
幹　事：阪神地区生コン協同組合専務理事・脇屋敷清　他一一名
事務局長：株式会社協同会館アソシエ・戸田ひさよし
顧　問：近畿大学理工学部大学院元教授・玉井元治、大阪工業大学工学部建築学科准教授・二村誠二、京都大学経済学部名誉教授・本山美彦、同志社大学商学部教授・田淵太一、民主党衆議院議員・稲見哲男・森山浩行・大谷信盛、民主党参議院議員・尾立源幸、社民党参議院議員・服部良一
相談役：大阪府議民主党半田實、守口市議社民党三浦健男、大阪市議民主党奥野正美、茨木市議新社会党山下慶喜、東大阪市議新社会党松平要、加古川市議無所属井筒高雄

獲得目標

①労使が一体となり政策闘争を実現する。
②大企業が分社化して、生コン協同組合に加盟することを排除する。
③生コン工場の集約期間（五年間）は、新増設抑制の特例法を制定する。
④新製品開発のために助成をする。
⑤無駄な公共投資から人間本位の社会資本整備に重点を置く。
⑥コンクリート舗装を実施する。
⑦中小企業が栄える政策を実現する。

社会資本研究会　次々と国会要請

二〇一〇（平成22）年三月一五日、東京永田町の参議院議員会館に、社会資本政策研究

会が呼びかけ、関東甲信越と関西の生コン関連協同組合・工業組合・労働組合等一〇〇名超が参加し申し入れを行った。

当日は明治大学の百瀬恵夫名誉教授も参加。

与党側からは福島瑞穂社民党党首をはじめ一〇名の代議士・代議士秘書。

経済産業省からは渡邊宏住宅産業窯業建材課長が出席した。

しかし残念なことに、パネラーを受諾していた全生連の市川英雄工組専務理事が、直前のキャンセルを表明、関西生コン界の熱意に水を差した。

渡邊課長からは「生コン産業の現状と構造改善の課題」と題する講演があり、各地区からは構造改善等の報告をし、〇適マークのアウト業者への附与の違法性を追及したが、経産省側の改善へ向けての態度表明はなかった。

渡邊課長の講演要旨

これからの生コン産業は、①かってない構造改革と徹底的な集約化は避けられない。いわゆる自然淘汰から、政策として転換しなければならない。②品質管理責任者を義務化して選定しなければならない。③ICタグを付けるなどして、業界全体のトレーサビリティ（追跡可能性）を推進しなければならない。④流通の透明性と公正化を目指し、取引の文書化・適正化のためのガイドラインを作成したい。

同課長との質疑応答（要旨）

Q：これら集約推進にあたり、雇用問題での思考が欠落している（第一次には従業員の福祉の増進と雇用問題が有る）。

A：第一次構造改善時の国の方針には、福祉の増進は確かにあった。しかし雇用確保が入っていたかどうかは記憶が定かではない。

Q：協同組合連合会の解体の動きについて。
A：協組のなかで喧々がくがくの論議がある。業界の理性的な判断を期待する。
Q：工業組合連合会のなかに作られている政治連盟について。
A：知りません。
Q：マル適マークはセメントメーカーの要望で、アウト社にも渡されているが。
A：JISと同じように、誰にでも認めていかなければならないと思う。完全にインサイダーだけのものにせず、制度として対外的に開かれたものにする必要があると思う。

百瀬名誉教授の総括挨拶

渡邊課長からは、①「マル適マークをアウト社にも出すべき」との発言があったが、間違っている。これは明確な法律違反。マル適マークは協同組合の大切な知的財産。これを売り渡す執行部がいれば厳罰に処さなければならない。
②品質管理で一番重要なことは、日々のチェック。アウト社は日々の管理に欠け、全体としての監視もできない。
③LLP（有限責任事業組合）には注意しなければいけない。資本の論理で、簡単に解散できるような組織は相互扶助に基づく組織ではない。

社会資本政策研究会　さらに政策要請行動

二〇一一（平成23）年四月二二日、代表窓口を大阪兵庫生コン経営者会として、近畿の一四団体の代表団が、衆議院第二議員会館に集い、要請行動を実施。
森山衆議院議員、服部衆議院議員、大谷衆議院議員が同席するなか、経済産業省・十時

憲司中小企業庁取引課長、公正取引委員会・松本博明官房総務課長補佐、国土交通省・小泉俊明政務官等の出席者に要請を行った。

要請内容（要旨）

①経済産業省：（A）神奈川県・溶融スラグ問題や兵庫県・コンガラ混入問題を象徴するように、未だ生コン業界が「安かろう・悪かろう」の状況から抜け出せません。生コンの品質強化等コンプライアンスに対する行政指導を求めます。（B）生コン業界の安定やバラセメント運賃の引き上げなくしてセメント価格の引き上げは認められません。セメント業界に行政指導を求めます。

②公正取引委員会：一九七〇年代にセメントメーカー直系の生コン協同組合加入が違法とのことで排除命令が出されましたが、未だに同様の状態が続いています。今後の対応について回答を求めます。本年四月からのセメント価格の引き上げは優越的地位の濫用と考えられますので、行政指導を願います。

③国土交通省：（A）防波堤・橋梁・耐震補強などの公共工事を優先的に予算化し、国民生活の安心安全に寄与されることを求めます。（B）ゼネコン大手による復旧工事割り当て等、被災者を無視した営利主義は即刻中止願います。（C）近バラ協によるセメントメーカーへの団体交渉地位確認訴訟の勝訴にともない、以前から要請している団体交渉の開催にむけて、メーカーへの指導を求めます。

国会要請二〇一一（平成23）年七月二〇日について

二〇一一（平成23）年七月二〇日、社会資本政策研究会は、近畿の生コン関連協同組合等一四団体とともに、国土交通省、経済産業省に要請をした。

当日は稲見衆議院議員、大谷衆議院議員、森山衆議院議員が同席するなか、各省庁から回答を得ることができた。

今回の要請項目は、「ゼネコンによる生コンの買い叩き」「震災復興にコンクリートを活用する」「セメントメーカーによる不誠実団交」等であった。

回答（要旨）

①国土交通省：バラ輸送協同組合が団体交渉の地位にあるとの判決が出たことは承知している。現在メーカー五社が控訴しているが、訴訟の推移を見守り、判決確定の前でも強い要請を受けていることをメーカー側に指導し伝えます。さらに①下請け支払いの適正化や施工管理の徹底について元請事業者の業者団体に通知している。②建設産業戦略会議でダンピング対策を強化するよう指摘している等。

②経済産業省：生コンの品質をさらに強力に保証していく観点から、ＪＩＳ規格を見直ししている。生コンの場合は登録認証機関が五種類あるので、定期的な会合のなかで、より厳格な審査をおこなう。違反があれば厳しく対処するように求めていく。ポーラスコンクリートは全国の直轄国道四カ所で施工実績があり、有用性は確認できている。ただ課題点も指摘されていて、実験的に施工している段階です。

公正取引委員会　近畿・中国・四国事務所に中立書提出

二〇一一（平成23）年八月一二日、社会資本政策研究会をはじめ、近畿の一四団体は大阪市中央区大手前の公正取引委員会近畿・中国・四国事務所に中立書を提出した。

その内容は、広域協組が生コンを不当に低い対価で供給することにより、他の事業者の事業活動を困難にするおそれがあることと、セメントメーカーが、広域協組に対して優越的地位にあることを利用して、広域協組の役員選出に対し自己の指示に従わせていることがそれぞれ独禁法第一九条の規定に違反するということでの申立書であった。

社会資本研、国会要請実施　二〇一一（平成23）年一〇月一一日

社会資本政策研究会は、二〇一一（平成23）年一〇月一一日、近畿の生コン関連団体とともに、国土交通省、経済産業省に要請行動を行った。

①国土交通省：（一）東日本大震災の復旧復興と近畿地区の防災対策について、グリーンコンクリート研究センターの小野紘一スーパーアドバイザー（京都大学名誉教授）は原発の安全性の向上と放射性汚泥の収納ピット建設、大津波防御について具体的な提案をするとともに、全国各地の災害対策工事を万全にする。

（二）ポーラスコンクリート実用化にむけた要請。

（三）震災復興にむけ、地元協同組合を活用し、地元だけで間に合わない場合は、全国組織の規律ある供給体制を活用し、大企業特区構想ではなく、地元漁協・農協・協同組合専門店会など促進する施策を実施する。

（四）近バラ協が提訴したセメントメーカーの団体交渉応諾義務を踏まえ、国交省が斡旋または調停の申請を受けたことがあるのか。あるとすればその基準等についての問い。

②経済産業省：（一）関西の生コン協同組合におけるセメントメーカー直系子会社の

協同組合支配を適正に指導するとともに、実情にそぐわない「中小企業」の法的定義を改めることを要請する。

（二）生コンクリートの品質問題について、ＪＩＳ認証機関の（財）日本建築総合試験所等は守秘義務を理由に情報が開示されず（特に京都の事件）、しかも現状が改善されないという問題があるので、これら具体的な事件（神奈川の六会事件・兵庫のナンセイ事件・京都の京央社事件と日建生コンクリート事件等）について個別指導を要請する。

（三）国交省の（四）と同じ等。

当日の要請行動では、国土交通省から港湾局海岸防災課・丸山課長をはじめ七名の担当者、経済産業省から中小企業庁経営支援課・猿田課長補佐をはじめ四名の担当者が参加、相互に意見を交換することができ、一定の成果を得た。

社会資本研　国会要請実施　二〇一一（平成23）年一一月一八日

社会資本政策研究会は、二〇一一（平成23）年一一月一八日、近畿の生コン関連一四団体とともに、国土交通省と経済産業省に要請。

今回は前回までの要請項目について、数々意見を交換し議論を尽くしてきたが、なお議論が尽くされていない議題等について、具体的な回答を得て、解決に向けた運動を前進させたいと考え、要請行動を実施したもの。

①**国土交通省**：（一）河川にかかわる防災対策について、我々の提案の問題点等、具体的に回答を願う。（二）ポーラスコンクリートを利用した震災復興についての質問等。

②**経済産業省**：前回一〇月一一日の要請が採用できないのであれば、何が問題か等具体的にご回答を願う等。

社会資本政策研究会の要請書を近畿経産局に

二〇一二（平成24）年二月一五日、近畿の生コン関連団体とともに、大阪市中央区大手前の近畿経済産業局を訪問、枝野幸男経済産業大臣宛に要望書を提出し、中小企業基本法にある「中小企業の定義」について、抜本的な改正を要請した。

要請書（要旨）

中小企業は、日本の経済を支える重要な存在ですが、設備・資金力等で大企業と対等な取引ができない関係にあります。公平な経済活動を確保するために、協同組合などの様々な施策はありますが、依然として中小企業の立場は弱く、様々な事例があります。その一つが生コン産業における大企業の直系子会社による中小企業協同組合の支配です。

この問題について、公正取引委員会への申し立て、経済産業省への再三の要請などにもかかわらず、現時点では成果は上がっていません。

我々はこれらの原因が中小企業基本法の「中小企業の定義」にあると考えています。

一九九九年の基本法の改正により、事業規模の比較的大きなセメント子会社の生コン工場が、中小企業として協同組合に入ることが容易となり、本来の中小企業の利益が損なわれる現状をまねいています。さらに内容に質的定義を導入すること（欧米では質的定義を採用）が必要です。

以上の理由により、中小企業基本法の抜本的改正が必要であると考えられ、以下に要請します。

①資本が他社から独立していること。役員が他社から派遣されないこと。
②資本市場を通じて資本調達をしていないこと。
③その会社の中心的な事業分野においてシェアが相対的に小さいこと。

④地域経済の発展に寄与し、地域自治体の財政確立に貢献していること。

社会資本研　国会要請　二〇一二（平成24）年八月二四日

社会資本政策研究会は、二〇一二（平成24）年八月二四日、近畿の生コン関連団体とともに環境省、経済産業省、民主党副幹事長室、復興庁、国土交通省に要請を行った。

今回は被災地から福島県猶葉町の松本喜一町会議員と、労協連合会の本田まちこさんも同道し、中間貯蔵施設、常盤道復旧、生コン工場のＪＩＳ認証、海岸線復旧等（松本氏）起業型職業訓練等（本田氏）の要請を実施したが、各省庁の回答は次の通り。

①環境省：中間貯蔵施設のガイドラインを作っているがなかなか厳しい。放射能除染液を公募し、実証事業に取り組む等。

②経済産業省：地元中小企業の積極的活用、協同事業推進のための環境整備の支援等。

③民主党副幹事長室：辻恵先生を中心に運動を拡大すれば応援する。今後は仕事がどんどん増えていく。本日の政務三役との面会も発信してください等。

④復興庁：ＰＯＣは市町村の理解を得なければならない。常盤道の復旧は今後急ぐ等。

⑤国土交通省：大津波対策では、要請のような発想で対応している所がる。ＰＯＣは単価が難点。安くなれば実用化に近づく等。

―今回の総括として、今までの要請行動や、復興支援、提言が大きな力を発揮していることが、中央省庁によく伝わっていた。今後はより具体化して、副大臣や政務官、さらに大臣に対して引き続き要請行動を継続していくことが重要と確認した。

五　3・11「東日本大震災」――協同の力で復興を

東日本大震災被災地支援事業関西一丸の取り組み

二〇一一（平成23）年三月一一日、宮城県沖を震源とする巨大地震と直後に発生した大津波により、二万人近い人命が失われた。また、地震発生から一時間後、東京電力福島第一原子力発電所が、全電源を喪失し原子炉を冷却できなくなり、炉心溶融・溶融貫通の二大事故という前代未聞の状況が起こった。

これに対し、地震発生直後の二〇一一（平成23）年三月、近畿地区生コン関連団体との春闘時、政策協四労組から、東日本大震災で被害を受けた地域に支援をすることが確認され満場一致で強力な推進が呼びかけられた。その支援内容としては――

①組合員の一年分賃上げ相当額（一人・一〇万円）を支援金として拠出する。

②近畿地区の生コン関連協同組合は、それぞれ支援金を拠出する。

③大阪兵庫生コン経営者会がこれら支援金の集約を行い、助けを必要としている地域に直接支援する等。

その後、近畿地区生コン関連一四団体は「東日本大震災被災地視察団」を結成し、二〇一一（平成23）年六月四日、被災地（宮城県南三陸町・志津川高校避難所と、福島県郡山市・ビッグパレットふくしま避難所）を視察（民主党・稲見哲男衆議院議員が引率）、継続して支援することを確認し、その後関西生コン関連業界一丸の取り組みとなった。

近畿地区生コン関連団体東日本大震災対策センター支援団体一覧

社会資本政策研究会会長・和田貞夫／兵庫県中央生コンクリート協同組合連合会会長・

溝尾廣治郎／和歌山県生コンクリート協同組合連合会会長・中西正人／奈良県生コンクリート協同組合理事長・吉田桃子／京都生コンクリート工業組合副理事長・久貝博司／阪神地区生コン協同組合理事長・矢倉完治／近畿バラセメント輸送協同組合理事長・内野一／近畿生コンクリート圧送協同組合理事長・吉田伸／近畿生コン輸送協同組合理事長・池田良太郎／連合交通労連関西地方総支部生コン産業労働組合執行委員長・岡田広志／全日本建設運輸連帯労働組合関西地区生コン支部執行委員長・武建一／全日本港湾労働組合関西地方大阪支部執行委員長・大野進／近畿コンクリート圧送労働組合執行委員長・桑田秀義／支援団体窓口＝大阪兵庫生コン経営者会会長・小田要

東北支援事業（要旨）

〈その1〉

二〇一一（平成23）年春闘時、大阪兵庫生コン経営者から提示された回答、①賃上げ月額七〇〇〇円、②一時金底上げ一〇〇万円を目指すラインに、③その他の個別経済交渉は各社で。④日々雇用は、日額三五〇〇円の賃上げのうち、個人の賃上げ一年分の、約一〇万円相当を東日本大震災被災者への義援金としてカンパ（日々雇用については三五〇〇円×就労日数）することに決定した。

※近畿コンクリート圧送労組については、夏冬一時金のうち三万円をカンパ。

カンパ（義援金）の動きは、関西生コン関連協同組合に拡大するとともに、大阪兵庫生コン経営者会が集約を行い、赤十字などを介さず、直接被災地（宮城県本吉郡南三陸町）にむけて救援活動を行った。

・二〇一一（平成23）年六月四日～五日

近畿地区生コン関連一四団体で、「東日本大震災被災地視察団」を結成。

現地視察を行う（宮城県南三陸町の「志津川高校避難所」と、福島県郡山市の「ビッグパレットふくしま避難所」の二カ所）。

・二〇一一（平成23）年六月一四日、志津川高校避難所から支援の要請があり（自衛隊が急遽撤退するとのことで、自衛隊に代わって支援してほしいとのこと）、支援体制を整備。「近畿地区生コン関連団体東日本大震災対策センター」を設置して、本格的に震災支援を実施。地元の希望で、トラック一台、軽四輪のボンゴ車二台をはじめ要請される支援物資（水・寝具・下着・食料等）の数々、常時三名のボランティアが寝泊りできるセンター事務所と事務員設置など、全力をあげて支援活動に取り組む。

・二〇一一（平成23）年七月二〇日、震災復興関連等で国会に要請行動実施。

・二〇一一（平成23）年八月一七日、岩手県大槌町の要請で、長机五〇本寄付。

・二〇一一（平成23）年八月二七日、東北大学・大内秀明名誉教授と、近畿地区生コン関連代表団が懇談会を開催。

翌二八日の復興市で、大関把瑠都をはじめ、尾の上部屋　力士がお祭りを盛り上げた。尾上部屋による復興市支援は、翌年度も実施、大きな反響を呼んだ。

・二〇一一（平成23）年九月一〇日、地元の要請により、南三陸町志津川中学校体育祭で、カレーライス一二〇〇食の炊き出し実施。

〈その2〉

近畿地区生コン関連団体より、東北復興専従者一名と、地元の職員一名の二名が常駐し、東北支援に来たＮＰＯ団体と連携をとりながら、現地被災者の支援事業を継続して行って

いる。地元からは三カ所の共同食堂（農漁家レストラン・居酒屋・弁当屋）をつくりたいと強い要望があり、業界団体等に呼びかけ、政治家にも協力求め、一口一万円の基金を集める方向で調整を進めた。

一煉瓦一万円基金の実施

「近畿地区生コン関連団体東日本大震災対策センター」は、震災被災者の救援事業を継続して取り組んできたが、志津川高校避難所の閉鎖という事態に、今まで積み上げてきた被災住民との信頼関係を元に、救援活動の第二ステージともいうべき新しい活動に取り組むことになった。

〈その3〉

「東北復興協同センター・仙台」開所

二〇一二（平成24）年一〇月三一日、近畿地区生コン関連団体や、全国労働者協同組合連合会・パルシステム生活協同組合連合会・その他の業界団体やボランティア団体などが連帯して復興支援事業を実施する、東北復興協同センターの新拠点「復興協同センター・仙台」の開所式が仙台市内で開催された。

この事業は、東北復興事業の本格化にともなう、インフラ構築への協力体制作りと（生コン関連施設の運営や、型枠大工技術者等の教育など、大手ゼネコンに頼らず、地元等中小企業が受注できるシステムの構築など）、大きなストレスを抱える被災者への支援、高齢者向け共同住宅の建設・運営、放射性物質等除染事業・子どもの遊び場確保など多岐にわたる構想のなか、様々な角度から、実施に向けて検討実施する内容だ。

大内秀明・東北復興協同センター仙台所長

「復興協同センター・仙台」開所式での発言　上原公子代表

日本の災害復興の最大の弱点は被災者を『仮住まい』のまま生活させること。被災者が生活する場所を確保し、仕事をして生きがいを得ることが日本全体の復興につながる。そうした真の人間回復＝復興を実現するために協同の力を発揮したい。

協同組合アソシエ武建一代表取締役

このセンターの目指す復興事業は、これまでの大量生産・大量消費を根本的に改める事業だ。関西生コンで追求している経済民主化運動と、このセンターの目指す復興事業は〝共生・協同〟社会を目指すということで共通しているので、今後とも協力していきたい。

六　セメントメーカー支配への新たな反撃

大阪兵庫生コン経営者会　経営側撤収と新規立上げ

大阪兵庫生コン経営者会は、広域協組・神戸協組加盟各社の労務の窓口として一九九七（平成9）年設立された長い経緯があり、その実務は経営側と労働側の事務局共同の体制で進めていた。

ところが、二〇一一（平成23）年の春闘時、セメント資本が「中小企業と労働組合」の協調関係に危機感を覚えたものか、建交労組を利用して政策協の四労働組合の批判をさせるとともに、経営者会の事務局を延々サボタージュさせた。

その挙句、数名の経営側事務員（セメントメーカーの出向社員）を突如、事務引継ぎも無く連絡もなく一斉に引き上げさせてしまった。

セメントメーカー主導によるこの行為は「中小企業と労働組合」の協調関係を破壊する態度の表明であり、「対労窓口は今後持たない、断絶関係へ！」という強い意思の現われだった。

それは何よりも一連の集団交渉を破壊することが主目的である。一九八三年当時も同様のことを狙ったが失敗している。一連の難局の中でも、門田哲郎経営者会副会長は新しい事務局体制を、果断に再構築することに着手した。新経営者会事務局として、引き続きこれまで同様業務を遂行することを可能にした。

もちろん、文書等の引継ぎもなく書類一式も撤収時に持ち去られ、コンピュータデータ消失などの騒ぎの中で、新経営者会事務局は、手探りの運営を余儀なくされた。

経営者会会長も不在のまま事業を継続していたが、二〇一一（平成23）年六月三日開催の経営者会第一四回総会で、業界の重鎮であり、長らく経営者会幹部として対労窓口で信頼の厚い小田要氏が会長に選出された。

二府四県三二七社、圧倒的規模の新経営者会誕生

そこでの近畿一円からなる生コン関連業界団体の連携や、加盟支援などの広がりで一挙に新経営者会は近畿二府四県三二七社という最大規模の連絡機関へと変貌を遂げたのだ。

これら圧倒的数のパワーと、従来横でのコミュニケーションに不足のあった、地域協組と関連協組執行部が一堂に会することが出来、春闘以外でも経営者向けパワハラ対策セミナーなどでの学習機会を持てるなど思わぬ副次的効果も出て、新しい経営者会に寄せられる期待は日毎に増している。

旧経営者会（大阪広域協組）による、強引で不可解な突然の忌避行動は、たとえどのような理由があっても、決してあってはならない行為である。そしてその行為は、
①経営者会を強引に崩壊させ、春闘を実現不可能にする。
②自ら生コンの価格を破壊する。
③経営者会へ資金援助を打ち切る。
④労働組合との交渉を断絶する等、
協同組合としてはあってはならない陰謀的行いであり、この六〇年史の棹尾近くでおよそ記述するに相応しくない破廉恥な内容であるのに、全国の同業者や後世の人たちには、苦い教訓として伝えねばならない。

近バラ協、対メーカー提訴の歴史性

二〇一〇（平成22）年五月三一日、近畿バラセメント輸送協同組合は、太平洋セメント等大手六社のセメント企業に、団体交渉への応諾を求め提訴に踏み切った。

近バラ協は、①運賃の改正、②効率輸送の取組み、③コンプライアンスの徹底などについて、セメントメーカーに話し合いを求めてきたが、セメントメーカーは非公式なお願いや情報の交換には応じるものの、交渉の相手ではないと当初から団体交渉を拒み続けてきた経緯がある。

例えば〇六年度の近バラ協による交渉申し入れには、セメントメーカー各社は揃って、個社契約の関係以外は認めないと返信し、事実上の交渉拒否の姿勢。

一〇年度も、セメントメーカーは同趣旨で交渉を拒否してきたので、団体交渉の応諾を求めて、大阪地方裁判所に提訴したのが背景だ。

二〇一一（平成23）年三月二八日、近バラ協によるセメントメーカーへの提訴について、大阪地裁は、セメントメーカー五社に「団体交渉には誠実に対応しなければならない」との判断を示した。

これは、中小の協同組合が、得意先である大手メーカーにいわば歯向かい初めて独自に物言いをつけた、わが国中小企業史でかつてない偉業とも目されるものだ。

しかしセメントメーカー五社は、同年四月一一日、判決を不服として控訴し国策的思惑もからんでその後の進展は予断を許さない。どちらの言い分が至当かは明白である。

日頃、使役している業者団体が、道理を通し手順を違えず、交渉を呼びかけている事に対し、ダンマリを決めこむ大手メーカー。そればかりか、協同組合指導者企業を名指しして、契約取り消しまで言いつのり恫喝的態度をとる彼らの悪辣さ。

二〇一二（平成24）年七月二七日、大阪高裁はセメントメーカー敗訴の大阪地裁判決をくつがえし、団体交渉応諾義務までないとした。

すでに、全国では団体協約の締結のための団体交渉をしてきた協組は数多く存在する。こうした実績を無視したセメント独占に迎合する司法の姿勢があらためて明らかになった。独占と言われる大手企業での人々の心と社会正義の在り様を糾すことも含め、審判する司法側の姿勢も鋭く問われる提訴問題ではある。

これらほか多くの問題は、業界次世代に受け継がれなおも曲折を経るのかも知れない。だが、協組関係者は、一時的な歴史の逆転情況にもさして慌てている様子はない。

関西生コン産業六〇年余の春秋を生き抜き、むしろ逆境の中からこそ〈明日への芽を懸命に紡ぎだして来た〉彼らなりの気概ゆえだろう。

［特別報告］座して死を待つのか、立って闘うのか

日本の生コン産業史・労働運動史に大きな一頁を刻む、一三九日長期スト

二〇一〇年「六・二七総決起集会」の産業的意義

生コン業界は長年、価格を自ら設定できない状況に置かれ、大手セメント資本の裾野に位置し、需要主の大手ゼネコン支配を恒常的に受けてきた。

特に、ゼネコンら大企業に一方的に買い叩かれ、過酷な競争のあげく標準価格からさらに数千円引きでの取り引きまで余儀なくされていたという関西での生コン販売の実態。自ら商品の価格すら決められないという、前近代的な状況の中、限界まで追いつめられた関西生コン業界が、二〇一〇（平成22）年六月二七日、遂に経営・労働一丸となって爆発する時を迎えた。

業界の構造と社会情勢を分析した政策協議会三労組と近圧労組は、数年前から協同組合経営者への結集呼びかけを強化し、〇九年からは適正価格収受を訴えてきたが、妨害する勢力もあり二〇一〇春闘を迎えても一進一退の攻防を余儀なくされていた。

この全産業的苦境を、全ての産業人が参加した中で前面に打ち出し、大きく社会に問おうとしたのが、二〇一〇（平成22）年六月二七日、大阪市中央区難波スイスホテルで総計二三〇〇名を超す関係者が詰めかけ行われた「生コン関連業界危機突破！ 6・27総決起

生コン関連業界危機突破6・27総決起集会と銘打たれた集会に近畿一円から2300名超の産業人が詰め掛けた。

生コン関連業界危機突破！
6.27総決起集会

参加費無料

日時　2010年6月27日（日）
9時30分受付開始→10時00分集会開始→
11時30分終了→11時30分デモ出発→正午解散

会場　スイスホテル 8F「浪華」
住所：大阪市中央区難波5-1-60
TEL：06-6646-1111

主催

＜経営団体＞
大阪兵庫生コンクリート工業組合
大阪広域生コンクリート協同組合
大阪兵庫生コン経営者会
兵庫県中央生コンクリート協同組合連合会
阪神地区生コン協同組合
京都生コンクリート工業組合
京都生コンクリート協同組合
洛南生コンクリート協同組合
奈良県生コンクリート工業組合
奈良県生コンクリート協同組合
和歌山県生コンクリート工業組合
和歌山県生コンクリート協同組合連合会
生コン共生事業協同組合
近畿バラセメント輸送協同組合
近畿生コン輸送協同組合
近畿生コンクリート圧送協同組合
一般社団法人関西生コン関連中小企業懇話会
阪神地区生コン販売店会
近畿生コン関連協同組合連合会
特定非営利活動法人関西友愛会
一般社団法人中小企業組合総合研究所
一般社団法人グリーンコンクリート研究センター
社会資本政策研究会

＜労働団体＞
全日本建設運輸連帯労働組合関西地区生コン支部
連合・交通労連関西地方総支部生コン産業労働組合
全日本港湾労働組合関西地方大阪支部
近畿コンクリート圧送労働組合
自治労全国一般奈良労働組合
アソシエ職員組合
連合・新運転関西職別労供労働組合
日本自動車運転士労働組合大阪支部
日本自動車運転士労働組合京都支部

お問合せは－　近畿生コン関連協同組合連合会　TEL.06-6328-2800　FAX.06-6328-4701

集会」だった。

労働組合、協同組合　利害と相克の中から

政策協議会を構成する三労組ら幹部は組織をあげて各構成員を指導し、経営者側にもリーダーシップを発揮した。労働側の戦闘的姿勢をバックに、強大なゼネコン相手に適正な価格折衝と提示を各協組が行おうというものであった。

セメント、ゼネコンの狭間で犠牲を一身に受けている生コン業界として、「座して死を待つのか、立って闘うのか」という、瀬戸際に立たされている情況が一目瞭然の先鋭的スローガンを労働側は掲げ、業界に生きる全産業人に決起を促した。

中小企業が大企業の収奪と闘い、対等な取引関係を実現するためには、経営者と労働組合が連携しながら、製品価格や安全基準を自主的に設定出来ることを理想とする。

さらに経営者には、事業協同組合に結集し、労働組合と連携して、労務～製造体制などでの監視機能が失われない健全な業界を確立するという環境も必要だ。

労使が提携して大企業の収奪と闘っていくようにするために、業界団体（協同組合）と労働組合の提携が全ての産業界で求められるとの論拠はここにある。

これらの意味において、二〇一〇年六月決起の歴史的意義はまさに画期的であり、極めて大きいといえる。

総決起集会当日（要旨）

二〇一〇（平成22）年、想像をはるかに超える需要の落ち込み、価格の下落等により関西業界の崩壊がいよいよ現実味を帯びてきた。

政策協議会は大手企業との対等取引と適正価格の収受を実現することなしに、業界再建はありえないと認識し、政策春闘を展開。業界もこのままでは、業界が立ち行かないという極限認識で労働組合と一致した。

両者で合意し決議された項目は、①生コンの売り価格を一万八〇〇〇円／m³（神戸は一万八五〇〇円）に改定する。②契約形態を出荷ベースにする、等であった。

このようにして二〇一〇（平成22）年六月二七日、関西生コン関連団体・業者・労働者の総力をあげて、業界の存亡をかけた総決起集会が開催されたのだ。

自分たちで作る製品価格は、自分たちで決める！

当日は、大阪難波のスイスホテルに関係する人々約二三〇〇人（経営者半分・労働者半分）が参集し、「座して死を待つのか、立って闘うのか」のスローガンのもと、全員が白地に赤い筆字書きのハチマキを巻き、業界再建の意気込みをアピールした。

久貝博司実行委員長の挨拶（要旨：生コンの需要が最盛期の四分の一に落ち込むなか、過当競争による原価割れの状況が続いている。協同の力を結集し一万八〇〇〇円・出荷ベースを何としても実現したい）の後、各方面の協同組合から代表が決意表明をした。

労働組合を代表して、全日建連帯労組関西地区生コン支部武建一執行委員長は、広域協組の方向性が誤っていたこと＝①関西生コン産業の歴史書を労使で作成する旨提案したが実行されない。②教育・環境保全等の予算を組み入れるよう提案したが、実行されない。③ゼネコンに過剰サービスする。④セメントの一方的な三回の値上げを容認する。⑤直系の利益になるよう一部の人間が協同組合を支配し自主・民主・公平の原則を侵している。⑥四月一日からの一万八〇〇〇円出荷ベースを実行しない。⑦協同組合のなかに組織を攪

近畿一円の地域協組、関連協組、労組代表など各氏が瀬戸際にある業界の危機突破をアピール

乱し、秩序を乱す人がいる等、具体的に問題点を指摘するとともに、共通の目標に向かい心を一つにして闘っていきたいと決意表明した。

猶克孝工組近畿地区本部長は、コンクリートは、二〇〇〇年前古代ローマ帝国に生まれた耐久性のある建築素材であり、二一世紀の現代でも、「コロセウム」等のローマ帝国の建造物が現存する。我々は少なくとも一〇〇年間、使用に耐えるコンクリート建造物を造る使命がある。高品質の生コンを提供するために、「ゼネコンなどのユーザーに価格を決めてもらうのではなく、自分たちで作る製品の価格は、自分たちで決めていくという気概をもって取引をしていきたい」と決意表明した。

決起集会の終了後、参加者全員が難波周辺をデモ行進し、生コン業界の労使あげての意気込みをアピールしたのだ。

当日採択された要求事項

①新増設反対
②適正価格一万八〇〇〇円／㎥の確保
③契約ベースから出荷ベースに移行
④現金取引の完全実施
⑤ＪＩＳ－Ａ５３０８改定の強化等

さらに、生コン・セメント輸送、コンクリート圧送の各団体は生コン製造業界と連携して経営安定を図ること、エコ舗装（コンクリート舗装）の普及拡大推進を採択。

これらの決議（特に生コンの価格）が実行されなければ、同年七月一日より出荷拒否する旨、参加者一同で固く決意表明した。

生コン労働者無期限のストライキを敢行

生コン産業政策協議会（生コン産労・全港湾大阪支部・連帯労組関西地区生コン支部）は、大阪兵庫生コン経営者会と適正価格収受の交渉を重ねてきたが、結局折り合いがつかず、二〇一〇（平成22）年七月二日、広域協組管轄の地域で無期限ストに突入した。五日には阪神地区生コン協組、六日には近バラ協組等、大阪兵庫の三〇〇社を越える中小企業で、三五〇〇人規模の労働者による前代未聞のストライキが敢行され、一時は大阪市内九割の工事がストップするかつてない事態を迎えた。

このストライキは、中小零細の生コン企業がゼネコンを相手に、労働組合に先導されながらも、生コン価格の引き上げを求めて前代未聞の出荷停止を実行したという、業界あげての大ストライキであった。

大阪広域協組に加盟する約八〇社が出荷停止するとともに、兵庫県でも約三〇社が出荷停止。輸送、圧送の協同組合でも、相次いでストライキが実行された、まさしくゼネスト的状況に突入した。

解決への道筋

過去に先例のない危機的状況にある中、生コン産業に関わる経営者・労働者は、業界の特徴である「セメントとゼネコンの巨大資本の狭間に生きる弱小中小が業界主流」との認識の中、経営者会と労働組合が連携し協同組合にまとまって、大企業と対等に取引しようと決意していた。

当初広域協や傘下組合員の経営者は前代未聞の闘争に戸惑い、それぞれに意見の食い違いもあったとされる。しかし経営者会と労働組合の粘り強い話し合いの結果、広域協への

働きかけが功を奏し、ゼネコン・販売店等も適正価格の収受に基本的に合意、解決への道筋が見えてきたのだ。

関西の生コン産業五七年の歴史のなか、今回のようなかつてない長期のストライキは、「誰が本当に頼りになるのか」と、経営者の意識を変えたことにも大きな意味があった。

各工場プラントの正門扉をピケで固めた政策協・屈強の労組員が封鎖。一切、生コン出荷は出来ない。サイロの上から垂らされた〈ストライキ決行中〉と赤く大書した文字を見ながら、騒動を取材に来たテレビ記者に経営者は、番組中こう言い切った。

「いつもは迷惑なと思えるストライキやけど…今回ばかりは、理は〈彼ら（ストの労組側）〉にある！。我々もゼネコンから、適正収受出来るまで頑張り抜く」

中小の経営者が、労働者と共に自らの生産手段を止めてまで、大手ゼネコンに向い乾坤一擲の大勝負をかけたのだ。業界の浮沈をかけ、あの広域協結成以前の悲惨な業界図を大阪に二度と招かないためにも、まさに「総資本対総中小」という言葉も浮ぶほどの我慢比べは、その後四カ月半もの一進一退の日時を重ねた。

勝敗の帰趨は、大阪市開発最大の目玉といえる大阪駅の「大阪北ヤード」現場の攻防にかかっていた。

その建設場所で林立するクレーン群が、ある日を境にまったく沈黙する事態を迎え、スーパーゼネコン大手二社も、ストライキの前についに膝を屈した。

関西地区生コン支部を中心として闘ってきた政策協議会のゼネラル・ストライキ（七月二日から一一月一七日）は、最終的には四カ月半・一三九日の長期に及んだが、第八回集団交渉（九月二四日）において、最後まで新価格を拒否していた大手ゼネコン二社が新価格を受け入れたとの旨の報告が広域協など経営側よりなされた。

長期ストライキの様相
「提言」記事

大阪と兵庫を中心に三〇〇社以上の中小企業を網羅し、三五〇〇人の労働者が関わる前代未聞のストライキがここに開始されたのである。

七月二日から大阪を中心に始まった、生コン産業の一斉ストライキは、二三日以降、選別出荷（新標準価格がゼネコンと合意した物件に限り生コン出荷）が開始され、このままストライキは収束するかにみえたが、一部大手ゼネコンとだけ合意ができない状況にあった。

ストライキは、個別物件対応へと舵を切る中、合意社との新価格の確認、労働者の賃上げ、バラセメント輸送等料金の値上げや既得権、雇用協定など様々な問題に取り組みながら、間もなく三カ月を越えようとしている。

集団交渉開催——テレビ二社、英字新聞ジャパンタイムズが取材に

この間、前代未聞の長期ストライキ決行の中、八月一九日と九月八日の両日、協同会館アソシエ会館（大阪市東淀川区）を会場に関西生コン労使間の集団交渉がおこなわれた。当日は、マスコミ二社がテレビ放映用機材を持ち込み取材（八月一九日は関西テレビ、九月八日は読売テレビ）、九月八日の取材には、英字新聞ジャパンタイムズからも米国人記者E・ジョンストン氏が来館した。

『提言』編集部の逆取材に、記者は「日本ではストライキはすでに死語になっている。現実にストライキがおこなわれ、しかもこれ程に長期間闘っていることに驚きを感じる。歴史を肌で感じ、現場の雰囲気を記事にしたいと思い取材に来た」と、流暢な日本語で回答してくれた。

集団交渉は①新標準価格の確認。②四月一日を境に新契と旧契に契約形態を分離する。③ブロック対応金の完全廃止等について協議され、労働側から「賃上げ」の確約が求められたが、経営側からは即答されなかった。

しかし前述したように一部大手ゼネコンも、梅田北ヤード等の大規模開発現場以外の中小の八現場で、料金改定に応じ出していた。

巨大ゼネコンも、中小企業とそこに働く労働者の現状や、製品の安定供給・高品質製品を供給するにも、人材育成・研究開発・環境保全等の必要経費がいるということに理解を示さざるをえないのであり、世紀のストライキは収束する方向に向った。

周辺地域の状況

・奈良：協同組合に新理事長が誕生（古川勇一斑鳩生コン社長）。現在三つの協同組合（奈良協・南部協・東部協）があるが、まだまだ組合が機能しているとはいえない。価格競争を抑制し高品質・安全安心の製品を供給するため連合会が必要である。

・**京都**：洛中・洛南・京都市内の三つの協同組合があり、価格競争ダンピング合戦が収まらず、連合会を作ろうという掛け声はあるが、ほとんど話は進んでない。値戻しをするには連合会を作るなり、協同組合を再構築するなど根本的な対策が必要である。

・**神戸**：①阪神協が神戸協に合流し、商流の仕組みを整理しようとしているが、実現できていない。販売店はアウト企業にもセメントを販売している。②四工場の集約が決まっているが集約に伴う工程表が出ない。③生コン価格の値上げができるというが、値上げの方策は何もしていないので実現に疑問がある。④関西宇部問題を解決する（不当労働行為問題の決着をつける）。大阪広域協組が正常化にむけて舵をきっているが、神戸協は、九月末日までに①〜④の解決を求められている。

ストライキ後のセメント資本、ゼネコンの対応

このストライキで生コン売り価格は、旧契約の標準価格（一万四三〇〇円）を新契約価格（一万六八〇〇円）で、ゼネコン各社と合意してストライキは大きな成果で終ったことは見てきたとおりである。

ところがその後、セメント資本とゼネコンは、近畿の各協同組合と四労組主導による値上げが、全国の中小企業者に希望と勇気を与え、これが産業民主化運動に発展することを恐れて、この成果をつぶしにかかってきた。

宇部資本のカイライである木村貴洋を大阪広域協理事長にして、彼らは「あのストライキは労組がやったので迷惑をしている」、「（これからは）労組と距離を置き、安定供給する」等とゼネコン販売店に言ってまわり、「価格についても見直す」と原価割れの生コン

を販売するに至っている。

この狙いは、中小企業間を分断し、競争させて〝ふるい〟にかけ、労働組合のある企業はつぶす狙いで、雇用破壊、メーカー支配を強めることを狙った政策である。

彼らは、今までも中小企業の自立を妨害して思うようになっていないにもかかわらず、性こりもなく同じことを行っているのである。

今回ストに関して学識経験者・協働組合代表の見解「提言」一一月一日より

業界の協同組合化が産業別労働組合を実現　京都大学名誉教授　本山美彦

今回の長期ストライキの中間的勝利は、関生支部が一九七五年以来掲げてきた方針、「共同受注・共同販売」の姿勢の正しさを証明したものである。

巨大なセメントメーカーと、これまた巨大なゼネコンに挟まれた多数の弱小の生コン業者は、原料供給と製品販売の両面で巨大組織に翻弄されてきた。

セメントメーカーから高い価格のセメントを押しつけられ、ゼネコンから生コンクリートを買い叩かれる。セメントメーカーは、自分たちが支配できる生コン工場を多数作って独立系生コン業者に圧迫を加え、業界を過当競争に導き、セメント単価を吊り上げるシステムを生み出してきた。

生コンの買い手であるゼネコンは、市場支配力を背景に過当競争に苦しむ生コン業界から製品を買い叩く。生コン単価の引き下げの強烈さは、地獄の様相を帯びている。

それは、生コン業者だけでなく、運輸業者も圧迫し、生コン関係の業界で生きる労働者の生活水準の低下をもたらした。労働者の賃金低下は、他産業への購買力減少を意味し、現代の経済を恐慌状態に追いやっている。これに対処すべく、中小の生コン業者が、協同組合を結成し団結して、共同で原料の買取りを行い、共同で生コンの販売を行う。これは

購入と販売面での交渉の不利さを少しでも阻止する試みであった。

業界の協同組合化は、労働者に個々の企業を超えた生コン業界・生コン関係の運輸業界で生きる労働者の職業に即した労働組合、つまり産業別組合の結成を促した。この戦略は一朝一夕にできるものではない。

関連業界の労使の、文字どおりの命を懸けた共闘の連続であった。

労働者が企業を支えた。企業も労働者に応える努力を払ってきた。その歴史を振り返るとき、誰しも胸を熱くする。今後も、闘争の苦しさから脱落する業者、労働者が出てくるであろう。抜け駆けを画策する連中も出てくるだろう。

それに対処すべく、執拗に組織率を高める努力と、組合結成・闘争の持つ歴史的意義を理解する学習会を頻繁に持つことが必要となる。そのためにも、巷に生み出されている不完全雇用者を職業別組合に動員することが大切である。必ず、大手ゼネコン、およびそれに同調する権力からの報復攻撃が始まる。業界の労使に、気を引き締めて組織の強化を推し進めていただきたい。


大阪兵庫生コンクリート工業組合　猶克孝理事長

去る六月二七日、生コン関連業界の労使二三〇〇余名が危機突破決起集会を開催し、生コンクリート業界倒産の危機打開のため各団体の代表が決意表明を行った。斯かる状況の下で、当業界は「適正価格の収受が不可欠」であり、大切な生コンクリートの価格は「相手様に決めてもらうのではなく、自分達が造ったものは自分達で決めるべきである」と、私は申し上げた。

七月二日から、三労組による前例のない長期ストライキが決行された。

この業界が安定しなければ、事業の継続や自己の生存が危うくなるとの強い思いが、実力行使を余儀なくさせたと受けとめている。

価格が上がるということは、需要家の利益を損ない、時に痛みを伴う場合もあるということは理解している。

だがこの度のお願いは、瀬戸際に立つ生コンクリート事業者の切実な声であることもまた事実である。需要家各位におかれては、協同組合の訴えを端から退けるのではなく、これに耳を傾けていただくよう切にお願いするものである。

とりわけ「出荷ベース契約」は当業界の悲願であり、是非とも実現に向けたご審議を賜りたいと思う。我々は、基礎資材産業人たる誇りを持ち、生コンクリート業界の秩序ある姿を求めて、今後も行動していくことに変わりはない。

神戸生コンクリート協同組合　三好康之理事長

神戸生コンクリート協同組合は、平成二二年四月三〇日付で神明生コンクリート協同組合の組合員八社と、さらに阪神地区生コン協同組合の四社が神戸生コンクリート協同組合に加入し、二六工場が団結して業界の危機に立ち向かうことを総会決議いたしました。六月二七日に開催された危機突破決起集会には、兵庫県中央生コンクリート協同組合連合会として、七五名が参加し、会員及び所属員の意識改革を図りました。

当協組は、神戸生コン卸販売協同組合との一元取引を行っている為、執行部により、互いの利益を尊重しながら、業界の安定を目的に度重なる懇談会を開催してまいりました。まだまだ、目標には到達しておりませんが、成果は徐々に上がってきております。また、構造改革事業につきましても、工場の集約及び廃棄に向けて、商工中金と折衝を重ね資金調達の詰めの段階に入っております。

神戸地区においては、神戸生コン卸販売協同組合と連携を取りながら、目的達成に向け相互扶助の精神に基づき、この事業を推進致します。

阪神地区生コン協同組合　矢倉完治理事長

「六・二七業界危機突破集会」には、業界関係者はもちろん労働組合の方々にも参加して頂き、大規模な集会になりました。

ゼネコン、商社を相手に値上げをするのは非常に困難であります。本年七月から、労働組合による大規模なストライキが実施されています。

生コン産業は、中小零細企業がほとんどであり、非常に弱い。ゼネコン、販売店の言いなりであります。買い手市場そのものであり、今日現在も一部で言われていますが、「練り屋」であります。

ゼネコンの買い叩きによってほとんどの生コン会社が原価割れ寸前の状態で経営をしています。

今回のストライキは買い手市場から売り手市場へのきっかけになる取組であります。ストライキなしに値戻しは不可能です。来年四月一日からは、出荷ベース一万八〇〇〇円／㎥を打ち出しています。

気を緩めないよう業界再建に取り組んでいくことを決意致します。

大阪兵庫生コン経営者会　門田哲郎副会長

七月二日から大阪を中心に始まった生コン産業（製造・輸送・圧送・バラ輸送など）の一斉ストライキは、ついに四カ月となりました。

大阪広域生コンクリート協同組合（広域協）の示した新価格について、商社・販売店との調整も最終局面を終えようとしています。

このまま順調にいきストライキは解除に向けたい。この間、ストライキの長期化によって各専門工事業者や職人など各方面に混乱を招いた責任は、厳しく問われています。しかし各方面から大きな関心が寄せられ、業界の健全化を訴えられた方々もいました。

厳しい時代を迎えています。広域協の全組合員は内部統制をおこない、秩序も回復しなければなりません。広域協は販売店とゼネコンとエンドユーザーとの信頼回復に、全力を尽くさなければなりません。さらに近畿圏エリアでコンガラを混入した違法生コンが発覚し、大きな社会問題となっていますが、安心品質の生コン登録商標「コンクリード」を安定供給する。これが広域協の責任です。

全国の労働組合運動関係者から多くの激励

この歴史的な一三九日ストライキに関し、全国の労働組合運動関係者から政策協労組へ多くの激励メッセージが寄せられ、ストの全貌と産業運動への展望等を記した関係本も出版されている。

多くの労働者に勇気を与えた闘い

全国金属機械労働組合港合同・中村吉政副委員長

昨今、日本の労働組合でストライキという言葉さえ聞かれなくなった時代に、皆さんは「経済・産業の民主化、生コン価格の適正化と契約形態の変更、さらには輸送業者の運賃引き上げ、そして自らの賃金引上げ、さらに生コン品質の保全、安全・安心」を求めるという崇高な闘争方針を掲げて闘われました。

組織の存亡をかけ団結権を行使してストライキに挑んだ皆さんの勝利報告が、巷で多くの組織破壊攻撃に直面し苦闘する労働者にどれだけの勇気を与えたことでしょう。「闘えば必ず勝利する！」このことを多くの労働者はあらためて学び確信しました。

変革のアソシエ・2011年刊
「建設独占を揺るがした139日」

←139日ゼネスト最大の攻防が繰り広げられた、大阪駅北ヤード跡地

終　章　関西生コン産業、来る百年に向かって

われわれは、第一部の「関西生コン六〇年の歩み」で、業界に生きる中小企業経営者、そこに働く労働者、また業界を愛し、その十全な発展を願うすべての人々に、これまでの足跡を今一度振り返ることを通じて、その成果と核心を明らかにしてきた。同時にこの歴史編纂の作業を通じて、今、はっきりと、われわれにとっての次の時代への飛躍のための課題も見えている。

ここに、関西生コン産業界における中小企業者と労働者の次なる課題をはっきりとさせ、生コン産業の来たる百年、明日の希望に向かって新たな出発点に立つ。

今ひとつ自立・自尊の精神が弱い

いま、中小企業組合総合研究所は、機関紙『提言』を発行し、「歴史教養ツアー」を実施し、地域創造の活動など地域とのつながりを深めて地域における人権や平和の問題を取り組み、セミナーなど各種企画、ポーラスコンクリートなど新分野の研究など時代の要請を受け持続可能な千年紀に向けての挑戦などを重ねてきている。

それぞれ、全国の四七都道府県レベルでも他に類を見ないと思うが、経営者半分、労働者半分、労使が一緒になってそれら事業を行っている。これだけ、中小企業の人たちに広く、深く影響を及ぼしているのは、前例にない。中小企業

の経営者たちは、大方にして「もう勉強などはいい」との考えで「腕と度胸とカン」だとしてのぞんでいる人たちが殆どだが、組合総研が主催する産業人教育の機会では、非常に熱心に学んでいる。これらはやがて大きな力になり、産業とわが国の行く末を思う「有為なる人材」の発掘の場になるにちがいない。

ただ、これまで労使が作り上げてきた成果を、時代の要請にこたえさらに明日の飛躍へと継承・発展させていくためには、自立・自尊の精神が、今少し弱い、と言わざるをえない。自分で物事を組み立てていくこと、この業界を業界自身がまともにして、大企業の収奪に対してどういうスタンスで対応すべきか、といったことが企業集団の中からは十分に自発的に発現していない。

近畿二府四県三二七社を束ねているとはいっても、中小企業組合総合研究所（組合総研と略）に結集しているから上手くいっているだけである。組合総研以外では大阪広域協の様にメーカー支配の強い所で、もっと数の上では圧倒的に専業の方が多いのだから、中小企業のための、中小企業による協同組合へ替えていくために、人事を刷新する、政策方針を打ち出して大企業に対し対当取引をする、そのために自らが立って闘うという立場を明確にするべきだが、まだまだ後ろから付いていくといったスタイルが目に付くのである。そういう現状から自立の方向に変えていくには、若い世代の経営者、これとしっかりと一緒になって、世の中はどうなっているのか、業界はどうなっているのか、どういう役割を果たすべきかなどを考える方向に自立させる施策が必要である。

中小企業の中小企業のための中小企業による協同組合を生コン業界を自立の方向へ変えていく

現在、セメントメーカーはピーク時の半分以下に落ち込んでいる。四三〇〇万トンぐらいの推移でしかない国内需要であり、生コンの仕事もピーク時二億㎥がいま九〇〇〇万㎥程度と半分以下となっている。工場数もひところ五千数百だったのが三五〇〇を切ろうとしている。それであれば、今までの量販志向は駄目なわけで、もっと「質」に、価格も適正価格が必要だが品質の方もしっかり追求する必要がある。コンクリートは、きちんとした施工をしておけば、二〇〇〇から二五〇〇年は持つモノである。そういう質の高い生コンを供給していく姿勢が重要である。

しかし、セメントメーカーはそんなことは考えておらず、依然として量販志向のままである。なぜ量販かといえば、セメントの操業率が70数%に落ち込んでしまえば、莫大な投資が要る装置産業として、資金が回収できない状態となり、操業率を高めるといったことを命題にしなければ、投資を回収できないといった宿命を背負わされているからである。兎に角、セメントメーカーは量販志向でしかなく、ただ量を売ればいいということである。そんな影響を、生コン業界が受けないようにすることが肝要である。

だからこの業界が自立して、セメントメーカーと対等取引できる方向に変えていく必要性に迫られている。

そのため各地区の協同組合をセメントメーカーは支配しており、工業組合の人事も大阪とか名古屋とか大口需要地で押さえているが、中小企業が自立していくためには、中小企業本位に人事を含めて変えていくことが必要である。また企業がメーカーと対等に渡り合っていくには、取引においても協同組合が窓口になっていく必要がある。セメントメーカーが現実に六五〇〇円上げようとした時に、これを喰い止め、一銭もあげさせていない。

こういうシステムを継続させていくことが大切で、同時にセメントメーカーが余りに横暴を極めたら、協同組合がまとまってそれと対抗できるような基地＝サイロを協同組合が自前で創り、拠点を創って、ベトナムなどからのようにそのサイロに外国からもセメントを入れて、セメントの取引においては競争入札制を導入させることである。

今はメーカー思惑のままに一方的に決められているが、そういう取引システムに変えていかねばならない。それらを変えていけば、中小企業が圧倒的に多いこの業界が安定することに繋がる。

協同組合のリーダーの資質、そして労組との連携が重要

個社では生き延びていけないということで、次々に、協同組合が結成されてきた。協同組合には協同組合にふさわし

い理念がある。その場合に重要なことは、業者同士ではお互い利害が対立しており、協同組合はそんな人的結合体ゆえに、リーダーたる者、いまの和歌山の中西正人さんのように、いわば人格者でなければ勤まらない。

人格者だから、役得を考えるとかではなくて逆に、自分のもっている事業シェアを、中西正人さんのように、吐き出して全部を大同団結させるとった姿勢が重要である。そして、自分の生活も他者から信頼され、他者を裏切らず、嘘を言わない、当たり前の倫理観を持っている人物。そんな人がリーダーでなければ、この業界はしっかりならない。

それに加えて、同じ大企業から収奪を受けている労働者と労働組合との間での苦闘の末に闘いとった誇るべき信頼関係を保てるように、連携してやっていける運動体を創らねばならない。この六〇年史から確認できることは、産業の民主化、経済の民主化を求める途上で、ゼネコン、セメントメーカーの巨大資本と中小企業が対等取引する力を労働組合が芯張り棒となって強力に展開し闘うその力にもよって成果が得られていることである。

これらなくして、業界の将来はないと思える。

大企業は、中小企業を分断し、労働者を分断し競争させて、少数の大企業が残るといった支配システムであるから、それと対抗する考え方を持たなければ中小企業の今後はあり得ない。ともに、「社会の公器」としての生コン産業がどうあるべきかを真摯に考察することは、生コン産業という「なりわい」に「魂」を吹き込むことになり、持続可能な産業発展への道につながると強く確信する。

この六〇年史刊行を機会に、そんな問題意識を共有しなければならない。

「共生・協同」の明るい展望

次の百年へ、明日に向かってであるが、これは組合総研がいまのように健全に発展すれば、この近畿からの一つのモデルが、全国に拡がっていく必然性をもっている。

二一世紀に入り、金儲け—利潤追求を最大の目的としたグローバル資本主義は、二〇〇七年のサブプライム問題、二〇〇八年のリーマンショックを契機とした米国発の金融恐慌の爆発となって、百年に一度ともいわれる資本主義システムの根本的危機が現実となったことを示している。米国を震源地とする金融恐慌は、アメリカからヨーロッパへ、現在では中国のバブルの崩壊など、世界的破綻を露わにしている。それは、一握りの巨大資本の延命のために、九九％の人々――中小企業者、農民、労働者、国民諸階層にその犠牲を押し付けている。

これと対極にあるのが、われわれが追求してきた「共生・協同」である。これを追求しているこの運動体は、今や、世界の流れである。

こうした意味で、われわれの関西生コン産業界における「共生・協同」をめざす労使の集団的な運動は、この世界的流れの先取りでもあり、これからは業界の生きる道のみならず、地球上に住む人類の生きる道はこれしかないのではないか。

とりわけ「3・11東日本大震災―福島原発事故」による人類文明史的大転換の渦中で、戦後の米国型資本主義の「大量生産、大量消費、大量廃棄の生産・生活・文明様式」からも変って行かざるを得ない社会環境にあり、ここが今の日本において、とりわけ重要なことといえる。

それぞれの中小企業の特性を活かしながらやる事業活動、それを組合総研が情報キャッチし、発信し、その情報をもとに各地域における立派な新しい指導者たちが育って行き、その指導者と労働組合との連携がしっかり確かなものになっていけば、次の百年に向かって新しい発展方向を切り開き、先導する活動となる。

これしかないのだという確信をもって追求すれば、日本の生コン産業界、のみならず日本の経済の民主化を実現し、国民諸階層の生活を豊かにすることにも繋がることに成るのである。

希望は、ここにある。

新しいリーダーたちよ、躍り出よ！

第二部　奮闘する協同組合
――重要地域の協組に学ぶ

第一章　事業協同組合の力の源泉は団結にある

近畿生コンクリート圧送協同組合

一　圧送業の組織化前史

戦後高度経済成長がコンクリート需要を飛躍的に増大させた。原料のセメント産業も急成長を遂げた。六〇年代から生コンの出荷量、生コン工場数が倍増していく。こうして生コン製造能力が高まり、需要を上回る事態を迎えた。七〇年代から、生コン製造業は供給過多の構造不況業種となった。

日本の生コン産業の特徴は、出発点から今日まで、セメントメーカー主導で進んできた点にある。生コン工場は過半が中小企業である。セメント独占資本は、自らの利益確保のために、生コン工場が安値競争に陥り、連動してセメント価格を下げる事態を避ける手段として、事業協同組合を利用した。協組設立は、一九六八年、関東で始まった。七二年には全国で一〇〇を越えた。協組による生コン価格の安定を図った。

さて、コンクリート圧送工事とは、工場で製造された生コンをミキサー車が建設現場まで輸送し、その生コンをポンプ車が躯体へ打設する（高圧で管やホースを通して送る）作業をいう。従来、建設現場では生コンの製造や打ち込みなどの工程は膨大な人手でこなしてきた。高度成長は労働力不足を生み賃金を押し上げた。そのため、建設独占は合理化を強力に進めた。労働生産性を飛躍的に高める機械化が進んだ。その一典型が生コン圧送工事である。機械化当初、希少性故に高い料金と機械操作を主とする地位の高さが保障されていたが、膨大な生コン需要と共にポンプ車の導入も進み、供給過多の事態を迎える。生コン製造業と同じ道を辿る。但し、圧送業界はゼネコンの従属下にある。

一九七一年、大阪コンクリート圧送協会が設立される。適正料金の収受が目的である。七四年には、大阪コンクリート圧送協同組合となり、この時、全日本コンクリート圧送事業団体連合会が結成され、大阪も結集した。

しかし、業界団体として圧送工の資格や技能講習の整備などが主な事業となり、ゼネコンとの対等公正な取引関係の改善には進めなかった。各地域の圧送事業者の結束と共同事業の展望が問われていた。

二　労使共同の業界再編の挫折

ポンプ事業者の労使紛争解決を契機に、労使共同の圧送業界再建の取組みが始まった。一九八二年五月より、圧送事業者は名称を大阪生コンクリート圧送協同組合に変更し、統一圧送料金表による適正価格の収受、共同受注共同販売（共同配車）事業を開始する。当時、全日本運輸一般労働組合関西地区生コン支部と交通労連生コン部会、全港湾労働組合は、大阪兵庫生コンクリート工業組合（一九五工場）を使用者とする画期的な産業別交渉機能を有した集団的労使関係を形成していた。労組は賃金労働条件の大幅な改善にとどまらず、セメントの一方的な値上阻止や生コン工場の新設抑制、構造改善事業など、業界全体の健全化に向けた政策運動を展開していた。また、組織も飛躍的に拡大していた。

ポンプ圧送業においても、労使によるポンプ政策懇談会やコンクリート圧送ポンプ協議会が設立され、労組の圧送事業者への支援が本格化した。労組の支援ストライキなど強力な運動の力で大幅な圧送料金収受が可能となった。

しかし、この時すでに独占資本の反撃が始まっていた。三菱鉱業セメントの社長でもあった日本経営者団体連盟（日経連。労働組合対策を主たる業務とする）会長は関西の労働組合と工業組合による労使関係・協力関係を名指しで批判した。労働者と中小企業が共同して、産業の大企業支配に挑戦していると受け止められた。

すぐさま、セメント独占による生コン業界対策が実行され、工組体制が麻痺し、集団的労使関係が切り崩されていく。また、警察・検察による労組・工組への介入・逮捕・起訴へと続いた。さらに、党派介入による労組分裂にまで事態は進んだ。

この渦中にあった圧送共同事業は、主としてゼネコンによる組合員への一本釣りなどの切り崩しにより七社が脱退し、協組分裂をもって破綻した。

三　新たな挑戦

八八年、大阪生コンクリート圧送協同組合（以下、大圧協）は再建された。全国的にも圧送業界の課題は、技術技能の向上、事業の共同化、取引関係の改善、労働者の福祉向上などと認識されていた。また、ポンプ車は高額であり、圧送工事は重労働かつ専門的な技能技術を要するため、適正料金の要求は妥当性を持って発信できる条件がある。しかし、結果を出せないでいた。ゼネコンによる産業支配の壁が厚いということと中小企業の自立や団結、組織化が難しいということである。

さて、圧送工事業はゼネコンを頂点にした建設産業の下請専門工事業の一つである。建設産業の構造は、ゼネコンが発注者から「総価請負方式」「設計・施工一式請負」で受注する。元請たるゼネコンは受注機能に特化し、一次下請が施工管理・資材調達に特化し、二次下請の職長・世話役、その下の労働者が実際の工事を担うという重層的な下請構造となっている。特に、「材」（材料・資材費）「工」（労務費）共の総価請負方式は、ゼネコンの落札時でも、下請単価でも、材と工が分離されないところに問題がある。労務費割合の大きい建設産業では、労務費を圧縮することによって低い工事単価が設定できる。総価請負方式は、下請単価を労務費削減によってたたける仕組みを生み出している。建設業では社会保険未加入、低賃金長時間労働が常態化している。

二〇〇〇年、大阪コンクリート圧送労働組合（以下、大圧労組）が結成された。大圧協の支援要請を受けた生コン産業政策協議会（関西地区生コン支部、生コン産業労働組合、全港湾大阪支部）は、ただちに大圧労組の組織作りに着手し、同時に大圧労組、大圧協と共に業界再建運動を開始した。

背景には、九〇年代初頭の生コン業界崩壊の危機（五〇数社の破倒産）に際し、政策協議会と生コン経営者による労使共同の業界再建運動の成功があった。九四年に大阪広域生コンクリート協同組合が立ち上がり、九六年共販開始、九七年大阪兵庫生コン経営者会が設立され、集団的労使関係の復活と値戻しが進んでいた。

ところで、従来、ゼネコンは経営環境が厳しいといっては一次下請を買い叩く。一次下請は経営環境が厳しいといって従業員の賃金労働条件を切り下げると共に、二次下請を買い叩く。この連鎖の中で、中小零細企業・労働者が収奪される。この構造に対する挑戦なしに業界の再建はない。

二つの挑戦が始まった。ひとつは産業（業種）別交渉機能を有する集団的労使関係の形成である。企業横断的な賃金労働条件の統一的改定＝労働コストの平準化と圧送業界の産業政策の推進をはかった。もうひとつは、中小企業等協同組合法に基づく共同経済事業の実施、具体的には企業横断的な統一的圧送料金の収受と現金決済による共同受注事業（協組の窓口一本化）の取組みである。社会保険や労賃など労働コストを切り下げられない環境の中、不退転の決意での適正料金収受の取組みであった。労組による支援、ストライキをはじめ波状的な攻勢と中小企業の団結によって、当初ゼネコンの抵抗はあったものの、〇三年から今日まで、共同受注・適正料金収受・現金決済（昨年度四五〇万㎥六〇億円）は継続し発展している。

四　全国モデルとしての共同事業

大圧協の取組みを概括すると、二〇〇〇年大阪圧送経営者会の発足、〇二年から大阪府との圧送勉強会、〇三年から共同受注事業・現金決済の開始、標準圧送料金表の改定、〇四年から圧送技術研究会（大圧協・日本建築学会）の開催、同ポンプ工法ワーキング・グループの設立、第一回労使セミナーの開催、〇五年より全ポンプ・ブーム車の超音波探傷検査、コンクリート圧送基幹技能者の組織的養成、〇六年より軽油の共同購入、圧送性評価ソフトの開発と普及、〇七年より圧送安全大会の開催や圧送リスクアセスメントの作成、各社安全会議や普通救命講習の義務化などに取組んできた。〇八年には、大圧協は兵庫・奈良県の事業者を加え、三府県を事業エリアとする近畿生コンクリート圧送協同組合（以下、近圧協）として組織再編した。また、標準圧送料金表を改定した。奈良県との圧送勉強会も始まる。〇九年近圧協は事務所を協同会館アソシエ（中小企業運動の砦として建設）に移した。兵庫県との圧送勉強会も始まる。一一年標準圧送料金表改定。一二年から同業者間取引の受注は売上の少ない社順に優先権を与える仕組みとした。

全国コンクリート圧送事業団体連合会には三四都道府県に二五圧送事業者団体が結集している。その中で、近圧協は八三社五〇五台を保有する全国最大の団体としてある。また、実施している共同経済事業に対し、全国の評価も高い。

五　課題と展望

現行の共同受注事業が一部受注競争を残し、協組内に格差を生んできた。現在、協同組合の原点とも言うべき相互扶助と競争抑制の強化を目的に、シェア運営・共同販売・共同配車事業を実施するべく準備に入っている。但し、建設資材である生コンという物品の共販事業と違って、建設現場の施工を請負う圧送工事の共同販売には幾つかの技術的難関がある。また、ゼネコンと協組の間に、直取引以外に名義人・販売店などの一次店（商流）があり、この整備を怠ると競争が残る。さらに、各社ポンプ車の稼働率を高めるための構造改善事業も不可欠となる。

しかし、産別的な集団的労使関係があり、中小企業者の大同団結が保たれれば、道は必ず開ける。ゼネコンという建設独占の力の源泉は分割統治にある。逆に言えば、事業協同組合の力の源泉は団結にある。

最後に、全国を展望する。まず、近畿では京都府・滋賀県・和歌山県の組織化が課題であるが、すでに京都では核となる事業者との協議に入っている。

残念ながら、全国的には首都圏をはじめ殆どの地域で共同事業の展望は薄い。しかし、東海地区（愛知・三重・岐阜県）では、〇八年からＬＬＰ（有限責任事業組合）という組合制度を活用して共同販売事業に取組んでいる。現在三八社四〇〇台が加盟し、値戻しも進んでいる。近圧協と東海地区ＬＬＰとの交流も進んでいる。福岡でも規模は小さいものの共販事業を続けている。

圧送工事業は規模の小さな建設専門工事業であるが、共同事業のネットワークを展望できる業界でもある。

第二章　一〇社でスタートし全国で最大規模の輸送専業者に

近畿生コン輸送協同組合

一　生コン輸送とは

工場で製造された生コンクリートは、アジテータトラックという荷台部分にミキシング・ドラムを備えた特種用途自動車（通称ミキサー車）によって建設現場に輸送される。一九四九年に東京で、五三年に大阪で生コン工場が建設され、六〇年代には爆発的に生コン工場建設ラッシュとなった。建設現場で生コンを作る形態から、工場で製造された生コンを現場に輸送して使用するという形態が支配的となった。当初、生コンの輸送はダンプトラックを使用していたが、生コンの材料分離に悩まされていた。そこで、輸送中に生コンを撹拌できる生コン専用車の開発が急がれた。五一年には水平ドラム型アジテータ車が、五二年には現在仕様の原型といえる傾胴式アジテータ車が開発されている。

当然であるが、生コン出荷量とアジテータ車の台数は連動する。この間の生コン出荷量の減少（九〇年二億m³、一二年九〇〇〇万m³）によって、アジテータ車登録台数も大幅に減少している。

さて、従来、生コン輸送は生コン工場が保有するアジテータ車でまかなっていた。自社で製造された生コンのみを輸送する自家用のアジテータ車（白ナンバー）を、工場で雇用された正規雇用労働者が運転した。しかし、生コン輸送に特化した輸送会社が現れ、次第に営業用アジテータ車（青ナンバー）が増加していく。生コン工場は、固定費を削減するために保有台数を制限し、繁忙期に足りない分を生コン輸送会社に傭車していた。しかし、車両の維持管理費や労働コストを考慮し、生コン輸送をすべて輸送会社に委託する工場も増えてきた。その背景には、輸送会社（ほとんどが小規模・零細企業であり、さらに二・三台持ちの請負的業者も含む）の運賃の安値競争がある。

ちなみに、八七（平成元）年、近畿圏でアジテータ車は一万二三五九台（自家用一万五六〇台、営業用一七九九台）であったが、一二年には六五八九台（自家用三三六七台、営業用三二二二台）となっており、アジテータ車登録台数は半減している。また、営業用が増加している。特に、都市部では自家用と営業用の比率は逆転している。例えば、大阪府の場合、〇五年に営業用の台数（一五七二台）が自家用の台数（一五六〇台）を上回り、以降毎年営業用の比率が高まっている。一二年では営業用一三九四台、自家用の台数七七一台となっている。

二　輸送協の結成

九二年後半から九四年にかけて、わずか二年ほどで大阪を中心に四一もの生コン工場が倒産・閉鎖を余儀なくされた。この事態をバブル崩壊の影響と説明しがちであるが、構造的背景としてはセメントメーカーの拡販政策に原因がある。すでに、七〇年代から生コン産業は供給力過剰の構造不況業種である。そうであるが故に、生コン価格の安定を求めて各地区生コン協同組合が設立される。団結の力で共同受注共同販売事業を展開、適正価格を実現していく。この時には、セメント価格の安定を求めてメーカーも協力していく。しかし、一方で協組と敵対する員外社（アウト）にセメントを供給し、生コン工場の新設の際にＪＩＳ認定まで技術指導するのもセメントメーカーである。インとアウトの安値競争は、もはや原価を度外視した消耗戦となる。

関西の業界再建を果たしたのは、労組と生コン経営者の共闘であった。九四年、生コン産業政策協議会（連帯労組、生コン産労、全港湾）の発足、大阪広域生コンクリート協同組合（府内四協組の合併）の設立。九五年、経営者会設立準備委員会（飛鳥会）の設立、そして、大阪兵庫生コン工組が第三次構造改善事業（過剰分の工場を共同廃棄・集約化する）を開始した。産別交渉機能を有した集団的労使関係を背景に、賃金労働条件の統一化と共に業界再建の産業政策が具体化していく。

さて、第三次構造改善事業の柱の一つが輸送の協業化・共同化であった。生コン協組の組織化が進めば、輸送の共同化は避けて通れない。そこで、九六年、近畿生コンクリート貨物輸送事業協同組合（直後に名称変更、近畿生コン輸送協同組合、以下、輸送協）が設立された。

三　輸送協の取組み

輸送協は、生コン輸送専業者を軸に、共同輸送事業、運賃適正化、組織拡大をめざして一〇社で出発した。しかし、技術的差異が小さく初期投資も少ないため新規参入しやすく、競合他社の数が多く小規模故に自立自尊による横断的連携が難しい。現在のところ、会員四二社七一四台（内、組合員一八社四九〇台、賛助会員二四社二二四台）と組織拡大してきた。現行の生コン輸送専業者数や近畿の営業用アジテータ車数をみると、輸送大手の組織率は高いが、全体的にはまだまだといわざるを得ない。輸送協の影響力が限定的であることの要因である。但し、輸送協は全国で最大規模の生コン輸送専業者の協同組合である。

また、九九年に輸送協ではミキサー車乗務員学校を開校した。生コン運転手のマナーや安全意識の向上、生コンの品質管理に関する知識の取得、生コン運搬の工程点検、車両の点検・整備の確認、実技を伴う普通救命の講習、生コン関連業界の現状認識の把握などを一日かけて受講し、試験合格で生コン運搬技能士の資格を付与する。今日まで一九五六人が受講した。教材は「生コンのいろは」「生コン輸送のＡＢＣ」等の自作教本を活用した。特に「生コンのいろは」は大阪兵庫生コン工組や京都生コン工組と協議検討して作成したレベルの高いものであり、協力して一万部を発行した。異例の発行部数であったが、全国の生コン協組・工組をはじめ圧送や輸送の業界団体、労働組合まで注文が相次いだ。

〇一年から共同配車機能を強化するため、中心企業四社でのモデル的共同配車を実施し、徐々に応援体制を強化していった。〇八年には堺市シャープ液晶工場の巨大需要の生コン輸送に際し、大阪広域協組と団体輸送契約を締結し、一年間四二二五台の傭車をこなした。さらに、〇九年、姫路市パナソニック液晶工場の巨大需要の生コン輸送に際しても、姫路協組と団体輸送契約を締結し、八カ月三七五一台の傭車をこなした。これは、通常の輸送業務以外の大口特需である。対処できたのは、保有台数の多さに加えて、若手経営者による共同配車能力の向上、統一無線のネットワーク力が発揮されたことによる。輸送協の安定供給能力を証明した。

〇六年には軽油の共同購入を始めた。スタンドでのカード利用は、各地区に傭車で出向く会員には便利である。また、小規模事業者が多い輸送会社にとって、スケールメリットを生かした安い軽油は魅力である。尚、この共同購買事業は近畿生コン関連協同組合連合会で実施している。近バラ協・阪神協・輸送協・近圧協の四協組が組合員となっている。セメント輸送・生コン製造・生コン輸送・生コン打設という一連の工程を網羅した連合会である。ちなみに、この連合会は〇一年に生コン関連協同組合連合会（任意団体）として出発し、〇四年に異業種連合体の協同組合として設立された。

一二年からは近バラ協と連携して、生コン輸送の安全管理体制の強化に取組んでいる。建設業や製造業に比して、輸送業では経営者も労働者も安全に関する意識性が総じて低い。特に安全を事業の根幹に据えていない小規模事業者が多い輸送協としては、組織として取組むことが決定的に重要である。また、安全はコストと連動する。体制強化を継続して図っていく。

さて、輸送協の今後の課題であるが、当初からは前進したものの、共同輸送事業、運賃適正化、組織拡大が課題である。現在、一部試験的ではあるが、共同受注事業を進めている。奈良県生コン協組の輸送の共同化に連動している。この取り組みも含め、輸送の共同化、適正運賃収受など、生コン輸送業界の健全化には、労組との集団的労使関係の強化、産業政策運動の発展が前提となる。生コン輸送の運賃適正化は生コン協組の再編が不可欠である。セメント・ゼネコンの産業支配に対抗できる中小企業と労働者の連携の強化が求められている。

第三章　セメントメーカーとの攻防の中で

近畿バラセメント輸送協同組合

一　近バラ協の結成前史

コンクリートの主原料はセメントと骨材と水である。セメントは石灰石・粘土・珪石などを高温（一四五〇度）で焼成し粉砕したものである。セメント製造にはロータリーキルン（回転窯）など巨額の設備投資と燃料費が必要であり、装置産業ともいわれる。また、生産コストの削減を目的に、汚泥の原料化や廃プラスチックの燃料化など、産業廃棄物を大量に受け入れている。そのため、常に一定量を生産しなければならない構造を持つ。

現在では、セメント生産・販売のほぼすべてを数社のメーカーで独占している。メーカー間では「拡販」を求めて、熾烈な安値競争や新規開拓（生コン工場の新設）競争を続けてきた。一方で、セメント需要の七割は生コン向けであるため、メーカーはセメント価格の安定＝生コン価格の安定を求め、事業協同組合を利用してきた。日本の生コン産業の歴史は、出発点から今日まで、セメントメーカー主導で進んできた。生コン業界は変動が激しい。セメントメーカーの矛盾した販売政策こそが生コン業界の混乱の原因である。

ところで、セメントは袋詰めにされて販売されるものと、粉体のセメントのまま販売されるものとに分かれる。後者をバラセメントと呼称し、バラセメント輸送とは、粉体のセメントを大きなタンクに圧縮して積み込み、専用のトラック（タンクローリー）で需要地に運ぶことをいう。セメントの販売はほとんどがバラセメントである。

セメントは、製造工場から各地のＳＳ（サービスステーション）まで、タンカーや貨車、タンクローリーで運ばれ、敷地内のサイロに一時貯蔵される。通常のバラセメント輸送の業務内容は、ＳＳでセメントを積み込み、生コン工場やコンクリート二次製品工場や建設現場のサイロに納入する。生コン工場への納入が最も多い。

従来はバラセメント輸送の荷主の過半はセメントメーカーであった。運賃はセメントメーカーが支払っていた。セメントメーカーは下請輸送会社と専属輸送契約を結び、それぞれの輸送会社はメーカーごとに系列化されていた。また、大手バラ輸送会社はSS管理も任せられていた。一方で、セメント販売店や生コン工場が保有するバラ輸送車やバラ輸送会社が増えてきた。安い運賃でセメント代金をさげるためである。同じバラセメント輸送であるが、前者を「専属輸送」、後者を「先方引取」と呼んで分別した。

さて、セメントの国内販売高のピークは一九九一年の八四七〇万トンであった。現在は半減している（二〇一二年四三五〇万トン）。近畿の場合、阪神淡路大震災の復興需要の影響もあってピークは九六年の一四〇〇万トンであったが、〇二年はその四割弱の五九〇万トンとなっている。

九四年、販売減と外国セメントとの競争にさらされたセメントメーカーは、「セメント産業基本問題検討委員会」の報告書という形態で、セメント商流の見直し、輸送の合理化省力化を提言した。これは、九九年一一月の太平洋セメント（国内最大のセメント独占）による「販売制度の見直し」の発表と、専属輸送会社への通達「輸送会社の皆様へ」と具体化された。系列販売店、専属輸送会社の整理・淘汰であった。中小企業と労働者にしわ寄せする常套手段であった。

二　近バラ協の取組み

九六年一〇月、近畿バラセメント輸送協同組合（以下、近バラ協）が設立された。バラ輸送量の減少傾向や九四年報告書が示すメーカーの下請淘汰政策という経営環境にあって、共同事業を労使の力で取組み、生き残りを図った。メーカー系列を乗り越え横断的な中小企業の大同団結をめざした。背景には、生コン産業政策協議会（連帯労組・生コン産労・全港湾）と生コン経営者による労使共同の業界再建運動の成功があった。大阪府下の各協組を統一した大阪広域生コンクリート協同組合（以下、広域協）と大阪兵庫生コン経営者会（以下、経営者会）が設立され、集団的労使関係の復活と値戻しが進んでいた。バラ輸送業界でも集団的労使関係が形成され、労使関係がある一一社のバラ輸送会社を発起人として近バラ協は誕生した。

組織拡大を進め共同事業を模索している最中に、九九年太平洋セメントによる専属輸送契約の解除が通達された。太平洋系列の輸送会社の事業閉鎖が相次いだ。

結成当初からセメントメーカーは近バラ協に敵対的であった。また、専属輸送会社はメーカーに従属していた。荷主の優越的地位に対する従属だけでなく、資金繰りの支援などの庇護も受けていた。しかし、メーカーの商流・輸送政策が変化し、切捨て・淘汰を強行してきた。メーカーとの攻防が続いた。

近バラ協は、二〇〇〇年、中小企業等協同組合法（以下、中協法）に基づいて、取引条件に関する団体協約締結の為の団体交渉を申し入れた。拒否されたので、やむなく同法規定に沿って、運輸省（当時）に調停申請した。その際、近畿運輸局の斡旋もあり、調停ではなく六メーカー・近バラ協・行政三者による懇談会の形式をとった。議題は、①適正運賃の収受、②「先方引取」問題の解決、③SSの共同利用であった。各メーカーの運賃が安値固定化しており、燃料代の高騰等情勢に見合った適正化を求めた。また、先方引取の取扱が年々増加し、専属輸送の商権が侵害されると共に、コンプライアンス意識を欠いた先方引取事業者の違法脱法行為の規制を求めた。さらに、輸送効率を高める為、系列を越えたSSの共同利用を求めた。結局、〇一年一一月まで八回開催されたが、メーカーは、運賃をさげない、先方引取を増やさないなどの発言はあったものの、三点の回答はなかったし、懇談会の形骸化を進めた。

膠着状態を打破したのは、関西地区生コン支部などのストライキ闘争であった。適正運賃の収受をはじめ、バラ三点問題の解決を図るため、大阪、兵庫のセメントSSへの一斉ストライキが貫徹された。このストライキを解除する条件として〇一年よりバラセメント問題専門委員会（以下、バラ専）が設置された。近バラ協、関連五労組、大阪兵庫生コンクリート工業組合（以下、工組）、経営者会、広域協、神戸協、神明協が参加し、問題解決の為の主体的当事者であることを確認した。幾つかの具体的取り組みが試された。その重要なひとつが、工組の取り組みとして、メーカーの拡販競争を抑制し、バラ輸送業界、生コン業界の健全化のために、セメントの共同購入に踏み込むべきとして定款変更をめざした。しかし、メーカー側の必死の巻き返しで頓挫した（〇二年五月）。一方で、ストライキとバラ専の協議期間において、近バラ協は飛躍的に組織拡大した。

〇四年より近バラ協の基盤整備事業として、輸送量の減少に伴う余剰車両の削減に取組んだ。減車・人員整理の補助金を当該企業に支給した。費用は会員からの徴収と一部販売店の運賃の値上分を引き当てた。今日まで一〇三台の削減を実施してきた。近バラ協は組織拡大を重点事業とし、加盟企業・車両を倍増してきた。しかし、廃棄事業の結果、組合員二三社二二八台、賛助会員四七社一九五台、計四二三台の組織規模となった。いずれにしても日本で最大のバラ輸送協同組合である。

〇五年から近バラ協としてバラ特約保険を創設し、会員のバラ輸送特有の事故に対応している。〇六年には軽油の共同購入を始めた。〇九年より共同受注事業の前段として、組合員のためにする事務の代行業務を開始した。現在のところ、二七社の販売店等へ近バラ協が請求・集金し、組合員へ支払っている。

三　今後の課題と展望

二〇一〇年には、セメントメーカーに対しあらためて団体交渉を求めたところ、足並みを揃えて団交拒否した。そこで、今回は近バラ協が中協法で明示している団体交渉を求め得る地位にあることとの確認訴訟に踏み切った。一一年三月、大阪地裁は近バラ協の団体交渉権を認め、メーカーに団交応諾義務があるとした。ところが、メーカーは控訴し、一二年七月、大阪高裁は一審判決を覆し、団交に応諾義務まではないとした。現在、最高裁の判決待ちである。

今後の課題と展望について、近バラ協の共同輸送の具体化、セメント販売店の組織化、残る主要なバラ輸送業者の組織化、そして裁判の結果にもよるがセメントメーカーとの関係改善が求められる。そして、共同事業前進の背景には、何よりも産別業種別の集団的労使関係の強固な形成が不可欠である。大企業の産業支配を民主化できるのは、中小企業と労働者の連帯の力しかないのだから。

第四章　信頼で結ばれた「大きな一つの会社」

和歌山県生コンクリート協同組合連合会

一　最需要地、離合集散の末に和歌山県中央生コン協組

和歌山県では特に、最需要地の和歌山市・海南市地域で離合集散の歴史が続いてきた。古くは一九六七年に和歌山市で大江富太郎を代表に「生コン商工組合」を設立。七一年、商工組合のうち和歌山地区共販事業を分離、「和歌山生コンクリート協組」を設立。これは、九〇年頃まで推移したが、混乱期に入る。九二年「和歌山地区生コンクリート協組」と改組したが、九八年には大型物件の〈紀ノ国会館〉建設をめぐって、エリア侵害のトーア社と対決。大阪兵庫経営者会初代会長・田中裕氏や、大阪兵庫生コン工組理事長・松本光宣氏らの仲介も受けた。

二〇〇〇年に入り、県下の大手ゼネコン倒産劇等を深刻に受け止め、「和歌山県中央生コン協組」に改組。均一シュアをめざし、3個1の集約を続ける。二〇〇四年には県下業界を網羅する「和歌山県生コンクリート協同組合連合会」の一員として、これをきっかけに値戻しに全力で着手。一挙に三五〇〇円／㎥アップに成功。

これら懸命の努力と労働側のサポートの結果、二〇〇八年の一社加入で、アウト社のない一二社八工場体制という模範地域となった。

和歌山協連合会、労使懇談会一〇〇回を超え、相互信頼へ

和歌山協組連合会（中西正人代表理事）二〇〇四年五月、北は橋本、南は紀南まで六協組で発足したが、二〇〇六年

に一協組が脱退し、五協組で連携を保っている。

和歌山県では、〈市況低迷を回復させるのに、個社ではどうにもならない。工場の集約等は業界全体で協力しないとできない。危機に直面したら療局は協粗理念に戻るしかない〉と考える。

今後、生コン需要が劇的に増えることは考えにくい。和歌山にしても、あるいは大阪とその近隣にしても需要そのものが伸びているところなど存在しない。しかし、協組（理念）を持ち、ユーザーからの信頼を得ている地域では、適正と言えるだけの価格を実現させ、時代の荒波を乗り越えて行くのである。これが、我々連合会の主旨である。

すでに懇談会も一〇〇回に達し、成熟した関係にはなっているが、馴れ合わず適度な緊帳感を持った関係を続けてこられた所に、和歌山モデル成功の礎があるだろう。

■橋本・伊部生コンクリート協同組合

一九七八年七月、四社にて発足したが、名目だけの協同組合であり、本来の協同組合の目的には程遠い状況だった。その状況を打破するため、協組連合会発足と同時に四社にて打開策を見出すため邁進した。その後、市況は低迷し出荷数量が激減し、四社二工場の集約化を実現現、経営状況も改善しつつある。

■紀北生コンクリート協同組合

一九七八年四月発足。一時中断の後、一九八八年から一六社一六工場で再発足。当初から共同販売・共同集金を行っていた。

現在集約の後、一一社三工場体制で、建設需要の低迷する中でも堅調な収益レベルで順調に運営を続ける。二〇一〇年四月には、上が10・5％、下が6・6％であったシェアも均等化に成功しており、他地区協粗の絶好の教科書となっている。

■和歌山県中央生コンクリート協同組合

一九九二年五月発足の中央地域では、シェア買い上げ、設備廃棄等諸費用は負担せず、全て自助努力と自己責任のもと経営側は、労働側とも定例の労使懇談会で意見を交換共有し、風通しのいい良好な関係を築いている。労働側のサポートの結果、二〇〇八年の一社加入で、アウト社のない一二社八工場体制という模範地域となった。

二〇一二年六月には、協組が自前で建設した海南ベイコンクリート（海南市冷水）も稼働し集約モデルのよき先例となった。

■中紀生コンクリート協同組合

一九七一年七月、四社にて発足。一九八一年より共同販売・共同集金を行う。一九九三年全社協組加盟し安定した時期が続いたが、近年、市況低迷の煽りを受け出荷減少の一途となり集約化を進めた。八社八工場が、現在八社六工場となる。

■紀南生コンクリート協同組合

一九七〇年八月、三工場にて発足。一九八七年一二工場となる。その後、工場集約化事業により現在四工場となる。

一九九八年試験場業務を開始した。

出荷数量は一九九一年度三五万㎥をピークとして、年々減少し、二〇〇八年度には一一万㎥まで落ち込んだが、近畿自動車道等の工事開始により二〇一二年度二二万五〇〇〇㎥迄に回復した。

難航したシェア移行でも、中西正人理事長が一声、「自分のシェアをあげる」とまで言い切った豪胆さと自己犠牲の姿で、地域の心を一気にまとめ上げた。

ここにもまさに「生コン価格は（執行部）リーダー価格！」といわれる所以がある。

二　粘り強い話し合いが綿密な運用法に

前述の紀北生コンクリート協組では、進行中の集約事業を禍根無く推移させるためにも――
＊協同組合・組合員・製造委託会社の関係については、組合員は製造委託会社より生コンを仕入れ、従来通り協同組合に販売する。仕入れ価格は製造委託会社の製造原価とする。販売数量は、各組合員の現行シェアを基本として算

定する。従来からの物件の配分・赤黒調整等はなくなり、不良債権についてもシェアに基き、各社貸倒れ積立金で対応する。

＊二次製品兼業工場が集約後の稼動工場になった場合、製品製作用生コンクリートについては、製造委託会社より原価にて買い取ることとする。

＊ミキサー車の買上については最低買上価格を小型三〇万円、大型六〇万円とし、全車（一二八台）流通査定を受け、最低買上価格以上はその分上乗せすることとする。

＊製造委託会社と独禁法の関連については、公正取引委員会の指導のもと、法に抵触しないようにする。―などの、運用規定で集約化を成功裡に収めたわけだ。

当協組を二〇〇四～二〇〇五年の集約過程時に、取材したルポライターは、著書の中で、「価格が下落を続ける過程において、和歌山協組は工場集約化を断行。さらに有力アウトを説得してインに引き入れた。これによって、現在（二〇〇五年）一万三〇〇〇円にまで値を戻すことに成功したのである。関係者は次のように話す。『結局、市況を回復させるのに、個社ではどうにもならないということです。工場の集約などは業界全体で協力しないとできない。危機に直面したら、結局は協組の理念に戻るしかないのです』。今後、生コン需要が劇的に増えることは考えられない。実際、和歌山にしても、あるいは大阪とその近隣にしても需要そのものが伸びているところなど存在しない。しかし協組が『理念』を持ち、ユーザーからの信頼を得ている地域では、適正といえるだけの価格を実現させ、時代の荒波を乗り越えて行くのである」と、われわれ連合会の今日を言い当てている。

三　現況の取り組みと未来――（報告・連合会　藤川光弘専務理事）

二〇一三年現在、和歌山では〈和歌山県生コンクリート協同組合連合会（中西正人会長）〉として、①橋本・伊都②

紀北③和歌山県中央④中紀⑤紀南の五地区協組が緊密な連合を図り、全国からもその協組運営スタイルを「和歌山モデル」あるいは「和歌山方式」と認識頂くほどの存在感で知られるまでになった。

二〇〇四年結成以来、労使協調による安定的かつ公正な市場形成と組合員相互の信頼感醸成と連携により、県北部橋本から紀南の上記五地区で、県下のあらゆる生コンインフラ需要にお応えする私ども、和歌山県協組連。

労働組合や建設ユーザーとの緊密な意見交換を欠かさず、また他に先んじての共注共販体制への移行など、中小専業者が主導する理想の〈一つの会社〉、すなわち協同組合本来の相互扶助型組織としてのあるべき姿を模索し、進んでいる。今後とも労使の、あるいは地域社会との共生スタイルを何より重視する協組の存立モデルとしてさらに、努力を続けていきたい。

和歌山県中央生コン協組が全社連携し開設した新鋭プラント「海南ベイコンクリート」

紀北協組（紀の川市）

第五章　先進の和歌山に習い五項目計画で前進図る

湖東生コンクリート協同組合連合会

一　滋賀県全体での連合会結成をめざして

滋賀県下では、大津・湖北・湖東の三つの生コン協同組合がある。その中で、琵琶湖の東岸地域の近江八幡市、東近江市周辺の九企業で形成しているのが、湖東生コン協同組合（滋賀県東近江市建部下野町一六番地一）である。

一九九〇年代のバブル期さらに近畿の水がめとの良好な住環境を認められて、当地域は全国注目の人口増地域として大型マンション物件、名神高速道ほか旺盛な都市基盤インフラ需要等にささえられ、出荷量も順調に推移し、協同組合に所属せずとも経営が成り立った時代があった。

だが価格が安定し出した頃を境に、組合員の考えがまとまらず、意思統一が果たせず崩壊へと向かう。数年後には出荷量の落ち込みでは、近畿でも突出していた程の危機的水位に達していた。

この段階で、もう一度協組を建て直そうと湖東地域にある一二社が集合。その中から代表者二名を選出、団結呼びかけに奔走した。

結果「共生会」という組織を立ち上げ、当面の目標として値崩れを防ぎ経営安定を図るとの主旨で、二〇〇七（平成19）年に「生コン共生事業協同組合」を発足、その後「湖東生コン協同組合」と名義変更し今年二〇一三年で六年目に入る。ここ数年での、当協組のこれまで足取りを記すと

二〇〇七（平成19）年　三月　組合設立認可申請

二〇〇八（平成20）年　四月一六日　組合設立認可（滋賀県知事）二〇日登記認可
五月　全国生コンクリート協同組合連合会加入
六月　瑕疵保証責任補償制度加入
一二月　乾燥収縮試験依頼（日本建築総合試験所）
二〇一〇（平成22）年　三月　湖東生コンクリート販売協同組合休止
三月　生コン共生事業協同組合より販売事業を開始

この間、協組運営で成功した和歌山へ研修に足を運ぶこと数度。

昨年七月に奥宗樹が理事長に就任し、「この不況では集約が必要」と訴え、九社を三工場にする大胆な集約案を打ち出し、同時に協組では安定供給のための左記五項目を策定した。

①『工場集約』　長引く不況下で公共工事も建設事業も激減したことが重なり、生コンの出荷量は半減した。そのため製造コストも跳ね上がり、運営に必要な利益をあげることも困難な状態に陥った。

このままでは組合員個社ごとの利益も上がらず、存続も危ぶまれる。

これ以上の局面悪化を防ぐため九社九工場を南は第一、中央は第二、北は第三工場と三分し、各三社が一工場を動かす方向に目標を立てた。既に昨年の一一月からシェアは全て平等。

全体的には骨材や材料の問題はあるが、集約化に向けて内部調整していく。一部では業務委託（完全集約まで委託となる）が完了し、稼動している工場も出ている現状。

②『骨材の一括購入』　三工場が品質を統一し、一括購入の方向で考えていく。

③『共同輸送』　無駄な配車をなくし共同化することでコストを抑える。

④『員外対策』　湖東地域だけでは難しい問題であり、他の協組にも「底上げ、値戻し」を呼びかけていきたい。

問題は工組がアウトに〇適マークを交付している現状であり、施工主がＪＩＳ取得であれば善しとして、安価な業者と取引していること。
※これらへの対抗策として滋賀県三協組は連合して、〈参考A〉の動きを策定している。

⑤『適正価格、値戻し』アウト対策が成功しないと非常に難しい案件である。
生コンは規制がないため、金額が安定するとどんどん会社が増える傾向は否めない。

業界を横断して、ある程度の規制をかけることも必要との世論喚起を必要と考える。

「一㎥単位では、今はペットボトルの水より生コンの方が安いのではないか？」（北川義博副理事長談）。これら当然の、業者訴えを大切にして、右記五項目の必達を労働側にも協力を呼びかけ目指していきたい。現状、湖東生コン協組では、会員が生コン社だけでなく、建材業と砂利を作る兼業もあるなど集約が難航していることも事実だ。既存の会社を一つの方向に向けるのは難事業ではあるが、滋賀県全体での連合会結成も視野に入れて、懸命の運営努力を続けている所だ。

二　現況の取り組みと今後について（報告・湖東協　朝夷健治理事）

昨二〇一二年六月から「値戻し」（値上げではなく）環境の整備へ注力している。
①ここ三年で、年三四万㎥から一五万㎥へ激減の市場への危機感が背景にある。
②九社三工場体制へ移管し、共同配送・材料一括購入・アウト社対策を講じる。
③近隣一二の商社、ゼネコン、工務店などへのＰＲ文書を徹底する。
④文言内容は、業界集約で自ら血を流した点と適正価格への理解を求め浸透図る。
⑤仕切値は一切下げないアピールと三月末までへの駆け込み需要を奨励する。
⑥これら経過の三カ月をへて、二〇一三年七月には新価格体系への移行を完了させる。
⑦和歌山方式に習い、滋賀県の他の大津・湖北の二協組へも働きかけを行う。

⑧○適等、品質と安定供給など問題を軸に大きな輪を作りたい。

参考A：生コンクリートは選べます　くみコンCM（BBC・びわ湖放送で放映中）

CMナレーション：くみコンとは、安心・安全・保証付き

滋賀県の協同組合の生コンクリートです。

生コンクリートは命を守る大切な建築資材です。大切な建築・住宅基礎は、JIS取得、○適マーク取得、瑕疵保証責任補償制度加入の、安心、安全、保証つきの「くみコン」をぜひ、ご指定ください。一般のお客様はもちろん、設計事務所や建設会社の方々に知っていただくため、只今キャンペーン活動を展開しております。

安心　組合員工場ネットワーク

生コンクリートは、練り混ぜ開始から打ち込み終了までの時間が規定されています。「くみコン」は、組合員工場のネットワークを利用して、運搬時間の限度を守ります。

安全　JIS取得・○適マーク取得

JISはもちろん、産・官・学で構成された品質管理監査会議で認められた○適マークを取得。

保証付き　瑕疵保証責任補償制度（又はPL保険に加入）

大津生コンクリート協同組合・湖東生コン協同組合は、瑕疵保証責任補償制度に加入しています。湖北生コンクリート協同組合は、PL保険に加入しています。

※瑕疵保証責任補償制度は、協同組合単位の加入が原則であり、員外社工場は対象外です。

第六章　混乱から協議へ、産業全体の基礎づくり

奈良県生コンクリート協同組合連合会

一　「奈良方式」が成果をあげ始めた

奈良県での生コン産業の歴史であるが、一九六三（昭和38）年県内で三工場が設立され以後、約四〇社が参入した。一九七〇年、奈良県中部生コンクリート協組が六社加盟で発足。七八年には奈良県生コンクリート工業組合が加盟二二社で設立した。その後、県南部や北部でも協組が設立されたが、北部協内で、同盟産労と当時、運輸一般関西地区生コン支部二つの労働側と交わした二五項目協定履行をめぐって、分裂がおこり奈良市協、北部協の二つに分かれた。

これら業界混乱と労使の対立の激化は、八四年の解決まで続いた。その間、周辺地域からの特にアウト越境、値崩しなどで問題をもたらす大阪地域の影響も、八〇年代にかけて大きいものがあった。当時大阪兵庫の生コン業界も、労組年史等にも特筆されるほど混乱を極めて、一九八〇年代初頭には、協同組合とは名ばかりで、アウト（協組未加盟）が続出し、新増設による乱立に拍車をかけ、イン（協組内）企業はアウトとの競争にかち残るために価格切り下げの連鎖という泥沼におちこみ、経営危機・企業倒産の淵に立たされた企業が相次いだ。これに対して当地域では、八六年以降は「奈良方式」といわれる新しい協同組合の在り方が成果をあげ始めた。

それは八〇年代初頭まで大阪兵庫で試みられ未完のままだった集団的労資関係の、「奈良版」といった方がより正確であろう（※一九八〇年代初頭、大阪兵庫生コン工業組合と労組の間で確立された労資関係の協定＝三二項目協定など）。

二　目をおおう、前近代的な産業形態から

八二年以前の奈良の状態は文字通り前近代的労使関係の下におかれていた。

大阪や兵庫での数々の成果と比べようもなかった。賃金体系がバラバラ、休日なし、サービス残業、労災・社会保険がないという当時としても信じがたい劣悪な労働条件であり、いわば戦前戦後のタコ部屋的な前近代性をひきずっていた。大阪・兵庫と比べて月に一〇万円もの収入格差が認められた。一言でも不平を漏らせば、すぐ解雇という暗黒の職場。

低賃金と無権利状態の中、労働者はあちこちの生コン屋を股にかけて流れ歩いているという実態であった。経営側にすれば安い賃金で何回も走らせた方が得なのであり、他地区では評判の悪い「償却制」すらなかった程である。労働は、使い捨ての情況であった。

このような奈良での悪条件の背景にはセメントメーカーの拡販競争のほしいままに業界が大混乱させられている事があげられる。

「陥没価格」という言葉があるように、大阪・兵庫に比べて山間部運賃はじめ手間ひまかけた奈良の方が、周辺地区から何段も落ち込んだ超安値であり、セメントを売りたいというセメント独占各社の思惑で、目をおおう安売り乱売戦の歴史であった。

生コン業者自身が、「労組に生駒の山（府県境）を越えさせるな！」とする地域閉鎖主義的思考であったためよけいに業界は混乱し、その結果は労働条件の低下であり、産業全体の疲弊にもつながっていった。

だが、これら全体で埋没するという危機感から、協同組合をたて直し、労働者も大阪並みの条件をとりうる環境を目指すべきとし、これら共通課題にとりくむ事での政策活動の重要性が労使双方で、ようやくながら認識され始めた。

三　労使で違法新増設阻止を契機に

奈良での政策闘争のきっかけは大阪での連帯労組関生支部の闘いの経験による。業界全体や関係他労組もまきこんだ集団的労使関係によって蓄積された労働条件とか三二項目の成果を、奈良で実施しようとすれば様々な環境づくりが必要という認識からであった。双方で長年争っていた奈良闘争の解決（八四年一二月）もそういう要請があったから実現したのであり、その翌年八五年四月頃から政策協議がはじまった。

経営側も、三つに分かれていた協組を一本化し、新たに奈良県生コン協組を結成した。これから三年をかけて、奈良では三二工場ある中で二八社が協組に加盟し、値戻し・適正シェア・品質管理に取り組み、実をあることになったが、労使の政策協議の中から生まれた最初の成果は香芝町の新設プラント建設阻止闘争である。

当時の業界挙げての「構造改革」なるものは名ばかりで、実際は弱肉強食的かつ無軌道に、プラント新増設が進められているという状況で、奈良ではＤ産業が八五年一〇月から突如、奈良県香芝市でプラント建設を強行してきた。

業界秩序を混乱させ、雇用不安をひきおこし、公害への恐れも…。経営も労組も、地域住民も一体となって反対に立ち上がり、ついに八六年一月Ｄ産業は、プラント撤去に入った。

これは「労組共通利益の擁護という一つの成果」であり、この上に第二回奈良県生コン労使懇談会がもたれ八六年二月以降定期化され、この中で紛争六社との解決条件として従業員受け皿たる新会社（現行のタカラ運輸）の設立など具体的進展を見た。

この「奈良方式」の成果を再整理すると、㈠数多くのアウト社の協組加盟を実現し協組組織力を高める事で市況の安定を実現、㈡業界混乱の因となる大阪・京都からの越境対策として自治体への「公共事業の協組加盟社への発注」はじめとした働きかけ、㈢新増設阻止―等を労使双方あるいは独自の活動で実現し、業界の自立・安定、をかちとった事である。奈良のこれら動きはセメント独占・直系主導の関西の工組・協組体制や業界のあり方を再検討する大きな動きにつながり、大阪兵庫にもいい影響となってつながった。

四　提携成果として、共同試験場の実現

この労組での対話テーブルでの意思疎通の拡大と、さらに当時大きな話題となった県内最大手ゼネコンMの倒産劇が、大同団結への直接のきっかけとなった。従来の手形取引では、いつまでも連鎖倒産の脅えから解放されることはないとして、現金決済取引の断行に踏み切った。そして、これらゼネコンM社ショックで危機感を覚えたアウト企業が、個社では現金取引など到底無理として、次々協組に加盟した。

この全県下的まとまりにより、二〇〇四年には県内での高品質のコンクリート製品開発を狙いとする〈奈良県技術センター〉が工組の主導で本格スタートしている。

ここでは生コン圧縮強度、含有塩化物の計測、アルカリ反応測定など生コン製品に問われるすべての試験が可能であり、ここにわが国ポーラスコンクリート製造・普及の第一人者である玉井元治・元近畿大学工学部大学院教授を品質管理監査委員会議長として迎え、公益性と公平性に基づいた第三者機関による中立的運営で、県内「産官学」からの生コンに関する多くの調査研究にあたっている。

これら、すべて労使協調による本来の協同組合を志向したためといえないか。その意味でも「奈良方式」は、様々な対立を越え、生コン産業の未来を築くといった点で今も、業界に多くの示唆を与えると自負する。

五　現況の取り組みと未来　（報告・連合会　磯田龍治副会長）

現況の奈良県連合会であるが、建設不況の荒波の中、二〇一三年五月より、販売ルートの変更を行い、一一社が加盟する協組連合会が、登録販売店から受注を一括窓口化。これを奈良県生コンクリート協組・奈良県南部生コンクリート協組、さらに賛助会員の旧東部協組一社に振り分け、連合会による共同受注、共同販売システムへ移行する。これへの理解を得意先に求める地道な作業は続くが、「奈良方式」の進展に全体で尽力する決意である。

第七章　設立から今日までの成果と課題

阪神地区生コンクリート協同組合

一　設立目的と背景

1. 阪神地区生コン協同組合（以下、阪神協という）は、二〇〇八（平成20）年四月四日に結成された阪神地区生コン会が発展し、同年九月三〇日に創立総会を開催、同年一〇月二四日に近畿経済産業局の認可を受け、正式に大阪・兵庫の生コン専業社四八社（その後五〇社五五工場が加入）が大同団結しスタートした。阪神協は、「中小企業が主体をとなり中小企業の為の協同組合」として、その存在と役割は内外から大きな注目と期待を集めた。

2. 阪神協が設立された背景は、設立当時の生コン業界が崩壊危機に直面していたこと。それは、生コン需要の減少低迷と各社による販売競争の激化から価格が大幅に下落し経営存続できない状況下にあったこと。よって、価格の値戻し・値上げに向け阪神協組への結集が必然的に生まれたこと。阪神協組に結集することで、今日までのセメントメーカーやゼネコンの大企業が実質支配する生コン業界を中小企業主体の業界に作り上げること、それは「大企業との対等取り引き条件の確立」を目指した運動を積極的に展開することであった。

二　運動総括

成果はどのようなことか、

（1）阪神協組が設立されて以降、セメントメーカーは二〇〇九（平成21）年四月より三〇〇〇円～四〇〇〇円の値上げを打ち出したが結果は、一〇〇〇円〜一五〇〇円となったこと。以降、今日まで毎年値上げを図ってきたがすべて不発になっている。それは、阪神協組が「セメント価格の一方的値上げは認めない、交渉窓口は阪神協組とする」方針を確立し内外に発信したことで、大阪広域協組、神戸協組、奈良協組、和歌山協組等の近畿全体の協組に拡大したことが値上げ阻止の要因であり、この結果は、セメントメーカーにとって大きな打撃であり半面、中小企業への利益還元となっている。これは、阪神協組設立以降の最大の成果である。

（2）阪神協組に結集することで、マル適マーク付与申請が全社可能となり品質保証が社会的に認知される条件を作り上げたこと。

（3）生コン価格値戻しの取り組みでは、二〇一〇（平成22）年四月一日より契約形態を出荷ベースに変更し、標準品一万八〇〇〇円／㎥とする新価格を打ち出し、この方針が大阪広域協組、神戸協組、神明協組（当時）に波及し値上げへの環境を作り上げてきたこと。又、この取り組みを進めるに当たり、業界の健全な安定・発展と社会的責任の立場から適正生産方式による適正価格の原価構成表（技術開発・教育費用・環境整備・償却費等の社会的に認知される必要項目を取り入れ）を発表し新価格の適正で正当性を明らかにし市況形成を図ってきたこと。

（4）その後、二〇一〇年には「生コン関連産業危機突破6・27総決起集会」（経営二一団体九六六名、労働九団体一二〇六名の参加）を開催、生コン適正料金収受（契約形態から出荷ベース）、バラ・生コン輸送運賃値上げ等の決議を行い、生コン関連業界労使合同による経営危機突破の共同行動を大成功させたこと。この決起集会の決議を踏まえ要求実現に向け、同年七月二日より連帯労組関生支部、生コン産労、全港湾大阪支部、近畿圧送労組の四労組が一三九日間というゼネストを慣行し、結果スーパーゼネコンも含めた大多数のゼネコン各社が新価格（最終暫定見直し）を認めたこと。この画期的成果に対してセメントメーカー、ゼネコンの大企業が巻き返しの攻撃（広域協組の約束事不履行や、それを利用したセメントメーカー、ゼネコン等大企業の分裂分断策動が巧妙に行われ、確認された価格が収受出来ない状況が生まれたこと）から、実質新価格収受には至っていないが、この取り組みで得た「闘えば成果あり」の教訓は、今後必ず中小企業運動の大きな力になるものと確信する。

（5）二〇〇九（平成21）年六月に建設完成した「協同会館アソシエ」は、中小企業の団結力（五〇〇社以上結集）を内外に明らかにし、中小企業が情報力、技術力、資金力を持ち大企業との対等取り引きを実現する為の砦として体制を確立し存在を社会的に広めていること。それは、中小企業運動の柱として政策立案と行動の軸となっている社会資本政策研究会の活動（中小企業基本法活用・改正に向けての国会要請行動や、東日本大震災被災地への復旧復興支援活動など）が示している。又、グリーンセンターの設置で、技術力向上と品質管理を行う基地として社会的にも大きな影響を広め、ユーザーに対する阪神協の信用と信頼の要因となっている。

（6）設立以降、各種講演会、シンポジューム、マイスター塾、学習会などの教育研修活動を強化し質的向上を図ってきたこと。これらの取り組みは、生コン業界の社会的地位を向上させる為の基礎となる質の向上に繋がり今後の運動成果を生み出す要因となること。

三　以上の成果を確信とすると同時に次の事を教訓化すること

1. 前記に示す、中小企業運動の成果に脅威を感じたセメントメーカー・ゼネコン・一部商社などの大企業は、常に阪神協の内部対立を煽り分裂分断策動を狙っていることに注視する必要がある。

具体的には、二〇〇九年末の「集団脱退事件」がある。これは建交労幹部を使った怪文書による阪神協内部の対立を煽る策動であった。この結果は、中小企業の弱点である我社意識と、情勢認識の乏しさが攻撃を許した原因の一つとして教訓とすべき事件であり、今日の組織団結の教訓となっている。

2. このことから明らかなように、策動者は阪神協の活動による成果を恐れ、それを潰しにかかったのが集団脱退の本質であり、本件から次の事を中小企業に対して恐れていることが明らかになった。

（1）中小企業が資金力を持つこと。

（2）中小企業が技術力を持つこと。

（3）中小企業が政策能力を高めること。

3．この集団脱退により、二〇一三（平成25）年五月現在の阪神協組合員数は二一社二二工場で、現状の組織からしても、その影響は二〇一三年度の見通しで年間一〇〇万㎥を出荷する協組であり全国的に見ても影響力は大である。同時に、集団脱退事件後の協組内部の結束は、より強まってきており質的成長も高まってきている。

四　現状と今後の課題

1．現状

今、関西生コン業界は需要減少と、価格下落状況の専業各社の経営はこれまでになく危機的状況にある。この原因は、数的に最も影響を持つ広域協組（二〇一三年五月現在、加盟五七社六八工場）が「質より量の確保」と称して、原価割れする大幅な値引きによる価格競争と実質シェア運営を放棄する方針を出すなど、まさに協組機能が死滅する事を実施しようとしている。値引きによる量の確保は、継続したセメントメーカー主導の業界づくりを目的にしたもので、中小企業潰しである。

又、「労働組合と距離を置く」との方針は、過去の労使共同による業界基盤の安定を果たしてきた歴史の事実を無視した業界潰しであり、セメントメーカーの利益を確保する為の実効行為であることは明白である。

2．阪神協の今後の課題

（1）生コン業界の再生に中小企業が主体となる協組設立に向け阪神協組がリーダシップを果し専業社の大同団結を実現すること。その為に、他協組の専業社、員外社を含めた組織の拡大と教育活動の強化で質的レベルアップを図る。

（2）価格値戻しと値上げで適正価格を確立し収受すること。

（3）共同事業活動の推進を図る為、「セメント・砂利・砂」等、資材の共同購入を推進する。輸入セメントの共同購入販売の具体化を図る。

（4）中小企業運動の推進を図るため、教育学習活動を強化し生コン業界の社会的地位を向上させる基礎となる学習力を高める取り組みを積極的に展開する。

さて、六〇年史本文でも指摘の通り、一部筋からの当協組への策謀などが相次いだ。だが二代目の矢倉理事長を始めとする執行部、協組関係者の懸命の説得行動と労組側支援により、二〇一三（平成25）年七月現在で、賛助会員含む二六社二八工場にまで体制を巻き返し、混乱を極める大阪・兵庫圏内地域での確固たる組織として存在感を増し、今日に至っている。

第三部　協同組合、労働組合の役割と意義

第一章　生コン産業の生きる道

明治大学名誉教授　百瀬恵夫

一九三五年長野県生まれ。明治大学・経済学博士。九七年・英国ケンブリッジ大学客員フェロー／全国生コン工組連合会政策審議会座長。著書『生コンクリート協組の活路を拓く』（セメント新聞社、一九八九年）『新協同組織革命―過当競争を超えて』（東洋経済新報社、二〇〇三年）ほか多数。

一　ビックリ現象

今から一六年前に全生で作りました「経営戦略化ビジョン」というのがございますが、第一次構造改善事業の終了後に、私が委員長を務めこの戦略化ビジョンをまとめました。

今、これを見ましても全く修正の必要がないほど長期展望が出来ていたという事と同時に、あまり業界の改革が進んでいなかった、という両面があろうかと思います。

まず、皆さんに投げかけたいことですが、デフレ経済がいつまで続くかということのひとつの例えと致しまして、ビックリ現象が起きているっていうことであります。

例えば一〇年前までは、きわめて話題的な企業、ようするに優良企業と言われていたのが「ダイエー」と「そごう」でありました。

この二社は今皆さんご存知のとおりであります。五年くらい前までは、「ソフトバンク」と「光通信」、この二つは真にすごい成長を極めておりました。今はご存知のとおりであります。三年位前は「ユニクロ」と「マクドナルド」でありました。

この二社もご存知のとおりであります。しかしながら「ユニクロ」におきましては、情報システムネットワークを構築しておりますので、今は生鮮食品にこれを活用して、決してテキスタイルだけに留まっておりません。

しかし、「マクドナルド」につきましては、藤田さんは一〇〇億円からのお金を早々に手にして、引退された。そして、デフレ経済ではやってはいけないこと、すなわち品質とか、品目を変えて値上げをしたという、大変大きなセオリーの間違いがありました。

大変心配な会社の一つであります。

一〇年位前には都市銀行が一四行ありました。これが都市銀行今四行であります。ところが昨日二兆円からの政府資金、我々の税金でありますけど、「りそな」に入れました。

ようするに国営化したと言っていいでしょう。我々中小企業は、死んでも何の手当てもありませんけれども、企業を大きくしさえすればシステムであるとか、経営のグローバル化、あるいはわが国の経営がおかしくなる、金融システムがおかしくなるということであれば、これが総理の判断によって、二兆円からの援助ができる。

こういう仕組みになっております。となりますと弱いところにしわ寄せが、しかも国民にしわ寄せがきて、そして強いものが失敗しても居残って居座っていくという非常に悪い状況が二一世紀の冒頭に現れているとみていいと思います。

二　ユーザーのためのシステムを

これに対して、我々生コン業界はといいますと、皆さん五〇周年ということでおめでたいわけでありますが、遅々として進まない、むしろ後退域にあっても後退しないという業界であったと思うんです。不況だ、不況だといっても倒産がない業界で有名でありました。

しかしながら、これはもはや今後この状況は続くことは、夢のまた夢だ。こういうことになろうかと思うんです。と言いますのは、戦略化ビジョンを作った当時はセメントが生コンのシェアを確保する。これによって自分のセメントのシェアも増えていくという関係にありましたので、輸入セメント対国内セメントという構図の中で、生コンを支援して来たわけであります。もはやセメント自体にもその力が失われているという現状であります。

我々生コン業界の人は、自分の力で立ち上がって、自らの知恵と努力と汗によってこれを運営していかなければならない、こういう状況にあるわけです。そういう中でまず、生コンの方に目を映してみたいと思いますが、私が生コシ業界に入りましたのは、この戦略化ビジョンを作る数年前に、北海道の方で今はもう亡き松田久輝さんという人で後に全生の総務委員長をやられた方であります。

その後、全生の綱領とか行動方針を私が起草しました。そして、理事会・総会で決定を見ました。私は、この綱領と行動方針は、二一世紀においても生コン業界で鮮度を失わないものであり、これをぜひ実現してほしいというふうに申し上げておきたいと思います。

この業界には、モデル組合というものがいくつもありました。非常に目を引いたのは名古屋の協組でありました。それから長野協組、その他たくさんありました。

私がビックリしたので「これはモデル組合ではない」ということを、研修会のその場で申し上げました。なぜモデル組合じゃないのか。これはお客様の方に目を向けた組織でないからです。値を吊り上げることがあたかもモデル組合のように言っておりますが、これは顧客第一主義、お客様の方向を向いたやり方でなくて、組合員と組合のエゴで、ようするに値段を吊り上げるための協組共販であると、それがいかにもモデル組合であるかのように言っておりましたので私は驚きでした。

その組合はいずれもおかしくなっております。これは当然のことです。

ようするにお客様の為に我々の業界というのは存在している。お客様に目を背かれたら終わりです。ようするにユーザーに対応出来る協組・共販システムでなければならないのです。この点の視点が欠けていたということをよく反省をして頂きたいと思います。

三　品管制度――員外者の使用は法律違反

それから先ほど、木田理事長の方から品管の問題が出ました。私は技術系出身の人間ではありませんので、品管問題について実に手薄にみておりました。後で詳しく申し上げますが、先ほど木田さんがおっしゃっておりましたが、インとアウトの差別化のなかで、この業界は真に懐の広い業界でありまして、インとアウトの戦いは、年がら年中言っておりましたが、品管については、これはアウトに対しても認めるべきだという、八工組に対して品管議長名で通達がこの間出ました。

この政策審議会のメンバーは、私が座長でありますが、公取委出身で法律の専門家の伊従先生をはじめ経営戦略専門家の加藤先生とかそうそうたる人がおられます。あと時間がないので結論だけ申し上げますが、中団法（中小企業団体の組織に関する法律）がありますが、工業組合が都道府県にあり、これをもとに品管制度を行うために協議会がおかれております。それは中団法に基づく共同経済事業を行うためのものであり、組合員のためにこの制度を作り、施設を作りやっているわけです。

員外者に適用する場合は、員内の組合員に対して迷惑を及ぼさないばかりでなく、その員外者との関係で組合にとって非常に有益であるということ以外には員外利用というのは、普通は認めないんです。品管の委員会というものは、皆さん工業組合の理事長が委嘱しているわけです。設備も工組、あるいは協組、これらの人たちの力によって作り、運用しているわけです。

この組織の重要な共同事業を員外者に使わせるということは、これは法律違反です。むしろ員外者の方が規模も大きいはずです。その大きな員外者に品質管理監査のマークを与えるということは、敵に武器を与えるようなものです。そして、鉄砲を自分のところに向けて打てというのと同じであります。これは全く間違った法律の解釈です。

従って中立性とか公平性とか透明性とかが一人歩きしてしまう。これは物質的な品質のことを言っているのであり、制度そのものが独立しているとか、中立とかそういうものじゃないんです。従ってここが、非常に誤解が大きかった。これは私の全生審議会の座長としての見解で、この間セメント新聞社が取材にやってきたものですから、中団法の何条に違反する恐れがあるというようなことを話しました。

従って法律を犯して員外者に提供してしまった。

八工組に改善命令が出ておりましたがむしろ八工組のやっていること（※アウトに〇適マークを付与しないとして、経産省からの通達を拒む）の方が正しい。

四　岐路に立つ組織問題

私は、前から工組連合会と協組連合会は一本化すべきである、ということを主張しておりましたけども、なかなか一本化できない。一本化していればこのような問題は一気に解決をするわけです。中団法というのは一九九九年に改正されましたが、私は中小企業安定審議会のメンバーとして国の法律の改正に携わりました。その時にこの商工組合、皆さんの場合の工業組合でありますが、工業組合は時限立法的な形で二〇〇一（平成13）年になくなるはずだったんです。私と全国中小企業団体中央会から出た委員の二人だけがこれを残すべきということで主張致しました。それが今環境問題、リサイクル問題こういったことが出てまいりまして、全県一区の商工組合でも対応できるんじゃないかということで残ったのです。

むしろ工組と協組の二本立てが、この組織の弱体化を招いていると私は思います。

これについて詳しくは申し上げる時間がありませんが、いずれにしても今組織が岐路に立っている。それは工組と協組、工組連・協組連そして組合員の脱退、加入の問題、そして品質管理監査制度の問題、品質保証の問題、これらを含めて本当の意味での組織化というのを理論的にやらなければいけません。法律というのは非常に大事でありますから。独禁法の第二二条の適用を受けるのは協組だけです。したがって協組というのは、あくまでもこの生コンの中心に置かれなければならない。改めてはっきり申し上げておきます。

五　協同主義の輝く世紀

資本主義というのは、強いものが勝って弱いものが負ける。まさに優勝劣敗の世界です。そして自由競争の名の下に強いものがどんどん勝っていく。そういう時代であります。

ようするに自由競争の弊害というのはたくさん出ておりまして、果たしてこの自由競争を続けて行っていいのか。すなわち、修正資本主義。資本主義の反省すべき点がたくさんあるんじゃないかということで、右から左の方へ寄ってきている。中国をはじめとする社会主義国なり共産圏の国は、社会主義を標榜して平等であるとか、あるいは国家の統制経済であるとか、いろいろな下でやってまいりました。それなりに効果はありますけれども、資本主義社会のような自由活発な市場主義というものの必要性がある。そこで修正社会主義ということにおいて、社会主義に資本主義のいいところを取り入れようじゃないか、ということで左から右へ寄ってまいりました。

じゃあ、右から左へ、左から右へという経済体制の真ん中は何だと、これを考えたとき、私は間違ってはいなかったと思いますが、四〇年来主張をしてきましたのは、私の協同主義であります。協同主義コーポラティズムであります。要するにこの修正資本主義、修正社会主義の目指すものは何だというと、つい最近、イラクの戦争でご覧のようにフセインであろうがブッシュであろうが全部誰もが、正義というものを主張いたしました。

皆さん、正義ほどあてにならないものはない。時の為政者によって法律も変えられますし、そして正義という事を振りかざして戦いを挑むわけです。これは当てになりません。

私は、正義は主張するものではない。ポケットに入れるものだ。

何を主張すべきか。これは、人道主義であります。ヒューマニズムです。ヒューマニズムそしてそれの前提条件は倫理・道徳であります。

倫理・道徳を前提としたヒューマニズム、これが二一世紀に歩むべき道です。

これは思想とか民族とか言語・宗教を超越して、人間が守らなければならないことであります。従ってこのことを念頭において私は、この協同主義を目指すべきであると思います。至近な例で言いますと、皆さんの関係でセメントは、日本セメントと秩父小野田が物凄い凌ぎを削ってきたんじゃありませんか。

この二社が昨日の敵は今日の友で、あっという間に握手をして、太平洋セメントが誕生した。旧三井財閥と住友財閥がしのぎを削って戦いをしてきた企業同士が合併した。

昨日の敵は、今日の友、すぐ握手をする。これは単独では生きられないからです。

今度、中野清氏の「中小企業を救え」という本が出ます。銀行に取引契約に関する契約書があります。みなさんたいがい結んでいる筈。これは金に困ってる奴が銀行に行ったら大概「これをよく見てハンコつけ」って言われたらつきますよ。その中には連帯保証人とか個人保証人とか、みんな書いてある。それから担保の見直しなどみんな書いてある。そうすると今みたいにデフレで資産価値が減ってます。みんな取られるシステムになっているんですよ。あれは最初から優越的地位の乱用をしてるんです。

そして中小企業は誰も救ってくれない。じゃあなんなんだ。これは協同主義だ。で、先ほど木田理事長が「俺のため」なんて当たり前です、自分のためなんです。自分のためがスタートの原点です。自分を大事にするために一人じゃ生きられない。

六　業界が結束する時

さて、公共工事の減少であるとかいろいろありますが、これはどう見ても増える可能性はありません。パイが減っていくわけです。そうすると2個1あるいは集約化という方向も当然出てくるでしょう。生コン産業そのものは、あくまでも受身の産業であります。

売り込んで行ったならばパイが増えるものではありません。すべて受身であります。

ならば、限られた需要をどのように業界が受け止めて、そして高い付加価値をあげていくか、という事になります。

個々でバラバラにやっていたのでは話にならないし、それからインが強くならなくちゃいけないのに、アウトに○適マークという武器を与えるバカもないと思うのです。それがましてや中団法の法律違反をしているという事であれば、如何に業界が無知、無能であるか、これについての勉強をしなければならない。

そして、しっかりと独禁法についてもこれを勉強する。したがって、公共事業の減少あるいは民需の減少に対して、如何に業界が結束を固めていくかというときに、インはインとしての力を結集して、アウトとどうしても戦い抜かなければなりません。

なんでアウトを組合にいれないんですか？　そうして工組や協組員にしないんですか？　どうして品管制度だけ与えるんですか？　おかしくありませんか？　そういうこと自体が。してはいけないことをやっている。それには、どういう理由でやってはいけないか。中団法の何条の何項に違反しているのか。こういったことをきちっと勉強して意思統一をしなければなりません。品管制度だけが一人歩きをしてしまった。

お縄になるって事を知らないんです。罰則規定がありますからお縄になるのです。

そういう事を一人歩きさせてしまったことにおいて、私もうっかりしていましたが、まさかと思った事がまさかで無くなったということであります。

そこで事業が減り、そして苦しくなってくればくるほど、協同組織というものを活かすべきである。しかも品管というお墨付きを活かすのであって、アウトサイダーまでにその恩恵を与えて自分たちが首根っこを締める必要がありません。

そのためにＪＩＳという制度があるわけですから、今度、この制度も改正しようとか色々言っておりますがＪＩＳは変わらない。アウトはＪＩＳを使っていればいいんです。

ＪＩＳで結構だという施主もたくさんおりますから。国土交通省が○適マークの生コンでないといけないというのならば、アウトに対して組合に入りなさいということを、行政指導するべきであります。

七　協同組織連携システムの構築を

協同組織あるいは協同連携でシステムの構築ってのは、骨材・セメントなど生コンの原材料それから生コン・ゼネコンという物流がある。その中核になるのは協組であります。そしてセメントも石松専務の年表にありましたように、何回か公取にやられております。

しかし、協同組合の場合は二二条の適用を受けておりますから、中核として組織を引っ張っていくのに具合がいいわけです。セメントの皆さん、生コンの協組を活用して、価格形成力を高められたらどうでしょう。私は、戦略化ビジョンの時からセメントの共同購入ということを申し上げ、これを全く譲る気はありません。その場合もセメントのシェアを生かす。今のシェア競争をしないで価格をきちっと協組に共同仕入によって任せれば非常に安定するはずです。この事を一つもやらない。

むしろセメントは私に対して、最近はそうでもないけど一時期「けしからん」と言ったそうですが、まことにけしからんのは、セメントの人たちだと思います。協組しか価格維持あるいは事業調整する能力を持っていないんです。どうしてこれを使わないんでしょうか。これを使えば確実に利益が上がるんです。

きちっとやれば営業なんかセメントにはいりません。全部協組に任せればいいんです。

そしてきちっとした価格を維持できるはずだと思うんですが、そういう意味で協同組織連携システムというものを、構築したらどうかと思います。それは独禁法二二条適用の協組が中核となるべきです。

次に私が挙げたいのは、経済原則、すなわちより良い製品をより安く安定的にです。

要するにアウトを寄せ付けない、こういう経済原則を協組の共同事業に植えつけるべきである。そのためには、お客様第一主義を標榜しながら、これを金科玉条にしながらの品質管理あるいは保障制度を。私が戦略化ビジョンに書いたのは、損保で保障したらどうかということまで書いてあります。事故が少ないから、損保料が安いからです。品管制度を裏付けにして事故について保障する。損保による保障をしろとまで書いてあります。あれは全然まちがってない、そこまでやるべきです。先ほど、ドライバーの資格制度のお話がでましたけれども、こういう事をきちっとやっていくという事にも繋がっていくでしょう。

そして品質管理というものは保障制度それが価格形成力、値段を戴ける、そういうものになるでしょう。

そして、安定的に供給するということは、スポットはアウトで結構だ。スポットだからどうぞアウトで、そうでないものは我々が品質保証をし、損害補償もします。という位のグレードを上げる必要があるのではないかというふうに思います。

八　組織の力が必要

それから、私は前から言ってますが協組・共販オンリーの時代は終わったと思います。なぜなら、出口だけを抑えて、そして価格を上げるというのは、逆に言うと独禁法違反です。それは認められません。そうではなくて原料であるセメントの共同購入、骨材の共同購入、共同配送こういったことを全部含めてトータルな経済事業としての、協組の事業が必要であると思います。協組・共販の時代は終わりました。そしてセメントの協同購入にしても、セメントはきちっとした価格体系を作りながら、協組に価格維持をゆだねていく。

セメントにしてみれば、協組の理事長があてにならなきゃ、なにをやられるかわからないという不安も確かにあります。これもやがて払拭をしながら同盟をしていく時代が来たと思います。

それから、需給調整機能としての組合の役割があります。需給調整機能というものは三つの大きなポイントがあります。ひとつは適正価格、二つ目は需給バランス、三つ目は適正な事業者数であります。先ほども言いましたように、公共事業が減少してまいりますと、セメント、骨材もちろん生コンあるいはゼネコン、こういったところが縮小均衡体制になっていかなければなりません。ようするに集約化あるいは多角化というこの二つを同時にしていかなければならないわけです。これはデフレスパイラルの中における事業の対応であるということは、もう如何なる業種、業態を問わずそうであります。

しかし、今我々の業界はそんなに簡単に転換できるわけでもなければ、今言ったように集約化と言っても金がなければ出来ない。金を用意して組合員を削減できるなんて社会主義体制の発想。日本の資本主義体制なら弱いものは負ければいいじゃないか。ところが集約化をするためには組合が、なんらかの支援をしていこうじゃないかと、こういうようなやり方をするわけではありますが、これが出来るうちならいい。

私は、組織の力というのは大きさではなくて、組織の強さだと思うんです。したがって強さを出すために、もし二〇組合員が多すぎるならば、協組を小さく割っていけますからこれをやったらいいでしょう。工組はそれが出来ません。工組の場合は、指導事業・調査・研究、こういったことに限られる。

緩やかな連携とか色々の組織化に対応したり、需給機能としての組合の役割というものが、これから非常に大きくなってまいります。

そういうことになりますと、事務局の力が非常に重要になります。理事長も副理事長も非常勤、常務とかあるいは専務とか事務局長が常勤というようなものですが、私は生コンの協組の場合は、理事長常勤の時代だと思います。そしてまた報酬位出せるのが組織の力だと思います。私はそういう責任体制が確立されていないことが、金の卵を産む組織でありながら、産ませないで終わっていると思います。

九　品質管理監査会議について

次に、生コンクリート品質管理監査会議についてでありますが、この組織は工業組合の中にあるということが明らかであります。

従って、中団法（中小企業団体の組織に関する法律）の中に、決められているわけでしてこの品質管理監査という共同経済事業は、組合員のものなんです。もし、組合員以外に使わせる場合は、それなりの理由がある場合でありますが、今の理由は間違った理由で使わせているんです。ということは、中立性、公正性、透明性というものが、工組から独立したものだという風に思い違って一人歩きをしているんです。

委員長は県の工業組合の理事長が委嘱しております。そして監査会議から提案を受けたものを、尊重しなければならないと言っているのであって、尊重すべきでありますが、何でもみんな取り上げろと言っているわけじゃありません。

監査会議に中立性、独立性、透明性を明らかに主張されているんですが、これはあくまで生コンの物理的な品質と製法の評価と監査の厳正性の維持のためであって、監査会議が工業組合から独立して、独自に品質監査行動を行うためのものではありません。

品質管理監査会議の委員はすべて工業組合理事長により委嘱され、会議の費用もすべて工業組合が負担し、名称も○○工業組合品質管理監査会議となっており、工業組合に監査会議が設置されていることは明らかです。

独立しているとすれば、中団法違反です。こういうものは作れないんです。従ってようするに、協同組合の品質管理活動に参加していない員外者に、工業組合の監査会議の合格証を与えることは、経済競争の見地から見れば、敵に武器を与えて、協組員・工組員を殺させるに等しい行為であり、基本的に問題があります。

工業組合や協同組合は、組合員のための、組合員による組織です。このことは、中小企業団体法や中小企業協同組合法の規定から明らかであります。

工業組合は、組合員以外のものに組合の事業、共同品質管理監査事業これを利用させる事が出来ますが、その場合に中団法により、商工組合、これは皆さんは工業組合、組合員の利用に支障のない場合に限り、組合員以外の者に前項の事項で事業を利用させることが出来るという条件付規定があり、同法一七条第三項でありますが、この条項に違反した場合には、罰則が定められています。同法の第一一二条四項です。協組の場合も同様です。

協同組合法九条の二項、三項、同法の第一一五条第二の二号。組合の施設は、組合員のためのものだからであります。ということで全生連合会の会長から、この間八つの工組に、員外者に利用させることを指示してありましたけれども、いろいろのことを我々は検討いたしましたが、連合会の行為は、中小企業団体法三三条で準用する同法一七条三項に違反して、同法一一二条四項の罰則に該当する。また、連合会の指示により、工業組合がこの行為を行えば同様に違反だというのが、我々政策審議会の結論であります。

これを起爆として法律論争を展開してください。したがって中立性とか公平性、透明性というのは、品質的な問題に対してやるのがこの会議の目的であって、工業組合、協同組合から独立して存在しているものではありません。組合法だとかあるいは会議の性格というものが分かってないで、一人歩きをしたとすれば、これは大きな問題である。これについて皆さんでよくお考えいただきたい。そして勉強会をやりたいというならば、その勉強会に対応していきたいと、こういうふうに思います。

一〇　協同組合の理念大切に

よく組合の理念、あるいは協同組合の国際理念の中に、組合は組合員のために、組合員は組合のためにということが謳われております。生コン産業では、個別経営型から協組経営型へということを、前から私は提案をしております。そして、協組理念と組合員の一体性維持ということの中で、我々生コン業界が個々で対応したらとても対応できないことを、組合という組織の力によって協組共販というものをやってきた。

しかも組合には、独禁法二二条適用という金鵄勲章がある。

そして横の組織連携をとれるのも、協組であるとすれば、私はもう一度、協組理念に立ち返って、そしてこの生コン協組だけではなくて、セメント、骨材、関連資材を含めた共同事業についての中核的な役割を果たすべきではないかと思うんです。そういう事を考えますと、組合活動が低調な理由としては、三つあると思うんです。

ひとつは共同事業を明示、明らかにしていくスタッフが非常に足りない。それから組合のリーダーが不足している。その上、事務局が弱体で待遇の改善が見られない。事務局がやる気を失っている。こういう事が上げられると思います。それから、先ほど来いっている調整機能、これが非常に大事ですが、この調整機能を阻害する要因というものがあります。

ひとつは組合員間の格差の拡大であります。これは経営力の格差であり、意識格差であります。平等と公平をうまく使い分ける組合運営でなければいけません。何でも平等だ。これは筋が通りません。それは公平でなければいけません。利用分量配当というのは公平の原則からきているんです。だから、赤黒調整というのもなんでも平等にしたから、赤黒によって公平性を少しでも出そうということであります。

最初から公平性がでればー番いいのでありますが、それがし難いのも組合であります。

それから、もうひとつは後継者です。後継者のいる経営者といない経営者でもかなり違います。

二番目が相互扶助の精神の欠如、利己主義者が多いということです。己が良くなることが、全体が良くなる事であり、全体が良くなる事が、己が良くなること、これが協組理念です。それから、員外者、アウトサイダーに対応する姿勢がバラバラです。

そして組合とは、何かという基本を勉強してない人があまりにも多い。いいとこ取りをやっていて、組合の本質についてほとんど分かっていない。そこで、工組と協組の機能と役割というものを、やはり明確にする必要があるだろう。そのことが品管問題と非常に関わりを持ってまいります。これについては後ほど論議の場が、全国組織とか色んなところであろうかと思います。

どうもありがとうございました。


（二〇〇三（平成15）年五月一八日　於／宝塚グランドホテル　「関西生コン創業五〇周年記念シンポジウム」における講演採録テキストより、再編集）

第二章　関西生コン労組のストライキが切り開いた地平

――労働運動の現段階と業種別・職種別運動――

昭和女子大学人間社会学部特任教授

木下武男

一九四四年福岡県生まれ。九九年、鹿児島国際大学福祉社会学部教授、〇三年、昭和女子大学人間社会学部教授、一〇年より特任教授。専門領域は、労働組合論、賃金論、社会政策論。『日本人の賃金』（平凡社新書、九九年）、『格差社会にいどむユニオン』（花伝社、〇七年）

はじめに

関西の生コン関連四組合のストライキは二〇一一（平成23）年七月二日に始まり、一三九日間におよぶ長期のストライキを打ち抜き、一一月一七日に解除された。大阪駅前の「梅田北ヤード再開発工事」を始め、トップゼネコンの三つの大現場がストップし、大阪府下の八割の建設現場の工事が止まった。この画期的なストライキは、日本の労働運動の長期間にわたる後退過程のなかで突如としておきた。この大ストライキから多くの教訓を労働運動が引出すことは、後退から前進に切り返す上で欠かせないことである。

だが、全日建連帯労組の関西生コン支部は「色眼鏡」で見られる傾向があるようにみえる。その戦闘性には敬するが近寄らずというスタンスや、警察が、ストライキを威力業務妨害とみなし、また争議の解決金をゆすりたかりとして多くの組合幹部を不当に逮捕したことなどから、労働運動のなかでも「警戒感」があるように感じられる。しかし、関西生コン支部の運動は、日本では特異であるが、ヨーロッパでは当たり前、今回のストライキなど日常茶飯の出来事である。

そこで、この小論では、今回のストライキについて、まず第一に、ヨーロッパ型の真の労働組合運動＝ユニオニズムの視点からふり返ること、第二に、関西生コン支部の組織と運動から、何を学ぶべきなのか明らかにすること、第三に、労働運動の今後の展望のなかに位置づけること、この三つをテーマにして検討していくことにしよう。

一　「労働者間競争の規制」戦略と関西生コン支部

「練り屋」「生コン屋」などとさげすまれ、過酷な労働を強いられ、低賃金で働かされていた生コン労働者が、今や、関西地域に限れば、建設運輸分野でトップの賃金・労働条件を実現している。一方で、日本の多くの労働者は、過労死するような長時間労働のもとで働かされている。この相反する二つの現象は、労働組合論に関わる同じ根っこから生じている。それが、ユニオニズムが長い歴史をかけて追求してきた「労働者間競争の規制」という問題である。そして、関西生コンの労働者の労働条件も、この「労働者間競争の規制」戦略を追求してきた到達点としてある。

「労働者間競争の規制」は労働組合の中枢的機能であるが、日本の労働運動に十分に共有されているとは思えない。そこで少し説明しておこう。一九〇二年に書かれた『産業民主制』（法政大学出版局、一九二七年初版、六九年復刻）のなかで、シドニー＆ベアトリス・ウェッブは、労働力商品の売買の場である労働市場では、「個人取引」ではなく、「共通規則」を定めて、それに合わせるような「集合取引」をすることが大切だとして、労働組合の機能を定式化した。「共通規則」とは、労働条件を、誰にでも共通するルール・基準を決まりごととして定め、決定されることが不可欠だということである。労働者が職に就こうとお互いに競争している状況のもとでは、雇い主と労働者とが個々に労働条件を決めれば、条件は下がってしまう。「集合取引」とは団体交渉のことで、労働者も雇い主も一定のルールにもとづいて条件を決めようということである。

そして当然ながら、この団体交渉は、企業を超えた交渉でなければならない。個別企業での交渉ならば、激しい企業間競争のもとでは、個別企業での成果はやがて崩されてしまう。企業を超えたルールが必要なのである。過労死するような働かされ方は、企業横断的な労働条件規制が日本に存在しないことと結びついている。一方、関西生コン支部の成果は、企業横断的規制という労働組合の王道を歩んだものだといえる。

なお、このウエッブの大著『産業民主制』は労働組合における教科書のようなものである。そのことは、イリイチ・レーニンが、「ウエッブ夫妻の『産業民主制論』をロシア語に翻訳し、『イギリス労働組合運動の理論と実践』というタイトルで一九〇〇－一九〇一年に出版している」ことからもわかる（浅井和彦「イギリス労使関係論におけるプルーラリズムとマルクス主義」『新自由主義と労働』御茶の水書房、二〇一〇年）。翻訳は、極寒の流刑の地・シベリアにおいてである。つまり、欧米におけるあらゆる変革理論は、強大なユニオニズムの存在とその理論を前提にしていることは、留意されなければならない。

このウエッブの指摘は労働組合が確立した時代のものであるが、まだ、確立していない時代、フリードリッヒ・エンゲルスは、一八四五年に書いた『イギリスにおける労働者階級の状態』のなかで「競争」という項目をたてている。そのなかで、「労働者相互間の競争こそ、現在労働者がおかれている状態のなかで最も悪い面であり、ブルジョワジーのもっているプロレタリアートにたいする最も鋭い武器なのである。

だからこそ労働者は、組合をつくってこの競争を排除しようとつとめる」と述べている。

戦後日本でも企業横断的な「労働者間競争の規制」を労働組合の戦略的課題としてきた歴史はあった。日産争議（一九五二年）の際に、全国自動車（全自）が打ち出した職種別熟練度別賃金体系は年功賃金を廃棄し、ヨーロッパ型賃金を目指す取り組みであった。また、企業別組合を前提にしても、同業他社や他産業における企業別組合が実現した高い賃金水準に、他の企業別組合も追いつくという「到達闘争」や、春闘における賃金水準の企業横断的規制の試み、統一交渉や集団交渉などが取り組まれた時期もあったのである。

しかし、「労働者間競争の規制」戦略は、大幅賃上げの時代では実質的には棚に上げられ、今日の賃金切り下げの時代ではむしろ個別企業ごとの分散化傾向が強まっているようにみえる。今回の関西生コン支部のストライキは、戦後労働運動のなかで模索されつつ挫折したこの「労働者間競争の規制」戦略に再び立ち返ることの大切さを労働運動に知らせた意味は極めて大きいのである。

二　業種別・職種別ユニオンとしての関西生コン支部の組織と運動

関西生コン支部は、「労働者間競争の規制」戦略を理念や建前としてではなく、組織論と運動論の次元で具体化した。それができたのは、関西生コン支部が、ヨーロッパ型ユニオンを参考にし、組織も運動も、それを見事に「模倣」してつくられたからである。この点こそが、日本のすべての労働組合が検討すべきことである。

そこで、まず、関西生コン支部の出自をたどることによって、ヨーロッパ型ユニオンとの関係を明らかにしておこう。一九六五年、全自運（全国自動車運輸労働組合）に加盟していた関西の生コン業界の組合を中心にして、全自運関西地区生コン支部が結成された。やがて、一九七〇年代になると一般労働組合という組織形態に対する関心が日本で起きてきた。一九七八年に、全自運は「運輸一般」に発展し、その年、「化学一般」が結成された。七三年には「建設一般」も結成されていた。

労働組合組織論を強調した中林賢二郎は、かつて、「現在の資本主義が独占段階」にあり、「そうした資本主義の発展段階でのたたかう労働組合の基本的形態は、産業別の労働組合だといわれている」、そのなかで、「一般労組というかたちで、あらたな組織発展を考える組合がいくつも出てきた」と評価した（中林賢二郎『現代労働組合組織論』労働旬報社、一九七九年）。

そして、それらの「キッカケのひとつとして思いあたるのは、イギリスの運輸一般労組の発展とそのわが国への紹介であろう」と述べている。それは、中林の尽力でもあったが、当時のイギリス最大の組合であった運輸一般労働組合を参考にし、日本に移植しようとした試みであった。中林は、日本におけるその可能性について、不熟練労働者一般ではなく、「新しい技能労働者」や新しい「専門業種」、「技能と熟練」など職種・職業に着目していた。

つまり、関西生コン支部を重要な構成要素とした当時の運輸一般は、イギリス運輸一般労働組合の組織形態を日本に根付かせる試みの一環としてつくられたのである。そして関西生コン支部は、運輸一般のなかでも一般労働組合の組織と運動のあり方を、最も忠実に実践し、大きく拡大していった。そして、だからといえるかもしれないが、共産党の組織介入をうけ、運輸一般から離脱し、独自の運動を展開することを余儀なくされたのである。ヨーロッパ型ユニオンを目指したこの関西生コン支部の出自は、労働組合論からすれば、今回の画期的なストライキを実現させた重要な背景として理解されるべきだろう。

そこで当時、運輸一般・関西生コン支部が参考にした一般労働組合（ジェネラル・ユニオン）について簡単に説明しておこう。

一般労働組合（ジェネラル・ユニオン）

欧米では現在、一般組合と産業別組合の二つが一般的であり、経営者団体を相手とする団体交渉方式や、個人加盟の組織形態という点では違いはない。違いは、組織範囲と団体交渉の相手にある。産業別組合は、金属や商業といった大くくりの一つの「産業」を区切りとし、その経営者団体と団体交渉をする。一般組合は、そのなかに複数の「業種別グループ」（トレード・グループ）が存在し、その「業種別グループ」が、その分野に対応する産業・業種の経営者と団体交渉をする。

日本で一般労働組合の組織形態を参考にする場合、その「業種別グループ」に着目する必要がある。一つの産業の枠にとどまらず、大きな産業や小さな業種を含めて「業種別グループ」は多産業的に編成されている。一般労働組合は、その産業・業種の労働組合を吸収し、合併して、強大な結合体に成長したのである。後に検討する、日本における労働組合の合同・合併の示唆となるだろう。

今日のイギリスの運輸一般労働組合は、「港湾、鉄道、フェリー・水路」、「建設」、「航空旅客」、「航空輸送」、「自動車」、「金属」、「地方自治体」、「サービス・一般産業」など二三の「業種別グループ」のもと、二〇〇万人の組合員を擁している。

さて、このように関西生コン支部の出自は、イギリスの一般労働組合を参考にしながら構想され、発展してきたものであったが、それでは、具体的にはその組織と運動の特徴はどのようなものなのだろうか。筆者は『格差社会にいどむユニオン』（花伝社、二〇〇七年）でやや詳しく分析したが、ここでは以下、三点にしぼって検討していくことにしよう。

個人加盟の支部が決定権をもつ

第一は、組織についてである。関西生コン支部の組織の特質は、純粋な個人加盟ユニオンであることと、組合の決定権の所在にある。これが関西生コン支部の産業別運動における戦闘性の源泉になっていることに注目する必要がある。

合同労組の多くは、小さいながらも企業別組合の連合体である。また個人加盟を原則としている労働組合でも、組合員は企業を単位にした企業支部（分会）に所属し、組合の権限も支部・分会がもっている。これでは個人加盟組織であっても実質的には企業別組合の連合体になってしまう。

関西生コン支部のこれらとの決定的な違いは、結成時から、支部は「決定権をもつ統一的指導機関」であると規定していたところにある。逆に言うと、決定機関は支部にあり、その下の企業単位の分会に決定権限をもたせないということである。欧米の労働組合もまた末端の組織ではなく、これらの上部の組織に執行権・財政権・人事権が集中している。生コン業界全体の経営者を相手にして、強力な産業別統一闘争を展開していくことができるその組織的保障が、企業単位の分散性を排する支部の統一的指導性なのである。

職種別賃金

第二は、関西生コン支部の運動についてである。ヨーロッパ型ユニオンの運動と同じように、関西生コン支部は、企業横断的な労働条件を設定し、その基準に業界の各企業がそろえることを強制する。そのために集団交渉を行い、ストライキを展開してきた。問題は企業横断的な労働条件の基準である。年功賃金は、各企業ごとに賃金の決定要素も賃金水準も異なる企業内賃金であるために、企業横断的な基準になりえない。

関西生コン支部は、一九八二年に労使で確認した「三二項目協定約束事項」の「業種別・職種別賃金体系」のなかで、職種別賃金要求を明確にした。そして今日では、「会社ごとの賃金格差のない統一賃金を維持し」、「年齢間の賃金差は、一年あたり年間五〇〇〇円ほど」で、「今の年間平均所得は、七五〇万円から七八〇万円ほど」という到達点を築いている（武建一「貧困＝格差を乗り越える労働運動」『世界』二〇〇八年一月）。

このように職種別賃金という基準を設定し、これに各企業が合わせるようにさせるために集団交渉方式を追求してきたのである。集団交渉を拒否する企業があれば集中抗議を組織するとし、指名スト、時限スト、さらに統一ストと発展させ、交渉のテーブルにつくように要請した。そして、一九七三年、参加企業一四社との間で初の集団交渉が実現した。ヨーロッパにおける産業別労働協約体制という労使関係が、日本の小さな業種で実現した画期的な出来事であった。

労組と事業協同組合との共同

第三は、事業協同組合と労働組合との関係についてである。日本的土壌の上にユニオニズムを移植するためにはこの問題が十分に理解されなければならない。重層的下請構造や背景資本による個別企業の支配などによって、大企業の中小企業に対する収奪構造が存在する。また安易な新規参入によって過当競争が引き起こされ、そのなかで中小企業の経営基盤は極めて脆弱である。このような経営環境のもとで中小企業労働者の大幅な労働条件の向上をはかるためにはどのような方法があるのか、という問題である。

実は、今回の関西生コン支部のストライキは、直接的には、生コン企業に対する賃上げを要求してなされたものではない。生コン企業がゼネコン各社に販売する価格をめぐってである。関西生コン支部は、生コンの一リューべ（立方メートル）当たりの価格の引き上げを要求した。なぜ、このような要求でなされたのだろうか。

生コンは、セメントと砂、砂利、水を撹拌して製品ができる。その原料であるセメントは、大手セメントメーカーが高値を押しつけてくる。また、製品の多くの販売先であるゼネコンは、生コンを買いたたく。大企業に挟撃される形の生コン業界が生き残るには、中小企業が結束する以外にはない。その方法が中小企業協同組合である。関西の生コン企業は、協同組合をつくって「共同受注」と「共同販売」を追求してきた。ゼネコンからの生コンの受注は協同組合が共同して受ける。そして、協同組合が販売価格を設定して、ゼネコンに「共同販売」をする。これは独占禁止法に違反しない。

生コン業界の中小企業協同組合は全国に存在する。しかし、労働組合と共同し、大企業と対抗する協同組合が関西でつくり出されたのは、関西生コン支部の激しい産業別統一闘争によってである。生コン支部は経営者に、生コンの安値販売を阻止するには、協同組合という方式によって「企業間競争の規制」を実現する以外にはないことを闘争と説得によって理解させてきた。この経営基盤の安定によって賃上げの原資を確保することができる。その結果が、今日の関西地方における生コン労働者の労働条件と社会的地位の向上をもたらしたのである。今回も、ストライキの後に支部は五〇〇〇円の賃上げを実現した。

三　「二〇一〇年代労働運動」への問題提起

さて、戦後労働組合の歴史のなかで、今回の関西生コン支部のストライキを位置づけることは興味深いテーマである。筆者は戦後労働運動を、「歴史のなかで日本の労働運動をみれば、それぞれ輝く瞬間をもっていた。しかし、戦後をくくってみるならば、その歴史は、戦後の一瞬の高揚とそれ以降の長い下降線でとらえることができる」（『格差社会にいどむユニオン』）と考えている。

なぜ、「長い下降線」なのかは、戦後労働運動の多数派を形成していたのが、民間大企業労組と公務員労組であったことと深く関わっている。この二つの領域は、いわゆる年功賃金と終身雇用制など日本型雇用システムのもとで、雇用と生活が中小零細企業労働者に比べるならば、はるかに安定していた。「安定」ではあるが、同時に人事考課制度による激しい労働者間競争と活動家差別がなされていた。つまり、この民間大企業においては安定・競争・差別による労働者の企業主義的統合が強固に貫徹していたのである。また公務員労組もこの日本型雇用システムに安住してきたことは否めない。つまり、日本型雇用システムが、戦後労働運動を後退に追い込んだ規定力だったのである。

しかし、二〇〇〇年代、労働運動の舞台は急激に転換した。二〇〇〇年代に入り、日本の労働市場は構造的に変化し、新たな貧困化が広く深く進行した。貧困や格差という、これまでの日本社会では実際には存在したが、死語に近かった言葉が、今や日常会話になっている。戦前には「労働貧民」と訳されたワーキングプアという言葉も常識化されている。現局面の労働運動には、貧困・格差・失業・生活不安という新しい労働問題が突きつけられているのである。これからの労働運動が演じるべき新しい舞台がせり上がってきているとみなければならない。

しかし、その舞台で演じるには抜本的な発想の転換が必要とされる。発想の転換さえなされるならば、労働運動の基盤は根本的に転換したのであるから、日本の労働運動は揚々たる展望が開け、後退から前進に転じることができるだろう。今回の関西生コン支部のストライキは、この転換のためのヒントを提供したところに戦後労働運動の歴史に残る貢献があるとみるべきだろう。そのヒントについて三点ほど指摘しておこう。

転換への三つのヒント

第一は、膨大なワーキングプアと未組織労働者を、職種別という視点から把握することである。日本型雇用システムのもとで働いている正社員は、雇用と賃金が比較的安定しているが、企業は従業員に対する強い拘束力をもち、さらに、幅広い仕事を課している。従業員に長期の雇用を保障するためには、いろいろな仕事をこなせるようにさせ、そして昇進させるのである。つまり日本における安定した正社員の仕事は、職務・職種限定的ではないのである。

一方、非正規雇用労働者や周辺的正社員はどうなのだろうか。企業が労働者を使い捨てるということは、労働市場に同じような仕事ができる労働者が存在していることを意味する。スペアのように交換されるということは、その仕事が限定的な「部分」でもあることである。つまり、その「部分」とは「職種」に近い。職種別連帯という考えは、ここに着目することから生まれる。

ワーキングプアの状態に置かれているのは、低い報酬単価制度のもとに置かれている介護士であり、また、民営化のもとで働いている保育士でもある。製造業派遣の労働者、事務職派遣の労働者、派遣添乗員、公務職場のさまざまな職種の臨時職員、下請清掃労働者、競争入札にさらされているビルメン技術者、過当競争のもとでのトラック・バス・タクシー労働者などなどである。ワーキングプアを貧者の大軍とみることなく、職種別結集の可能な未組織労働者として見る目が、労働組合運動に求められている。

第二は労働者の団結のなかに職種別連帯の軸を確立することが大切だということである。未組織労働者を職種の視点で組織化しても、また関西生コン支部のような業種別の集団交渉には道のりは遠い。しかし、労働者が「居場所と役割」を共有できる場は、企業だけではなく、職種別の連帯があると考えることが必要だろう。労働者が働いている場での労苦、あるいは喜びといった感情は、A社、B社といった企業の中だけのことなのだろうか。膨大なワーキングプアや未組織労働者に対しては、これまで日本の労働運動では常識化されていた企業別団結だけではない、もう一つ別の連帯軸があると理解することが重要になってきている。

製造業派遣の組立工と民間の保育士とは同じ低賃金であっても、働き方はまったく異なる。労働環境の辛さや、働かせ方の不満、スキルを向上させたいという意欲、その質はそれぞれの職種ごとに異なる。

労働運動側は、この点に着目し、産業別全国組織・地域組織や、合同労組、コミュニティ・ユニオンに、今ある業種別部会や業種別共闘を、職種の視点で設計し直すことが考えられるだろう。多様な連帯の形が必要である。

第三は、日本の労働運動の再生をジェネラル・ユニオンの創出として考える、ということである。イギリスの運輸一般労働組合の末端組織は、複数の企業の組合員からなる「支部」であり、それは「地域」と「業種グループ」の二つに所属している。つまり、「職場」と「地域」と「業種」という三つの連帯基軸をもっている。日本の労働組合のなかで現状の業種別部会が再編成されるならば、それは、イギリスの一般労働組合の「業種グループ」に相当することになるだろう。

これからの労働運動

ところで、欧米の労働運動の歴史は、つねに「ワン・ビッグ・ユニオン」を求めるたたかいであった。その「ワン・ビッグ・ユニオン」の道からするならば、日本の合同労組もコミュニティ・ユニオンも、まさしく片々とした存在でしかない。欧米では「ワン・ビッグ・ユニオン」は二つの筋、すなわち未組織労働者の大々的な組織化と、あと一つ、労働組合の合併・合同によってなされてきた。その合併・合同を横に貫く軸こそが「業種グループ」であった。

労働組合の合併・合同は、組合のリソース（資源）の集中を意味し、その力の増強によって組織化や争議支援の取り組みが向上する。今後、日本の労働運動が検討すべき課題だろう。先に述べた日本における業種別部会の確立・再編という課題は、実は、一般労働組合の末端組織における「業種グループ」を創出することを意味する。つまり「職種＝地域」のブロックという一つの「積み木」がつくられる。今度は、その同じ「積み木」同士を寄せ集める。これが、労働組合の統合・合同なのである。

結びに

日本型雇用システムは瓦解してはいない。低処遇の周辺正社員では、システムは「縮小」し、非正規労働者のところでは「解体」している。しかし、日本の労働組合の多数派のところではこのシステムは「温存」されている。しかし、以前からそうであったのだが、良好な「温存」領域は、労働組合では多数派であっても、労働者全体では少数派だった。増大しつつある膨大なワーキングプアー未組織労働者こそが多数派なのである。この荒涼たる広大な領域に、今回のストライキが示した業種別連帯の視点で、組織化の鍬を入れることが、今後の労働運動における最大の課題になるだろう。その課題の地道な追及の先に、日本における「ワン・ビッグ・ユニオン」の道は拓かれるだろう。その可能性を示した関西生コン支部のストライキの意義は極めて大きい。

（本稿は二〇一一年四月に「変革のアソシエ」によって刊行された『建設独占を揺るがした139日』より収録）

第三章　関西生コンの闘いが示した協同組合運動の新しい可能性

参加型システム研究員　丸山茂樹

生活クラブ生協神奈川のシンクタンク・参加型システム研究所、農協中央会のシンクタンク・協同組合経営研究所の客員研究員。共著訳書「協同組合の基本的価値」（家の光協会）、「生きているグラムシ」（社会評論社）「生命系の経済学」（お茶の水書房）

一　はじめに――労働組合・中小企業・協同組合の視点

編集部からのテーマは「関西生コンの闘いと協同組合について」論じることである。しかし私はこれまで協同組合といっても主として生協や農協については関与してきたが、中小企業等協同組合法に基づく協同組合については、ワーカーズ・コレクティブが法人格を得るために取得した企業組合法人以外、ほとんど接していない。また、関西生コン労働組合の闘いについても、時おり、雑誌や集会などで断片的なニュースには接していたものの系統的にフォローしてきたわけではない。だから適切なコメントをする能力がないことを初めに告白しておきたい。とはいえ、この闘いは協同組合が深く関わっているので、労働組合人にも協同組合人にも「労働運動と協同組合の関係」を考えるキッカケにして頂ければ、一知半解の私のレポートでも多少は意味があるのではないかと考えお引受けした。

さて、この争議はいくつかの側面から考えることができると思う。一つは、関西地区生コン支部と共に闘った生コン産業労働組合、全港湾大阪支部の三つの労働組合のことである。彼らはこの大不況のもと、不況業種であるセメント業界・土木建設業界の狭間にあって、業界全体が沈没しかねない過剰設備・過剰人員という悪条件のもとでもめげずに闘い、一定の勝利を収めることができた。それは、労働者どうしが連帯するとともに中小企業経営者とも連帯し、建設資本やセメント資本がつくってきた「弱者に犠牲をしわ寄せする構造」を社会問題化して、その打開策を示しつつ闘ったからである。そのなかには、過剰施設の整理縮減にも同意して、公平・公正な方法と内容でこれを行ったことも含まれている。不況下の労働運動の先駆、下請け孫請け産業の運動のあり方の発展方向を示したと言ってもよい。しかしこの点については、他の専門家たちが多々論じるであろうから私はこの程度にとどめる。

次に、ストライキに立ち上がった三つの労働組合に協力した業者団体である、大阪広域生コンクリート協同組合、阪神地区生コン協同組合、生コンクリートを運搬し高圧力で型枠に流し込むポンプ業者団体のことである。彼ら不況に苦しむ業界の中小企業経営者たちが、「不況期」「不況業種」であるからとあきらめずに、労働組合と協力することで、「負担を弱者へ一方的にしわ寄せする仕組み」そのものの打開を図ったのである。彼らはいわば商売のお得意先である生コン販売会社、商社、建設会社（ゼネコン）、地方自治体などから睨まれることを覚悟の上で「不当な価格の押し付けを止めよ」と倒産覚悟で立ち上がったわけである。

これまでの労働運動や争議では登場しなかった業者団体と彼らがつくる協同組合が切り開いたこの可能性については、ぜひとも語らねばならない。業者が彼らの利益を守るために業界団体を使って活動するのはどこにでもあることだが、協同組合という組織を通じて、共益という業界の利益のみでなくそれを越えた、みんな（公共）の利益（公益）についても考えたことは重要だ。

「確かに倒産覚悟で生き残りのために闘っているが、同時に、不況と大企業のしわ寄せに苦しむ多くの中小企業の苦境と気持ちを代表して、地域社会のためにも闘っている」と異口同音に語っている経営者たちの言葉には重いものがある。

彼らの主張を知れば、既存の生協、農協、漁協、信用組合、ワーカーズ・コレクティブ、労働者協同組合など他の協同組合もインパクトを受けるはずである。残念ながら今のところ既存の協同組合のリーダー達には彼らの言葉はほとんど届いていない。しかし今後この争議の事実と意味が広がってゆけば必ず伝わると確信する。

最後に、この争議を通じて垣間見られる社会運動の発展方向について考えたい。農協は今、菅直人民主党政権の環太平洋パートナーシップ協定（ＴＰＰ）をめぐって反対運動を行っている。しかし生協陣営のナショナルセンターである日本生協連は動こうとしていない。では消費税についてはどうか。菅直人政権は税制の抜本的改正により社会保障の財源確保を図るというが、それとセットにして消費税の増税の論議を開始すると公言している。消費税の増税は、生協組合員の暮らしに直接負担がかかってくるし、生協経営にも影響するから黙視できないはずだ。農協のＴＰＰといい、生協の消費税といい、今年の最大の政治的課題になるのは必至であるのに、リーダーが互いに背を向け合っていてよいのか？

農協も生協も己の目先の経営利害だけで右往左往してはなるまい。それは世の人びとの顰蹙をかうだけである。国民多数の利益のため、もっといえばアジアの人びとをも念頭に、私利私欲を抑え、社会正義の立場に立って主張し行動することこそ肝要である。労働組合、中小企業団体、協同組合、ＮＰＯ、地方自治体など、さまざまな社会運動のアクターが、狭い利己主義、営利目的ではない共益、公益をめざしてどんな近未来社会を構想するか？この点についても最後に私見を述べてみたい。

二　テレビ東京の報道から――争議の内容と結果

最初に闘いの結果と情景について述べておきたい。

四か月有余の長期ストライキ　本年七月二日より一一月一七日まで約四か月有余にわたるストライキは、員外以外の一一〇工場で実行されました。さらに関連して、近畿バラセメント輸送協同組合／バラ車六〇〇台、近畿生コン輸送協同組合／輸送車四八〇台、近畿圧送協同組合／ポンプ車四〇〇台に対して、連帯ユニオン関西地区生コン支部・連合生コン産労・全港湾大阪支部・近畿圧送労組がストライキを実行しています。

ストライキの目標と結果　①崩壊に直面していた生コン価格引き上げと契約形態の変更、②バラ運賃五〇〇円／トン引き上げ、③生コン輸送運賃一七〇円／㎥引き上げ、④圧送基本打設料金の引き上げ、⑤集約により失業した労働者の雇用保障と出入り業者の既得権確保、⑥労働者の賃上げ、を実現することにあります。

結果は当初の目標（標準価格一万八〇〇〇円／㎥）よりは下回りましたが、旧契一万六三〇〇円、新契一万六八〇〇円が合意され、前期①〜⑥が達成されました。（本年四月一日以降の契約は新、それ以前のものは旧契約）」（中小企業組合総合研究所機関紙『提言』二〇一〇年一一月一日号（第58号）の一部を引用）

では争議はどのように行われたか？　争議最中の昨年七月一六日に放映された「テレビ東京」の『金曜特報』の報道によって、争議の情景や背景を紹介することにしたい。

梅田北ヤードのビッグ・プロジェクト工事がストップ

いま大阪などでは建設資材のコンクリートが届いていないという異常な事態が発生しています。これはなぜかといいますと、生コンクリート関係の労働組合がストライキに入っているためです。建設関係の知られざる問題点についてお伝えします。実はこれは、三月に始まりまだ妥結しない春闘の交渉なんです。こうしたなか、生コン業者には廃業に追い込まれる会社が相次いでいます。一般に知られていないもつれの糸をほぐしてみます。

ミキサー車に積まれる生コンクリート。この時期には三〇度ぐらいになっているといいます。生ですから九〇分以内に流し込まなければなりません。そのため生コンクリートの営業範囲は、半径一五キロの圏内に限定されるという特殊なものとなっています。

労働組合が協同組合にストライキ　このストは、ミキサー車の運転手などで組織している労働組合が実施しています。一般的な会社のストとは違い、今回は生コン会社が作っている協同組合に対してストを起こしているのです。協同組合は、独占禁止法を適用除外されています。一括して取り引きし仕事を分配します。また価格は、組合で自由に決定できます。この協同組合に加入しているのは、ほとんどが中小企業です。約一〇〇〇人の組合員がストに参加し、未加盟の会社や労働者を説得して同調を求めました。

ある労働者の発言。「組合の言うとおり値上げしないと生コン会社は一年以内に次つぎに潰れてゆくと思います。だからこそこのような大規模なストライキになっているんです」、「価格が安定できないから、業者によっては抜け駆けに値下げ販売をやっている。でもそれは一時しのぎでどうにもならんです」。大阪では七割位の生コン工場がストップしている、といいます。このままでは大量の会社が廃業する恐れもあります。

倒産・廃業・工場閉鎖が相次ぐ　ある経営者の発言。「これは生き残るために追い込まれているという危機感を持っています。仕事が減り、受注単価が切り下げられて生きる余地がなくなっているのです。私はストライキをかけられている側ですが、労働組合の考え方に賛同しています」

生コンの需要は、公共事業の圧縮や不況のために年々減り続けており、統計では、二〇〇九年にはピーク時一九九〇年の半分に減りました。生コン業界では、全国で三八〇〇ある工場を今後五年かけて一二〇〇減らす方針を決めました。大阪府内にあった一〇五工場のうち、過剰と言われた二六工場の閉鎖に同意して八〇工場に減らしたとのことです。

しかしこのような主張と行動を疑問視する人もいます。大阪の建設会社の関係者は、「大阪の適正価格は一万二〇〇〇円ほどです。労働組合の要求は不当です」と言い、また協同組合と取引しているある関係者は、「もはや信頼関係がなくなった。もし工事に影響が出てくれば法的措置も考える」とも言っております。

打開の鍵は支配の仕組みを変えること　協同組合は、「ゼネコンが安値を強いてくれば我々下請けの生コン業者が買い叩かれ続けるというのが現状ですね。生コン業者が生存できないような環境におかれている。仕組み自体の問題です」という。仕組みとは、上から下への関係です。ストは労働組合が協同組合にかけているわけですが、生コン業者である協同組合にとっては、上のゼネコンや生コン販売会社が要求をのまない限り、ストが続いて工事がストップするということです。

では全国的にはどうなっているのでしょうか？　生コンの価格は、東京一万二三〇〇円、広島一万三七〇〇円、大分五八〇〇円と言われています。大分では売れば売るほど赤字。専業ではない業者が片手間に日銭稼ぎをしているケースもあって、元請の言いなりになっているが、それはもはや限界であると言います。とにかく公共事業は減っていますから、価格のたたき合いで結局は倒産、廃業が後を絶たないわけです。

三　中小企業協同組合の可能性

一部のゼネコンは工事延期を構えて長期戦化を策したが、大勢は労働組合と協同組合の主張が正論であるとの社会的評価があり、行政側の関与もあって勝利のうちに終えた。ここでこの争議についての協同組合側からの発言を拾ってみると次のようなものがある。

勝利のカギは労働組合と協同組合の結束

大阪兵庫生コンクリート工業組合の理事長の猶克孝氏は、スト突入前に開かれた「生コン関連業界危機突破！総決起大会」に業界経営者二一団体九六六名、労働組合九団体一二〇六名が参加して決意を固めたことが決定的だった。適正価格の設定、出荷ベース契約の締結は業界の悲願であると述べている。

神戸生コンクリート協同組合の理事長の三好康之氏は、総決起集会に七五名が参加して、会員と所属員の意識改革を図った。大問題の事業所の集約と廃棄について商工中金と折衝を重ねて必要な資金獲得の詰めの作業をしていると述べている。

大阪広域生コンクリート協同組合の副理事長の門田哲郎氏は、近畿エリアで不正不純な素材を混入した事件が発覚して社会問題となっていることを指摘している。安い価格を押し付ける仕組みから品質劣化など、社会的に許されない不正も生じていること、協同組合が安心品質を保証する商標と安定供給を進めていることなど公的責任に触れている。

近畿生コンクリート圧送協同組合の理事長の吉田伸氏は、圧送業界は社長も現場で作業をする零細業者の集まりである。ストにより経営危機に陥った中小零細企業を救済する金融事業規約を使った緊急転貸事業に取り組んで生き残りに取り組んでいるという。

近畿生コン輸送協同組合の理事長の池田良太郎氏は、現状では燃料代、ミキサー車価格が上がり、利益はなしで正社員を減らし非正規にしてきたがもはや限界。仕組みを変えてゆく以外にないと述べている。

課題は同業組合から協同組合への脱皮

これら発言の端ばしにあるのは、業者同士の協同組合化と労働者組織との協力というテーマである。名前は協同組合でも実際には同業団体の範疇にあった。一部の経営者はその枠を乗越えてもっと高い連帯を志向しているからである。もっと高い連帯とは、経営者の利益だけにとどまらず安定した経営のために利益とリスクを分かち合うと共に社会的責任を引き受け、さらに地域社会にも貢献しようとすることである。

アントニオ・グラムシが「サバルタン（従属的社会集団）はどうしたら従属的地位から自立し、支配者集団に対して指導的立場に立つようになり得るか？」という問題を立てたことは知られている。同業組合の真の協同組合レベルへの脱皮の課題である。

ただ、この課題は一朝一夕に達成できるわけではない。当面は現在の組織率を一層拡大して、組織の切り崩しを許さない体制を整え、相互扶助の仕組みや社会的責任を担保する品質管理の制度や技術水準を高め拡充させることにエネルギーを注ぐことになろう。

ここで改めて同業組合とは異なる真の協同組合とは何か？　について敢えて触れておきたい。国際的には国際協同組合同盟（ＩＣＡ）が定めた「協同組合のアイデンティティ―定義・価値・原則」がある。ところが残念ながら日本の協同組合法制度にはこれが反映されておらず、農協法、生協法、漁協法、信協法も実は次に掲げる「共通の定義や使命」をもっていないのが現状である。また労働者生産協同組合（日本では「協同労働の協同組合法」（要綱案）という名称で国会へ提案されている）は日本では法制化されていない。農協は農水省、生協は厚生労働省、労働金庫や信用組合は厚労省と財務省・金融庁の監督下にあり縦割り行政の中で分断され、共通の協同組合の理念・社会的使命をもちえていない。この現状は克服すべき日本の協同組合陣営の喫緊の課題である。

法律の制定や改正は国会の議決が必要であるが、個別の各協同組合は自主的に定款や総代会決議でこれらの原則を取り入れることが出来る。積極的に行うべきである。

協同組合のアイデンティティに関するＩＣＡ（国際協同組合同盟）声明

定義　協同組合は、人びとの自治的な組織であり、自発的に手を結んだ人びとが、共同で所有し民主的に管理する事業体をつうじて、共通の経済的、社会的、文化的なニーズと願いをかなえることを目的とする。

価値　協同組合は、自助、自己責任、民主主義、平等、公正、連帯という価値を基礎とする。協同組合の創設者たちの伝統を受け継ぎ、協同組合の組合員は、正直、公開、社会的責任、他人への配慮という倫理的価値を信条とする。

原則

第一原則　自発的で開かれた組合員制

協同組合は、自発的な組織であり、性による差別、社会的、人種的、政治的、宗教的な差別を行わない。協同組合は、そのサービスを利用することができ、組合員としての責任を受け入れる意思のあるすべての人びとに開かれている。

第二原則　組合員による民主的管理

協同組合は、組合員が管理する民主的な組織であり、組合員は、その政策立案と意思決定に積極的に参加する。選出された役員として活動する男女は、すべての組合員に対して責任を負う。単位協同組合の段階では、組合員は平等の決議権（一人一票）をもっている。他の段階の協同組合も、民主的方法によって組織される。

第三原則　組合員の経済的参加

組合員は、協同組合に公正に出資し、その資本を民主的に管理する。少なくともその資本の一部は、通常、協同組合の共同の財産とする。組合員は、組合員になる条件として払い込まれた出資金に対して、利子がある場合でも通常、制限された利率で受け取る。組合員は、剰余金を次のいずれか、またはすべての目的のために配分する。

準備金を積み立てて、協同組合の発展に資するため―その準備金の少なくとも一部は分割不可能なものにする。
協同組合の利用高に応じて組合員に還元するため
組合員の承認により他の活動を支援するため
第四原則　自治と自立
協同組合は、組合員が管理する自治的な組織である。協同組合は、政府を含む他の組織と取り決めを行う場合、または外部から資本を調達する場合には、組合員による民主的管理を保証し、協同組合に自治を保持する条件のもとで行う。
第五原則　教育、研究および広報
協同組合は、組合員、選出された役員、マネジャー、職員がその発展に効果的に貢献できるように、教育と研修を実施する。協同組合は、一般の人びと、特に若い人びとやオピニオンリーダーに、共同することの本質と利点を知らせる。
第六原則　協同組合間の協同
協同組合は、地域的、全国的、広域的、国際的な組織をつうじて協同することにより、組合員にもっとも効果的にサービスを提供し、協同組合運動を強化する。
第七原則　地域社会への貢献
協同組合は、組合員が承認する政策にしたがって、地域社会の持続可能な発展のために活動する。

四　まとめ――市民資本セクター形成への展望

協同組合の独占禁止法の適用除外の見直し？

ところで協同組合の社会的地位は独占禁止法の適用除外によって保障されている。協同組合が決めて実行することは、独占禁止法第六章第二四条でいう、不公正な取引方法や不当に対価を引き上げるものでない限り、除外されているのだ。協同組合の基本的性格からして当然であり、半世紀にわたって存続してきた制度である。

ところがいま、あまり大衆的な論議を経ないまま、深刻な事態が政府中枢で進行している。それは民主党政権の下にある行政刷新会議の「規制・制度改革に関する分科会」のワーキンググループが「協同組合に対する独占禁止法の適用除外の見直し」を提示してきたこと（詳しくは農協中央会機関誌『月刊JA』二〇一〇年六月号を参照されたい）。これは規制改革の名のもとに進められてきた民営化・アウトソーシングの流れの一環であるが、非営利・協同の市民セクターを否定し、協同組合を株式会社と同じ原理のもとに置こうとするものであって、すでに破綻した「新自由主義・小さな政府論」の延長以外何ものでもない。

公契約条例の積極的制定へ！

政権交代が成し遂げられたにもかかわらず、自民党・財務省・国税庁の政策が引き続き推進されようとしている。反面、地域では具体的な反撃が各地域で創意的に組まれ、成果をあげている。たとえば、二〇〇九年に制定された千葉県の野田市の『公契約条例』がその一つで全国的に注目されている。すなわち、自治体が行う契約によって働く人びとの労働条件が悪化し、「ワーキングプア」、貧困層を発生させてはならないことを条例で定めたのである。

談合で一部の業者が利権を得て不当な高値を付けることは論外であるが、他方では、安ければ安いほどよいという論理で、下請け・孫請けの労働者の賃金や労働条件を顧みない契約も許されてよいわけがない。指定管理者制度の普及によって、これまで公務員が行ってきた行政サービスを民間に委託することは、ごく普通のことになりつつある。しかしこれがワーキングプアの増大を招き、住民の望むサービスの質の低下になっている例が多々ある。

そこで発注者（行政側）も受注者（業者、団体）も社会的責任を自覚して、賃金、労働基準法の規定を満たす諸条件、契約とその遵守を義務づけた条例の登場となったのである。野田市長の根元崇氏によれば、「官製ワーキングプアをなくし、豊かな地域社会をつくるために必要なルールであり、地方から国を突き動かしてゆく」と言う。（詳しくは小畑

精武『公契約条例入門』旬報社、二〇一〇年一一月）

住民サービスの質の低下を防ぎ、仕事の内容の確かさを担保し、労働者の労働条件と人権を尊重するこうした気風が地域社会に根付くことこそが本当の豊かさである。このような運動が、各地域で興りつつあることに着目すべきである。労働組合、中小企業団体、協同組合、ＮＰＯなど市民団体が、地域に住む人びとと働く人びとのために連帯して行動するとき、今の社会で圧倒的な力をもっていると思われる巨大資本（ゼネコン、商社、メーカーなど）にも対抗できる。「市民は志、知恵、労力（時間）とともに、自分たちがコントロールできる幾ばくかのお金（市民資本）を持ち寄るべきである。市民セクターという言葉よりも市民資本セクターと名乗るべきだ」というのが横田克己氏（生活クラブ生協・神奈川・名誉顧問）の提言であるが、今回のストライキは横田提言のリアリティの一端を見せてくれたと言えると思う。

（本稿は二〇一一年四月に「変革のアソシエ」によって刊行された『建設独占を揺るがした１３９日』より収録）

第四章　未曾有の苦難を協同組合の集合力で乗り切ろう

京都大学名誉教授　本山美彦

変革のアソシエ共同代表。主な著書に『倫理なき資本主義の時代』（三嶺書房）、『民営化される戦争21世紀の民族紛争と企業』（ナカニシヤ出版）、『金融権力——グローバル経済とリスク・ビジネス』（岩波書房）など多数

はじめに

関ナマの闘いは、労働者と小企業経営者の心の希望の火を点した。この連帯の勝利は、東北・関東における地震・津波・放射能汚染という日本の未曾有の苦難を克服できる鍵を提供してくれている。じつは、連帯の持つ強い力については、貧民運動を組織化できた賀川豊彦がすでに一九三二年に刊行した『神と苦難の克服』（實業之日本社）で力強く唱えられていた。この本で訴えられている賀川の協同組合論を紹介することによって、関ナマの歴史的闘争への連帯を表明したい。

賀川は、『神と苦難の克服』の「序」で、「今は日本の建直しの時である。臆病や逡巡は無用である。苦難を前にして怯まず、宇宙に溢れる霊気を渾身に覚えて、新しく精進すべき時である。朝日は昇る！　いざ黎明とともに人生の門出に急ごうではないか！」（序、四ページ）と呼びかけている。

一　協同組合設立の呼びかけ

賀川は、貧乏人の連帯感に人生の希望を託している。金があっても、心が貧しい人は「金持貧乏」人であり、貧乏しても愉快に暮らすことのできる人は「貧乏金持」である。貧乏のお陰で近所は仲良くなる。愉快に暮らすこととは、労働の尊厳を知ることである。それは、機械的反復とか模倣によって得られるものではなく、創作的労作においてのみ獲得できるものである。

営利のみを追求する社会では、労働者は人に使われ、労働の尊厳を奪われている。母の乳児に対する世話は、金銭づくで行われるものではない。母の労働は、無償の愛である。労働の尊厳の原型はここにある。

労働の尊厳を取り戻すには、人間の心の中にある力＝内なる生命力を高揚させなければならない。労働者は機械にこき使われている。しかし、人間は機械的な生活に甘んじることを拒否する。魂は、忌まわしい環境を破って、内から上に伸びるものである。

機械化された今日の社会は「貪欲社会」である。貪欲社会とは、労働せずにギャンブル的に金銭利得を実現させる社会を良とするものである。結局、向上心のない怠け者が社会を支配するようになってしまった。

怠け者が支配する社会を打ち破る力は、協同組合である。賀川は一九世紀末のデンマークの協同組合運動を賞賛していた。

少し、賀川の著書から離れる。

昭和初期、日本の農村部でデンマーク・ブームが起こった。日本では、農民が貧しく、虐げられているのに、デンマークでは、豊かな人間の生を実現する場として農村が機能しているとして、デンマークを理想として日本の農村であがめられていたのである。

デンマークは、北海道の約半分程度の面積しかない小国である。一八四八～五〇年、一八六四年の二度にわたるプロシア、オーストリアとの戦争で、デンマークは、シュレスウィヒ、ホルスタインの両州を失い、国土面積は史上最小となった。

しかし、デンマークは、一八七〇年代に、従来の穀物生産から酪農へと農業形態を転換させ、協同組合活動等を通じてデンマーク農業の再生に成功した。

そうした農業振興に大きく貢献したのが、デンマークが誇る国民高等学校であった。一八四四年、グルンドウィッヒの創意によって設立された私立の国民高等学校が最初のもので、二〇年後には全国に普及した。それまでの知識偏重教育を反省し、人格教育を重視したのがグルンドウィッヒの教育姿勢であった。義務教育を終えて実社会に数年間出た二〇歳前後の青年が主な対象であり、多くは農村部出身の子女であった。学習期間は男子が五カ月間、女子が三カ月間で、全寮制であった。授業は、二時間の休憩を挟んで、午前八時から午後六時まであり、週二回、夕食後に朗読・講演・体操等が実施された。この学校で、協同組合の思想が徹底的に教えられたのである。

当時のデンマークの主な生産品は、バター、ベーコン、鶏卵であったが、これらの製品はそれぞれの組合において加工、規格の統一が図られ、英国を主とした欧州に輸出された。こうした組合組織が発達していたことがデンマーク農業の大きな特色であった。

例えば酪農組合。この協同組合は、一八八二年に設立されて以後著しく普及し、一九二〇年代には、ほぼすべての農村に普及した。酪農組合が経営する村の製酪所が、組合員から持ち込まれた牛乳によって、バター・チーズも生産していた。

バター製造の過程で出る脱脂乳を飼料とした養豚も盛んであった。養豚の組合は、一八八七年のホーセンス豚屠殺組合が最初のものである。その後既存の屠殺業者からの妨害にあいながらも次第に発達し、一九一五年には、全国の八五%前後の豚が組合においてベーコンに加工されていた。

鶏卵販売組合も、一八九五年に創立された。この組合は、それまで十分になされていなかった品質管理を徹底し、卵に一定のマークと番号をつけて責任の所在を明らかにした。この結果、ロンドンにおけるデンマーク産の卵の評価は一変し、最高の優良品とされた。

組合を発展させるべく、支払いは、組合を支援する信用組合の口座を通して行われていた。こうして、教育、農業、協同組合、信用組合が一体となっていたデンマークが、農村の理想像とされていたのが昭和恐慌時の日本であった（http://www.katch.ne.jp/～anjomuse/exhibitions/nihon-den/namae02.htm より）。

賀川に戻る。

賀川は、デンマークのような農業協同組合を重視するが、農村だけでなく、多くの分野で協同組合を結成すべきであると言う。例えば、賀川は述べる、医療も協同組合化すべきであると。ドイツの医療の協同組合は、ドイツの死亡率を大きく低下させた。賀川によれば、日本では、約一万二〇〇〇ある農村のうち、二九〇九カ村が無医村である。医療協同組合を早急に作って無医村地区の死亡率を低下させる必要がある。

賀川は、家庭労働を軽減させるべく、主婦組合も設立すべきであるという。主婦組合によって、購買を協同にし、家事労働も協同にすれば、主婦労働は大幅に軽減されることになろう。炊飯も二軒で協同すれば、炊飯労働は半減する。一人一人が市場に行くよりも、それぞれが分担して、肉や米や野菜を一括購入して、それを分配すれば時間の大幅な節約になる。産業組合が、主婦組合の近くに野菜園や食堂、クラブを作ればなお良い。

二　協同社会の原型＝無尽頼母子講

貧困の蔓延を防ぐには、生産販売組合を徹底化させ、消費組合を強化し、人々を支える人民銀行とか労働銀行を設立すべきである。そうした銀行は、産業組合によって運営されなければならない。賀川は、人民銀行の原型を無尽頼母子講に見る。賀川がこの主張を行った一九三〇年代の日本には、無尽頼母子講が全国の津々浦々に存在していた。

ふたたび賀川から少し離れる。

頼母子講とは、仲間が集まって、掛け金を払い、そのまとまった金を仲間内でもっとも困っている人に融資する仕組みである。この仕組みは、すでに鎌倉時代の中期には存在していた。

一九〇五年に開講された泉北郡鳳村（現在の堺市）の頼母子講は、年末と年始の計二回開かれた。この講の「融通講規約」が資料として残されている。それによれば、一回の集金は、一株五円、総株数一六〇、計八〇〇円であった。これを一〇〇円ずつ八つに分け、一〇〇円ずつ貸し付ける。借り入れたい人は入札をする。入札の具体的な内容は利子の大きさである。経済原理からすれば、もっとも高い利子を約束した人に落札されるはずであるが、堺の頼母子講はそうではなかった。金をもっとも緊急に必要とする人に落札させるのである。この場合、利子は人間関係を基礎にした道徳的なものであった。元利返済は、次回の講の時に行われる。

こうした講は庶民金融、庶民への一時的な融通システムであった。金銭的な相互融通システムの他に労働の融通も行われていた。これが「結（ゆ）い」である（http://www.tanken.com/tanomosi.html）。

賀川に戻る。賀川は述懐する。

「私は神戸の葺合新川に永くいたが、近隣者を救済するためにどれだけ多くの頼母子講が立ったか知れない。ある家族が主人の殺人的行為によって投獄された後、その家族を知る四〇人ばかりの者が、月掛け五円の頼母子講を起こして、二〇〇円の金を二回与え、合計四〇〇円の金によってその一家族の窮境を救ったことを私は覚えている。……こんなことは一度や二度でなかった。一つの路地内に三本か四本の頼母子講が立っていない所はない」（同書、一二〇ページ）。

周知のように、バングラデシュのユヌスの提唱によって始められた女性向け金融組織＝グラミン銀行は、日本の頼母子講をモデルにしたものである。

賀川は、郵便局や信用組合のない所でも必ず頼母子講が存在するとして、この講を基礎とする人民銀行の設立を提案していた。こうした、日本独特の産業民主主義を発展させることが重要であって、いたずらに西欧的な資本主義組織の模倣はよくないと賀川は主張した。

こうした信用組合を設立し、利益を積み立てて病院を経営するとか、農村技術者を育てるとか、教育施設を充実させ、労働者が学ぶことのできる環境を整えることができれば、日本は貧困から脱却できるであろうと賀川は言う。

三　経済民主化の処方箋

賀川は、資本主義がもたらす貧困の原因を四つに整理した。

①自由競争が行き過ぎた結果、生産機関が一握りの少数者に独占され、多数者がそれに従属している。

②分配制度が不完全なために、多くの者が収入不足に陥り、物価の変動についていけない。

③一部の特権階級によって蹂躙されてしまっている信用組織は、人格的に信用できる人に資金が融通されないという欠陥を持っている。

④消費組織が不完全であるために、生産されている財貨と、消費される財貨との間にズレが生じ、生産過剰と恐慌が相次ぐ。そのために、仲買組織と小売商店が跋扈し、失業が増加する。近代の中でも、もっとも不自然な失業群の洪水が都市を包んでいる。

従属性、生活不安、不信用、失業という上記の四つの呪いが現在の貧困を生み出している。こうした、呪いを克服するには、自由競争社会に経済を委ねてはならない。個人主義的社会事業ではなく、社会的組織運動を基調としなければならないのである。

具体的には、以下の七つの処方によって、社会改造が実施されるべきである。

①無秩序な偽自由主義・利己主義経済組織を廃して、協同組合の組織に編成替えすること。

②協同組合の世界連盟を作って、無駄な関税競争を廃止すること。

③世界的浪費である戦争に絶対に反対すること。

④無駄な総選挙方式を止め、協同組合中心の委員選出法を作ること。
⑤法科万能・文科偏重の教育を改め、実生活に即した協同組合適合的教育を行うこと。
⑥金融組織を協同組合的信用組織に改め、金融中心の経済を排斥すること。
⑦表面的富を得ようとする欲望を整理して、労働・生命・人格を尊重する人間中心の文化組織を作り出すこと。
賀川は次の言葉で、『神と苦難の克服』を閉じた。
「蝶々でさえサナギの日のあるものを、どうして憂鬱のマユが、私の胸を縛る日のないことを望み得ようぞ。……私は、私の周囲に自らが造った小さい自分の捕縄を食い破って、永遠の日の曙に強い翼をもって飛び上がろう！」（同書、三六二ページ）。

おわりに

全国の生コン協同組合は、需要減・事業集約・工場閉鎖などの苦境の中で、あるべき協同組合の姿を造るべく懸命の努力を継続している。関西地区生コン支部執行委員長・武建一氏が主張されている「社会全体が競争型から共生・協同型にシステムの変換を迫られている時代の認識を共有すること」こそが、現在の苦境を克服できる正確な道である。物資の共同購入・輸送の協業化・適正価格の収受・品質保証・安定供給・教育の充実・集団交渉形態の維持を手段とした協同組合事業は、もっともっと進化させられなければならない。

多くの解決すべき難題を含みながらも、労働組合の協力なしに、関西生コン業界の安定は難しかったであろう。一九九四年に設立された広域協同組合には、生コンの値を上げ、中小企業の経営安定に大きく寄与したという実績がある。これには、全港湾、生コン産労、連帯労組などの全面支援が大きな力を発揮した。

いま、集団交渉を潰そうとする力がある。いざ、これからも連帯しよう。武氏も言う。「厳しい闘いが予想されるが、我々には積み重ねた知恵と経験による勝利の法則がある」。そうだ！　強い翼を持って飛び上がろう。

未曾有の大地震と津波という自然災害で苦しんでいる東北・関東の人たちに多くの手を差し伸べよう。心をつなごう。人類社会の終末を予感させるようになった福島原発事故という人災の原因を徹底的に究明し、被害を最小限に抑える手段を一刻も早く生コン業界は開発しよう。石油メジャーを押さえつけることに成功したアラブの革命児たちが、抽象的な「民主化」の錦の御旗の下で倒され、再度、反資本主義の社会体制がずたずたに引き裂かれている。独裁は犯罪である。しかし、他国を「民主化」の名の下に武力侵攻することは、はるかに大きな犯罪である。

現在の理不尽な戦争の仕掛け人たちの傲慢な行動を阻止する「反戦」運動を展開し、世界のすべての抑圧された人々との連帯を強化しよう。

曙を求めて、舫（もやい）の心をさらにつなごう。

（本稿は二〇一一年四月に「変革のアソシエ」によって刊行された『建設独占を揺るがした１３９日』より収録）

第五章　生コン産業の創立から現状そして将来の展望

石松　義明

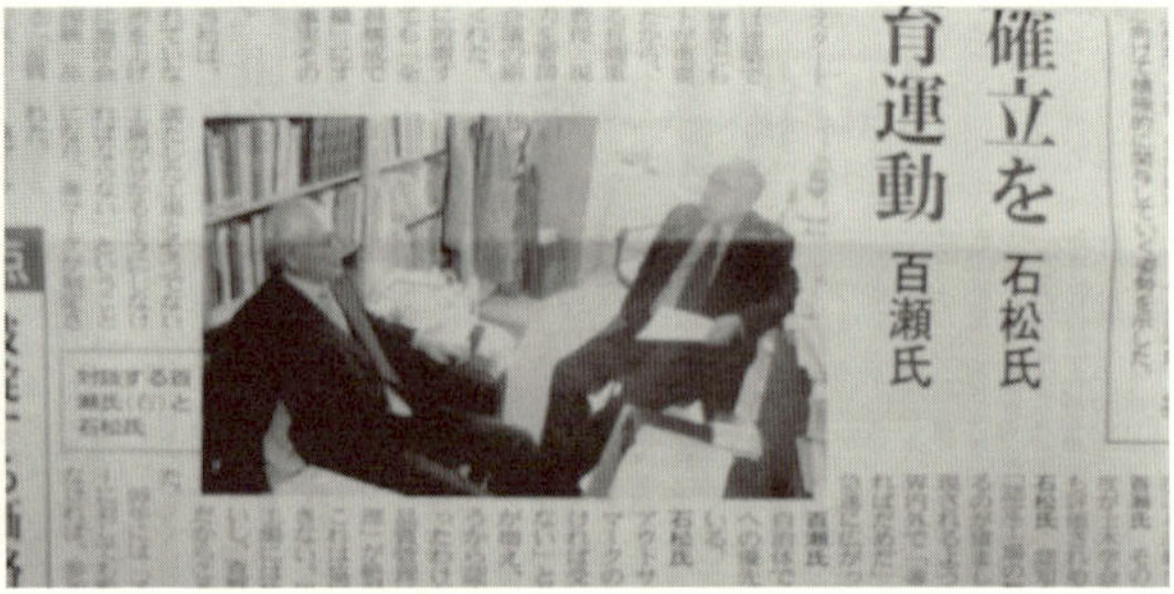

故・石松義明氏　組合総研機関紙「提言」創刊号で百瀬名誉教授と対談（2004年）

「『提言』編集部より」当組合総研設立時に顧問として指導頂いた、まさに生コン業界の重鎮であり誰よりこの産業の未来に大きなビジョンを持たれていた石松義明氏（元全国生コンクリート工業組合連合会＝全生連・専務理事）は、二〇一三年二月八日多くの業界人に惜しまれつつ他界された。八四歳の堂々のご生涯であった。氏の存在抜きには、現今の全生連事業の大部分は語りえない。それほどに大きな功績の人であった。

業界歴は、一九五二年磐城セメント（現・住友大阪セメント）入社後、支店長などで全国を歴任。その後八八年、協組を含めた全生両連合会（工業組合連合会と協同組合連合会）の二つの理事会から請われ専務理事に就任し、生コン業界との縁となった。二〇〇一年の退任まで・中小企業等近代化促進法による業界構造改善事業・品質管理監査会議などで手腕を発揮、全生連組織整備の面でも多くの貢献を果たして来られた。

氏が生前、「提言」創刊号（二〇〇四年一月二〇日付け中小企業組合研究会として刊行）で、百瀬恵夫明治大学名誉教授と語られた記念対談の中でも、安価での競争を避けるためにも〈教育制度の確立〉をこそと強調され、「教育制度は関西から！」と叱咤されている。

その意味からも、ご紹介する「生コン産業の創立から現状そして将来の展望」と題し、関西生コン創業五〇周年記念シンポジウムで語られた講演録こそ、必読のものと言える。それは、生コン産業の過ぎし半世紀を網羅し、さらに来る半世紀への提言や問題点をも盛った一言一句である。我われの未来を、協同組合を基軸にした二一世紀型地域産業として追い求めよという、今なお関西で語り草の意義深い内容こそ、石松氏からの大いなる遺言かと考える。

氏のご冥福を祈りつつ、精読をここにお願いする。

本稿は二〇〇三（平成15）年五月一八日、宝塚グランドホテルで開催された〈関西生コン創業五〇年記念シンポジウム〉記念講演で石松氏が語られた内容を全て再録している。文中の年号表記、肩書き、組織名等は全て当時のものである。

一　生コン産業の始まり

私が生コン産業に携わったのは、昭和六三年七月から平成一三年六月まででしたので、それ以前のことにつきましては直接担当しておりませんでした。せっかくの機会をいただきまして勉強いたしました。大変いろいろなことがあって先達の方々が大変苦労をして、今日の業界を創り上げてきたなというふうな感じをいたしました。

そういうものを引き継いでいく、現在から未来へ引き継いでいくのは我々自身の仕事であるというふうに思います。皆さんの仕事でもあるわけです。

わが国の生コン産業の始まりは、磐城セメント、現在の住友大阪セメントですが、この子会社の東京コンクリート株式会社が東京都の江東区の業平橋に生コン工場を建設して、昭和二四年一一月一五日に地下鉄銀座線の三越前駅の補修工事に生コンを出荷したのが、生コン産業の始まりであります。

このようにセメントメーカーが始めに生コンの事業を手がけたのは、販売の形態の変化からであります。セメントの販売手段に大革命が起こりました。セメントは当初の樽から麻袋、紙袋と荷姿が変わってバラになったわけです。

生コンクリートの前は、建設業者が現場で鉄板を敷いてセメントと砂利・砂・水を混ぜてモッコやネコ車で運んで打設しておりました。このやり方は今でも個人住宅の基礎工事やあるいは狭い道路の側溝工事などで行われていますので、皆さんも目にされた事があると思います。そういうやり方で行われていたコンクリートの打設をしているわけでしたけど、大量のコンクリートの施工と品質の均質ということを目的として、生コンクリートの生産の合理化という役割を生コン工場は負うようになったのであります。

二　昭和二八年佃工場、操業

関西では当時の大阪セメントが、昭和一二年三月、大阪湊町にSSを建設して、セメントのバラ輸送と生コン工場の建設を企画しておられたようですが、戦争のため実現を見ることがありませんでした。これは今から考えますと、すばらしい先見性だったと思います。

戦後になって昭和二七年六月に伊吹工場が完成して、大阪セメントは生コン工場の建設に着手して、二八年五月二〇日に操業した大阪生コンクリート株式会社佃工場が関西の第一号であります。

昭和二九年、三〇年には生コン工場の新設はなかったんです。三一年七月に磐城セメントの春日出工場、大阪アサノコンクリート津守工場、九月には関西小野田レミコン尻無川工場、一二月には大阪アサノコンクリート魚崎工場、三二年一二月に関西小野田レミコン大阪工場、大阪宇部コンクリート工業大阪工場、三四年には磐城セメントの堺工場、八月に関西菱光コンクリート工業の尼崎工場、三五年三月に八幡高炉コンクリートの堺第一工場、四月には大阪生コンクリートの千島工場、五月に豊国生コンクリートの尼崎工場、六月に大阪生コンクリートの向日町工場、七月に磐城セメントの西宮工場、同じく八月に神足工場、関西小野田レミコンの京都工場、それから大阪アサノコンクリートの淀川工場が出来ています。

草創期の関西の生コン工場の進出状況を調べてみるとこのようになっています。

このようにご覧いただきましたように、セメント資本が生コン工場を建設しております。もちろん、経営もセメントメーカーの直系工場として運営されております。

昭和二五年六月に起こった朝鮮動乱により日本は敗戦後の復興に弾みがついて、政府も経済界も国民も一生懸命努力をいたしました。敗戦から立ち上がり、配給制度や物不足の時代で闇市の盛んなころでしたから記憶の方もおられるでしょう。セメントメーカーも工場の生産設備の万全を期するために、大変な努力をいたしました。

昭和二〇年代に何が起こったか。まず我々に関係あることでは、通商産業省がスタートしております。二四年五月に日本の産業政策を立案し、リーダーシップとしての行政の頂点に立って、産業の発展をするために出来た通商産業省であります。同じく我々に関係のあるのは、六月に工業標準化日本工業規格、いわゆるＪＩＳの制定も出来ております。二六年には講和条約あるいは日米安保条約が調印されて、二七年にはＧＨＱが廃止され、一応戦後政策はピリオドを打ったことになっております。二八年には独禁法の改正があり、不況カルテルや合理化カルテルが容認されることになりました。二八年一一月にレディーミクストコンクリートの日本工業規格の制定、いわゆるＪＩＳ－Ａ５３０８がスタートして、現在に続いているわけです。

三　生コン懇話会、発足

二九年一一月に、磐城・アサノ・東京・日立・小野田のセメント五社で生コン懇話会の発足をしています。生コン工場の建設は、セメントメーカーがやっておりましたから、生コンの対策、どうすべきかという風な事をセメントメーカー自身で懇話会を発足して、生コンについて協議しております。

三〇年代に入りまして四月に神武景気が始まって、翌年の九月に「もはや戦後ではない」と記述されております。三〇年に日本住宅公団の発足がされ、三一年に今問題になっておる民営だと、どうするとかいうような論議をされておりますす日本道路公団は、三一年四月にスタートしております。三一年一二月には、名神高速道路の建設工事に着工しております。

三二年三月に、アサノコンクリートが、東京の三菱商事ビルに約四万㎥の納入をしております。これが大規模工事の生コン進出の端緒であります。三二年七月に赤松土建の徳島工場ができまして、これが四国の第一号ですが、この時に砕石使用の生コン実用化第一号であります。

三四年四月に新幹線の着工をしております。三四年はご記憶の方もおられると思いますが、伊勢湾台風で東海地区が大変な被害にあったわけです。この時にセメント・生コンも社会の復興に大変協力を致しました。

この年に全自動式ワンマンコントロール式のバッチヤープラントの導入が各地区で始まっております。三六年に仙台小野田レミコン仙台工場が出来て全国的に生コン工場がスタート致しました。

二四年に関東でスタートをし、二八年に大阪でスタートをして各地区に出来て、東北は三六年ということは、スタートをして一二年、東北地区の工業化あるいは産業の発展が遅れておる原因もここにあろうかと思います。

四　全国初の協同組合スタート

三六年九月に、関東生コンクリート協会が設立され、これには一三社が参加をしております。おなじく新潟、静岡も生コンの協会を設立しております。そしてみなさんの関西の生コンクリート協会の設立は三七年の四月、東海はおなじく三七年の四月に出来ております。

一八社とか一〇数社ということで非常に少ないメンバーですが、この時からやはり、一工場では無理だということで、協会を作って組織作りのうえ事業を展開して行こうということを試みてスタートをしているわけです。

そこで関西と東海が出来たその暁に関東と東海、関西の生コン協会が集まって、基準化委員会を設置しております。これは現在の技術委員会のスタートではないかと思います。

三八年一一月に中央生コンクリート事業協同組合が作られて、協会でなく協同組合を作って全国初の協同組合をスタートしています。山梨県では、生コンクリート商工協同組合というのを発足させております。

セメント不足

三九年一月には、近畿地区では近畿生コン会を設立して、これは初めての小型生コンの団体であります。同じく一〇月に関東、東海、近畿の協会が集まって、全国組織を設置しようということで準備会を開催しております。それぞれの地域ではやはり全国的な組織を作って、行政に対して、あるいは関係先に対しての力を溜めていろんな折衝をしていこうという目論見であったと思います。

三九年一二月には全国の生コン工場の数は五〇〇を突破した。

昭和四五年三月には、皆さんの地元であります大阪万博が開催されました。

このようなプロジェクト工事を目的とした、生コン工場の設置が頻繁に行われた時代であります。

四七年一月には、当時の田中角栄通産大臣が、日本列島改造論を発表し、列島改造景気が始まったわけです。セメント、生コン業界は、需要の増加を期待して、供給体制をいかに整えるかという検討をした時代です。

四八年三月には、セメントの不足から基礎資材である生コンの不足が出て、韓国から一万三〇〇〇トンのセメントを戦後初めて輸入いたしました。

その年の一〇月に第一次オイルショックが起こり、セメントメーカーの各社は、徹夜で生産対策を協議していましたが、なかなか油が潤沢に入ってこない、生産が出来ないということでセメントが不足気味になり、通産省が小口斡旋所の設置を指示して、セメントの支店は販売店への割り当てに大忙しの時期もありました。

生コンの経営者も原料のセメント確保にセメントメーカー、販売店に夜討ち朝駆けで通った時代であります。今日ではセメントの需給調整というと、価格を値上げするためのものですが、当時は燃料の不足で生産出来なかったわけですから、生産コストもアップしていきました。

四九年七月に通産省は、トン当たり一五〇〇円の値上げを認可しました。官主導の時代ですからそんなことも行われたわけですが、今では到底考えられないようなことです。

生コン工業組合設立

セメント、生コンの関係では、昭和四八年二月にセメント業界は、生コン工業組合の設立に条件付で合意しております。セメントが支配をしているという芽生えはここにあるわけです。

その条件とは何かといいますと、ひとつは非出資組合であること、二つ目はセメントの共同購入は行わないこと、三つ目は販売店の商権を侵さないことです。非出資組合の問題は、セメントメーカーは、生コンの組合に事業はやらせない、形式だけの組合にした方が良いという考えがあったようです。

これは通産省が、出資組合であることを指導したため実現しませんでした。販売店の商権を侵さないということは、当時のセメントの販売は、販売店経由であり、販売店の役割は与信とデリバリーと市場対策、あるいは市況対策でした。

このようにセメントメーカーは、生コンを自分の支配下におきたい気持ちがあったのでしょう。昭和二四年に誕生した生コンも成人したという喜びと、飛躍することへの期待感の反面、一抹の寂しさを感じる、まあ子供が成長して寂しさを感じる母親と同様に、生コン産業がひとり立ちした場合、セメントメーカーから離れて、コントロールが効かなくなることを恐れたのでしょう。

だから条件付同意となっているわけです。このように昭和四〇年代は、いざなぎ景気、列島改造、オイルショックでセメント、生コンの需要は二~三年の周期で経済変動がありましたが、総じて右肩上がりのよき時代でした。

五　協同組合の全国組織誕生

四〇年代の生コンは、関東で生コンクリート工業組合の設立が四〇年五月に出来ております。これは直系工場ではなくて、専業の生コンで組合の組織を作って、理事長には近藤さんという方が就任しておられました。同じく九月には、生コンクリートに対してＪＩＳマークの表示制度が告示されました。四一年八月生コンのＪＩＳ改正委員会の第一回の会合が開かれております。

同じく八月に、関東、東海、関西の生コン協会でミキサーの能力の基準の統一を発表しております。四一年には、岐阜県で生コンの協同組合による共同販売事業の開始をしております。これは協同組合の組織運営の第一歩であったと思います。

四二年二月に、骨材値上げに伴う問題で、関東生コン協会の四二工場が一斉に臨時休業をいたしました。経済ストを実行したわけです。

それから四二年九月には、全国団体組織に向けて関東、東海、関西の生コン協会が初会合をしております。自分たちの地域では駄目だと全国団体組織を作ろうということで初会合をしております。この年にセメント業は一〇〇％資本自由化の業種とするという指定をされております。

四三年には、全国生コンクリート事業者団体連合会の設立総会を開催して、加盟二一団体、会長には奥野さんが就任されております。同じく四三年一〇月に、全国生コンクリート協同組合連合会が発足をしております。これは、今、関東一区の地区本部長の吉田さんが会長に就任して、初めて全国組織が、協同組合でも出来ました。

四四年九月には、関東で小型生コンクリート協会が出来ております。四五年五月に通産省が、生コンクリート工業の実態調査を実施しております。これは現在、生コン四半期報がでておりますがそのスタートであります。

四五年六月に、生コン事業者団体連合会が新増設対策委員会を設置しております。この頃から新増設についてこのままほっておけないということからです。

と同時に技術面の向上をするために、研究機関の設立準備委員会を設置しております。

同じく九月に、生コンの協組連と関東の協会が、セメントメーカーに対して、生コンの市況対策に協力をしてくれ、セメントの価格を引き下げてくれということで、流通委員長へ文書で要請しております。

そのことは四五年に新増設対策委員会ができて、いろいろ検討して結果やはりセメントメーカーのシェア争いが顕著なものになり、一緒になって要請をしたのであります。

六　コンクリート技士試験実施

セメント販売量の生コン転化率は現在70％ということですが、四五年には50％になっております。二四年にゼロからスタートして二一年経って50％になったということです。

四六年一月に技術に関する関心を高め品質面でもサポートしていくということで、第一回のコンクリート技士試験を実施して合格者が一四八三名でした。

四六年四月には、全生協組連の総会で各地区の支部組織を作ろうと決議しております。

五月に全生事業者団体連合会と、全生協同組合連合会が、セメント協会の流通委員長に新増設の抑制を要請しております。これはやはりセメントの協力なしに出来ないということで、要請したものです。

一二月に全生事業者団体連合会が、新増設対策委員会を作っておりますが、その委員会でまとめたものを通産省の窯業建材課長に1新増設に対する抑制の行政指導を要請しております。その時の通産省の答えは、全国組織を作るのが先ではないですか、ということで体よく断られたというのが実情です。

四七年三月に、事業者団体連合会と協組連合会で、生コンクリート事業調査委員会をスタートして、工業組合設立による生コン組織の再編成の検討に入っております。

八月に協同組合と併存の形で、府県別に工業組合を設立しようと決議してその調査委員会を解散し、生コン工業組合設立実行委員会というふうに移行しております。

四七年八月には、関西生コンクリート協会が発展的に解散して、阪神生コンクリート協同組合に統合されました。一一月の全生協組連の緊急役員会で、工業組合設立促進を決議しております。

四八年一二月には、セメント不足等があって、セメントなどいろんな建設資材が高騰しましたので、建設省が請負工事契約のインフレスライド条項を生コン、セメントに適用を決めました。

四九年には価格協定をして値段を吊り上げたということで生コン業界を一斉に公取委が立ち入り調査をしております。同年一二月には、公正取引委員会は関東地区のセメントメーカーに対して、直系生コン六社を協同組合から脱退させよ、という勧告を出しております。

これは直系の工場は、大資本の傘下にあって中小企業では無いんだということであります。

七　構造改善事業の開始

五〇年三月には、ベトナム戦争が終了しましたが、オイルショックは継続しておりました。五二年一月から一〇月にかけてミニ不況が起こっています。

そんな中で、阪南生コンクリート協同組合が阪南方式という協同販売事業のモデルを企画して実行開始をしております。

この阪南方式は、その後の生コン市況対策のお手本として、全国の協同組合の研修等で活用されました。このように歴史を顧みますと、共同販売のスタートは関西から始まっているということが判ります。

そして、五三年八月には通産省は、中小企業近代化促進法に基づく、指定業種並びに特定業種に同時指定して五四年二月には生コン製造業近代化計画を決定しました。

いわゆる構造改善事業の始まりであります。第一次構改が五四年度から始まって五八年度まで、更に延長を要請し、近代化計画を見直しして三年間の延長がありました。五八年度末における近代化の目標は、製品の品質・生産費、それから供給の見通しで、その目標を達成するために必要な事項として七項目を挙げております。

新技術の開発に関する事項、品質管理の徹底に関する事項、設備の近代化に関する事項、生産方式の適正化に関する事項、競争の正常化に関する事項、取引関係の改善に関する事項等、そして近代化に際して配慮すべき事項として、従業員の福祉の向上に関する事項、消費者の利益の増進に関する事項、環境の保全に関する事項等が近代化計画であげられております。

五三年三月に第二次オイルショックが始まり、セメントはトン当たり一万三五〇〇円、大変な値上げとなりました。

五五年二月に収束しましたが、一〇月には日建連と土工協を始めとする建設七団体から、出荷ベースの価格制、一強度一価格という生コン協組の価格政策に対して大変な反発がありました。

これはなぜ起こったかというと、生コンは物件毎の契約でしたが、セメントが強硬な値上げをしてきましたから、生コンが全部赤字をかぶるわけにはいかないということで、出荷ベースで価格を決めたいという申し出をしたわけです。四八年のセメント不足のときは、セメントの代理戦争を生コン協同組合が建設団体とやったということです。

昭和五六年三月には大阪兵庫工組が公正取引委員会から独禁法の違反で勧告を受けております。五〇年代はオイルショックを受けて、日本の産業の変化を余儀なくされた時代でありました。セメントの焼成もオイルから石炭へ転換するために、大変な設備投資がいる。価格を上げてもらわなければならない。という論理でした。

企業はそれぞれに最善の努力を払って右肩上がりの経済成長に、いつまで続くのかなという疑問を持ちつつも、目前の経済成長の恩恵を受けたいという、経営者の欲望もあって、また金融資本は基本ルールを無視した貸付を行った時代でもありました。一時的には世界経済をリードする日本ともてはやされ、うつつを抜かしていた一〇年間でした。

五〇年代を大まかに捉えてみますと、生コン製造業が雇用調整給付金の指定業種となっております。

五〇年三月には、先に関東で行ったと同様に、関西地区と北海道地区でセメントメーカー直系生コン会社七社に対して、協同組合から脱退するように勧告しております。

五〇年六月に全国生コンクリート工業組合連合会が設立され、生コン事業者団体連合会の業務を継承することになりました。一都二二県一九組合が参加して組織ができました。会長に高橋さんが就任をされております。一方全生協組連の総会では、共販制度推進を決議しております。

八　近促法の指定業種に

五〇年七月には、東京で欠陥生コン問題が発生しております。五〇年八月に、通産大臣から全生工組連の設立の認可がありました。同じく、五〇年には全生工組連として生コン工場の品質管理ガイドブックの初版を発行しております。関東地区工組が不況対策で調整規定を申請して、これは受理されました。

五一年二月に通産省が近代化のための六項目を発表しております。

この六項目は、ひとつは四半期ごとの需要予測の設定、二つ目は公共投資の計画的実施および公共工事の発注の平準化、つまり通産省以外の建設省や地方公共団体にも協力を求めるものです。三つ目は協同組合等の組織化による共同受注、共同販売の徹底、そしてＪＩＳ工場の品質管理の監視強化、それから取引条件の適正化の指針の作成、それからスライド条項の導入ということです。

それを受けて通産省の指導で生コン産業近代化委員会というものが五一年四月にスタートしました。

全生協組連では共販の研修会を開催してセメント、生コンの関係者二六〇名が参加しました。行政から声を掛けられると業界はやらなければとなった時代でした。

五二年五月に両連合会の総会で、予算と人事機構の一本化について討議をしております。

五二年一一月に両連合会の一本化の人事を決定して、初代の会長に中村隆吉さんが就任されました。このとき全生工組連では、構造改善事業の趣旨説明の総会を開きました。

協組連では、共同販売事業のガイドブックの初版を発行しております。

この年セメントが不況カルテルの申請をして実施しております。

非常に不況の時期だったのですね。

五三年一月には、関東中央工組が品質管理監査制度の発足を決議し、第一回の品質監査を実施しております。品質管理監査の第一号です。八月には生コン製造業は、中小企業近代化促進法の指定業種、特定業種の同時指定を受けました。

九月には、通産省は近促法に基づいて、生コンクリートの実態調査をいたしました。公正取引委員会は、大阪の五協組に対して独禁法違反の疑いで立ち入り検査をしております。

全生工組連も、新設にセメントを納入しないよう申し入れをしたという疑いで立ち入り検査を受けました。

五四年二月には通産省が生コンクリート製造業分科会を設置しました。

通産省は中小企業近代化計画の告示を行い、岐阜県工組が近促法による構遁改善事業計画を提出して承認されました。これが構造改善の第一号です。

そこで全生工組連の中に構造改善推進委員会を設立して、技術、取引、適正生産方式の三部会を設置して、方針を出して各工業組合の構造改善事業が進捗するように進めてきたのは、五四年六月です。

五四年七月には、大崎生コン協組が共同輸送の実施を始めました。

五四年に地区本部長会議において構造改善事業で廃棄工場が一七一工場で新設が一二〇工場あるということ、こんなことでよいのかなと論議されました。

全生工組連では、生コンクリート製造業の近代化ガイドブックを発行しております。

五五年には、公正取引委員会が先に立ち入り調査をした大阪の五協組に対して、初の協組間の価格カルテルの違反で勧告を受けています。五五年六月に通産省が生コン工場の新増設抑制について、通達をだしております。構造改善を実行しているので適切な行政指導をしろということです。

五五年一〇月に建設七団体が協組の価格政策に不満を表明しております。

五六年三月には、大阪兵庫工組に独禁法違反で公取委が勧告をしておりますが、これを応諾しなかったために五月には審判が開始されています。

五六年一二月には、全国で始めてですが、長野の県議会に対して生コン工場の新増設の適正指導を請願して、採択されております。五七年の両連合会の総会で共同試験場の制度を発足させております。全生の中に、技術部を設置しております。

五七年一〇月には、全国の生コン産業の厚生年金基金が、厚生省の認可を得て、福利厚生の一環としてスタートしました。五八年六月には認定共同試験場の第一号が、大分県の豊肥協組の試験場が認定されました。それから、長野県議会で、品質管理監査合格証交付工場の優先使用が決議されております。

五八年一二月には、工業技術院が生コンＪＩＳ工場の公示検査を実施するという決定をしております。おなじく五八年一二月に名古屋の草間商店が台湾からセメント一〇〇〇トンを豊橋港へ荷揚げしたのが、輸入セメントの生コン工場の始まりです。

五九年九月にＮＨＫが「コンクリートクライシス」という報道番組をして、コンクリートの劣化が社会的に問題になりました。

九　「欠陥生コン」報道

六〇年代に入って一番の大きな問題は、欠陥生コンの報道であります。六三年八月にＮＨＫが大阪で欠陥生コンという報道をしたのをきっかけに、全国で生コンの品質に対する関心が非常に高まりました。六三年七月に全生両連合会の専務理事に就任したばかりでしたが、ＮＨＫの報道局を訪ねて、担当記者と報道局長と面談して報道の公正、公平について議論したことをよく覚えております。

生コン工場では公共施設であれ、個人所有物であれ、社会の財産である構造物を造る重要な基礎資材である生コンクリートの品質に対して、鋭意第一義的に配慮をしているので、そういった努力の有様も報道して欲しいということを要請いたしました。

ニュースを見た人は全てが悪であると受け止める可能性があるので、努力しているものとそうでないものと双方を報道して、選択は視聴者に任せれば良いのではないかということを主張しました。

六一年七月に大阪通産局が大阪兵庫地区の員外業者による、関西生コンクリート事業協同組合の設立を認可しております。六〇年末の工場数は、五三〇六工場で前年より若干減少しております。六一年二月に調査した結果、集約化件数は三〇件ほどありました。

六二年一月に生コン議員懇話会を発足させて、会長に渡部恒三先生を迎えました。六二年二月にローラ一転圧コンクリート舗装、いわゆるＲＣＰを大阪セメント大阪工場で施工されました。こういう新しいものは、関西からスタートしております。

六二年二月に業界安定化のための基本構想を発表し、三月に第一次構造改善事業が終了しております。七月に生コンクリート製造業の戦略化ビジョンを委員会を作って発足をしております。六三年四月に中央研究所が開設されました。六月の総会で、一一月一五日を生コン記念日と決議しました。

七月に関東中央工組が都県別に分離し、東京工組、神奈川工組、埼玉工組、千葉工組を作りました。

一〇　復興の一翼担った喜び

平成の時代は、中小企業政策の転換で自立した意欲ある企業の重視ということで、行政も社会も見る目が中小企業に対して大きな変化が出てきました。

平成の時代は構造改善事業も第二次、第三次と取り組みを重ねて、産業の発展と経営の安定に、皆さんともに汗を流してきました。

その中で、平成元年に全生連の綱領と行動指針を制定して業界全体としての方向付けと理念を確立いたしました。いま各工組あるいは協組の会議で行動指針をあるいは綱領をきちんと、順応していくという努力をしておられます。

平成七年は国民が忘れられない阪神淡路の大震災が一月一七日に発生し、六〇〇〇人を超える尊い命を始めとする甚大な被害をもたらしました。

この時大阪兵庫工組、神戸協組の社会に貢献した役割は高く評価され、復興の一翼を担った喜びは皆さんも感じられていることと思います。

私は、通行手形を建設省、通産省に折衝いたしました。この時に全生の組織というものの必要性を感じました。そして非常に協力的で、よく指導して復興に滞りのないようにと行政から声をかけられました。

これを契機にコンクリート構造物の安全性に関する社会の関心が高まりました。

それまで各工組が実施してきた組合員工場に対する品質管理監査を、全国統一基準と方式の下に実施する全国品質管理監査制度をその年の一二月に発足させました。

学識経験者や所管、発注官公庁、ユーザーである建設業界からの参加も得て、産官学による第三者機関の品質管理監査会議を設置し、監査の透明性、公正性、中立性を向上させる努力をし、公に認められつつあることはご存知のとおりです。

そしてこの時代の特徴として情報技術の飛躍的な発展により情報をいち早く伝達し、共有しそれを日々の活動にいかに活用し、組織の運営や企業経営に重要な要素となってきましたので、全生の情報ネットワークを構築いたしました。

平成に入ってからご承知のとおり、バブル経済の後始末で経済はいっこうに期待するような状況になっておりません。中小企業は、誰も助けてくれないということを明確に意識することが大切だと思います。自助努力で自らの道を拓いて生き延びなければいけません。活路は、自立して開拓していかなければならないと思います。

一　構造改善事業を八年間実施

平成六年に通産省の生活産業局長が設置した、セメント産業基本問題検討委員会が、その答申の中でセメントと生コン業界には、過度の依存体質がある、これを改めて自立した関係の構築をしてもらいたいというふうに求めています。

平成一一年には、国の中小企業政策の基本である、中小企業基本法が改正され、意欲ある個別企業や企業グループを支援する、中小企業経営革新支援法が制定され、企業の自主独立や自助努力が求められる時代となりました。

こういうときのリーダーの条件としては先見性をもって、リーダーシップを発揮することであると思います。

セセメントメーカーとの関係は、もともとセメントの販売手段として生コン工場へのセメントの供給が始まりもっぱらセメントメーカーが工場を建設してきました。

資本力、技術力、人材、工場の立地条件、骨材などの調達能力、ユーザーであるゼネコンとの力関係など、セメントメーカーの力は大きいものです。

わが国の産業政策は、99%の企業が中小企業であるにもかかわらず大企業が中心であります。生コン産業の近代化計画の立案もセメントメーカーにやってもらいました。

第一次構造改善事業はそうですが、第二次、第三次では連合会自身でやるようにしました。昭和四六年の九月に全生協組連の臨時総会で、セメント協会の原島流通委員長がセメント業界と生コン業界は車の両輪であると、生コン業界との協調を打ち出されました。

セメント業界としては、生コン業界の過当競争防止に販売店とともに責任をもって協力するといっています。皆様方のご批判もあろうかと思いますが、再度原点に帰ってかならず守るという態度ですので、懸念されることはないと思います。

協組においても共同受注、共同販売事業を通じて、地区事情に応じて結束され、安定されることを祈念してやみません。

アウトサイダーに対しても積極的に協組加入を進めていきたいと挨拶され、住友セメントの河野副委員長は、私も全幅の後援をしなければならないと覚悟していますと挨拶されています。これが〈大津会談〉であります。

このようにセメントと生コンは車の両輪という風に明言しておきながら、セメントメーカーの過当競争体質は現在も続いていると思います。

構造改善事業は、五四年から五八年度までの五年間に引き続いて三カ年延長して八年間実施しました。この成果として、生コン業界の組織化を大きく進展させました。そして組合事務所や共同試験場の拡充ができました。三つ目として品質管理監査の普及による品質の向上が進められました。四つ目は従業員の福祉の向上に努めたというように大きな成果をもたらしましたが、業界の安定という面では進展は見られなかったと思います。

六一年一一月の全生両連合会の臨時総会で、構造改善は永遠の課題であると位置づけられております。六二年二月の合同理事会でその骨子となる業界安定化のための基本構想が採択されております。この基本構想では、協組の共同事業の充実を最優先課題として、その共同事業の効果を明らかにしていく、そして協組と関係業界の間に利害を共有する関係を作り上げるというふうになっております。

これまで構造改善事業が十分な効果をあげ得なかった原因として、共同販売事業にのみ重点をおいたうえでは、十分に強力なものにできなかった、またユーザーの理解も十分に得られなかった、ということを反省のうえ、経営全般にわたって共同事業を推進することによってそのメリットを関連業界に分かち合うことが協組の立場を強化し、関連業界と利害を共有する関係を作り上げるという認識に立って、長期に亘る安定した体制を築こうというものであります。

生コンは半製品という特殊な営業形態であり、しかも商品の差別化が困難であると同時に供給範囲が九〇分以内という品質確保の制約もあります。小さい設備投資でも開業できるため、新規参入は容易であり、供給過剰になって価格競争に陥りやすい産業です。

五五年六月に通産省が生コン工場新設の抑制について通達を出してくれましたが、それでも構造改善は遅々として進まなかったのです。第二次構造改善事業も進めてまいりましたが平成一一年三月に終了いたしました。

一二　戦略ビジョンの発表

次に経営戦略化ビジョンですが、これは百瀬先生が委員長としてまとめ、六三年二月、三月各地区で説明されました。協同組合の原点に立って、協同組合のあり方を示して、業界戦略の基本構想を提示してあります。生コンの事業を自分のものと考える生業としての感覚から、近代的な企業経営の感覚に立った上で、協同組合による共同事業の成果を求めていくことが、業界戦略の基本であると謳われております。

この戦略化ビジョンが発表されますと、セメントメーカーにとっては生コン業界との関係を大きく変革するものであるということで、センセーションを巻き起こしました。

セメントメーカーは生コン業界をあくまで支配下に置くという思想から脱却できない、近代化の遅れた経営者たちの集まりだと思っております。

新しい時代に、新しいシステムを取り入れる思考力がないのではないかと思います。

生コン経営者も自分だけが安く仕入れているという自意識から脱却して共同事業に転換すべき時代であると思います。生コン産業の現状は数量が落ち込んで、一億三一四一万m^3となり、平成二年度には一億九八〇〇万m^3ですから六六〇〇万m^3も減少しております。もはや個別企業では経営が難しく協同組合に加入したほうが、得だという経営者の意識改革は現れておりますが、依然としてアウトは減りません。

操業率が12％程度というのは、生産資本では考えられないと思います。商品の特性があるにせよ、基本的に考え直すことが必要だと思います。

産官学の品質管理監査制度

製造業の使命である品質については、平成七年一月の阪神大震災を契機として、今は亡き岸谷先生のご指導により産官学体制による、品質管理監査制度の整備が着実に進められ、組合員工場の品質に対する評価は高く、信頼性も確立されてきました。

これは全国生コンクリート品質管理監査会議の長瀧議長をはじめ、各地区の議長先生方、お役所の方、ユーザーであるゼネコンの方々のご指導もさることながら、組合員一人一人が自覚し努力を重ねた結果だと思います。しかし、他人の成果をとかく羨む族が多いのは世の常です。

組合に加入しないでマークだけ取得したい、それには費用負担だけすればいいじゃないかという人の、声だけ聞いてアウトも当然監査対象にすべきである、それが公平だと言う役人もいます。

品質管理監査制度を産官学で実施するのは、監査の公平、公正を期する—という目的のためであるという監査制度に対する理解が根本的に誤っていると思います。

アウトに実施するというのは、組合の事業は組合員に限ると定めている組合法に違反する、越権行為であると思います。

組合事業の本質を理解されていないので、組合員自身またはその指導的な立場にある連合会の指導力に問題があると思います。

品質は日々管理が重要であり、日々管理は協同組合でなければ出来ないと、組合員自身が社会にアピールをする必要があります。

去る五月一日の政策審議会ではこの問題について十分審議され、品質管理監査制度のあり方の方向性が明確にされたと聞いております。品質管理を徹底し、付加価値を認めてもらう運動を組合員自身が実行しなければ、生コン産業の生きる道はないと思います。

抜本的な改革必要

現在国の財政状況、公共工事に対するやや偏見的な思想が、マスコミのオーバーな報道によって助長され、公共工事は悪の温床のように国民に認識されているように思われます。

もちろん無駄な投資は改革しなければなりませんが、日本の社会を住みやすく楽しい生活が出来るようにするには、どうすべきかという根本的な議論にもっていくべきだと思います。

しかし政府も自民党も公共工事というと及び腰になってしまう現状ですから、当面公共工事の増加は期待できないでしょう。したがって、生コン需要は中長期的には、減少傾向になるのは避けられないと思います。

平成一五年度は一億二七〇〇万㎥前後になるのではないかと思います。中期的に一億から一億一〇〇〇万㎥くらいの需要だとすれば、抜本的に供給体制を改革しなければなりません。

それが生コン産業の緊急課題だと思います。集約化事業をやらねばと悠長に構えている場合ではありません。あるべき供給体制を早急にデザインして、実行する必要があります。そして自由主義経済下における協同組合の事業のありかたを徹底的に議論してその結論を実践することが重要だと思います。

一三　二一世紀型の地域産業に

生コン産業の構造改革が遅れた原因は、一つ目は「需要の水準は今が底でこれからは横ばいか、良くなるのではないか、今までなんとかやってきたという」意識があった。

二つ目は誰かの会社が先に倒産するか、廃業するのかを見ていて自分の会社だけが生き残れるという根拠のない考え方。

三つ目は、リストラは大企業のようには行えない、生コンは地域産業であり地域社会に密着しているので、経営者は温情的な日本型経営から脱却できなかったからだと思います。

中小企業の経営は個別型では成り立たないというのは、皆さんも十分に理解をしていると思いますが、組合に自らの力を結集するという意識改革はまだまだ道遠し、と言う感じがいたします。

二一世紀は、自由主義経済で競争原理を基本としています。

個人やグループ、あるいは企業が核となって自己責任の持てるグループを組織する時代です。協同組合が自己責任をもつ集団になっていないと、勝ち残りは難しいと思います。

国の中小企業政策もその方向になっております。競争とは、企業が存続を図りながら消費者の利益を増進させるためのもので、明日のことを考えない無謀で無秩序な競争ではなく、そこに思慮や秩序があってしかるべきだと思います。経済的に弱者である中小企業でも自己改革して、組合を魂のある本当にやる気のある集団に作り変えていかなければ強者と対等に向かい合うことが出来ないと思います。

現在を反省し、五〇周年を契機としてさらに発展させようという、この記念行事はまさにそのお手本だと思います。これまでの経営者主体の経営から、経営者、株主、従業員、地域住民、ユーザーといった、企業の利害を共有する人たちと一緒になって、地域経済の発展に寄与する目的を持って、お互いに努力していくことが二一世紀の地域産業のあるべき姿だと思います。

真の信頼関係確立へ

経営者と労働者の関係について、私は関西は労働特区と見ております。たとえば、かつて三二項目の協定の中には生コン工場新増設抑制とか、ＳＳの集約化と雇用確保など、すでに二〇数年前に盛り込まれています。

福利厚生費用を含めて一〇〇億円構想などは、すでに今日の状況を想定して議論されていたようですが、そのときの社会環境とセメントメーカー、生コン経営者の関係から実現できませんでした。しかし当時の幹部の方の先見性には驚かされます。

当時の一〇〇億円はセメントメーカーにとっても生コン経営者にとっても大変な金額であったと思います。なによりも主導権を労働組合に握られることを、恐れたからではなかったかと思われます。もし、双方の幹部が先見性を持って十分に議論をし、実現していたならば、各地のお手本となり社会的な位置づけもされていたと思います。

二一世紀の生コン業界は、独自性を発揮して自分たちの立場を確立させること、そしてセメント業界は生コン業界を支配するという思想を捨てて、生コン業界に対して原料を供給するお得意様であるという意識を改めて確認して、建設業界から生コンは協同組合にまかしておけば安心だという、真の信頼関係を構築することが大切であり、品質と付加価値をお互いに、双方がみとめて社会に貢献する役割を果たすべきだと思います。

経営者と労働者の関係は、経営者は使ってやるという意識から脱却して、労働者も経営者のことを資本家だからその利益を搾取する相手と考えることから脱却して、経営者は資本を、労働者は労働資本を提供して、自分たち企業の発展を期することが大切であると思います。

そうすることによって自分たちの生活権は、自分たちの力で確保するんだという理念を持つことです。そして協同組合は団結して価格を取る、という従来の手法から脱却して、厳しい経済環境を乗り越えて雇用の安定を確保するためにも多角化に取り組み、協同組合を担保にして、組合員のために融資が受けられるくらい精進していただきたいと念願するものであります。

大阪広域協の一層の民主化を訴えるパンフから

第四部　資料篇

■六〇余年史年表　セメント産業全般の動き／★関西の動き

1945年（昭和20年）　敗戦・戦後復興へ

大阪セメント研究所（現・住友大阪セメント研究室の前身）設立

※この年に登場した40t積バラセメント運搬用ホッパー車
日本車輌で製造され、全国各地で戦後復興に活躍した
■写真は小野田セメントが保有のホキ25767（下写真）

10月　小野田セメント、津久見工場を大分第一工場に

1946年（昭和21年）

2月　セメント、政府による配給販売制に。7月から台湾セメントによる配給販売制を採用

8月　（社）日本セメント技術協会が設立

※磐城セメント、常磐鉱業（株）八茎営業所を設置

1947年（昭和22年）

5月　浅野セメント、日本セメント株式会社に商号変更。

※磐城セメント株式会社から分離独立し、常陸セメント株式会社が設立（後の日立セメントと商号変更）

※日本セメント技術協会、第1回セメント技術大会（写真は第2回）

1948年（昭和23年）

2月　（社）セメント協会＝後にセメント技術協会、セメント輸出協力会を統合し平成25年現在、全国のセメント製造メーカー17社が加盟

※敦賀セメント社、過度経済力集中排除法の適用を受けて磐城セメントから分離、再び敦賀セメントとして独立

企業・経済関連／年月

1945年（昭和20年）

※戦争の終末年として、生産荒廃～物資窮乏など深刻化

5月　ビール配給中止を大蔵省内示

9月　天候不順、戦争等で米収穫高明治43年以来最悪の不作に

10月　闇市横流しで配給備蓄米不足東京で僅か3日分と大蔵大臣発表

10月　GHQ、五大改革と憲法改正

※第1次農地改革始まる

1946年（昭和21年）

1月　たばこ「ピース」発売

3月　日刊スポーツ（初スポーツ紙）

5月　東京通信工業（現ソニー）設立

8月　日本労働組合総同盟結成

9月　経済団体連合会（経団連）設立

1947年（昭和22年）

1月　学校給食開始

3月　GHQ、ドル換算率を15円から50円に引上げ

4月　東海道線と山陽線に急行列車が復活

11月　第1回共同募金開始

1948年（昭和23年）

1月　第1回NHKのど自慢全国コンクール

9月　本田技研工業、設立

11月　競輪を初めて開催（小倉）

12月　松竹新喜劇が、結成

その他情勢／年月

1945年（昭和20年）

2月　近衛文麿、天皇に早期和平を上奏するが裁可されず

3月　東京大空襲で、民間人犠牲

4月　米軍、沖縄本島に上陸

5月　欧州戦線が終結

8月　広島・長崎に原子爆弾投下

8月　天皇、降伏を告げる玉音放送

9月　東京湾、戦艦ミズーリ艦上で降伏文書に調印

1946年（昭和21年）

1月　米ソがソウル会談

2月　第2次農地改革実施

4月　沖縄民政府が発足

7月　米ビキニ環礁で原爆実験

7月　全日本港湾労働組合結成

1947年（昭和22年）

1月　GHQ、二・一ゼネストの中止を命令

3月　国際通貨基金、操業を開始

5月　昭和天皇が初の記者会見

7月　GHQ、財閥解体の一環として三井物産・三菱商事の解体要求

1948年（昭和23年）

1月　ロイヤル米陸軍長官「日本を共産主義への防壁にする」声明

7月　マッカーサーが争議禁止のための公務員法改正を要請

11月　GHQ、岸信介・安倍源基ら戦犯容疑者17名釈放を発表

■六〇余年史年表　生コン産業全般の動き／★関西の動き

1949年（昭和24年）

11月10日　わが国初の生コン製造工場「東京コンクリート工業㈱業平橋工場」が東京墨田区・業平橋に開設
地下鉄三越前駅補修工事への生コン出荷を初とする

12月23日　東京コンクリート工業㈱を吸収合併し、磐城コンクリート工業㈱が設立

創業開始頃の同工場

↑業平橋の畔に、わが国生コン工場発祥の地を示すコンクリート碑がある

1950年（昭和25年）

5月　磐城コンクリート工業㈱、米国からAE剤を輸入し、わが国初のAEコンクリートを製造

※コンクリートポンプの国産化・大型バッチャープラント採用始まる

※セメント割当て・配給・価格統制、セメント紙袋の配給統制を撤廃

1951年（昭和26年）

4月　磐城コンクリート工業㈱池袋工場竣工

4月　東邦特殊自動車㈱アジテータ付ダンプ車開発

※地下鉄丸の内線着工　池袋—御茶ノ水間の工事に生コン使用

11月10日　コンクリート㈱、設立

1952年（昭和27年）

※打ち放し工法、盛んになる

※㈱金剛製作所でドラム型アジテータトラックを開発

※㈱犬塚製作所で傾胴型トラックミキサー車を開発（下写真）

※日本セメント上磯工場でわが国初の全溶接回転窯を設置

企業・経済関連／年月

1949年（昭和24年）

3月　ドッジライン制定

4月　対米国ドル単一為替レートで360円を実施

5月　通商産業省が発足

6月　工業標準化法により日本工業規格（JIS）を制定

9月　三井・三菱・住友・安田四財閥、自発的な解体を受諾

1950年（昭和25年）

1月　千円札、発行

5月　電波三法、公布

7月　帝国石油、民間会社で再出発

12月　吉田内閣の池田勇人蔵相、国会で「貧乏人は麦を食え」発言

1951年（昭和26年）

2月　初の総合感冒薬「ルル」発売

6月　大阪市営バス初のワンマン車

7月　初の民間ラジオ、2局開局

12月　日本石油精製、設立

※鉱工業生産指数、民間投資など戦前35年の水準に回復

1952年（昭和27年）

1月　黄変米問題、発生

2月　改進党を結成

4月　硬貨式の公衆電話登場

8月　日本が国際通貨基金・IMFに加盟

その他情勢／年月

1949年（昭和24年）

1月　毛沢東の中国人民解放軍が、北京（北平）市人民政府を樹立

4月　米国を中心に北大西洋条約を調印、NATO、発足

6月　朝鮮労働党、結成

7月　下山事件、三鷹事件が発生

8月　ソ連が初の核実験に成功

10月　湯川秀樹（京大）日本人初のノーベル賞＝物理学賞受ける

1950年（昭和25年）

6月　朝鮮戦争、勃発

7月　GHQ司令官Dマッカーサー、警察予備隊創設を日本政府に要求

7月　日本労働組合総評議会、結成

8月　警察予備隊、創設

1951年（昭和26年）

1月　第1回NHK紅白歌合戦

4月　マッカーサー、解任

9月　サンフランシスコ講和調印

9月　日米安全保障条約、締結

10月　砂川村B29爆撃機墜落事故で死者7名（横田基地から発進）

1952年（昭和27年）

1月　韓国大統領・李承晩ライン

2月　日米行政協定調印

5月　皇居前で血のメーデー事件

10月　警察予備隊を保安隊に改組

12月　イギリスロンドン市、激しい大気汚染で数千人が死亡

■六〇余年史年表　生コン産業全般の動き／★関西の動き

１９５３年（昭和28年）

5月 ★旧大阪セメント㈱が全額出資して近畿地区初の生コン製造工場「大阪生コンクリート㈱」が大阪市西淀川区・佃で開設（現・新淀生コン㈱で操業中）

8月 東海地区初の生コン製造工場「宇部コンクリート工業㈱名古屋工場操業

11月 レディミックストコンクリートの日本工業規格＝ＪＩＳ－Ａ５３０８制定

※宇部火力発電所、国産初のフライアッシュ製造

関西生コン発祥の地、大阪市西淀川区佃

１９５４年（昭和29年）

11月 磐城・アサノ・東京・日立・小野田5社で生コン懇話会を結成

11月 北陸地区初の生コン製造工場「栗原レミコン㈱」新潟工場操業

※全自動式バッチャー初生産（東京都庁舎用に使用）

当時使用されていたアジテータ車←

１９５５年（昭和30年）

4月 アサノコンクリート㈱田端工場で天然軽量骨材コンクリート製造専用の設備が完成

11月 第一セメント川崎工場に生コン製造設備完成、操業を開始

12月 セメント輸出協力会（18社）、発足

※道路用コンクリート資材製造企業団体による「全国コンクリート協会」の前身組織が30社で発足

企業・経済関連／年月

１９５３年（昭和28年）

2月 ＮＨＫ初のＴＶ放送開始

4月 大塚製薬工場、「オロナイン軟膏」発売

8月 日本テレビ＝初の民間放送

※プロレスなどが街頭テレビで

9月 大阪に初の高層建築ビル12階建て第一生命ビル完成

9月 独禁法改正（不況カルテル、合理化カルテル容認）

※熊本県水俣周辺で猫の不審死＝水俣病の発生

１９５４年（昭和29年）

3月 松下電器産業が同社初の電気掃除機を発売

4月 初の集団就職列車、青森から

4月 明治製菓が日本初の缶入りジュース発売

6月 名古屋テレビ塔完成

9月 ロート製薬「シロン」発売

※昭和の市町村大合併が進む

１９５５年（昭和30年）

1月 トヨタ、「クラウン」を発売

6月 1円アルミ貨発行

7月 経済企画庁発足

8月 初のトランジスタラジオ東京通信工業（ソニー）から

10月 鈴木自動車から初の軽自動車「スズライト」

12月 日本電信電話公社が、料金前納式の公衆電話機開発

その他情勢／年月

１９５３年（昭和28年）

3月 衆議院解散（バカヤロー解散）

5月 ヒラリー、エベレスト（チョモランマ）に初登頂

6月 反東ドイツ政府市民デモがソ連軍に弾圧される

6月 米軍輸送機が東京都小平市に墜落、死者１２９名

6月 エジプト共和国、ナセル革命

7月 朝鮮戦争の休戦成立

9月 ソ連第一書記にフルシチョフ

12月 奄美群島が日本に返還

１９５４年（昭和29年）

1月 英国航空コメットジェット機が墜落。4月にも連続し発生

2月 造船疑獄拡大、各社に捜査

3月 第五福竜丸が米国水爆実験の死の灰あびる

4月 犬養法相、造船疑獄で指揮権を発動

6月 防衛庁設置法・自衛隊法公布

12月 鳩山一郎内閣成立

１９５５年（昭和30年）

5月 東京砂川町で立川基地拡張反対総決起大会

6月 第1回日本母親大会

6月 全国軍事基地反対のための連絡会議結成

8月 森永ヒ素ミルク中毒事件／死者１３０名、重い障害含めて１万３千の乳幼児犠牲の大惨事

11月 自由党・民主党合同し、自由民主党結成 ※「55年体制」

■六〇余年史年表　生コン産業全般の動き／★関西の動き

１９５６年（昭和31年）

４月　宇部興産㈱　わが国初のフライアッシュセメントを販売
　わが国初の生コンポンプ打設工事始まる

９月　アサノコンクリート㈱が白木屋（現東急百貨店日本橋店）工事で生コン１万立米余りを圧送工法で納入

※暦年でのセメント輸出、２１２万トンで世界一位と成る

※八幡化学工業㈱の創立

当時のコンクリートポンプ車広告から←

１９５７年（昭和32年）

４月　アサノコンクリート㈱東京千代田ビル（三菱商事ビル↓）工事で約４万立米もの大量の生コン納入。大規模建築物件への生コン進出の端緒となる

７月　四国地区初の生コン工場、赤松土建㈱徳島工場が操業開始

※砕石を使用する生コン実用化、この頃から始まる

１９５８年（昭和33年）

５月　黒部第四ダムコンクリート工事の難所、大町トンネル開通

７月　磐城セメント㈱と川崎重工業㈱の共同出資で、川崎セメント㈱設立
（１９６０年に磐城セメント㈱に吸収される）

11月　高知県初の生コン工場、高知生コンクリート工業が操業開始

企業・経済関連／年月

１９５６年（昭和31年）

２月　自賠責保険の強制加入実施

２月　初の週刊誌「週刊新潮」創刊

４月　シチズンから初の耐震装置腕時計発売

８月　ライオン、初の台所用洗剤

９月　横浜市・名古屋市・京都市・大阪市・神戸市の５市、初の政令指定都市となる

10月　大阪通天閣、再建

※ＩＢＭ社が世界初のハードディスクを発売

１９５７年（昭和32年）

４月　この年の「億万長者」全国六人、一位は松下幸之助

５月　コカ・コーラ、日本で販売開始

８月　東海村原子力研究所に初の原子の火

９月　大阪市に主婦の店・ダイエー、開店

１９５８年（昭和33年）

３月　関門国道トンネル開通

５月　テレビの受信契約者数百万を突破

６月　自動車運送事業等規則改正

11月　東京―神戸間に特急こだま号運転開始

12月　１万円札発行

12月　東京タワー完工式

その他情勢／年月

１９５６年（昭和31年）

３月　パキスタンが最初のムスリム（回教国）における共和国建国

６月　大阪市営地下鉄四つ橋線花園町駅―岸里駅間開業

10月　鳩山一郎自民党内閣で、日ソ共同宣言

10月　イスラエル軍がエジプトに侵入し、第二次中東戦争、勃発

12月　カストロがキューバに上陸、ゲリラ作戦を開始

12月　日本、国際連合に加盟

１９５７年（昭和32年）

１月　南極観測隊、昭和基地開設

２月　石橋湛山内閣総辞職、岸信介内閣、成立

６月　岸首相・アイゼンハワー大統領首脳会談「日米新時代」

７月　東京都人口がロンドン抜き世界一に

10月　ソ連、世界初の人工衛星

１９５８年（昭和33年）

１月　日本、国連安全保障理事会の非常任理事国に

３月　炭労スト

７月　日本住宅公団設立

８月　中国、人民公社運動始まる

９月　藤山・ダレス共同声明
日米安保条約改定に同意

９月　総評・日教組「勤務評定」に反対の全国統一行動

■六〇余年史年表　生コン産業全般の動き／★関西の動き

1959年（昭和34年）

4月　東海道新幹線工事、着工
6月　首都高速道路公団、発足
9月　中国地区初の生コン工場、広島宇部コンクリート工業㈱海田工場が操業
10月　沖縄県唯一のセメント製造工場・琉球セメントが資本金67万2千ドルで、創立

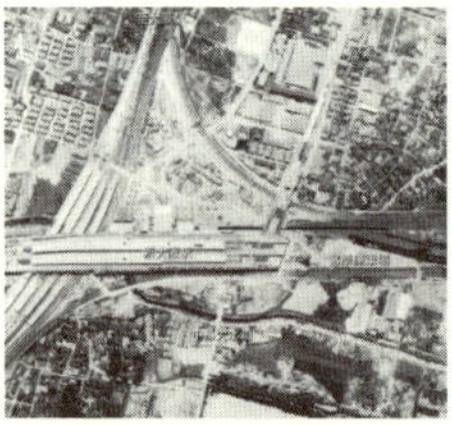
着工間もない新大阪駅周辺

1960年（昭和35年）

3月　九州地区初の生コン工場、福岡アサノコンクリート㈱福岡工場が操業
6月　東亜セメント多賀工場、操業開始
10月　北海道地区初の生コン工場、北海道生コンクリート工業㈱真駒内工場、操業
※全国で全自動ワンマンコントロール式バッチャープラント導入が進む

1961年（昭和36年）

3月　★大阪で生コン共闘会議、集団交渉の開始
4月　★生コン共闘会議、完全公休実施求めスト　生コン外十六支部　計3100名が参加する大きな規模に
4月　生コン懇話会、骨材の値上げにより約10%程度の生コン価格の値上げを全国建設業界に要望
9月　関東生コンクリート協会、13社加盟で設立
11月　東北地区初の生コン工場、仙台小野田レミコン㈱仙台工場、操業
※コンクリート用砕石基準JIS5005制定

企業・経済関連／年月

1959年（昭和34年）

2月　黒部ダムトンネル開通
3月　少年マガジン・少年サンデー創刊
4月　最低賃金法公布
4月　国民年金法公布
7月　日本テレビが、巨人対大洋戦でカラーで世界初ナイター中継
7月　在日朝鮮人帰還協定、赤十字が調印（帰還事業始まる）

1960年（昭和35年）

2月　東京23区内の電話局番がすべて三ケタに
6月　初のロングフィルター煙草「ハイライト」発売
9月　NHKなど6局、カラーテレビ放送を開始
12月　池田内閣、国民所得の倍増計画を発表

1961年（昭和36年）

2月　日本医師会・日本歯科医師会医療費値上げで全国一斉休診
6月　小児マヒ患者1月以来千人突破、生ワクチン緊急輸入決定
8月　大阪・釜ケ崎ドヤ街で住民2千人が暴動
12月　岩戸景気終わる
この年、日本銀行は計3回にわたり公定歩合引き下げ
※ジャズ喫茶・うたごえ喫茶隆盛　全国でレジャーブーム起こる

その他情勢／年月

1959年（昭和34年）

3月　メートル法施行
4月　皇太子成婚式
9月　伊勢湾台風で死者・不明総計5千人超の犠牲
11月　水俣病問題で漁民1500人が警官隊と衝突
11月　安保阻止統一行動デモ隊約2万人が国会構内に入る
12月　三池炭鉱で争議始まる

1960年（昭和35年）

5月　警官隊導入で自民党が日米新安保条約・行政協定を強行採決
6月　全学連主流派4千人国会に突入、東大生樺美智子死亡
6月　安保阻止統一行動、33万人が国会周辺をデモで取り囲む
7月　岸内閣総辞職
12月　社会党委員長・浅沼稲次郎演説中に右翼少年に刺殺さる

1961年（昭和36年）

1月　ケネディアメリカ大統領就任
1月　社会党大会で構造改革路線
4月　沖縄・那覇で祖国復帰県民総決起大会開催、2万人が参加
5月　韓国、軍事クーデター
8月　東独、ベルリンの壁作る
9月　経済協力開発機構、発足
12月　第5回世界労働組合大会
12月　旧軍人らによる、内閣要人暗殺計画発覚「三無事件」

■六〇余年史年表　生コン産業全般の動き／★関西の動き

１９６２年（昭和37年）

4月 ★関西生コンクリート協会設立／東海生コンクリート協会設立
8月 全国生コン共闘発足会議、大阪労働会館で
8月 関東生コンクリート協会、都内交通規制問題で回答を警視総監あて回答提出
11月 ★大阪、三黄通運・佃団交で会社側に暴力団排除を求める
12月 関東、東海、関西の生コンクリート協会が基準化委員会設置（生コン配合の簡素化検討開始）
※スウェーデンよりバン型強制練りミキサー輸入

１９６３年（昭和38年）

1月 新潟生コン協会設立
2月 ★関西地区生コン運輸労働者協議会（関西労協）結成、府立労働センターにて
3月 ★生コン共闘会議４社統一団体交渉始まる〈春闘スト権確立〉
8月 ★生コン共闘会議、退職金労働協約で統一要求方針
10月 磐城セメント、住友セメント㈱に社名、変更
※全国の生コン工場数、１年間で１７０以上も急増

１９６４年（昭和39年）

1月 ★初の小型生コン団体・近畿生コン会設立
2月 ★生コン共闘会議、64春闘統一要求書提出
4月 ★生コン共闘会議への経営側春闘対策で４社打ち合わせ会立ち上げ
8月 ★関西宇部生コン解雇撤回、労組側全面勝利
10月 ★関扇運輸㈱で労働争議激化
10月 関東・東海・近畿の３協会、全国組織設置準備委員会開催
※コンクリートポンプ車開発、名古屋でポンプ圧送業開始
※大阪周辺の生コン工場、67社と１年で３倍になる（全国では５００超える）

企業・経済関連／年月

１９６２年（昭和37年）

3月 テレビ受信契約数が約１千万件を突破
6月 北陸トンネル開通
8月 戦後初の国産飛行機ＹＳ―11試験飛行に成功
11月 日中貿易覚書に調印（ＬＴ貿易の開始）
※ＬＴの呼び名は、両国の調印責任者廖承志Liaoと高碕達之助Takasaki両氏イニシャルから取られた

１９６３年（昭和38年）

2月 ５市合併で北九州市が誕生全国６番目の政令指定都市に
6月 関西電力、黒部第四発電所が完成
7月 名神高速が一部開通
8月 人工軽量骨材の生産開始
11月 初の日米間の衛星中継実験に成功（ケネディ暗殺を伝える）

１９６４年（昭和39年）

1月 紙巻きたばこの害が問題化
2月 大日本印刷をめぐる産業スパイ事件、白系ロシア人逮捕
4月 日本、ＯＥＣＤに正式加盟
6月 ビール・酒類、25年ぶりで全面的自由価格に
10月 東海道新幹線、全面開通開業時、東京―新大阪間４時間
11月 ソニー、家庭用ビデオレコーダー発売、ホームビデオの始まり

その他情勢／年月

１９６２年（昭和37年）

2月 東京都、世界初１千万都市に
5月 国鉄駅構内で列車二重衝突１６０人死亡（三河島事故）
7月 台湾のコレラ騒動で厚生省、台湾バナナの輸入禁止
11月 鳥取大山で国民休暇村第１号
11月 東京・世田谷区の電話ボックスで火薬爆発、草加次郎と名乗る人物の犯行「草加事件」の始まり

１９６３年（昭和38年）

4月 大阪駅前に初の横断歩道橋
5月 埼玉県で狭山事件起る
7月 老人福祉法公布
8月 全国戦没者追悼式始まる
8月 米国で人権求め、ワシントン首都大行進
11月 ケネディ大統領がテキサス州ダラスで暗殺される

１９６４年（昭和39年）

1月 政府、公共料金値上げの１年間凍結を発表
4月 日本人の海外観光渡航自由化
7月 日本、ＯＥＣＤに正式加盟
8月 米国、北ベトナム爆撃開始
8月 第18回オリンピック東京大会94カ国５５４１人の選手
10月 池田勇人首相、咽頭癌で辞職
11月 佐藤栄作内閣成立
11月 公明党結成

■六〇余年史年表　生コン産業全般の動き／★関西の動き

1965年（昭和40年）

3月　★関扇運輸闘争中のビラ貼り組合員を不当逮捕
5月　関東生コンクリート工業組合（初の専業生コン工業組合）理事長に近藤銀治氏
6月　★関西労働組合側で65夏季一時金、統一要求書提出
9月　生コンクリートへのJISマーク表示制度を告示
10月　**★全自運関西地区生コン支部結成第1回定期大会**に5分会183名が集結（於・西淀川労働会館）
※建設省「砂利採取の現状と見通し」を発表

支部結成の呼びかけビラ

1966年（昭和41年）

1月　★近鉄あやめ池で関西地区生コン支部春闘討論集会
2月　福井県生コンクリート工業組合設立
4月　★関西地区生コン支部ベトナム侵略反対、交通ゼネスト連帯で24時間スト
8月　関東、東海、近畿生コン協会によるミキサー車能力基準の統一
10月　★大衆扇動を理由に三生運輸佃分会の武・木村・川口に懲戒解雇処分
11月　★ベトナム侵略反対・三生不当解雇反対大決起集会デモに900人
※岐阜県で生コン協同組合による共同販売事業始まる

1967年（昭和42年）

2月　関東生コンクリート協会42工場が骨材値上げに抗議し、一斉臨時休業
4月　★関扇運輸支部ビラ貼り事件、大阪地裁で無罪判決
（使用者概念拡大の観点から親会社アサノを社会的責任ありとの判断下る）
6月　日本生コン輸送協会、設立
9月　全国団体結成に向け、関東、東海、関西の生コンクリート協会が初会合
※麻生産業㈱セメント部門を分離、麻生セメント㈱設立

企業・経済関連／年月

1965年（昭和40年）

1月　日本航空、海外団体旅行用「ジャルパック」開始
2月　アンプル風邪薬による死者続出、製薬会社販売規制
9月　国鉄「みどりの窓口」開設、コンピュータによる特急券指定
11月　初の「コンピュータ白書」で台数は世界2位に
12月　造船進水量が10年連続で世界一位

1966年（昭和41年）

2月　第1回物価メーデー
3月　日本の総人口1億人突破
4月　公労協・交運共闘統一スト
5月　「電通」売り上げ、テレビ広告が初めて新聞を4%上回る
6月　国民年金法改正
7月　新国際空港建設地を千葉県成田市三里塚に決定
12月　建国記念日を2月11日に決定

1967年（昭和42年）

3月　青年医師連合インターン制に反対し国家試験ボイコット
4月　イタイイタイ病、三井金属神岡鉱業所廃水が原因と特定
8月　公害対策基本法公布
9月　四日市ぜんそく患者、石油コンビナート6社に慰謝料訴訟
10月　深夜放送「オールナイトニッポン」始まる
12月　都電、銀座線など9系統廃止

その他情勢／年月

1965年（昭和40年）

2月　社会党、防衛庁三矢研究を追究
2月　米軍、ベトナム北爆開始
4月　ベ平連主催、初のデモ行進
6月　福岡県山野炭坑でガス爆発237人死亡
6月　家永三郎教科書裁判始まる
6月　日韓基本条約ほか関係4協定
10月　朝永振一郎にノーベル物理学賞授与

1966年（昭和41年）

2月　全日空ボーイング727、羽田沖に墜落133人全員死亡
3月　カナダ航空DC8、羽田空港防潮堤に衝突炎上64人死亡
3月　英国航空ボーイング707、富士山上空で分解124人死亡
5月　米原潜横須賀入港、反対デモ
11月　全日空YS—11松山空港沖で墜落50人全員死亡
12月　衆議院、「黒い霧」解散

1967年（昭和42年）

4月　東京都知事選美濃部亮吉当選革新都政の誕生
8月　新宿駅構内で米軍タンク車と貨車衝突、国電1185本運休
10月　三派全学連、佐藤首相アジア～太平洋諸国訪問への抗議デモ京大生死亡・第1次羽田事件
11月　成田新空港測量反対座り込み
11月　日米首脳会談共同声明で小笠原諸島の返還発表

■六〇余年史年表　生コン産業全般の動き／★関西の動き

1968年（昭和43年）

1月 ★大和分会の活動家への不当解雇撤回闘争始まる
4月 全国生コンクリート事業者団体連合会（全生事連）設立、奥野智行会長
5月 JIS—A5308、初の大改正
5月 ★豊中レミコン、労働協約獲得（全自運潰しを策する会社に対抗）
8月 砂利採取法改正（採取規制の強化）
10月 全国生コンクリート協同組合連合会発足（全生協連）吉田治雄氏会長に
10月 ★不当解雇撤回闘争強化月間（解雇者を中心に職場オルグを強化宣伝取組み）

東大安田講堂、攻防の末に

1969年（昭和44年）

4月 全生事連、定時総会／会長に高橋一郎氏
5月 全生協連、通常総会／会長に柏原三郎氏
9月 ★三生佃分会の3組合員解雇撤回闘争裁判で勝利
9月 関東小型生コンクリート協会設立／会長に矢島利三氏
9月 九州生コンクリート事業者団体連合会、設立
11月 ★関扇運輸闘争勝利集会（中之島公会堂）に1000名集結

1970年（昭和45年）

2月 ★三生佃分会勝利報告集会に160名参加
3月 関東生コンクリート圧送協会、設立
3月 ★関西で全国生コン共闘会議、「万博合理化問題」協議
6月 全生事連〈安全作業を行うための生コン工場安全基準〉を発行
9月 新日鉄発足で、富士セメント㈱が日鐵セメント㈱に社名変更
10月 北海道生コンクリート事業者団体連合会、設立
12月 関東地区で初の砂利供給スト
※バッチャープラントに自動出荷管理装置などの導入が始まる

70年万博・太陽の塔

企業・経済関連／年月

1968年（昭和43年）

2月 ソ連が大陸棚主権宣言
2月 全国でコカ・コーラ商品発売
3月 お昼のワイドショー登場
4月 日本初の超高層ビル、霞が関ビル完成
4月 東名高速道路、各区間が開通
7月 郵便番号制度実施
12月 大気汚染・騒音規制法施行
12月 東京都府中市で三億円強奪事件発生

1969年（昭和44年）

2月 タブロイド紙・夕刊フジ創刊
3月 NHK-FM放送、開始
3月 西名阪自動車道が全線開通
5月 国鉄、グリーン車制導入
5月 東名高速道路が全線開通
6月 夜行高速バスの運行開始
6月 日本のGNP（国民総生産）が西ドイツを抜き世界第2位に
12月 住友銀行が日本初の現金自動支払機を設置

1970年（昭和45年）

3月 大阪吹田市で万国博覧会開幕
3月 八幡製鐵・富士製鐵が合併、新日本製鐵（新日鉄）が発足
4月 大阪市北区でガス爆発事故（天六ガス爆発事故）死者79人
4月 日立、LSI大規模集積回路を開発
8月 東京都内で初めての歩行者天国、銀座など5ヶ所で
9月 ソニー、NY証券取引所で日本株として初の上場

その他情勢／年月

1968年（昭和43年）

1月 佐世保で米原子力空母の寄港反対で学生市民ら大規模抗議
1月 東大医学部で東大紛争始まる
5月 日大全学共闘会議結成　これ以降、全国で学園紛争広がる
6月 九州大学構内に米軍機墜落
6月 小笠原諸島、正式に日本復帰
11月 反日共系学生、安保粉砕叫び多数が首相官邸突入

1969年（昭和44年）

1月 東大安田講堂攻防戦、影響で東京大学の入学試験が中止
3月 中ソ国境紛争勃発
6月 民族解放戦線、南ベトナム共和国臨時革命政府樹立
7月 アポロ11号が人類初月面着陸
9月 中国が第1回の地下核実験
11月 大菩薩峠で赤軍派多数を逮捕
11月 佐藤栄作首相が訪米、3年後の沖縄返還合意

1970年（昭和45年）

4月 中国が初の人工衛星打ち上げ
6月 日米安全保障条約自動延長　安保反対行動、77万人参加
10月 チリ大統領選で人民連合のサルバドール・アジェンデ当選
11月 三島由紀夫、市ヶ谷自衛隊総監部にて割腹自決
12月 新華社通信「尖閣諸島は中国領」と報道
12月 沖縄コザ市で反米暴動

■六〇余年史年表　生コン産業全般の動き／★関西の動き

１９７１年（昭和46年）

1月　第1回コンクリート技士試験、合格者１４８３名
4月　全生協組連定時総会で各地区ごとの支部組織結成を決議
5月　全生事連会長と全生協組連会長、セメント協会に工場新増設の抑制要請
7月　★神戸生コン社、大量人員整理発表
8月　全生協組連第10回臨時総会（大津会議）でセメント業界と生コン協同組合との協調関係成る
8月　★関西で過積載追放推進委員会第1回会議／交通行政全般への取り組みとして過剰な競争下にある労働者を支援
10月　北海道生コンクリート事業者団体連合会、設立
10月　袋セメント５０ｋｇから４０ｋｇに軽量化
※生コン製造に初めてコンピュータ使用、小野田セメント藤原工場で
※生コン工場コンピュータ制御導入、全国で始まる

１９７２年（昭和47年）

1月　★京都生コンクリート工業組合、発足
3月　全生事連と全生協連の合同で、工業組合設立による生コン組織に再編協議
4月　★阪神生コンクリート協同組合、発足
4月　★労組、関西地区の生コン8社と懇談／メーカー支配等共通課題で共闘
4月　★関扇運輸事件、最高裁で検察の上告棄却／発生以来7年目での勝利
8月　生コンクリート事業調査委員会、協同組合と並存の形で府県別工業組合設置を決議／同委員会は解散後に「生コン工業組合設立実行委員会」に移行
8月　★関西生コンクリート協会が、阪神生コンクリート協同組合に統合
9月　全生事連、「生コン工場の公害防止対策指針」発表
※土木学会「コンクリートポンプ施工指針」
※二軸強制練りミキサー導入

企業・経済関連／年月

１９７１年（昭和46年）

2月　ナスダック証券取引始まる
4月　テレビ・ラジオでのタバコのCM、米国で全面的に禁止
6月　京王プラザホテルが開業　新宿副都心の超高層ビル第1号
7月　マクドナルド日本第1号店
8月　ニクソン・ショック　アメリカが金とドルの交換停止
8月　円変動相場制に移行
9月　日清「カップヌードル」発売
12月　ＮＨＫ総合テレビが全放送のカラー化を開始
12月　10ヶ国蔵相、通貨の多国間調整で合意、スミソニアン体制発足

１９７２年（昭和47年）

2月　札幌オリンピック開催
2月　山陽新幹線・新神戸駅−相生駅間で世界最高記録２８６km
4月　札幌、川崎、福岡の3市が政令指定都市に指定
6月　田中角栄通産相「日本列島改造論」発表
7月　四日市ぜんそく訴訟で住民側勝訴の判決
8月　カシオが世界初のパーソナル電卓発売
10月　東名高速道と中央自動車道小牧ＪＣＴにより直結
10月　日中国交正常化を記念し、上野動物園へパンダ

その他情勢／年月

１９７１年（昭和46年）

1月　アスワンダムの公式開通
4月　大阪府知事選挙で黒田了一氏革新府政へ
4月　昭和天皇・香淳皇后、広島の原爆慰霊碑に初めて参拝
7月　チリが国内銅山国有化を決定
7月　キッシンジャー米大統領補佐官が中国を極秘訪問
9月　中国の林彪がクーデター失敗、搭乗飛行機が墜落
9月　成田空港代執行で行政と地元民・学生が攻防戦、警官3人死亡
10月　中華人民共和国が国連加盟　中華民国（台湾）は事実上の追放

１９７２年（昭和47年）

1月　東パキスタン、国号をバングラデシュとする
2月　アイルランドで反英国運動
2月　連合赤軍による浅間山荘事件
2月　大統領としては初、ニクソンアメリカ大統領が訪中
5月　大阪千日デパート火災で死者１１８人の惨事
5月　沖縄返還、沖縄県発足
6月　佐藤栄作首相退陣表明、新聞記者を全員退去させる
9月　田中新首相訪中、日中国交正常化の共同声明
12月　東西両ドイツ互いを国家承認

■六〇余年史年表　生コン産業全般の動き／★関西の動き

1973年（昭和48年）

※各地で生コンクリート工業組合設立続く（1月高知県　4月滋賀県　5月宮城県・熊本県　6月香川県　8月青森県・新潟県　10月岐阜県　11月静岡県・徳島県　12月秋田県・岩手県・山形県）

3月 ★大豊運輸闘争で中労委が裁定／新工場を設立し全員を雇用、操業開始まで生活保障で1ヶ月8万円支払いなど、労側優位の判断

3月 **★第1回集団交渉を開始**（14社と）

4月 三菱鉱業、三菱セメント、豊国セメント3社で三菱鉱業セメント㈱、設立

6月 ★和歌山生コン社に集中動員、企業側を集団交渉に参加させる成果

9月 運輸省、ダンプ過積載防止のため、差し枠を禁止

12月 建設省、請負工事契約のインフレスライド条項を生コン、セメントに適用

※セメント14社、公取委より価格協定の破棄勧告受ける

※生コン工場数全国で、3408工場に

1974年（昭和49年）

1月 関東中央生コンクリート工業組合、発足

1月 全生事連初の「生コンガイドブック」発行

2月 ★関西労組集交で、生活最低保証制度の確立に成功

4月 福岡県生コンクリート工業組合、設立

7月 通産省、セメント1500円値上げ認可

8月 ★関西労組集交で、退職金規定制度の確立に成功

10月 ★京都セメント・生コン卸協同組合、設立（全国初の販売店組織）

12月 大分県生コンクリート工業組合、設立

12月 公取委、関東地区セメントメーカー直系の生コン会社6社へ、協同組合からの脱退勧告／中小企業定義に反すとの判断から

石炭政策の象徴だった軍艦島

企業・経済関連／年月

1973年（昭和48年）

2月 古河鉱業が栃木県の足尾銅山を閉山

2月 為替レート・1ドル308円の固定制から、変動制に移行

3月 水俣病訴訟で、チッソ水俣工場の廃液が原因と熊本地裁

6月 東京湾の魚介類から基準値を上回るPCBを検出

7月 資源エネルギー庁発足

10月 第四次中東戦争でオイルショック、モノ不足・商社買い占め

11月 セブン―イレブン設立

12月 愛知県豊川信用金庫で取り付け騒ぎ（豊川信用金庫事件）

1974年（昭和49年）

1月 長崎県高島町（現長崎市）にある端島（軍艦島）が炭鉱閉鎖

3月 名古屋市電が廃止、七大都市の内で最初に路面電車を全廃

5月 経団連4代会長に土光敏夫

6月 国土庁が設置される

8月 『ベルサイユのばら』が宝塚大劇場で初演

9月 原子力船むつ放射線もれ事故

11月 東京湾で液化ガスタンカーとリベリア貨物船衝突、タンカーが爆発炎上、両船乗員33人死亡

12月 三菱石油水島で原油流出事故発生、大規模な海洋汚染

12月 ハローキティ誕生

その他情勢／年月

1973年（昭和48年）

1月 デンマーク、アイルランド、イギリスがEU共同体に加盟

1月 ベトナム和平協定調印

4月 昭和天皇・香淳皇后、広島の原爆慰霊碑に初めて参拝

4月 首都圏国電暴動が発生（ストに怒った乗客が駅舎など襲撃）

7月 日本赤軍によるドバイ日航機ハイジャック事件発生

8月 金大中事件（後の大統領となる金氏が韓国中央情報部の手で白昼東京都内ホテルから拉致された）

9月 東西ドイツの国連加盟を承認

11月 第2次田中改造内閣発足

1974年（昭和49年）

1月 シンガポールで日本赤軍がシェルの石油タンク爆破

3月 イギリスで労働党内閣発足

5月 インドが初の地下核実験

8月 ウォーターゲート事件でニクソン大統領辞任

8月 東京丸の内の三菱重工業本社で時限爆弾爆発

11月 気象庁アメダスが運用開始

11月 フォードアメリカ大統領、現職の大統領として初めて来日

12月 金脈問題で田中角栄首相辞任

12月 三木武夫内閣発足

12月 アメリカで、国民の金＝ゴールド所有の自由化

■六〇余年史年表　生コン産業全般の動き／★関西の動き

1975年（昭和50年）

1月　生コン製造業、「雇用調整給付金」指定業者に
1月　関東地区の200社が業界危機突破総決起大会
3月　公取委、関西地区と北海道地区におけるセメントメーカー直系生コン会社7社に協同組合からの脱退勧告
6月　全国生コンクリート工業組合連合会設立（全生事連を継承し、1都22県19組合が参加　会長に高橋一郎氏）
6月　全生協組連、共販制度推進を決議
8月　★労組、中小企業政策を提起／生コン及び輸送関係経営者との政策懇談会（セメント資本からの主体性の確立）等をテーマに
10月　★昭和レミコン社での暴力による組合潰しに対し、闘争始まる

1976年（昭和51年）

1月　★大阪兵庫生コンクリート工業組合、設立
2月　通産省「生コンクリート工業近代化のための6項目」発表
3月　★関西で、中小生コンプラント14社経営者との懇談会
3月　★関西の春闘集団交渉で、労働者福祉雇用基金制度を要求（雇用安定と企業閉鎖に関わる失業労働者の優先雇用など明記）
7月　岐阜県工組と県内各協組主催の業界危機突破総決起大会に1500名
8月　宮城県で危機突破総決起大会
11月　全生協組連が共販研修会開催、全国から260名が参加

企業・経済関連／年月

1975年（昭和50年）

3月　山陽新幹線・岡山―博多間開業、ダイヤ全国的に改正
4月　東洋工業、CI導入
4月　マイクロソフト社設立
5月　ソニーがベータマックス家庭用ビデオレコーダ1号機
7月　私立学校振興助成法が公布
7月　沖縄国際海洋博覧会開幕
9月　日本電信電話公社が「プッシュ式公衆電話機」
9月　エポック社日本初の家庭用テレビゲーム・テレビテニス発売
11月　国鉄の蒸気機関車が引く最後の旅客列車、室蘭本線で終了

1976年（昭和51年）

1月　軽自動車の規格改正実施　360cc→550ccへ
3月　大和運輸（現ヤマト運輸）が個別宅配サービス・宅急便開始
3月　後楽園球場に日本初の人工芝
4月　シチズンが世界初デジタル式腕時計発売
6月　アップルコンピュータ設立
10月　富士スピードウェイで日本初のF1日本グランプリ、開催
10月　ビクターが家庭用VHSビデオテープレコーダ1号機
11月　東急ハンズ1号店
12月　1等1000万円年末ジャンボ宝くじ発売で死傷者も

その他情勢／年月

1975年（昭和50年）

2月　イギリス保守党の党首にマーガレット・サッチャーを選出
3月　集団就職列車の運行が終了
4月　サイゴンが陥落し、ベトナム戦争終結
7月　ソ連宇宙船ソユーズとアメリカ宇宙船アポロが史上初の国際ドッキングに成功
8月　日本赤軍マレーシアのアメリカ大使館等を占拠
9月　天皇が史上初めてアメリカ合衆国を公式訪問
11月　第1回先進国首脳会議、フランスのランブイエで開催

1976年（昭和51年）

1月　超音速旅客機・コンコルドが定期運航を開始
2月　ロッキード事件、発覚
3月　韓国で金大中らが「民主救国宣言」発表、朴正熙軍政を批判
3月　アルゼンチン無血クーデター
7月　ベトナム社会主義共和国成立　南北ベトナムが統一
7月　モントリオール五輪開催
7月　ロッキード事件で田中角栄前首相を逮捕
7月　中国で唐山地震、20万人以上の犠牲（史上最大被害の地震）
9月　毛沢東中国国家主席、死去
12月　福田赳夫内閣発足

■六〇余年史年表　生コン産業全般の動き／★関西の動き

1977年（昭和52年）

1月 ★阪南生コンクリート協同組合、共販制度開始（全国共販モデルとして先進的取り組みとして同種事業の呼び水に）
2月 北海道生コンクリート工業組合、発足
3月 ★関西で、製造ブロック集団交渉（スクラップ化政策具体化時での雇用対策を第一義にするほか、新増設・スクラップ化は組合と事前協議し、一致求めるなど）
4月 ★関西で、北浦商事分会労組、親方制度と組合否認に対する闘争
8月 首都圏各協組の共販体制スタート
9月 名古屋生コンクリート協同組合で共販スタート（3大都市圏共販体制整う）
9月 関東セメント生コン卸協同組合、発足
11月 **★賃金・労働条件の統一化を実現**

1978年（昭和53年）

1月 関東中央工組、品質管理監査制度発足を決議（品監制度の第1号）
3月 ★関西春闘集団交渉で時間外賃金の割増し率3割、ほか最低保証など決める
4月 コンクリート用化学混和剤協会、発足
4月 生コン製造業、中小企業事業転換対策臨時措置法対象業種に
5月 セメント生コン卸協同組合連合会、全国セメント生コン卸業団体連合会設立総会
8月 生コン製造業、中小企業近代化促進法の「指定業種」「特定業種」の二つに指定
9月 ★関西で労組、大阪・兵庫工組との構造改善事業に伴う雇用保証念書交す
10月 全生工組連がセメント業者との間で新増設工場にセメント納入をしないよう申し合わせしたとの疑いで、公取委立ち入り検査

企業・経済関連／年月

1977年（昭和52年）

2月 日米漁業協定調印、200海里水域規定に基づき
3月 女性のみに限定されていた保母資格が男性でも取得可能に
4月 三菱電機オーブンレンジ発売
7月 日本初の静止気象衛星「ひまわり」打ち上げ
10月 白黒テレビ放送が完全廃止完全カラー放送へ移行
10月 経営難の安宅産業を伊藤忠商事が吸収合併
12月 山崎製パンのコンビニエンス部門デイリーヤマザキ設立
12月 リニアモーターカー、世界初の浮上走行成功

1978年（昭和53年）

1月 総理府初の「婦人白書」発表
3月 初の国産発電用原子炉ふげん臨界に、送電開始
3月 北陸スモン訴訟、患者側勝訴
6月 映画「スターウォーズ」封切初めて一般入場料1500円に
7月 農林水産省発足（農林省改称）
8月 郵便貯金がオンライン化
8月 日本テレビ、開局記念番組の24時間TV「愛は地球を救う」の放送開始
11月 無限連鎖講・ネズミ講防止法公布
※「嫌煙権」運動広まる

その他情勢／年月

1977年（昭和52年）

1月 アメリカでジミー・カーター大統領就任
5月 大学入試センターが発足
3月 カナリア諸島でジャンボ機同士の衝突事故が発生
6月 南アジア条約機構が発足から23年目で解散
9月 国民栄誉賞創設され、王貞治が第1回目受賞者
9月 横浜の住宅密集地に米軍戦闘機が墜落、母子3名死傷
9月 ダッカで日航機ハイジャック事件が日本赤軍の手で
11月 エジプトサダト大統領がイスラエルをアラブ側元首初の訪問
11月 福田改造内閣発足

1978年（昭和53年）

1月 伊豆大島近海の地震発生
3月 成田空港管制塔占拠、反対派が立てこもる
4月 池袋に60階建の超高層ビル「サンシャイン60」開館
5月 成田国際空港が開港
6月 宮城県沖地震
7月 沖縄交通体系を本土と同じに
7月 イギリスで世界初体外受精児
8月 日中平和友好条約調印
9月 京都市電廃止
11月 ガイアナで、新興宗教「人民寺院」の教祖ジム・ジョーンズと信者が集団自殺、914人死亡
12月 第1次大平内閣発足

■六〇余年史年表　生コン産業全般の動き／★関西の動き

1979年（昭和54年）

2月　中小企業近代化審議会生コンクリート製造業分科会で「近代化計画」など報告書

3月　岐阜県工組が全国で初めて、「近代化促進法による構造改革」を承認

5月　★関西生コン支部「生コン会館」起工式

6月　★昭和レミコンで、暴力団による関西生コン支部武書記長拉致暴行事件起こる

6月　夏季一時金集団交渉で労働者雇用福祉基金積み立て、完全週休2日制などを提議

7月　★大崎生コンクリート協同組合が初めて、協同輸送実施

11月　通産省主催で都道府県・セメント生コン両業界の構造改善懇談会を主要都市で開催

12月　★雇用確保・労働条件維持向上など求め、2100名が中之島で総決起集会

★79〜80年に神戸〈苅藻島〉闘争起こる。――住友セメントが10億円の巨費を投じたプラントを労組が閉鎖に追い込む

1980年（昭和55年）

2月　★公取委、独禁法違反で大阪地区5協組に協組間価格カルテル違反で初の勧告

6月　通産省生活産業局長「生コン工場新増設の抑制」について通達

9月　セメント第3次値上げ紛糾から日建連会長とセメント協会会長が会談

8月　★関西でバラ・SS政策懇談会（10社参加）

9月　★25日未明大阪府警400名の機動隊による関西地区生コン支部事務所とその他への強行捜査、日本の労働運動史にない一労組への権力弾圧の中、組合員3名が不当逮捕される

10月　勧告の不応諾で公取委、愛知県工組の審判始める

11月　★阪南協で分休決定事項を破る違法操業、それへの抗議活動を暴力行為との口実で権力側、生コン支部武委員長ほか2名を不当逮捕

一連の不当逮捕に抗議する組合員

企業・経済関連／年月

1979年（昭和54年）

1月　上越新幹線の大清水トンネル貫通（当時は世界最長）

2月　立石電機が日本初電子体温計

7月　ソニーがヘッドホンステレオ「ウォークマン」を発売

9月　NECパソコンPC−8001開発発売

10月　大阪駅前第3ビルが完成

11月　シャープが「ポケット電訳機」を発売

12月　日本電信電話公社が自動車電話サービス東京23区で開始

※第2次石油ショック

1980年（昭和55年）

1月　ヒューレット・パッカード社同社初のパーソナルコンピュータ

4月　中国がIMFに加盟

4月　任天堂が初の携帯型ゲーム器「ゲーム&ウオッチ」

4月　広島市が10番目の政令指定都市に昇格

7月　牛丼の吉野家が会社更生法を申請

7月　サンクス設立（当初は長崎屋の子会社）

12月　日本の自動車生産台数が世界第1位に、名実ともに自動車大国

※国民の9割が「中流」との意識

その他情勢／年月

1979年（昭和54年）

1月　アメリカと中国国交樹立

2月　イラン革命

3月　カンボジアをめぐる対立から中越戦争が勃発

3月　アメリカのスリーマイル島原子力発電所で放射能漏れ事故

5月　イギリス、保守党の党首サッチャーが首相に

6月　ウィーンでの米ソ首脳会談／第二次戦略兵器制限条約

10月　韓国の朴正熙大統領暗殺

12月　韓国で粛軍クーデター、全斗煥少将が軍の実権

12月　ソビエト軍のアフガニスタン侵攻

1980年（昭和55年）

1月　エジプトとイスラエルが国交を樹立

5月　韓国で光州事件起こる（全斗煥軍政に抵抗する光州市民が一斉蜂起し、内戦状態に）

6月　大平正芳首相急死

7月　鈴木善幸内閣成立

7月　モスクワオリンピックが開幕　日本、アメリカなど67ケ国のIOC加盟国がボイコット

9月　イラン・イラク戦争勃発

9月　トルコでクーデター

11月　アメリカ合衆国大統領選でロナルド・レーガンが当選

12月　ジョン・レノン銃殺事件

■六〇余年史年表　生コン産業全般の動き／★関西の動き

1981年（昭和56年）

1月　★関西で権利侵害反対闘争支援決起集会／日本交通、滋賀交通、姫路交通などで
1月　★大阪・兵庫工組、研修センター起工式（六甲にて、現・芦屋技研センター）
3月　★日々雇用共闘会議、4労組で春闘要求など討議
3月　★生コン産業政策委員会（3労組）と大阪・兵庫工組で**第1回の共同交渉**
5月　★大阪府警、再度不当弾圧（鳳生コン支部組合員2名逮捕）
5月　★公取委、大阪・兵庫工組の勧告不応諾で審判開始
6月　日経連会長大槻文平、関西生コン運動に対し「**箱根の山は越えさせない**」発言
8月　★雇用福祉委員会で、「大阪・兵庫生コン関連事業者団体連合会」発足を発表　この会で労務担当をとの経営側声明　業界100億円構想・年金制度・32項目を提議
11月　★芦屋技研センターにて「労使共同セミナー」開催

大槻文平日経連会長と当時の報道

1982年（昭和57年）

1月　★関西で特別政策委員会、新増設問題のほか生コン会館4月着工など構想確認
2月　全生両連合会臨時総会で、共同試験場認定制度発足を決議
3月　公取委、セメント協会などを独禁法違反の疑いで全国33ヶ所立ち入り検査
4月　★高田建設分会の野村雅明書記長殺害に抗議し、全職場で半旗揚げる
7月　★大阪・兵庫工組、1月の協定・約束の不履行を一方的に宣言
9月　★関西生コン支部支部武委員長以下13名を大阪府警、不当逮捕
10月　★生コン支部ファミリーフェスティバルに参加7000名（吹田市万博公園で）
10月　全生工組連、生コン工場を前回3年前調査より201社増の5114社と発表
12月　日本共産党機関紙「赤旗」紙上に**12・17声明**／生コン支部路線への対決姿勢

企業・経済関連／年月

1981年（昭和56年）

2月　日本初の新交通システム神戸市ポートアイランド線開始
3月　神戸市でポートピア81開幕
3月　国鉄再建法施行令が決定
4月　日本原電敦賀発電所で放射能漏れ事故の事実が発覚
4月　葉県船橋市に大型ショッピングセンター開設
9月　IBMがマイクロソフト社DOSシステム搭載のPC開発
10月　北炭夕張新鉱でガス突出・坑内火災事故、犠牲者は93名
※イギリスのケンブリッジ大学が世界初「ES細胞」作成に成功

1982年（昭和57年）

2月　ホテルニュージャパン火災発生で33人死亡
6月　東北新幹線、開業
7月　キヤノンが完全自動化カメラ
8月　フィリップスが世界初のCDを製造開発
9月　国鉄のリニアモーターカーが世界初の有人浮上走行
10月　ソニーが世界初のCDプレーヤー製造
11月　中央自動車道が全線開通
12月　日本電信電話公社、カード式公衆電話、テレホンカード発売
※アメリカ食中毒でO―157発見

その他情勢／年月

1981年（昭和56年）

1月　ギリシャが欧州共同体加盟
2月　レーガン米大統領が経済再建計画（レーガノミクス）
1月　中国残留孤児、初来日
4月　スペースシャトル打ち上げ
6月　イスラエル、フセイン政権下で建設中のイラク原子炉爆撃
6月　中国共産党6中全会で文化大革命を完全否定
10月　エジプト・サダト大統領暗殺
11月　鈴木改造内閣発足
12月　エルサルバドルで、ゲリラに対する抗議運動中の市民900人が軍隊によって殺害される

1982年（昭和57年）

3月　メキシコのエルチチョン山が大噴火、死者2000人以上
4月　アルゼンチン軍がイギリスと領有権を争っていたフォークランド諸島を占領
6月　フォークランド紛争でイギリス側勝利
6月　アメリカで最初のエイズ患者発見例
7月　国際捕鯨委員会で1986年からの商業捕鯨全面禁止決定
9月　フランス、死刑制度を廃止
11月　第1次中曽根内閣発足　田中派の7人入閣

■六〇余年史年表　生コン産業全般の動き／★関西の動き

1983年（昭和58年）

2月 ★大阪・兵庫工組新役員体制、28日総会でメーカー、全生工組側**圧力で承認されず**
2月 ★野村雅明氏殺害犯4人に実刑8年—3年の判決
3月 ★セメント独占4社が中心で直系主導の対労組強硬派経営層組織**〈弥生会〉**が結成される
4月 公取委、セメント業界の独禁法違反に排除勧告、課徴金12億円余りの支払い命ず
5月 ★**小野田闘争で全面勝利**（大阪高裁）
7月 日本共産党主導の運輸一般中央と関西四国地本、関西生コン支部に協議のないまま分裂集会強行
10月 ★第19回生コン支部定期大会で分裂活動の88名を除名、**新生関生支部での出発**
12月 草間商店、台湾嘉新セメントから1千トン荷上げで**本格的輸入セメント**の始め

1984年（昭和59年）

1月 セメント協会、産構法による共同事業会社グループ化案決定
3月 ★関西生コン支部、運輸一般から訣別
3月 ★大阪・兵庫工組、労側に約束した生コン会館の予定地売却を提示
支部側、連合会事務局閉鎖や予定地売却を拒否、32項目ビジョン回答を求める
4月 NHKで「コンクリートクライシス」報道、コンクリート劣化問題が表面化
7月 全生工組連と日本砂利協会で、コンクリート骨材に関する技術懇談会
7月 ★弥生会・バラSSに対する統一行動中間総括会議
11月 ★全日本建設運輸連帯労働組合、結成
12月 通産省工業技術院「輸入セメントを使用する工場のJIS表示許可の取扱いについて」各通産局に指示

企業・経済関連／年月

1983年（昭和58年）

3月 中国自動車道が全線開通
3月 東京ディズニーランド開園
4月 大阪ターミナルビルが完成
5月 カシオ計算機が電子手帳「データバンク」を発売
7月 任天堂が「ファミリーコンピュータ（ファミコン）」を発売
9月 大阪城築城400年記念の一環で「御堂筋パレード」開催
11月 株式新店頭市場発足
11月 日本初のロングランミュージカル劇団四季の「キャッツ」
12月 瀬戸内海・因島大橋開通

1984年（昭和59年）

1月 日経平均株価が初めて1万円の大台を突破
2月 鐘紡がバイオ技術を応用した口紅を開発
1月 米アップルコンピュータがマッキントッシュPCを発表
6月 第二電電設立
7月 三陸鉄道が開業（第三セクターに転換した初の鉄道）
11月 日本石油・三菱石油が提携を発表。石油業界再編引き金に
11月 紙幣発行1万円札福澤諭吉、5千円新渡戸稲造、千円札夏目漱石
12月 電電公社民営化法案成立

その他情勢／年月

1983年（昭和58年）

1月 自民党中川一郎議員、札幌のホテルで遺体で発見される
1月 中曽根康弘首相が韓国訪問
2月 老人保健法施行
3月 レーガン米大統領、一般教書演説中に悪の帝国発言
6月 戸塚ヨットスクール事件
6月 第13回参議院議員通常選挙全国区「比例代表制」初めて導入
8月 フィリピンのベニグノ・アキノ元上院議員暗殺
9月 大韓航空機撃墜事件、乗員・乗客269人全員死亡
10月 ロッキード事件の裁判第一審で、田中角栄元首相に懲役4年

1984年（昭和59年）

3月 江崎グリコ社長が何者かに誘拐される／グリコ・森永事件
4月 イギリス・リビア国交を断絶
7月 朝鮮総連による北朝鮮への帰還事業が終了
7月 ロサンゼルス五輪、開催
8月 フィリピン・マニラで、マルコス大統領への50万人抗議デモ
10月 インド女性首相、インディラ・ガンジーが暗殺
12月 インド・ボパールのアメリカ化学工場ユニオン・カーバイドからの有毒ガスで2万人死亡の惨事

■六〇余年史年表　生コン産業全般の動き／★関西の動き

１９８５年（昭和60年）

１月　通産省、産構法によるセメント設備処理に関する「指示カルテル」告示

２月　全生工組連、工場数を増減なしの５３３１社と発表（初めて増加が止まる）

３月　ＪＩＳ—Ａ５３０８の改正告知—骨材の混合使用と混和剤ＪＩＳ適合品限定等を盛り込んだ内容で

５月　★対通産省交渉／要請内容（①箕島問題②市場調査委③工組との32項目問題）

６月　★対通産省交渉／構造改革に絡む労務問題は工労として取り組むべきとの見解

８月　★大阪地労働委、大阪・兵庫生コンクリート工業組合に対し、（昭和59年申入れ32項目労働協約や合意事項遵守事項等）に関し組合側との団体交渉命令

12月　★全日建関西生コン支部、同盟、全港湾３団体による懇談会

※円高によりセメント輸出が減少し、輸入は増加

１９８６年（昭和61年）

１月　日中建築材料等交流会議、北京で初会合

１月　★奈良県香芝でのプラント撤去で労使共通課題で取り組んでいた新増設反対運動が実現、「奈良方式」モデルとして注目される

２月　★新増設阻止の成果をもとに近代的労使関係モデルを目指して、奈良労使懇談会

４月　★大阪南港での「セメントメーカーの中小企業潰し・組織破壊攻撃粉砕自動車パレード」に２７３台

８月　全生工組連、前年調査で５３０６工場と初めて減少したと発表

９月　★奈良で全港湾、奈良一般との３団体共闘が実現

奈良県香芝市の違法増設プラント反対運動が実る

企業・経済関連／年月

１９８５年（昭和60年）

１月　シェル石油と昭和石油が合併

３月　ミノルタ世界初ＡＦ一眼レフカメラ開発

３月　国際科学技術博覧会つくば博開催

３月　首都圏でオレンジカード利用販売開始

４月　日本電信電話公社（電電公社）がＮＴＴに、日本専売公社がＪＴに民営化

５月　男女雇用機会均等法が成立

９月　乗用車の前席シートベルトの着用義務化

９月　任天堂、ゲーム・スーパーマリオブラザーズ発売

11月　日本プロ野球選手会が労働組合として発足

１９８６年（昭和61年）

３月　青函トンネルの本州と北海道が結合

３月　Ｇ５、初の協調利下げで合意

４月　男女雇用機会均等法施行

４月　丸善石油と大協石油合併し、コスモ石油に

５月　コンピュータゲーム・ドラゴンクエスト発売

７月　富士フイルムが世界初のレンズ付きフィルムカメラ

９月　安中公害訴訟の和解が成立し東邦亜鉛が住民に４億５千万円

11月　国鉄分割・民営化関連８法成立

その他情勢／年月

１９８５年（昭和60年）

１月　中曽根康弘首相が防衛費ＧＮＰ比１％枠突破の可能性を答弁

２月　イスラエル軍レバノン撤退

３月　青函トンネル本坑が貫通

３月　ゴルバチョフが、ソ連共産党書記長に就任

８月　ＪＡＬ１２３便、群馬県御巣鷹に墜落、５２０名死亡の大惨事

８月　三光汽船が会社更生法を申請

９月　ニューヨークでＧ５がプラザ合意、日本円ドル２００円台から１００円台に高騰

10月　日本の人口１億２１００万人に

11月　コロンビア最高裁占拠事件、人質の１１５人死亡

１９８６年（昭和61年）

１月　スペインとポルトガルがＥＵに加盟

２月　フィリピンのマルコス大統領国外脱出、アキノ大統領が就任

４月　アメリカによるリビア爆撃

４月　ソ連・チェルノブイリ原子力発電所で大規模な爆発事故発生

９月　主要政党で日本初の女性党首土井たか子が日本社会党委員長に

10月　米ソ首脳会談。アイスランドのレイキャビクでレーガン大統領とゴルバチョフ書記長が会談

12月　山陰本線の余部橋梁で列車転落事故、橋下の水産工場を直撃し６人死亡

■六〇余年史年表　生コン産業全般の動き／★関西の動き

1987年（昭和62年）

1月　生コン議員懇話会（渡辺恒三議員が会長）発足

2月　★ＲＣＣＰ＝ローラー転圧コンクリート舗装、大阪セメント大阪工場で初施工

3月　★連帯労組・対通産省交渉／要請内容「①輸入セメントによるセメント価格引下げ②連帯労組へ業界安定の諸施策③全生工組連との共同テーブルを図る」ほか多角的討議

7月　全生工組連、経営戦略化ビジョン策定委員会（会長・百瀬恵夫明治大学教授）

8月　全生工組連、前年生コン工場数5267社と発表（39工場の減少）

10月　★「奈良方式」の京都版として生コン産業近代化促進懇談会立ち上げ

11月　★大阪兵庫工組との懇談会、中労委和解書に基づく実現化への第1回会議

コンクリート舗装へ期待

1988年（昭和63年）

1月　★大阪労研センター会議で総評労働運動の継承と発展確認

2月　★関西地区生コン支部、交運労協に加盟

4月　全生工組連・中央技術研究所、開設

4月　建設生コン労働者全国交流集会（伊東）

4月　★バラＳＳ政策統一行動、5グループへの要請（輸送コスト切り下げ、先方引取り車過積載など対策で）

8月　★対通産省交渉／要請内容「①徳島生コン協組の出荷調整実態調査促進②生コン協組の赤黒調整撤廃への指導を訴え」

9月　円滑化法案に基づくセメント5グループの事業提携計画を承認

11月　★滋賀県工組、生コン業界初のＲＣＣＰ＝転圧コンクリート舗装の施工

企業・経済関連／年月

1987年（昭和62年）

1月　関西国際空港が着工

2月　公定歩合が2・5％と当時としては戦後最低に

3月　トヨタ自動車や東京電力など出資で日本移動通信ＩＤＯ設立

4月　国鉄が分割・民営化され、ＪＲグループ7社が発足

6月　日経平均株価2万5000円台で財テクブーム

7月　東京都の1年間の地価上昇は85・7％、銀座などで1坪1億円を突破するところも

9月　ニューヨークでＧ5がプラザ合意、日本円ドル200円台から100円台に高騰

11月　野村証券が初の利益日本一

1988年（昭和63年）

1月　大塚製薬が繊維入り飲料

2月　イタリアリラ紙幣1000分の1にデノミ決定

2月　サントリー佐治敬三社長、東北＝熊襲発言で東北広告消える

3月　東京ドームが完成

4月　郵便貯蓄マル優原則廃止

9月　日本国内初のコンピュータウイルスの活動が見つかる

12月　宮澤喜一蔵相がリクルート疑惑で辞任

※**地方博ブーム**＝ならシルクロード博・瀬戸大橋博・ぎふ中部未来博など（多くは赤字に終わる）

その他情勢／年月

1987年（昭和62年）

1月　中国天安門広場で学生がデモ

2月　先進7カ国財務大臣・中央銀行総裁会議Ｇ7（ルーブル合意）

5月　朝日新聞社阪神支局襲撃事件（赤報隊事件）

6月　日本の外貨準備高が西ドイツ抜き世界一へ

7月　世界の人口が50億人突破

11月　竹下登内閣発足

11月　金賢姫による大韓航空機爆破事件発生

12月　韓国大統領選挙が16年ぶりに行われ、盧泰愚氏が当選

※麻原彰晃がオウム真理教を設立

1988年（昭和63年）

1月　ソビエト連邦ゴルバチョフ書記長、ペレストロイカ開始

2月　第15回冬季オリンピックがカナダのカルガリーで開幕

2月　イラン・イラク戦争末期フセイン政権下のイラクが、クルド人を化学兵器で多数殺害

7月　イラン航空、アメリカ海軍軍艦に誤射され、乗客298名死亡

8月　漁船第一富士丸と海上自衛隊の潜水艦なだしお衝突、死者30名

9月　第24回夏季オリンピックが韓国のソウルで開幕

12月　パキスタンでブット氏がイスラム国家で初の女性元首

■六〇余年史年表　生コン産業全般の動き／★関西の動き

１９８９年（平成１年）

2月　★バラＳＳ政策行動日／過積載・適正運賃の確立・先方取引車解除などの政策課題セメントメーカー、警察、陸運局などへ要請行動行う

2月　海砂供給停止のため、広島地区で生コン工場が４日間操業休止に

4月　全生工組連、政策審議会・構造改革推進特別委員会・ＲＣＣＰ対策特別委員会を新たに設置

5月　第２次構造改革事業で10工場の計画承認、計45工場で取り組み開始

7月　全生工組連、セメント協会とＲＣＣＰ用コンクリート製造マニュアル作成

12月　★権利侵害反対支援統一行動／滋賀県警・灰孝小野田レミコン闘争（松原生コン社での品質管理調査活動の暴行行為に対する抗議）不当弾圧を訴え

１９９０年（平成２年）

2月　福岡地区でセメント・生コン出荷ストップ

3月　★建設・生コン労働者全国交流集会（熱海）政策研修セミナー「中小企業の安定と魅力ある建設・生コン労働の確立を求めて」社会党中小企業局と全日建連帯労組共催

4月　★消費税廃止、米の自由化阻止、ＪＲ不当差別粉砕など訴え、自動車パレード春闘で賃上げ２５３００円達成

5月　★全日建特別対策委、社会党議員団関西調査行動／水田稔・和田貞夫・谷村啓介・村田誠醇・谷畑孝・西野康雄ら議員と公共建造物の安全等を点検・視察

6月　公取委、セメント協会やメーカー本支店等27ヶ所立入調査

10月　首都圏地区で砂の供給停止で生コン工場操業停止に

12月　公取委、セメントメーカー12社に排除勧告

企業・経済関連／年月

１９８９年（平成１年）

2月　リクルート事件で創業者・元会長の江副浩正逮捕

3月　みなとみらい地区で横浜博覧会

4月　任天堂が「ゲームボーイ」発売

4月　経営の神様と呼ばれた松下幸之助が死去

4月　仙台市が11番目の政令指定都市に

9月　ソニーがアメリカのコロンビア映画を買収

11月　日本労働組合総連合会（連合）発足

12月　東証の大納会で日経平均株価が史上最高値の３万円８９１５円記録（これを最後に翌年大発会から株価は下落）バブル景気崩壊

１９９０年（平成２年）

1月　軽自動車の規格改正５５０cc→６６０cc化

1月　第１回大学入試センター試験

4月　大阪市で国際花と緑の博覧会

8月　日銀、公定歩合を年率６％に引き上げ

10月　東証一時２万円割れ

10月　自衛隊の海外派遣法案に市民団体・主要労組など猛反発

11月　松下電器産業がアメリカのＭＣＡを買収

12月　ＴＢＳ記者の秋山豊寛ソ連のソユーズで日本人初の宇宙飛行

その他情勢／年月

１９８９年（平成１年）

1月　昭和天皇、崩御「平成」に改元

2月　ポーランドで政府と反体制勢力による円卓会議

6月　宇野宗佑内閣、発足（わずか２ヶ月で終わる短命内閣）

6月　北京で天安門事件、民主化叫ぶ学生ら弾圧し死者４百人以上

6月　ポーランドで、自由選挙実施非労働党政党「連帯」が上院過半数を占める、東欧革命のさきがけ

8月　第１次海部内閣発足

11月　ベルリンの壁、崩壊

12月　米軍パナマ侵攻、ノリエガ逮捕

１９９０年（平成２年）

1月　リトアニアで、独立要求デモに30万人

1月　ソビエト連邦アゼルバイジャンで軍隊と武装住民が衝突

2月　南ア連邦ネルソン・マンデラ27年ぶりに釈放

2月　ラトビアがソ連から独立、リトアニア、エストニア続く

3月　ゴルバチョフがソ連初代大統領に就任

7月　東ドイツと西ドイツ経済統合

8月　イラクがクウェートに侵攻

10月　西ドイツに東ドイツが編入される形で統一

■六〇余年史年表　生コン産業全般の動き／★関西の動き

1991年（平成3年）

2月　全生両連合会合同総会で官公需適格組合証明取得推進運動の展開を決議
2月　全生工組連「第1回認定共同試験場職員研修会」
4月　★大阪兵庫工組代表交渉、箕島生コン闘争解決／協組と労組は各々の責任と役割を認識し秩序回復に努めるなどで合意
4月　★春闘で賃上げ35000円達成
5月　全生両連合会「独禁法ガイドブック」作成、各地で説明会
7月　★全日建連帯特対調査団・永井孝信衆院議員、谷畑孝・村田誠醇参院議員の各氏小野田セメントほか大阪の企業、神戸協組など視察
12月　★東大阪協組正常化対策・調査要請行動で大阪府の商工、土木、建設、労働の各部に訴え

1992年（平成4年）

2月　★東大阪協組正常化対策、大阪府へ7項目を掲げて要請行動
2月　全生両連合会合同理事会で政治連盟設立準備委員会設置を決議
2月　★関西生コン産業政策協議会（産労、連帯、全港湾）3労組で結成
4月　平成3年度のセメント生産量、輸出増、輸入減で8881万トンと市場最高
4月　★春闘で35000円達成、弥生会事実上の崩壊
6月　★日本一生コン、国土一生コン社へ業務妨害行為の嫌疑で不当捜索20ヶ所
10月　★全日建連帯特対懇談会、水田稔衆院議員、谷畑孝・村田誠醇参院議員、労組代表業者代表から関西業界の現状と問題点提起受け、大同団結などの共通認識を確認
11月　東北地区生コンクリート官公需適格組合連絡協議会が発足

企業・経済関連／年月

1991年（平成3年）

1月　東京23区の電話番号が10桁に
2月　福井県の関西電力美浜原発で原子炉自動停止事故
3月　広島新交通システムの橋桁落下事故で市民、作業員等死者15人
4月　東京都庁が丸の内から新宿区西新宿に移転
4月　牛肉とオレンジの輸入自由化
6月　4大証券の大口投資家への損失補てんが発覚
4月　東北新幹線上野駅・東京駅間開業
12月　アメリカのパンアメリカン航空（パンナム）が運航停止、倒産
※カーボンナノチューブCNTが発見される

1992年（平成4年）

1月　大規模小売店舗法施行
2月　経済企画庁が日本経済が昨年1-3月期がピークと発表。（バブル景気の公式終結行う）
3月　長崎市、ハウステンボス開業
4月　千葉市が12番目の政令指定都市に
5月　国家公務員の週休2日制開始
5月　大阪府などの出資により第3セクター・クリスタ長堀設立
7月　山形新幹線開業
10月　大蔵省、都市銀行の不良債権総額（9月末）12・3兆円と発表

その他情勢／年月

1991年（平成3年）

1月　リトアニアにソ連が軍事介入
1月　多国籍軍のイラク空爆開始により湾岸戦争勃発
4月　海上自衛隊のペルシャ湾掃海部隊、自衛隊初の海外派遣
5月　信楽線で普通列車とJR西日本の快速列車が衝突、42人死亡
6月　ドイツ、ベルリンへの首都移転決定
7月　ワルシャワ条約機構解体
8月　ソ連保守派がゴルバチョフ大統領を軟禁クーデター発生
9月　韓国、北朝鮮が国連に同時加盟
11月　宮澤喜一内閣発足

1992年（平成4年）

2月　マーストリヒトEU条約調印
4月　ボスニア・ヘルツェゴビナ紛争
4月　アメリカのロサンゼルス市でロス暴動発生
7月　バルセロナ五輪開幕
8月　韓国、中国と国交樹立
10月　天皇、初の中国訪問
11月　ビル・クリントン、アメリカ大統領選挙に当選
12月　宮澤改造内閣発足
12月　金泳三氏、韓国大統領選挙に当選

■六〇余年史年表　生コン産業全般の動き／★関西の動き

１９９３年（平成５年）

2月 ★近畿通産局・協組懇談会、①生コン業界再建について②セメントメーカーを交えた懇談会設定について

3月 ★集団交渉参加企業５９社、バラ１２社、トラック１０社／労使共同での取組み民主的産業政策実現など説明

4月 ★全日建連帯と北大阪阪神地区協同組合との懇談会

4月 ★春闘で基準内賃金41万円統一化推進、業界の値戻し再建を具体化

5月 ★全日建連帯と神戸協同組合との懇談会／アウト・イン大同団結による値戻し、神戸・北・大阪・南が牽引して値戻し再建との認識で一致

6月 第7回生コン技術大会と生コン産業展を幕張メッセで開催

9月 全生両連合会、第３次構造改革事業説明会全国で

12月 ★全日建連帯と大阪・兵庫五地区協組との懇談会／業界再建・値戻しについて

１９９４年（平成６年）

2月 ★中央行政交渉で五十嵐広三建設大臣に生コン業界の苦境を訴え

2月 ★業界再建の流れに逆行する朝日新聞報道に対して大阪本社へ抗議活動

3月 ★大阪兵庫工組主催、員外含め１２０社で合同研修会「イン・アウト大同団結以外に道なし」と宮城県・大崎協組理事長が講演

4月 生コン製造業の近代化計画告示、全国45工場の第3次構造改革事業始まる

5月 ★大阪で連帯中央主催〈セメント、生コン産業の現状と今後の施策について〉研究会

7月 ★通産省交渉―連帯、産労、全港湾各代表と大阪広域協組設立準備委代表が参加担当課長から広域協が業界正常化に必要なように進めるべしとの回答を得る

11月 ★大阪府下4協組を統合した**「大阪広域生コンクリート協同組合」**創立総会大阪・北大阪阪神・東大阪・阪南の4地区が合同し、46社52工場での船出となった

企業・経済関連／年月

１９９３年（平成５年）

1月 欧州経済共同体に加盟する12カ国によるＥＵ単一市場形成

3月 新幹線「のぞみ」が山陽新幹線で運行、東京―博多間毎時1本運行

3月 ダイエーの新本拠地、福岡ドームが完成

5月 サッカーＪリーグ開幕

7月 ロイヤルホームセンター設立

8月 東京都港区にレインボーブリッジが開通

12月 法隆寺、姫路城、屋久島、白神山地が、日本で初の世界遺産登録

12月 日本政府、各国から米輸入を決定

１９９４年（平成６年）

1月 北米自由貿易協定発効

2月 アメリカ、ベトナムへの禁輸措置を解除

2月 H-Ⅱロケット1号機、種子島宇宙センターから打ち上げ

5月 英仏ドーバー海峡トンネル開通

7月 日本人初の女性宇宙飛行士向井千秋を乗せたスペースシャトルが打ち上げ

7月 青森県の三内丸山遺跡で大量の遺物出土

8月 初の気象予報士国家試験

12月 ソニーからゲーム機器「プレイステーション」発売

その他情勢／年月

１９９３年（平成５年）

1月 北海道釧路沖地震

1月 米英仏軍、イラクのミサイル基地爆撃

2月 世界貿易センター爆破事件

3月 元自由民主党副総裁の金丸信が脱税容疑で逮捕

5月 江沢民中国共産党総書記、国家主席に就任

7月 北海道南西沖地震、奥尻島で死者１７６人

8月 イスラエル・ＰＬＯオスロ合意

8月 非自民・非共産連立政権による細川内閣が発足、55年体制の崩壊

１９９４年（平成６年）

4月 ルワンダで集団虐殺１００日間でおよそ１００万人が犠牲に

4月 社会党、連立与党が社会党抜きでの統一会派に抗議し連立離脱

4月 中華航空機が名古屋空港で着陸失敗、２６４人死亡

5月 ネルソン・マンデラが南アフリカ共和国初の黒人大統領に

6月 自民党、社会党、新党さきがけによる村山富市内閣誕生

7月 金日成・北朝鮮主席死去

11月 スウェーデン、国民投票でＥＵ加盟を承認

11月 ノルウェーのＥＵ加盟が国民投票の結果、72年に続き否決

生コン産業全般の動き／★関西の動き

1995年（平成7年）

2月　全生両連合会「労働時間短縮推進マニュアル」作成
2月　★村山富市首相に阪神淡路大震災の建造物被害の原因究明、公共工事の品質管理見直しを要請
3月　生コン業界に対する雇用調整助成金業種指定1年間延長
3月　★山陽新幹線崩壊の原因究明と情報公開求め亀井静香運輸大臣と交渉
4月　★大阪広域生コンクリート協同組合が事業開始
5月　★関西地区生コン支部が継承権裁判で勝訴
6月　★阪神大震災・検証シンポジウム「公共建造物はなぜ壊れたか」開催
8月　通産省、「セメント・生コンの商慣行改善調査研究報告書」まとめる
12月　全生工組連、**「生コンクリート統一品質管理監査会議（品監会議）」**初会合

1996年（平成8年）

3月　土木学会コンクリート標準示方書、10年ぶりの大改定
3月　通産、建設両省「セメント・生コン流通改善方策検討委員会」を立ち上げ
3月　★春闘集交で完全週休2日制（年間休日125日）実施、定年延長65歳などの画期的諸権利を、労働3団体政策協議会成果として獲得
4月　★近畿生コン輸送協同組合、設立
6月　厚生省が生コンスラッジを安定型廃棄物に変更
10月　★近畿バラセメント輸送協同組合、設立
10月　全生連調査で、全国生コン工場数4995社と5年間で399の減少
12月　★阪神淡路大震災を教訓に労使共同セミナー開催（130社、11労組、行政学識経験者350人参加）

企業・経済関連／年月

1995年（平成7年）

1月　世界貿易機関・WTO発足
1月　オーストリア、フィンランド、スウェーデンがEUに加盟
3月　英ベアリングス銀行が破綻
7月　ベトナムASEAN正式加盟
8月　兵庫銀行が経営破綻、戦後初の銀行の経営破綻
10月　阪神梅田駅の地下街・ディアモール大阪が開業
11月　新食糧法が施行され、米の販売が原則自由化
12月　高速増殖原型炉「もんじゅ」のナトリウム漏洩（ろうえい）事故

1996年（平成8年）

2月　菅直人厚相、薬害エイズ事件で血友病患者に直接謝罪
3月　太平洋銀行が破綻
6月　シャープから初の電子手帳
7月　堺市で腸管出血性大腸菌O—157による集団食中毒発生
8月　薬害エイズ事件で東京地検が安部英元帝京大学副学長を逮捕
11月　阪和銀行が経営破綻、戦後初の預金の払い戻し以外の業務停止命令を受ける
12月　広島の原爆ドームと厳島神社が世界遺産に登録

その他情勢／年月

1995年（平成7年）

1月　17日に阪神・淡路大震災発生6434人が犠牲になる大災害
4月　青島幸男東京都知事と横山ノック大阪府知事が当選
4月　オクラホマシティ連邦政府ビル爆破事件
8月　村山首相、アジア諸国に植民地支配と侵略を謝罪
9月　沖縄県で米兵隊員の車両にはねられ母子3人死亡、同日沖縄米兵少女暴行事件も起こる
10月　沖縄県宜野湾市で、沖縄米兵少女暴行事件、抗議県民総決起大会
12月　韓国最高検察庁、全斗煥前大統領を逮捕

1996年（平成8年）

1月　村山退陣を受け、橋本龍太郎内閣発足
1月　日本社会党が党名を社会民主党（社民党）に改称
3月　李登輝氏、台湾初の総統直接選挙で当選
4月　オウム真理教事件・麻原彰晃被告の初公判
5月　全人種の平等などを規定した南アフリカ共和国憲法が施行
7月　アトランタ五輪、開催
8月　橋本龍太郎首相が、従軍慰安婦問題でフィリピンに謝罪
9月　国連総会で包括的核実験禁止条約CTBTが採択

■六〇余年史年表　生コン産業全般の動き／★関西の動き

１９９７年（平成９年）

1月 全生工組連、高流動コンクリート製造マニュアル作成部会の初会合

2月 ★大阪・兵庫生コン経営者会発足、初代会長に田中裕氏／関西における新たな労務交渉窓口として発足

3月 ★**関西5労組**（全港湾／産労／連帯／建交労／UIゼンセン）集団交渉が実現

3月 前年度セメント内需・輸出合計９４３６万ｔ、生産量９９２７万ｔといずれも過去最高と発表

3月 ★神戸生コンクリート協同組合（中司知之理事長）震災復興建設事業への貢献で運輸省より感謝状受ける

6月 通産・建設両省「セメント・生コン流通改善方策検討委員会」から報告書

8月 交運労協（20単産85万人）が、「日本セメント合併での失業問題」で共同行動

※品監会議、生コン工場への立ち入り検査で○適マーク制度が本格運用

１９９８年（平成10年）

2月 東京生コンクリート卸協同組合が**共販事業を開始**

3月 ★**関西5労組**による24年ぶりになる全産業ゼネスト3日間決行、業界再建で統一要求行動を打ち出す

6月 日本コンクリート工学協会**「コンクリート診断士」**資格創設

8月 福岡市で**第2回労使共同セミナー開催**、15都道府県１６０人の代表が参加し、労使協調の道、全国に拡がる手ごたえ

10月 **宇部三菱セメント㈱**発足

10月 ★日々雇用の問題で関連性のある10の単産で**「関西労供労組共闘会議」**を結成　受給要件の緩和、建退協への加入促進、就労保障など要求を決定

※土木学会、**「高流動コンクリート施工指針」**制度打ち出す

企業・経済関連／年月

１９９７年（平成９年）

1月 ナホトカ号重油流出事故

2月 世界初のクローン羊開発

3月 山陽新幹線で５００系が営業運転で、新幹線初の３００㎞

4月 政府、公共事業縮減で行動指針

4月 消費税増税実施3％から5％に

4月 秋田、郡山、和歌山、長崎、大分の5市が中核市に

7月 タイバーツの変動相場制導入により、アジア通貨危機が始まる

9月 スーパーヤオハンが倒産、会社更生法を申請

11月 三洋証券破綻。証券会社の倒産は戦後初

１９９８年（平成10年）

2月 郵便番号が7桁化

3月 自由民主党、10兆円規模の追加景気対策表明

4月 日本版金融ビッグバンの開始

4月 明石海峡大橋が開通

6月 ドイツで超高速列車ＩＣＥ脱線１００人以上が死亡

6月 金融監督庁が発足

7月 香港国際空港が開港

8月 ロシア・ルーブル実質切下げと債務償還の一時停止により、ロシア財政危機が始まる

その他情勢／年月

１９９７年（平成９年）

1月 コフィー・アナンが国際連合の事務総長に就任

2月 鄧小平が死去

4月 愛媛県靖国神社玉串訴訟で違憲の判決

4月 衆院で駐留軍用地特措法が改正

5月 イギリスの総選挙で労働党４００議席、18年ぶりに政権奪還

6月 フランス総選挙で、社会党と共産党などの左派勢力が過半数

7月 香港がイギリスから返還される

10月 金正日、朝鮮労働党総書記に

12月 地球温暖化防止京都会議

１９９８年（平成10年）

2月 長野冬季オリンピック開幕

2月 金大中が韓国大統領に就任

3月 中国全国人民代表大会、朱鎔基を首相に選出

4月 民主党に各派合流、のちに政権与党となる新「民主党」結成

5月 パキスタン、インドに対抗して初の核実験

6月 クリントン米大統領、北京訪問

7月 和歌山毒物カレー事件発生

7月 小渕恵三内閣が発足

12月 国連の大量破壊兵器査察を拒否したイラクを米英軍が空爆

■六〇余年史年表　生コン産業全般の動き／★関西の動き

1999年（平成11年）

2月 ★「不況打開・業界危機突破・雇用と生活確保総決起集会」関連11労組と企業代表多数による総計2500名の参加で大きな反響

3月 生コン産業第3次構造改善事業終了、近代化促進法案廃止へ

4月 ★春闘交渉で、大阪・兵庫生コン経営者会と**「共同雇用保障」**協定を締結

6月 新幹線福岡トンネル、コンクリート崩落事故

6月 ★「太平洋セメント協議会」発足、相次ぐセメントメーカー合併・合理化に抗して関係労組が運動指針を確認

10月 東京エスオーシー㈱業平橋工場で創業50年式典（記念碑除幕）

12月 ★「コンクリート構造物の安全を考える」シンポジウムを関連5労組ほか共済で開催、労使320名の参加を得る

2000年（平成12年）

2月 ★奈良県生コン卸協組、**共同購買事業**を開始

3月 ★**春闘集交での政策課題**①生コンで販売店アウトとイン二者択一②バラ輸送で適正運賃収受とSS共同利用、先方車の解決③圧送で適正料金、優先発注―の3点掲げる

6月 ★大阪地裁「太平洋セメントと、その子会社、専属輸送会社従業員との間には**実質的な労使関係**がある」と認定、**団体交渉は正当**との判断を示す

9月 太平洋セメントが、韓国最大手の双龍セメントを事実上買収、経営の一体化進める（買収された韓国企業労組が抗議のため来日）

10月 ★**「バラ輸送・圧送業界の危機突破」**総決起集会1200名が参加

12月 ★大圧労組、**圧送協への加盟求めスト**―結果、圧送協加盟44社、車輌361台と府下8割業者に大圧協マークが貼られることに

企業・経済関連／年月

1999年（平成11年）

1月 大阪06市内局番4桁化、携帯電話・PHSの電話番号11桁に

1月 EU欧州連合に加盟11カ国でユーロを共通通貨として導入

4月 日本、米（コメ）の輸入関税化＝市場開放へ

5月 アジア通貨危機の影響で日本国内の普通ガソリンの店頭価格1L＝90円の過去最安値に

5月 瀬戸内しまなみ海道が開通

6月 ソニーが子犬型ペットロボット「AIBO」発売

6月 住民基本台帳法が改正

6月 男女共同参画社会基本法が成立

2000年（平成12年）

1月 ボリビアでコチャバンバ水紛争勃発

5月 第一火災海上保険が経営破綻、日本初の損保会社の倒産

6月 大規模小売店舗立地法が施行

7月 そごうが民事再生手続開始

6月 新紙幣2千円札発行、表＝沖縄県首里城の守礼門

9月 アメリカ株式市場の高騰で、1日に大天井つける

10月 協栄生命保険が更生特例法申請し経営破綻、負債総額4兆5297億円と戦後最悪の倒産

12月 BSデジタル放送の開始

その他情勢／年月

1999年（平成11年）

1月 コロンビアで大地震。死者1千人以上の大惨事

3月 コソボ紛争への制裁でNATO軍がユーゴスラビアを空爆

4月 石原慎太郎、東京都知事当選

4月 カンボジア、東南アジア諸国連合に加盟

7月 中国、宗教団体法輪功を非合法化

12月 マカオがポルトガルから中国に返還

12月 ロシアのエリツィン大統領が辞任。代行にプーチン首相

12月 パナマ運河、アメリカ合衆国からパナマに返還

2000年（平成12年）

2月 大阪府知事選で太田房江当選（日本初の女性知事誕生）

3月 台湾の総統選挙が行われ、民進党の陳水扁が当選

4月 小渕首相、脳梗塞で緊急入院その後、5月14日死去

4月 森喜朗が首班指名され、第1次森内閣発足（密室での政権移譲としてその謀議性が非難される）

6月 朝鮮半島の分断後55年で初の韓半島南北首脳会談

8月 ロシア原潜事故、乗員118人全員死亡

11月 ペルーのフジモリ（日系）政権が崩壊、日本大使公邸事件で投降のゲリラ射殺容疑ほかで訴追さる

■六〇余年史年表　生コン産業全般の動き／★関西の動き

2001年（平成13年）

1月 大阪生コンクリート圧送協同組合（児島正一理事長） 共同配車事業を開始、組合が車輌の斡旋に取り組み／大型ポンプを保有の企業ほぼ全社が加盟

2月 セメント各社の離合集散続く 宇部興産・三菱マテリアル、セメント生産3年内に統合で合意／麻生・ラファージュ（フランス）資本提携 **※初の海外資本**

3月 生コン全国出荷1億5千万立米の大台割れ セメントメーカー主導で、首都圏流通の再編進む―セメント直系（三菱・宇部・徳山）販売店集約化

3月28日 **生コン・バラ・圧送、大阪兵庫で無期限ゼネストに突入** ①適正生産基準に基づく工場集約化の指針、②実行ある新設、アウト対策、③適正価格の収受、④赤黒調整、⑤販売店対策の実行、⑥「7項目の各専門委員会」による議決と解決などを求めて

4月4日 **「政策問題及び各種委員会に関する確認＝4・4協定」** 大阪兵庫生コン経営者会と関連労組の間で、3点セット（賃上げ3000円他、一時金130万円他、福利厚生資金10万円他）など妥結

5月17日 **兵庫県中央生コンクリート協同組合連合会設立総会** 神戸ハーバーランド ニューオータニにて加盟県下4地区、43社45工場の広域を対象に会長・三好康之氏（神戸協理事長）で立ち上げた

8月5日 近畿バラセメント輸送協組主催 **「共注・共販を学ぶ」シンポジウム** セメント・生コン関連業界関連労使279名が参加、バラ協が労組運動により組織率80％を成し遂げ、この成果を元に関連業界に新たな枠組みを構築する方針の立案・実践へ

10月 ※全国の生コン卸協組の合併・撤退相つぐ― 倒産の連鎖で組合員の漸減続く―特に大都市圏で顕著に

12月1日 **生コン関連協同組合連合会結成** 三井アーバンホテルで設立総会を開催。初代連合会長に関口賢二大圧協理事長が就任

企業・経済関連／年月

2001年（平成13年）

1月 ギリシャがユーロを導入

1月 日本の中央省庁が大再編 従来の1府22省庁が、1府12省庁に再編された（第2次森内閣）

3月 ユニバーサルスタジオジャパンUSJ、大阪市此花区に開業

7月 小泉首相、石油公団廃止明言 特殊法人改革の一環

7月 松下、上場来初の営業赤字

8月 富士通1万6千、東芝国内で1万7千、日立2万人削減発表

8月 種子島宇宙センターより日本のH-ⅡAロケット1号機打上げ

9月 東京歌舞伎町の雑居ビル火災 死者44人

9月 東京ディズニーシーが全面オープン

10月 iPOD発表、当初はマッキントッシュ専用であった

12月 中国WTO・世界貿易機関加盟発効

12月 ムーディーズ、日本の国債を格下げAa2からAa3（4番目）へ

12月 アルゼンチン政府が対外債務の一時支払い停止を宣言

その他情勢／年月

2001年（平成13年）

1月 インド西部地震、約2万人が犠牲の大惨事に

2月 ハワイ沖で日本の宇和島水産高校実習船「えひめ丸」と米海軍潜水艦が衝突、9人が行方不明に（対応のまずさで森首相に非難が）

4月 小泉純一郎が日本の第87代首相に就任した（第1次小泉内閣）

6月 附属池田小事件、小学生8人が犠牲

7月 メガワティ・スカルノプトゥリ氏インドネシア大統領に就任

8月 小泉首相が靖国神社を参拝 中国や韓国政府が反発

9月 NY世界貿易ビル、国防総省などへのハイジャック機での同時多発テロ事件、約3千人が犠牲 ※ビル内部爆破など、この事件には今に続く陰謀説が多数残る

旅客機2機が世界貿易センタービルの2棟に突入し、ビルが燃え落ちたとされるが、ジェット燃料ケロシンの燃焼温度では建物の鉄骨は溶かせない…謎が残る

10月 アメリカ軍によるアフガニスタン侵攻開始、※911報復を口実にタリバン政権に対する戦争

■六〇余年史年表　生コン産業全般の動き／★関西の動き

２００２年（平成14年）

1月 **※生コン01年度出荷、** 第1次石油不況時の需要水準に低迷

3月 **※販売店3年間で1割減** 撤退・統廃合の波が加速された

3月12日 **政策協春闘で11項目の要求** 関連業界再建をめざし、11項目の業界対策の実行と春闘要求を経営者側に提起

4月4日 **全国生コン青年部協議会設立** 初代会長に大阪兵庫工組青年部有山泰功部長が選出される

5月22日 **知っておきたい「生コンのいろは」発刊↓** 近畿生コン輸送協同組合責任編集による生コンの初歩的知識を学ぶための唯一の教科本として全国的話題に

7月20日 経済産業省 **エコセメントのＪＩＳ化制定** エコセメントの標準化を進め、「環境ＪＩＳ」第1号の業者認定も

9月5日 全生協組連 **現金取引推進へ** 取引先への要請で全国統一行動とる

11月 **生コン企業４０００社割る** グループ企業統合などが全国的に進み、8月末時点で３９９３社、４５０８工場と発表あり

11月15日 **「生コンクリートの日」と制定** １９４９年のこの日、生コンが日本で初めて市場に出荷されたとして高品質・安定供給・適正価格の三原則の実現を図り、社会の発展と国民生活の向上に貢献することを期し全国生コンクリート工業組合連合会が制定したと発表

12月25日 **生コンクリート製造業、不況業種に指定** 経済産業省告示第４２９号により、期間２００３年1月～3月31日まで

12月27日 **安威川生コン賃金支払い請求／大阪高裁判決** 89年2月以降毎月の賃金を支払うよう高裁命令があり組合側全面勝利、15年間の闘争で一応の節目

企業・経済関連／年月

２００２年（平成14年）

1月 ユーロ紙幣とユーロ硬貨の流通開始入

中心にユーロ硬貨

1月 ＵＦＪ銀行誕生

2月 マイクロソフトが家庭用ゲーム機「Ｘｂｏｘ」を日本国内で発売

3月 中部銀行破綻

4月 みずほ銀行、みずほコーポレート銀行誕生ＡＴＭトラブル多発

4月 成田国際空港全長２１８０ｍの暫定Ｂ滑走路が供用開始

5月 経済団体連合会（経団連）と日本経営者団体連盟（日経連）が統合、日本経済団体連合会（日本経団連）が発足

6月 日石三菱、新日本石油に社名変更

7月 住民基本台帳ネットワーク開始

8月 丸の内に建設中の丸の内ビルディング（新丸ビル）が竣工

8月 ソニーが「ベータマックス」の生産終了を発表

12月 東北新幹線盛岡駅－八戸駅間延長開業　東北本線の同区間が第三セクターいわて銀河鉄道（岩手県区間）、青い森鉄道（青森県区間）移管

その他情勢／年月

２００２年（平成14年）

1月 ブッシュ大統領がイラン・朝鮮など各国を悪の枢軸発言

1月 田中真紀子外相が更迭

5月 ロシア軍、カムラン湾から撤退完了

6月 東ティモールが主権国家として独立、21世紀初の独立国誕生→

8月 南アフリカのヨハネスブルクで持続可能な開発に関する世界首脳会議（地球サミット２００２）

9月 スイスが国連に加盟、27日には東ティモールも加盟し国連の加盟国は１９１ケ国に

10月 バリ島で爆弾テロ事件発生１９０人以上が死亡

10月 石井紘基議員刺殺事件

石井紘基議員

盧武鉉大統領

11月 アルゼンチン政府が対外債務の一時支払い停止を宣言

12月 韓国の第16代大統領に盧武鉉が当選

■六〇余年史年表　生コン産業全般の動き／★関西の動き

２００３年（平成15年）

2月27日 **生コン議員連盟新会長** 自民党武藤嘉門氏を選出―「需要開拓」と「市場安定」の２つの勉強会を設置

3月6日 **★大阪広域協８工場を廃棄** 製造設備の削減で体質強化図るとの説明で

4月 **※生コン出荷1億2千万立米** 30数年ぶりの低水準市場に

4月17日 **★高強度生コン大臣認定50工場、大阪地区で一挙に** 高品質生コンの時代に！―大阪兵庫生コン工組が主導する50工場に製造者認定下る

5月18日 **★「関西生コン50周年シンポジウム」開催** **【主催】**大阪兵庫生コン工組**【協賛】**大阪広域協・兵庫県中央協組連・大阪兵庫生コン経営者会**【後援】**全国生コン工組連合会近畿地区本部・生コン関連協組連合会・関連労働5団体他バラセメント、販売店、骨材業者、建設関連業者代表者などが宝塚グランドホテルに集結／※関西の生コン産業創成50年を祝し、参加２５０名にのぼる経営・労働者が一体となり次なる50年への展望と取り組みを協議確認した記念碑的な催事

■シンポジウムでの労使合意は次の通り―①適正価格の収受②セメントメーカーからの自立③セメント・生コン関連業界の近代化④中小企業間の過当競争を抑制する⑤労使関係の信頼関係構築・労使共同の教育機関⑥共同会館、研究所の設立

10月1日 ★イン＆アウトの交流組織 **関西生コン関連中小企業懇話会が設立** 大阪広域協内の員内社・員外社・販売店で構成されたユニークな組織として垣根を超え、業界の持続的発展と団結促進のため、協組の民主化を求めるアンケート活動などで活動／後の阪神協など各種団体創立の芽を育くんだ協議サークルとして存在感を示す

11月1日 **「全国品質監査会議の〇適取得工場から生コンを納入する」**よう、国土交通省が各地方整備局に通達

11月26日 **「不法加水」摘発など法令遵守運動** 長妻昭衆議院議員が国会に「道路公団をはじめ、公共事業でのシャブコン使用等に関する質問主意書」提出

※★「〇適マーク取得工場から選定する必要がある」と大阪府が基準を適用

企業・経済関連／年月

２００３年（平成15年）

1月 名古屋高裁、高速増殖炉もんじゅ設置許可を無効とする判決

3月 大和銀行とあさひ銀行が合併し、りそな銀行発足

3月 中国で新型肺炎サーズ大流行、死者７００人超

4月 郵政事業庁が日本郵政公社に

4月 サーズ世界32ヶ国患者７７４人が死亡の大疫病に

4月 国際ヒトゲノム計画によってヒトゲノム解読の全作業を完了

4月 六本木ヒルズ全館オープン→

4月 日経平均株価が７６０７円の大底を記録

5月 小惑星探査機はやぶさＭ-Ｖ５号機により打ち上げ

6月 ウインドウズ２００３が発売

8月 沖縄に戦後初の鉄道沖縄都市モノレール開業

9月 ボリビアガス紛争が激化、国内は広範囲に渡って麻痺状態

10月 中国が初の有人宇宙船「神舟５号」の打ち上げ

12月 武富士盗聴事件で自ら指示を出したとして同社会長を逮捕

その他情勢／年月

２００３年（平成15年）

1月 朝鮮民主主義共和国、核拡散防止条約を脱退

1月 小泉首相、靖国神社参拝

2月 スペースシャトルテキサス州上空で空中分解、飛行士7名死亡

2月 ユーゴスラビアがセルビア・モンテネグロに改称

3月 アメリカ・イギリスによるイラク侵攻作戦開始

5月 個人情報保護法が参議院本会議で可決

6月 盧武鉉（ノ・ムヒョン）韓国大統領、国賓として来日

7月 「宮城県北部地震」で震度６クラスの地震３回発生

7月 香港50万人デモ行進、中国自治政策に対する抗議

7月 イラクの暫定統治機関としてイラク統治評議会が設置

8月 アメリカ・カナダで東部を中心に大規模な停電

8月 フランス全土の記録的な猛暑による死者１万１千人以上

9月 小泉再改造内閣発足

11月 第43回衆議院総選挙、与党の３党、絶対安定多数を確保

11月 イラク北部で日本大使館公用車襲撃され、外交官２人が死亡

12月 アメリカ軍がサダム・フセインイラク元大統領を拘束

■六〇余年史年表　生コン産業全般の動き／★関西の動き

2004年（平成16年）

1月8日　**前年3月末全国のコンクリートミキサー車**　前年比2775台減で7万台の大台を割り込む

1月24日　★懇話会主催　**「経営者セミナー」開催**　昨年10月の設立以降、57企業会員獲得の成果と員外社は工組・協組に加入団結なしに生き残れないことなどを確認
※同日、圧送（ポンプ）業者が、**初めての労使セミナー開催**―労使の力で圧送業界の危機打開と安定に向けた運動、共同受注～基本料金の収受確立などを確認

2月29日　**★兵庫中部協同組合発足**　県下で11番目の協同組合―小野市・加古川市など

3月4日　★和歌山県紀北地域　**生コン製造設備を70％削減する大規模集約化**　13工場を4工場へ―昨年も和歌山中央で2個1、3個1の集約化、全国的にみても例が無い

5月20日　**セメント専業大手2社の04年3月期決算**　太平洋、純利益50％増の165億円と合併後過去最高、住友大阪は108％増の48億4千万円を記録

7月20日　★**「生コンクリートユーザーフォーラム」開催**　※阪神淡路大震災から10年目を前に、建設・生コン業界が消費者と初めて向き合い、「安全」と「安心」な社会をめざして話し合ったフォーラム　組合総研の前身である**「中小企業組合研究会・松本光宣工組理事長」**が代表者」主催で、消費者・ゼネコン・設計事務所・マンション管理組合・生コン関連業者や労働組合から392名が参加―「社会の共生」を掲げ討議した

7月31日　**週刊現代　加水行為を告発する記事**　連帯労組の調査の結果を受け、神戸業者による不法加水行為を告発したスクープ―東大教授小林一輔氏がコメント

9月1日　**★中小企業組合総合研究所が設立**　機関紙「提言」の発行はじめ、各種研修会やシンポ、フォーラムなどを開催してきた中小企業組合研究会が、活動をより社会性のあるものに発展させるため有限責任中間法人と改組し正式発足

11月　★※大阪域内の17社18工場が　**広域協加入の方向を決定**　アウト企業など17社は、この時点での協組意義を認めて加入を表明

企業・経済関連／年月

2004年（平成16年）

1月　山口県養鶏場で国内では79年ぶりとなる鳥インフルエンザ

3月　日本で製造業への人材派遣が解禁

4月　日本航空と日本エアシステムが完全に経営統合

4月　特殊法人帝都高速度交通営団（営団地下鉄）が民営化

5月　欧州連合に新たに10カ国が加盟、合計25カ国

7月　ボリビアで、天然ガス採掘の国有化を問う国民投票

9月　NY商業取引所で原油先物相場が1バーレル50ドル突破の新高値

11月　新紙幣発行、肖像画は1万円札が旧紙幣と同じ福澤諭吉、5千円札樋口一葉、千円札が野口英世

11月　改正道路交通法施行、運転中の携帯電話使用が罰則対象

12月　ニンテンドーDSが発売

12月　国内で鳥インフルエンザ感染が公式に確認

12月　リトアニアのイグナリナ原子力発電所第1号機が操業停止

その他情勢／年月

2004年（平成16年）

1月　小泉首相、靖国神社に元旦参拝

1月　自衛隊イラク派遣開始

2月　オウム真理教の麻原彰晃被告に一審で死刑判決

3月　スペイン列車爆破事件発生

3月　中国人活動家が尖閣諸島に上陸

4月　政治家の年金未納問題が発覚

5月　年金未納問題で、福田康夫官房長官が辞任

5月　小泉首相が北朝鮮を再訪問　平壌で日朝首脳会談、拉致被害者の家族5人が帰国

8月　アテネオリンピック開幕

8月　沖縄国際大学に米軍普天間基地のヘリコプター墜落

9月　朝鮮脱出者29名が北京の日本人学校に駆け込む

10月　「新潟県中越地震」発生　断続的に震度6級余震、死者68名

11月　イラク北部で日本大使館公用車襲撃され、外交官2人が死亡

12月　スマトラ島沖地震、発生　M9・3、津波などで14カ国以上で22万人以上が死亡という大惨事

■六〇余年史年表　生コン産業全般の動き／★関西の動き

2005年（平成17年）

1月　「大谷生コン強要未遂及び威力業務妨害事件」　13日早朝、大阪府警は関西地区生コン支部に刑事弾圧を加え、武委員長ら計4名を逮捕、支部事務所など30カ所余りを捜査。中小企業と労働者が団結し、大資本・ゼネコンとの対等な取引条件などを推進してきた産業政策運動に対する資本・権力側弾圧が背景

「関西地区生コン支部にかけられた業種別運動つぶしを目的とした不当弾圧に対する緊急抗議決起集会」　23日、経営者・労働者併せて73団体から1124名が参加

2月8日　**「連帯議員ネット」結成大会**　連帯ユニオンが、情報交流などを通じ公共工事・契約から不正行為や悪質な企業や業者を排除し、行政や地元中小企業の健全化を進め、地域住民の生活・労働条件の向上を進めることを目的に結成

14日　**「1・13権力弾圧事件、社民党国会議員調査団」**　関係団体を視察

28日　**KU会設立**　連帯労組への不当弾圧に抗議する経営者らの支援活動始まる

3月8日　**「旭光コンクリート強要未遂及び威力業務妨害事件」**　大谷生コン事件に続く弾圧事件、武委員長再逮捕される

4月7日　**「大谷事件第1回公判」　大阪地裁**　経営者・労働者市民・学生・議員ら68団体が結集

6月3日　**中小企業組合総合研究所主催「マイスター塾開講記念セミナー」**　3日、新たな社会的ニーズに応える体系的なマイスター教育で関連業界従事者の技術・技能面の充実を図るべく、業界労使共同で構成する「組合総研」が企画準備

7月23日　**第2回「圧送技術研究会」開催**　大阪生コン圧送協組と日本建築学会近畿支部材料施行部共催／業界・行政から310名が参加、生コンとポンプ圧送技術と品質課題を共有

11月5日　**「告発！逮捕劇の深層」（著者・安田浩一）**　権力犯罪の裏事情とそれに抗する協組・労組共闘の歴史を現場ルポした迫真の内容が話題を呼ぶ

中央がKU会内野一会長

企業・経済関連／年月

2005年（平成17年）

1月　中華人民共和国と中華民国（台湾）を結ぶ航空線が分断以来56年ぶりに開通

2月　京都議定書発効

2月　中部国際空港が日本の愛知県常滑市沖合に開港

3月　自然との共生謳う愛知万博＝「愛・地球博」が開幕

4月　日本メキシコFTA協定発効

5月　iMACがG5発売

4月　都立四大学（東京都立大学・東京都立科学技術大学・東京都立保健科学大学・東京都立短期大学）が統合され首都大学東京←が開学

4月　JR福知山線脱線事故、塚口駅―尼崎駅間での脱線事故で乗客ほか107名が死亡→

6月　主要国首脳会議（サミット）の財務相会合がロンドンで

9月　携帯プレーヤーiPODの後継機種としてナノが発売

11月　歌舞伎がユネスコの無形文化遺産に登録

12月　第1回東アジアサミットがマレーシアクアラルンプールで開催

その他情勢／年月

2005年（平成17年）

1月　ジョージ・W・ブッシュ2期目のアメリカ合衆国大統領に

1月　イラク国民議会選挙行われる

3月　島根県議会で「竹島の日」条例が成立、韓国の反日感情高まる

3月　スマトラ島沖地震、M8・7を観測し、死者は1千人超える

4月　北京で1万人規模の反日デモ

4月　中国浙江省で3万人を超える農民暴動発生

7月　「ロンドン同時爆破事件発生　死者は55人

8月　ハリケーン「カトリーナ」がアメリカフロリダ州に上陸、政府←対応の遅れで1千2百人の死者

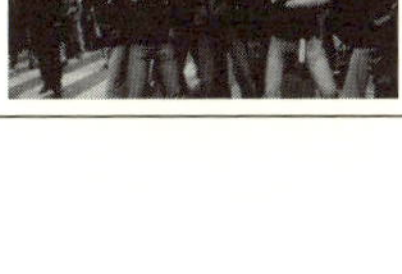

10月　フランス・パリで警察に反発する若者から全土で暴動が発生→フランスだけでも死者や千人を超える逮捕、同政府は非常事態宣言

10月　インド・ニューデリーで同時爆弾テロ発生

11月　アンゲラ・メルケルがドイツ首相に就任（初の女性首相）

■六〇余年史年表　生コン産業全般の動き／★関西の動き

２００６年（平成18年）

1月　17日**「第３回大阪圧送労使セミナー」**　企業の社会的責任（ＣＳＲ）宣言

28日**「マイスター塾・経営者合同セミナー」**生コン関連業界に従事する労使が経済評論家の今堀努氏と明治大学名誉教授の百瀬恵夫氏の講義を受ける

2月　**月刊「世界」**（**岩波書店**）**2月号で特集**　生コン業界は再び危機に直面

※ルポ生コン労組はなぜ弾圧されたのが

3月8日　**関西地区生コン支部事件とは何か～『国策捜査』による労働運動弾圧の深層を明らかにする関西シンポジウム」**作家、ジャーナリスト学者、弁護士ら23人が抗議の著名活動を呼びかけ、関西地区生コン支部事件の深層を明らかにする目的で開かれた（８日武委員長保釈）

20日　**テレビ朝日「ワイド！スクランブル」が耐震偽装問題で特集**　欠陥コンクリート恐怖の実態を特集、全国で放臥規制緩和による過当競争が生み出す「品質よりも効率と利益優先」のツケが、安心を脅かす実態を社会的にクローズアップ

4月6日**「中級・ミキサー乗務員学校」開校**　近畿生コン輸送協組がミキサー車乗務員の一段の資質向上を目指し開設した

11日**「セメント生コン業界危機突破総決起集会」**関連業界労使ら９００名参加

7月15日**「ＫＵ会第４回勉強会」**「検察の実像」として元大阪高検公安部の三井環氏、「当面の中小企業運動の展望」として武委員長が講義

9月19日**「ＩＬＯ・国際労働機関から書簡」**政府が加える連帯への権力弾圧に関するＩＬＯへの申立てに対し、Ｃカーティス国際労働基準局局長代理から返信文書受理と提起された問題について、日本政府へ申し入れをしたとの内容

11月　**週刊金曜日で６弾・警察の闇特集「現代の特高」記事**　生コン価格は下落、またぞろ粗悪生ヨンを使う業者もでてきたとの業者インタビュー

12月　**大相撲、徳之島場所巡業**　力士らの迫力に、闘牛の伝統ある島の活気が高まり、関西生コン業界と相撲後援のつながりに発展した話題の催事だった

企業・経済関連／年月

２００６年（平成18年）

1月　ライブドアグループ証券取引法違反事件で、東京地検特捜部は堀江貴文社長ら幹部４人を逮捕

1月　農水省「輸入再開したアメリカ産牛肉にＢＳＥ危険部位混入と判明」と発表。再び全面禁輸

2月　アメリカ商務省国勢調査局の「世界人口時計」で世界の推計人口が65億人突破

2月　日本航空は、原油価格の高騰や旅客数減少などの影響で、最終損益が２３０億円の赤字となった

3月　アメリカで新10ドル紙幣流通開始

5月　アメリカのエンロン社の不正会計事件で、元会長らに有罪判決

5月　アメリカ・ニューヨークで数日にわたり原因不明の停電

9月　シンガポールでＩＭＦ世界銀行年次総会が開催

9月　ドイツの磁気浮上式高速鉄道試転中のリニアモーターカーで、初めて死者が出た大事故で21人が死亡

10月　アメリカ合衆国の人口３億人を突破

12月　日経平均株価大納会終値は、大発会始値より10%以上下落

その他情勢／年月

２００６年（平成18年）

1月　サウジアラビアでメッカ巡礼の回教徒が将棋倒しで３４５名圧死

2月　紅海でエジプト船籍フェリーが沈没、１千人以上の遺体

2月　トリノ冬季オリンピック開幕

3月　フィリピンレイテ島で大規模な土砂崩れ、２千人が犠牲になる

5月　アメリカ合衆国各地で、ヒスパニック系住民らが不法移民規制法案抗議デモ。約１００万人が参加

5月　インドネシアジャワ島で地震発生し、同国で５７８２人が死亡

5月　イラクのサマーワで、日本の自衛隊車列を狙った爆弾が爆発

8月　国連安全保障理事会、イスラエルとヒズボラの停戦決議を採択

9月　第21代自民党総裁に安倍晋三官房長官が就任

10月　朝鮮が咸鏡北道吉州郡で核実験を強行

11月　共和党の敗北を受け、ラムズフェルド国防長官がイラク政策の責任をとって辞任

12月　サダム・フセイン元イラク大統領の死刑執行

■六〇余年史年表 生コン産業全般の動き／★関西の動き

2007年（平成19年）

1月16日 **大阪圧送労使セミナー** 基本料金制と現金収受が定着した成果を共有、労災撲滅、労働条件の改善ほか集団的労使関係の確立、教育活動強化を提起した

3月17日 組合総研 **第1回歴史教養ツアー「奈良明日香村」** 奈良県の飛鳥古京顕彰会の協力を得て、歴史の原点を業界で学ぶ貴重な共同学習に〇名参加

5月19日 組合総研 **第1回経営者セミナー** 近畿一円の生コン関連経営者や各団体代表が集まり、大阪兵庫生コン工組六甲技研センターで人権派法曹グループの坂本団弁護士、武建一総研代表理事が協組原理と展開への理念を近畿から集まった70名参加者に講演―弱者連合としての独禁法適用除外など法的根拠をもとに、大企業との対等取引を目指す姿勢が強調された

提言

7月4日 **大阪広域協の民主化を求める会** 臨時理事会合で、直系主体の協組運営に終始する鶴川順康理事長ほか執行部全体の姿勢転換と業界刷新を求める

6月30日 **第2回バラ労使セミナー** バラ業界の産業構造問題を労使で共同討議

9月 **大阪広域協** 理事会で員外社加入促進を決議

9月9日 組合総研 **第2回歴史教養ツアー**「近江聖人、近江商人に学ぶ」 三方良しの商人道を育んだ近江商人の里と、彼らに聖人と慕われた中江藤樹を偲ぶ

10月 大阪広域協 **第1回未来の大阪を描こうコンクール** 産経新聞と共催、大阪の児童たちの絵を生コンミキサー車に拡大転写し、街を走らせる主旨の公募

11月27日 **中小企業懇話会** 員外社会議で大同団結への気運盛り上がる

12月19日 組合総研 **第1回異業種交流会** 建設・生コン業界以外で広く意見の交流を図る、30社50名の企業幹部やスタッフが異なった視点での見方を育てた

企業・経済関連／年月

2007年（平成19年）

1月 アンゴラ、石油輸出国機構ＯＰＥＣに新規加盟

1月 ヨーロッパ委員会、三菱電機・日立・東芝など11社カルテル認定で総額7億5千万ユーロ制裁金

1月 中国国家統計局、２００６年中国の国内総生産実質伸び率が10・7％と、4年連続で2桁成長

1月 アメリカフォード・モーター、２００６年決算が創業以来最大の１２７億万ドル超の最終赤字

3月 アメリカ3M、リチウムイオン電池の特許を侵害したとして、ソニー、日立、松下、聯想レノボなど11社を国際貿易委に提訴

4月 中国・上海証券取引所で株価が前日比約９％マイナスの大暴落　欧州～米国など世界も連鎖株安

4月 アメリカ商務省、経常赤字で８５６６億USドルと初めて８千億の大台超す

8月 アメリカ・ミネソタ州ミネアポリス高速道路橋が崩落、多数の死傷者が出る←

11月 ロンドンとユーロトンネルを結ぶ高速鉄道路線ＣＴＲＬ開業→

その他情勢／年月

2007年（平成19年）

1月 ブルガリア、ルーマニアがＥＵ加入で加盟国は27ヶ国

2月 潘基文氏（韓国）が国際連合事務総長に就任

2月 イラク・バグダードでイラク戦後最大の自爆テロ１３０人以上死亡

2月 中国の海洋調査船が尖閣諸島・魚釣島付近で海洋調査、日本政府の抗議に中国政府は同諸島領有権主張

2月 パレスチナの2大政治勢力、ファタハとハマス、メッカ会合で統一政権樹立に合意

2月 アメリカ空軍、ステルス戦闘機ラプターを国外では初めて沖縄嘉手納基地に配備

4月 中国の温家宝首相が訪日、安倍首相と会談

5月 フランス大統領選挙決選投票で右派のニコラ・サルコジ国民運動連合党首当選←

5月 朝鮮半島分断以来、初めて韓国ムン山と北朝鮮・開城を結ぶ列車が試験運行→

12月 韓国大統領選挙で、李明博が次期大統領に選出

12月 中国全国人民代表大会常務委員会、香港行政長官の直接普通選挙での選出を２０１７年以降と決定

■六〇余年史年表　生コン産業全般の動き／★関西の動き

２００８年（平成20年）

2月　近畿の生コン、値上げ表明相次ぐ　セメントの大幅値上げが契機となる4月1日から大阪・神戸で生コン大幅値上げ、奈良１３００円。大津１５００円

3月9日　組合総研主催　**第３回歴史教養ツアー「映画鑑賞」**　労使から80名が参加、アート系映画を上映する大阪市淀川区第七藝術劇場で映画「ジプシーキャラバン」鑑賞。中小企業福利厚生に新しいヒントをもたらす企画であった

4月4日　**阪神地区生コン会結成**　大阪・兵庫地域で員外で営業してきた50数社を対象に任意組織として集まり、正式な協組化への移行準備期間となった

8月「品質管理委員会」を正式に立ちあげ　業界労使が生コンの品質向上確保へ向け4月から関連労組と大阪兵庫生コン経営者会、大阪兵庫工組3団体で「品質窓口委員会」を組織、業界の社会的信頼の確保に向け活動を進める

9月20日　組合総研主催　**第１回合同職員研修**　兵庫県芦屋市六甲技研センター芦屋山荘において、組合総研主催の合同職員研修、遠くは紀北生コン協＝和歌山からも参加者があり、関連協組・団体職員を中心に研修の実をあげた

10月24日　**阪神地区生コン協同組合（阪神協）設立認可**　事業区域は大阪府全域と兵庫・明石以東に置き、先行8社で「中小の、中小による、中小のための」生コン専業者主体の運営を目指すと幸森俊夫理事長が声明

10月28日　**中小企業の砦「協同会館アソシエ」起工式**　生コン関連8団体（当時）代表、関係者労使２３１名が工事の無事を祈願し、次年6月への竣工に期待を寄せた

11月17日　**近畿生コン圧送協第５回圧送技術研究会**　労使、自治体、学会、ゼネコン関係者ら３００人での研究の場

12月4日　**阪神協設立式典**　阪神地区で地域協組に加盟せず活動してきた有力48社53工場が、大同団結した式典には関係者・政官来賓４３０名が出席し、華やかな船出を祝した

阪神協設立式典・大阪市北区ウェスティンホテル大阪で

企業・経済関連／年月

２００８年（平成20年）

1月　ベネズエラ政府、通貨ボリバルの千分の1切り下げを実施

1月　原油先物相場が急騰止まらず、ＮＹでは１バレル１００ドル記録7月半ばまで断続的に価格が上昇

1月　松下電器産業、10月から社名を「パナソニック」に

1月　米デルタ航空、ノースウエスト航空またはユナイテッド航空と合併交渉に入ると発表

1月　米ＦＲＢ、前日からの世界同時株安に対応するため、連邦ファンド金利の０・75％緊急利下げ
※祝日明けＮＹ証券所でも暴落

2月　東芝、ＨＤＤＶＤ市場を撤退

5月　韓国で李明博政権の米国産牛肉の輸入再開に対し反発する市民が集会、数ヶ月の抗議デモ続く

6月　航空券から紙媒体が廃止され、全て電子航空券化

8月　４９２m、１０１階建ての超高層ビル「上海環球金融中心」が完成→

9月　アメリカの大手投資銀行リーマン・ブラザーズが、経営破綻、リーマン・ショックの始まり

9月　アメリカの最大手保険会社ＡＩＧの破綻回避のために米連邦準備制度理事会同社へ約８５０億ドル融資を承認

その他情勢／年月

２００８年（平成20年）

1月　南極で、グリーンピースが日本捕鯨船団を追跡調査捕鯨を実力阻止

2月　イランが宇宙センター開設、初の国産宇宙ロケットを打ち上げ

2月　韓国ソウル中区の南大門で火災発生、国宝の楼閣が全焼

2月　沖縄県沖縄市で発生したアメリカ海兵隊兵士による14歳少女への強姦事件で島民の怒りが頂点に

2月　キューバ国家評議会、フィデル・カストロの後継となる議長に実弟のラウル・カストロ氏

5月　四川大地震の発生Ｍ8・0の巨大地震、四川省・甘粛省・重慶市・雲南省内の建造物倒壊で約4万人の犠牲者が→

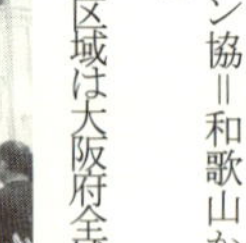

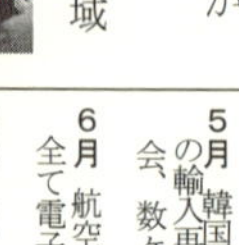

8月　→北京オリンピック、開催

9月　日本の福田康夫首相が就任後1年足らずで辞意

9月　麻生太郎が日本の第92代首相に就任

9月　アメリカ合衆国大統領選挙でバラク・オバマ（民主党）が共和党候補に圧勝、第44代アメリカ大統領に初のアフリカ系

12月　ブラジルで開催されたラテンアメリカ・カリブ首脳会議で、米国の支配から自立した平和地域統合をめざし「サルバドル宣言」が採択

■六〇余年史年表　生コン産業全般の動き／★関西の動き

２００９年（平成21年）

２月５日　**08年生コン出荷１割減**　１億㎥割れ目前に、官民ともに低迷極める

※大相撲「後援会活動」で関西業界活気づく

３月29日　**尾上部屋関西後援会**　大阪市内のホテルで打上げ会を開催した同会（有山泰功会長）では看板力士の把瑠都はじめ、充実感みなぎる威風で当日は７６０名もの参加者で会場が揺れるほどの賑わいだった

５月14日　**全国生コン出荷激減**　ピーク時から半減、官・民ともに最小値記録

５月23日　**総研歴史教養ツアー、岩手県葛巻町へ**　５月23日～25日の第５回歴史ツアーで「ミルクとワインとクリーンエネルギーの町」岩手県葛巻町を60名で訪問　※自然との共生、エネルギー自立と持続可能型地域創設にいち早く組合総研が着目、随時発信を続ける

５月28日　**大阪広域協新理事長**　鶴川順康氏から安田泰彦氏が理事長に就任、初の員外

６月１日　**全国生コン工組連合会**　近畿地区本部長に猶克孝氏が就任

６月30日　**協同会館アソシエ竣工式**

中小企業の砦『協同会館アソシエ』の竣工式が、来賓・関係者３５０名出席のもと盛大に開催された―白亜の建物には中小企業の自立自尊の魂が込められており、近畿地方では生コン関連事業者が力を合わせて完成させた初めての会館で建設には３００社を越える中小企業が出資協力した中小企業の『血と汗の結晶』

会館の建設は長年の悲願であり１９８２年、05年と会館建設を試みたが、いずれも権力の介入により頓挫、今回も各方面からの圧力はあったが経営・労働の連携で結実化した

企業・経済関連／年月

２００９年（平成21年）

１月５日　株券電子化完了

１月21日　「ジュエリーマキ」を経営する三貴、東京地裁に民事再生申請、負債総額１１７億

１月　西川善文日本郵政社長、かんぽの宿のオリックス不動産への売却事実上の凍結を表明

２月５日　紀勢自動車道、奥伊勢ＰＡが開業

２月　大手ゼネコン「鹿島建設」の裏金を受領、脱税した法人税法違反容疑で、大阪市コンサルタントの社長らを逮捕

３月１日　ＪＲ九州が、福岡都市圏北九州都市圏各駅に、ＩＣカード式乗車券定期券システム

３月10日　日経平均株価終値７０５４円98銭、バブル崩壊後の最安値更新

３月　損害保険ジャパンと日本興亜損害保険、共同持ち株会社

４月　国際通貨基金ＩＭＦ、実質経済成長率を日本はマイナス６・２％とする今年経済見通しを発表

５月14日　東京都丸の内の三菱商事ビル・古河ビル・丸ノ内八重洲ビル跡地に、「丸の内パークビルディング」開設

６月　改正薬事法施行、大衆薬の９割程度が、登録販売者を設置すればスーパー、コンビニ等において24時間販売可に

←下半期の出来事は次ページ

その他情勢／年月

２００９年（平成21年）

１月16日　国立感染症研究所、インフルエンザ治療薬タミフル不効果の薬剤耐性ウイルス97％超えと発表

１月23日　大分市の南日本造船で桟橋落下２名死亡事故、同社が荷重負荷を把握せず桟橋を使用した疑い

２月17日　中川昭一財務金融担当大臣が辞表提出、14日ローマで開催されたＧ７の財務大臣・中央銀行総裁会議後会見での意識もうろう状態での答弁での責任と不明を詫びて

※中川氏は、10月に謎の多い死を遂げた

３月１日　東京地検特捜部、西松建設によるトンネル政治献金疑惑で、民主党小沢一郎代表の公設秘書逮捕

４月１日　岡山市（岡山県）が全国18番目の政令指定都市に移行

４月12日　秋田県知事選挙で、前秋田市市長の佐竹敬久氏が初当選

４月26日　名古屋市長選挙で民主党推薦の河村たかし氏が初当選

４月28日　民主党代表選挙で、鳩山由紀夫5年ぶりに党代表となる

５月　裁判員制度施行

６月１日　改正道路交通法施行、75歳以上高齢運転者の普通免許更新の際に認知機能検査の義務付け

６月４日　国内98番目で最後の地方空港と目される静岡空港が開港

←下半期の出来事は次ページ

２００９年（平成21年）下半期の出来事

7月10日　**変革のアソシエ関西発足**　6月6日に「変革のアソシエ」発足総会及び記念講演シンポジウムが東京・総評会館において開催され、日本を代表する知識人ら160人が結集、労組からは武関西生コン支部委員長が共同代表になり、この日から「協同会館アソシエ」は関西での拠点となり様々な講座が開催される

9月1日　**ＧＣＲＣグリーンコンクリート研究センター開所**　協同会館アソシエ1階のグリーンコンクリート研究センター（中西正人理事長）で、館内に設置された業界最大級のコンクリート研究設備の説明と披露が同所スーパーアドバイザー二村誠二氏（前大阪工業大学准教授）から学識経験者、関係者になされた

10月1日　**ＧＣＲＣ「第1回シンポジウム」**　協同会館アソシエホールで関係者263名を集め、ポーラスコンクリートの権威・玉井元治日本コンクリート工学協会名誉会員の基調講演ほか、二村誠二氏と武組合総研代表理事が連続講演

11月　**関生・関西宇部刑事事件の判決で弁護団が声明**　不当逮捕された労組被告人たちの行動の正当性を認めざるを得ないのに有罪を言渡した妥協的判決を批判

11月11日　**労使が一体となり国会請願**　組合総研をはじめ近畿の生コンクリート関連16団体が、東京都千代田区永田町の衆議院第二議員会館ほかで関係省庁担当者に政策提言を手渡した。新しく国民の信託を受け、政権与党となった民主党、社民党への要望を込め、労働組合・協同組合・中小企業が団結した政府への要請行動だった

11月27日　**変革のアソシエ発足記念関西シンポジウム**　同志社大学の田淵太一教授が進行役となり、京都大学名誉教授で大阪産業大学本山美彦学長、組合総研代表理事の武建一氏三者が、時代を読み解くべき事象を議論、「変革のアソシエ」関西事務所発足の意義＝労働者や中小企業の経営者が共に、志を同じくする関係で立ち上がったとする今回経緯を確認

12月20日　**「社会資本政策研究会」発足**　生活道路や耐震補強など人間本位の社会資本整備、コンクリート舗装など、中小企業による中小企業のための産業政策の実現を目指し、全国に類を見ない大規模な政策集団が関西で誕生

２００９年（平成21年）下半期の出来事

7月1日　「社団法人公共広告機構」が「ＡＣジャパン」に改称

8月18日　日産自動車が、本社機能を横浜市の横浜みなとみらい21中央地区に移転

8月22日　大阪府と市の共催で水都大阪２００９を開催

水都大阪2009の巨大キャラが浮び

10月10日　農水省と厚労省、米国産冷凍牛肉に牛海綿状脳症物質部位として輸入が認められていない脊柱が見つかったと発表

10月30日　日本航空（ＪＡＬ）の会社再建のため日本航空再建対策本部を政府内に設置

11月1日　太陽光発電の余剰電力を従来価格2倍の48円／kwhで電力会社が10年間すべて買い取る制度を開始

11月17日　市民団体が軽自動車を改造して製作した電気自動車ＥＶが、東京〜大阪間の５５５・６キロを無充電で走破して世界新記録を達成

11月　２０１１年3月までの時限法である中小企業金融円滑化法案（別称・亀井法案）が成立

２００９年（平成21年）下半期の出来事

6月　１９９０年、栃木県足利市の幼女誘拐殺人で無期懲役中の服役囚に、執行停止及び釈放の措置を執ると決定（**足利冤罪事件**）

6月14日　障害者団体向け割引制度悪用による郵便不正事件で大阪地検、厚労省の女性官僚を虚偽公文書等容疑で逮捕

7月12日　第17回東京都議会選挙で民主党、改選議席を上積みして54議席を獲得、初の第一党に

7月26日　仙台市市長選挙に、政令指定都市では初の女性市長となる奥山恵美子が当選

8月30日　**「第45回衆議院総選挙」**　期日前投票制度を利用した有権者は約１４００万と最高を更新する中、民主党が３０８議席を獲得した

民主党の圧勝を伝える各紙

9月9日　第45回衆議院総選挙を受けて民主党・社民党・国民新党3党による連立政権成立

11月　外務省の日米密約調査おいて核兵器持ち込み密約の根拠とされる文書である「討議記録」を裏付ける日本側文書を発見、「沖縄密約」暴露される

■六〇余年史年表　生コン産業全般の動き／★関西の動き

２０１０年（平成22年）

1月14日 **「近畿圧送労使セミナー」開催**　近畿圧送経営者会・労働組合・協同組合の共催で、団結して技能向上・共注共販課題を乗り越えようと呼びかけ

1月　**※六会コンクリート問題**　神奈川協組が補償のスキーム決定

2月25日 **太平洋セメント３工場生産中止**　物流・人員等見直し含め構造改革公表

3月25日 **札幌協組が共販中止**　員外社シェアが急上昇し、事業継続の道絶える

4月1日 **大阪広域協組、１００億円を投じ**　25工場廃棄、商工中金から35億円借入れ、組合員工場は１０４から７８と25％も減少

5月20日 **故二村誠二先生を偲ぶ会**　２月11日急逝されたグリーンコンクリート研究センター・スーパーアドバイザー二村誠二氏に対し、会場の協同会館アソシエへ大学関係者、建設設計関係者も含む多数の参列者が詰めかけ氏を偲んだ

5月31日 **「団体交渉での地位確認」及び「損害賠償」求める**　近畿バラセメント輸送協同組合が訴訟を大阪地裁に起こす、協組がメーカーを訴えた国内初の事例―

※【近バラ協の交渉要求の内訳】①運賃改正について②効率輸送の取組みについて③コンプライアンスの徹底について④商流の変更について⑤その他関連事例

6月19日 **ポーラスコンクリート構造物見学会**　玉井元治近畿大学大学院名誉教授を座長に、ポーラス・コンクリート（以下ＰＯＣ）構造物の見学会を実施―当日約50名が淀川駐車場などＰＯＣ仕様の現場を熱心に見学、画期的な性能を学ぶ

6月27日 **「生コン関連業界危機突破！６・27総決起集会」**　全国生コンクリート工業組合連合会・全国生コンクリート協同組合連合会近畿地区本部集会実行委員会、スイスホテル南海大阪（大阪市中央区）で開催／会場には、近畿のセメント・生コン業界に関わる関連団体の労使・関係者ら２３２０名が参加し業界崩壊の危機を突破するため、各協組と労組は適正価格収受の決意を表明、あらためその方針を壇上で固く誓った

【集会での各団体発表は次の通り】

企業・経済関連／年月

２０１０年（平成22年）

1月1日　日本年金機構が発足

1月4日　ドバイに世界一の超高層ビル　Ｂ・ハリファがオープン

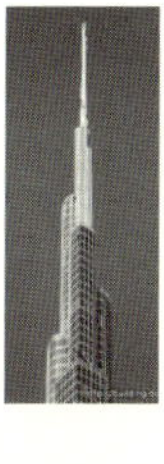

1月19日　日本航空が会社更生法の適用を申請、企業再生支援機構は同社支援を決定

2月2日　国土交通省が高速道路の無料化社会実験の開始を発表

3月15日　東京、大阪の民放ラジオ局13社、通常の放送と同時にインターネットにも番組配信する

4月　ムーディーズはギリシャのソブリン格付けをＡ３に引き下げ

5月6日　ダウ平均株価がわずか数分で急激に暴落、市場がパニックに

5月27日　日本経済団体連合会御手洗富士夫会長が退任し後任に米倉弘昌・住友化学会長が就任

6月4日　韓国・釜山で主要20カ国のG20財務相、中央銀行総裁会議

6月11日　警視庁が日本振興銀行を銀行法違反容疑で家宅捜索、同行の木村剛前・会長を任意聴取

6月21日　ＮＹ・マーカンタイル取引所で金先物が一時１２６６・50ドルまで上昇し史上最高値を更新

←下半期の出来事は次ページ

その他情勢／年月

２０１０年（平成22年）

1月5日　米駐留軍普天間基地移転を占う名護市長選挙で基地移設反対派の稲嶺進が当選

2月12日　カナダ・バンクーバー冬季五輪が開催

3月26日　黄海で韓国哨戒艦「天安」が沈没46名死亡、韓国は朝鮮側魚雷を原因とするが、朝鮮はこれを否定

4月5日　米航空宇宙局・ＮＡＳＡ、山崎直子ら７人を乗せたスペースシャトル打ち上げ

5月30日　連立政権の社民党、沖縄普天間基地問題での福島瑞穂党首の閣僚罷免に反発、連立を離脱

6月2日　総理大臣鳩山由紀夫が民主退陣を表明、小沢一郎民主党幹事長も同時に辞任

6月8日　第94代総理大臣に民主党代表選で小沢一郎を破った菅直人が就任

6月13日　小惑星「イトカワ」着陸を果たした宇宙航空研究開発機構の探査機「はやぶさ」、７年ぶりに地球に帰還→

6月24日　農水省、宮崎県の口蹄疫問題で、感染の疑いがある牛や豚、約20万頭を殺処分し埋却

←下半期の出来事は次ページ

全日本建設運輸連帯労働組合・武建一執行委員長、大阪広域生コンクリート協同組合・武富起久夫専務理事、京都生コンクリート工業組合・久貝博司副理事長（**開会挨拶**）、和歌山県生コンクリート協同組合連合会・中西正人会長、奈良県生コンクリート工業組合／協同組合・澁谷健二理事長、阪神地区生コン協同組合・泉池敏彦副理事長、近畿生コン関連協同組合連合会・池田良太郎会長、全国生コンクリート工組・協組連合会近畿地区本部・猶克孝本部長、兵庫県中央生コンクリート協同組合連合会・三好康之会長、和歌山県生コンクリート工業組合・丸山優理事長、近畿生コンクリート圧送協同組合・吉田伸理事長、交通労連・生コン産労働組合・岡本幹郎書記長（**閉会挨拶**）、近畿バラセメント輸送協同組合・内野一理事長

２０１０年（平成22年）下半期の出来事

7月2日　**生コン産業政策協議会10春闘の解決めざしゼネスト突入**　ゼネスト要求は、業界全体が「危機突破決起集会」決議の遵守であり、7月1日実施のはずだった適正価格収受と契約形態の変更を求めたーストはこの後、139日続きわが国では国鉄以来の本格的なゼネラル・ストライキ（ゼネスト）の様相を呈し関西圏ではテレビニュースでも報道され、マスコミも連日注視した

9月11日　**関西生コン関連産業労使、経済産業省に要請**　関西のセメント・生コン産業各協同組合・工業組合の代表らは、経済産業省を訪れて生コンクリートの「適正価格化に向けて関係者からヒアリングを行うなど大阪府下の事態の円満な解決に資する施策を講じる」要請を行った後に厚生労働省で記者会見を行った

10月14日　グリーンコンクリート&日本建築学会近畿支部**「コンクリートと木とコラボレーション」**による持続可能な住まいと住環境の設計」に関する趣旨説明芸が大阪市北区の毎日インテシオで行われた

10月21日　**生コン卸協組、解散・休止 相次ぐ**　組織活動停滞感— 大阪広域卸販売協同組合と湖東生コンクリート販売協同組合が解散

11月17日　**139日ストライキでゼネコン新価格応諾**　『6・27危機突破集会』を期に中小企業と労組双方で団結労組行動をテコに各協同組合もゼネコンとの協議に本腰を入れ、最終的に新価格で合意取り付けストライキ終結に

12月2日　**太平洋セメント、直系生コン社6割減に**　9月末で54社にー1998年発足時からは72社もの減

２０１０年（平成22年）下半期の出来事

8月16日　日本の内閣速報値で、中国が日本を抜き、実質GDP世界2位になったと明らかになる

8月27日　イオンが「ジャスコ」「サティ」などの総合スーパーを運営する子会社3社を合併し、店名を「イオン」で統一

9月9日　日本振興銀行が金融庁に預金保険法74条に基づき経営破綻を申請

10月1日　たばこ税増税に伴い、製品価格が大幅に値上げ

11月2日　株価は、日経平均株価とTOPIXとマザーズ指数以外は、全て年初来安値更新

11月4日　米連邦準備制度理事会FRBが、6千億ドルの追加国債買い入れ

11月6日　日本の京都APEC財相会合で「通貨の競争的な切り下げ回避」「為替レートの過度変動や無秩序な動きを監視する」と共同声明

11月28日　EU財務相、アイルランド向けの850億ユーロの緊急支援を承認

12月1日　日本で関西広域連合発足

12月24日　NTTドコモLTE方式の商用移動体通信サービス開始

12月31日　経営再建中の日本航空、パイロット、客室乗務員など170人を対象に整理解雇を実施

２０１０年（平成22年）下半期の出来事

7月26日　日本人の2009年の平均寿命は、男性79・59歳、女性86・44歳で過去最高を4年続けて更新

8月18日　イラク駐留米軍での戦闘部隊が全て撤退完了

9月1日　厚労省は、2008年度の調査で世帯ごとの所得格差が過去最大になった、と発表

9月7日　尖閣諸島で中国漁船と海上保安庁巡視船衝突事件発生

9月10日　障害者団体に嘘の証明書を発行したとして虚偽公文書作成・行使罪に問われていた元・厚労省局長の村木厚子被告に無罪判決

10月2日　尖閣諸島抗議デモ、数千人規模の反政府デモに拡大

11月13日　ミャンマーの民主化指導者アウンサンスーチーが解放

11月13日　日本がホストとなる第18回APEC首脳会議を横浜で開催

11月23日　韓国国境線を挟み、延坪島砲撃事件が勃発 朝鮮人民軍が韓国の延坪島に対してロケット砲による砲撃を行う

■六〇余年史年表　生コン産業全般の動き／★関西の動き

２０１１年（平成23年）

２月14日　**２・14国会請願・院内集会**　近畿生コン関連協同組合連合会、関西生コン産業政策協議会、連帯労組の３団体は衆議院議員会館で院内集会後に国交省・厚労省と交渉【**報告**】セメントメーカーの近バラ協に対する取引拒絶で不公正な取引方法抑制不能など問題点を指摘

２月17日　**太平洋・徳山セメント値上げ**　徳山１３００円〜太平洋１０００円以上　４月出荷分から宇部三菱、住友大阪も値上げへ

３月11日　**東日本大震災**　この『東北地方太平洋沖地震』によってもたらされた甚大なる災害を、日本政府は『東日本大震災』と命名。時間が経つにつれ、津波被害の大きさと被災した東京電力福島第１原発の事故の深刻さが関西にも伝わり東北・関東での企業や働く仲間たちの安否が気遣われた
※労働４団体では２日後の恒例『自動車パレード』開催が危惧されたが「こんな時こそ盛大に行いカンパを決議し、広く市民に被災地への支援を訴える」と一致後に春闘賃上げ全額を被災地への義援金にするという決断につながった

３月23日　**関連９団体３３７社との11年春闘大規模集団交渉**
大阪兵庫生コン経営者会から新人事（会長・小田要氏）、さらにセメント値上げ交渉窓口を近畿各協組と経営者会で一括すると報告された、各協組からも奈良、和歌山の例を参考に労使関係安定に向けた政策＝「個社型から協組型」「輸送共同事業」や、近畿生コン関連協組連合会発表の「燃料サーチャージ制」「共注・共販事業の推進」などが了承された

３月24日　**生コン支援の輪広がる**　政策協議会は早急に、11年春闘での賃上げ分はすべて義援金に決定実行、大阪兵庫工組近畿義援金１０００万円と㎥１円の寄付

４月７日　**大阪広域協新理事長に木村貴洋氏**　３月29日臨時総会で決定、木村氏は、関西宇部社代表取締役

６月　**工場数前年同期に比べ91工場減の３６６２**　１９９２年ピーク時での５０３４に比較して約３割減に

６月16日　**近圧協、ゼネコンに品質保証書発行**　限定10億円の保証金システムで

企業・経済関連／年月

２０１１年（平成23年）

１月１日　エストニアが欧州単一通貨のユーロを導入、旧ソビエト連邦諸国では初

１月　世界食糧機構、世界の食料価格は昨年12月に過去最高数値に達したと発表

・中国で貿易統計が発表され昨年の中国の輸出、輸入の金額ともに過去最高を更新

・イギリス石油大手ＢＰとロシア国営石油大手ロスネフチ、資本と業務提携で合意

・中国汽車工業協会が、昨年の中国の新車販売台数２年連続で世界一になったと発表

２月　スペインの失業率が、先進国内で最悪の水準となる20・33％に悪化したと発表される

４月１日　日本航空、かつてのシンボルマークだった「鶴丸」マークを２年ぶりに復活

４月１日　福島第一原発事故を受け東海地震の予想震源域上にある浜岡原発（静岡）の全機発電停止を菅首相が中部電力に要請

６月２日　東京電力、株一時上場来最安値の２８２円になった

←下半期の出来事は次ページ

その他情勢／年月

２０１１年（平成23年）

１月１日　ブラジル初の女性元首ジルマ・ルセフ大統領が就任

１月14日　チュニジアでジャスミン革命による国民蜂起発生

１月31日　土地購入疑惑で民主党小沢元代表を東京高検が強制起訴

２月１日　エジプトのカイロほか各都市で百万人の行進、ムバラク大統領選不出馬表明

３月11日　宮城県牡鹿半島東南東海底を震源とする東北地方太平洋沖地震が発生、Ｍ９・０と日本周辺における史上最大規模で東北沿岸部に壊滅的被害が発生
・死者・行方不明１万８５５９人、建築物の全壊・半壊は合わせて約40万戸、日本政府は震災による被害額を最大25兆円と概算

国内メディアが隠した原発大爆発時の情景

福島第一原発
津波に襲われた東京電力福島第一原発は、全電源を喪失し原子炉を冷却できなくなるという基本的ミスで３機が炉心溶融＝メルトダウンし、その水素爆発により原子炉建屋が吹き飛び、猛毒の放射性物質が地球全体に飛散する史上最悪の原子力事故に

６月２日　菅直人首相が東日本大震災の復興に目途がついた段階で辞任する事を表明

←下半期の出来事は次ページ

２０１１年（平成23年）下半期の出来事

※セメント世界需要30億トン超　アジアで75％消費。中国・インドなどが牽引

8月12日　近畿関連14団体・**広域協不当廉売やメーカーの地位濫用正せ**　公正取引委員会に是正勧告を求める独禁法45条に基づく申立書提出

8月23日　**〈9団体7月申入書〉に関し名誉を毀損されたとの件**　社会資本政策研究会ほか9団体に㈱関西宇部代表取締役木村貴洋氏から、名誉を毀損されたと質問状届く　※9団体は、質問書自体いかなる毀損にもあたらないと後日回答

8月25日　**セメント価格上昇**　東北など一部除き全国で５００円／トン上昇　生コン転嫁値上げに動く、上げ分５００円程度（関東一区）

8月27日　近畿生コン関連14団体　**宮城県南三陸町に支援訪問**　同地の福興市イベントに大相撲尾上部屋の把瑠都ら力士が駆けつけ、住民の歓迎の輪に包まれた

9月8日　**台風12号で生コン被害**　和歌山で豪雨と河川氾濫水害で2工場流出、その他12工場も操業不能

10月8日　**仙台シンポ・共生協同の力で復興特区創りを**　東北現地に関わる農林・水産・生協など協同事業体トップが集まり、官製でない地域と民の立場からの復興討議　近畿生コン関連業界を代表し組合総研武代表理事も参加

10月11日　**近畿の生コン関連団体代表による国会要請**　今回要請では、グリーンコンクリート研究センターによる震災～原発対応の技術的提案も盛り込み、稲見哲男民主党衆議院議員と共に多くの施策実施を要請、また同時に中小企業庁に対する要請も行い、中協法、団体協約締結事業におけるセメントメーカーの団交拒否の件に関し、一部社から交渉に応じるとの感触ありと担当官から説明を受けるなど前進的回答を得る

12月8日　**関西生コン業界に激震**　販売店大手藤成商事が自己破産、連鎖の波広がる

２０１１年（平成23年）下半期の出来事

8月1日　米ロードアイランド州のセントラルフォールズ市、連邦破産法9条の適用を申請

3日　日立製作所が１９５６年から製造を続けていたテレビ生産から撤退すると発表

8日　日本の堂島米会所で、長らく廃止されたコメの先物取引が二年間の試験上場として復活

19日　東京工業品取引所で金先物取引が一時史上最高値４５４５円に

10月19日　日本の野田佳彦首相と韓国の李明博大統領は日韓通貨スワップの限度額７００億ドルに拡充で合意

25日　タイの大洪水被害を受けて日本政府と日本銀行はタイへの経済支援策をまとめた

31日　外国為替市場で1ドル＝75円31銭を付け、ドルの最安値記録

11月9日　イタリアの国債発行体での格付け2段階引き下げ

・米アラバマ州ジェファーソン郡が、連邦破産法適用を申請

11月9日　米アメリカン航空と親会社ＡＭＲ連邦破産法を申請

12月23日　欧州連合の中央銀行の3年物流動性供給オペ４８９１億９１００万ユーロの引き受けにより、ユーロ圏銀行の流動性が過去最高の危険水位に達したことが判明

２０１１年（平成23年）下半期の出来事

7月23日　中国高速鉄道の杭州－福州線で脱線・追突事故、死者40人と政府発表

7月29日　ベネズエラのラテン～カリブ首脳会議でラテンアメリカ・カリブ諸国共同体が実現

8月6日　ロンドン市北部で黒人系市民が警官に射殺された事件で、暴動に発展（**イギリス暴動**）

23日　内戦状態のリビアで、反体制派陣営が首都を制圧しカダフィ体制が事実上の崩壊

29日　民主党代表選で野田佳彦財務相を第15代代表に選出

30日　民主党野田佳彦新代表を第95代内閣総理大臣に選出

9月17日　貧困と格差社会の解消など求めウォール街占拠

10月15日　「ウォール街を占拠せよ」の呼びかけに応えて世界中で占拠が行われた

※国連推計で世界人口70億人に

31日　大阪府知事橋下徹が任期途中で辞職

11月27日　大阪府知事選で松井一郎が、大阪市長選で橋下徹が当選

12月17日　朝鮮民主主義人民共和国指導者の金正日総書記が死去

■六〇余年史年表　生コン産業全般の動き／★関西の動き

2012年（平成24年）

1月19日 **近畿生コン関連団体合同新年互礼会初の開催** 近畿の生コン関連団体・機関、実に24もの組織が参集したまさに業界初の歴史といえる新年互礼会が、大阪市北区のウェスティンホテル大阪であり、来賓ほか内外505名もの関係者が詰めかけ新年を飾る盛大な催しとなった

2月15日 **近畿経済産業局へ「中小企業の定義変更」要請書** 社会資本研ほか近畿生コン関連事業者・労組14団体は近畿経済産業局を通じ、表記の要請書を提出した関連業者・労働組合代表など150名以上が産業局前に詰めかけ決起集会を開催―報告会場では、経営・労働が一体で取り組む意義の確認など熱い決意表明が相次ぐ

3月29日 **春闘交渉で大きな成果** 近畿業界4労組による政策協議会と近畿の経営者側窓口大阪兵庫生コン経営者会との交渉第4回で妥結／賃上げ1万円・一時金年額10万円増で決着―この数字は破倒産相次ぐ近畿の現状から見ても大きな成果だが経営側は、広域協の集団的値下げ阻止と適正価格での収受が急務に

5月10日 **「中小企業協同組合についての学習会」** 業界のオピニオンリーダー・百瀬恵夫明治大学名誉教授を講師に招き、近畿各府県187名の参加者を集め、全生工組の〇適資格の協組知的財産の確認と、協同事業入り口にあたる共同購買例として海外セメントの輸入検討など大きな問題提起の一日となった

6月1日 **大阪兵庫生コン経営者会第15回総会** 小田要会長は、参加者にむけ近畿2府4県327社側窓口として労務問題解決機能を果たすと決意表明

6月15日 **第8回組合総研定時総会** 中小企業に真の経済民主化をもたらす共生社会実現にむけて、大手独占の中小企業協同組合支配の実態など今後への総研姿勢を確認

7月24日 **ベトナム在大阪総領事夫妻、アソシエ来訪** レー・クオク・ティーン同国総領事が、日越関西友好協会会員である当アソシエ会館へ初の国際VIPによる表敬訪問行う

企業・経済関連／年月

2012年（平成24年）

1月4日 アメリカ2012年の新車販売台数は、前年比10%増の1278万台と2年連続拡大 ※日本勢は東日本大震災やタイ大洪水などにより前年割れ

1月24日 金融庁は、AIJ投資顧問に1ヶ月間の業務停止命令と業務改善命令を出した

2月29日 東京都墨田区に、高さ634mを誇る地上デジタルテレビ放送用集約電波塔、東京スカイツリーが完成

3月15日 国際通貨基金IMF、ギリシャへ4年間に280億ユーロ（約3兆円）の資金融資を承認

3月27日 シャープ、台湾の鴻海精密工業と業務・資本提携合意発表

4月2日 ドイツの太陽電池メーカーのQセルズ法的整理を申請

5月5日 北海道電力泊原発が定期検査で運転停止、日本における原発稼動が42年ぶりに全基停止に

5月17日 東芝、日本国内でのテレビ生産打ち切りを発表

5月22日 神戸市住宅供給公社が神戸地裁に民事再生法の適用を申請 負債総額は503億円

6月27日 東京電力株主総会で公的資金投入決まり、同社が実質上国有化されることが正式に承認

←下半期の出来事は次ページ

その他情勢／年月

2012年（平成24年）

1月14日 台湾総統選挙で馬英九総統が再選

2月6日 米国内のイラン資産を凍結するイラン制裁の大統領令

2月19日 復興庁が発足

3月30日 消費税増税法案閣議決定 国民新党の亀井静香代表が決定に抗議し連立政権離脱表明

4月11日 朝鮮・朝鮮労働党第4回党代表者会において、金正恩が第一書記に就任

4月26日 「陸山会」の土地購入疑惑事件で、政治資金規正法違反罪に問われた民主党の小沢一郎元代表に東京地裁が無罪判決

5月6日 フランス大統領選挙決選投票で、現職のサルコジ大統領を破り社会党のオランド前第一書記が初当選

5月7日 プーチン首相がロシア大統領に就任、後任の首相にメドヴェージェフ前大統領が就任

5月27日 資金管理団体「陸山会」の土地購入疑惑事件で、4月に東京地裁で無罪判決を受けた民主党の小沢一郎元代表を、検察官役の指定弁護士が東京高裁へ控訴

6月2日 エジプト・カイロの裁判所で、デモ参加者殺害を命じた罪でムバラク前大統領に終身刑の判決

←下半期の出来事は次ページ

２０１２年（平成24年）下半期の出来事

7月28日　仙台で「協同の力で復興を」代表者会議　生協・漁協・農協・労働者協組ほか東北地元で活動する組織代表が集まり、今後の共同事業などが評議された

8月24日　社会資本研・国政要請行動で復興庁など幹部らと交流　民主党・辻恵衆議院議員の仲介の労で関西生コン業界による東北復興プラン（ポーラスコンクリート活用要請など）と地元生協関係者らの直接請願で成果期す

10月5日　変革のアソシエ「Wモリスと宮沢賢治、３・11」講演会
協同会館アソシエで大内秀明東北大学名誉教授・半田正樹東北学院大学教授・田中史郎宮城学院女子大学教授の講演と、これら東北の知を代表する3氏を中心として「戦後日本の課題と展望」の討議会が行われた

10月17日　若松孝二映画監督ご逝去
ベルリン国際映画祭で主演女優賞に輝いた反戦映画の名作「キャタピラー」のアソシエ上映と組合総研・武代表との対論会で交流のあった氏だったが、この日不慮の交通事故で死去された（享年76歳）

10月30日　大阪広域協の現・前理事長を組合員が告訴
同協組組合員が、各個別組合員に損害を与えた背任のかどでこの日、両氏を告訴した件で当局が捜査に着手の動きと伝わる―前・現理事長が組合理事会の決定に反して、組合個社から徴収した会費を値下げ原資に使ったとの訴えは生コン産業全体の信用を揺るがせるものと話題に

12月11日　中小企業基本法の抜本的改正のための、学習会
社会資本政策研究会（高井康裕会長）は、協同会館アソシエで経営・労働から120名の参加で「戦後中小企業政策の変遷と中小企業基本法」「事業協同組合が行う共同等業の現状とこれからの方向性」の2大テーマで学習会を開催／
『複眼的中小企業論』で著名の、わが国中小企業論を専門としている黒瀬直弘嘉悦大学教授、全国中小企業団体中央会・及川勝政策推進部長両氏を講師に
・発展している中小企業の共通の特徴は戦略的連携を持つ
・国は公正競争確保とコンプライアンスの重要性を伝えよ―などが提議された

２０１２年（平成24年）下半期の出来事

8月8日　アフガン支援国会議で今後4年間で計160億ドル約1兆3千億円超の供与を約束

8月　日本銀行は金融政策決定会合で政策金利の据え置きと短期国債5兆円増額の措置を決定

8月24日　トヨタ自動車が6月に世界累計生産2億台を達成した

※　２０１２年上半期日本の貿易赤字過去最大の約3兆円に上る

9月1日　東京電力が、電気料金を平均8・46%値上げ

9月13日　アメリカ連邦準備理事会連邦公開市場委員会声明で量的緩和第3弾QE3を実施と発表

10月1日　郵便局株式会社と郵便事業株式会社との統合により「日本郵便株式会社」設立

・新日本製鐵と住友金属工業が合併し、**「新日鐵住金」**が発足

10月10日　トヨタ自動車が世界で約743万台の過去最大のリコール

10月12日　日本はIMFに600億ドル約4・7兆円拠出することで合意する

10月30日　日本の中央銀行、金融政策決定会合で資産買い入れ基金を11兆円増額し91兆円とする追加策を決定

12月19日　S&P社は、ギリシャの長期外貨建信用格付けをCCCからSD（選択的デフォルト）に引き下げ

※ギリシャ、信用不安に

２０１２年（平成24年）下半期の出来事

7月3日　民主党は、常任幹事会で消費税増税法案採決時、小沢一郎元代表ら離党届を提出した造反の衆院議員37名を除籍処分などに

7月11日　無所属の小沢一郎元民主党代表が新党「国民の生活が第一」を結成、衆参計49名が参加

7月28日　環境保護政党「緑の党」結成総会が開かれ、設立を確認

8月10日　社会保障と税の一体改革関連法案が参院で採決され、賛成188票、反対49票で可決　２０１４年4月から8%、15年10月から10%の2段階で増税へ

9月28日　「日本維新の会」が結党

11月14日　野田首相が解散表明

11月19日　政治資金規正法違反の罪に問われた「国民の生活が第一」の小沢一郎代表の無罪が確定

12月16日　衆議院議員総選挙で、自民党・公明党の保守勢力325議席を獲得し、政権復帰を果たす

12月19日　韓国大統領選で与党・セヌリ党朴槿恵候補当選、韓国初の女性大統領→

■六〇余年史年表　生コン産業全般の動き／★関西の動き

２０１３年（平成25年）

1月10日　セメント値上げ発表、**住友大阪**　4月から１０００～１５００円再投資可能な価格にとの製造メーカー側の表明

1月29日　**★２０１３近畿生コン関連団体合同新年互礼会**　大阪市北区のホテルウェスティン大阪に、近畿一円の生コン関連14団体と大阪兵庫生コン経営者会の傘下３２７社などを代表する総勢５００名の関係者が一堂に会して、生コン業界再建に向けた決意を互いに表明した―関西の生コン製造、輸送、打設など生コン産業で要求されるスタッフ殆どの関係労使が集まるのは、類例がなく、来賓も国会議員現職・前職、前大阪市長ら多彩な著名人が詰めかけ年頭の賀詞を交換した

2月6日　**★近畿生コン関連団体懇談会**　近畿一円の生コン関連14団体が協同会館アソシエに集まり、所属する経営・労働双方が関西市場での適正価格収受等での取り組みなどで、先進的地域に学ぶなど共通の討論と認識の場をもった

3月7日　**★近畿生コン産業春闘交渉で賃上げ１万円**　業界再建への圧力バネとして大幅賃上げを求め、この日交渉に入った２０１３春闘では、日々雇用も日額５００円賃上げの回答を28日の第４回交渉で得たが、今後の焦点はその原資とすべき生コン価格の全体的値戻しとバラ・輸送運賃など関連企業での一律的向上を目指すことになった

6月8日　**★近畿生コン圧送協・第７回安全大会**　大阪市北区リーガロイヤルＮＣＢを会場に１３０名の関係者が集まり、日常施工での一層の安全化への意識を向上させるをテーマに、28の団体、企業・個人に「安全衛生優良賞」を授与した会場では竹中工務店などゼネコン代表や大阪建団連北浦会長、コンクリート圧送事業団体連合会佐藤会長ほか業界トップの参加があり、大きな関心がうかがえた

6月21日　**全生連・セメント協会と連携で舗装推進会議**　各地で勉強会などで動きが顕著となっているコンクリート道路舗装の展開を期して両組織が提携すると発表があった

6月21日　**★組合総研・第９回定時総会**　関西生コン関連諸団体から、総研会員１０５名の参加で「中小企業と労働者を理論と運動でリードする」年度方針を確認。懸案だった「関西生コン産業60年史」刊行への最終プラン決まる。

企業・経済関連／年月

２０１３年（平成25年）

2月8日　笹子トンネル上り線復旧対面通行規制が解除

3月5日　新石垣空港（石垣島東部）が開港

3月　日本の国債・借入金・政府短期証券の合計金額、いわゆる「国の借金」が２０１２年度末時点（当初予算ベース）で１０００兆円の大台超え

4月1日　自動車損害賠償責任保険（自賠責）保険料15％近く値上げ　老齢厚生年金の報酬比例部分について、男性支給開始年齢２０１３年から段階的に65歳に引き上げ

4月2日　東京銀座で歌舞伎座新開場

落成した歌舞伎座↑

大阪の文化の殿堂→フェスティバルホール

4月10日　大阪市北区の中之島フェスティバルタワー、フェスティバルホール新ホールがオープン

4月26日　大阪駅北地区（うめきた）先行開発地域「グランフロント大阪」が開業

5月1日　関西電力が平均９・75％、九州電力が平均６・23％値上げ

5月22日　東京株式市場の日経平均が年初来高値1万５９４２円60銭となった後、大幅反落（過去11位）前日比１１４３円28銭安に

その他情勢／年月

２０１３年（平成25年）

1月1日　東京電力が福島復興本社を設立
・復興特別所得税が導入

1月9日　大阪市立桜宮高等学校で体罰自殺事件発覚、他校でも次々と体罰問題が明らかに

3月8日　ベネズエラ、ウゴ・チャベス大統領が死去（享年58）

3月17日　千葉県知事選挙投票、現職の森田健作が当選

3月25日　昨年の総選挙で、１票の格差是正されず、広島高裁、広島１・２区無効とする判決

3月26日　陸上自衛隊中央即応集団の司令部が朝霞駐屯地からキャンプ座間へ移転

4月19日　公職選挙法の改正案が参院で可決成立

4月24日　バングラデシュ首都ダッカ近郊で８階建の商業ビルが崩壊―死者４００人～負傷者２千人以上に

5月1日　安倍晋三首相、中東地域に対する原子力発電所の輸出推進や政治・経済の安定化のため22億ドル規模の支援策

5月27日　第２次大戦中の日本軍慰安婦歴史認識で暴言を吐いた大阪市の橋下市長、姉妹都市サンフランシスコ市ほか全てから訪問拒絶される

6月23日　東京都議会議員選挙投票　自民・公明の両党が過半数を制し、民主は半減、維新は２議席のみ

『日刊建設工業新聞』
『建通新聞』
『中小企業政策』（黒瀬直宏著　日本経済評論社　2006年7月）
『新中小企業基本法—改正の概要と逐条解説』（中小企業庁編　同友館　2000年）
『独占資本主義の理論』（北原勇　有斐閣　1977年）
『世界2008年1月号第773号／2010年11月号第810号』（岩波書店）
『金融権力』（本山美彦著・岩波新書2008年4月）
『グローバル経済とリスクビジネス』（本山美彦著・岩波新書2008年4月）
『始まっている未来　新しい経済学は可能か』（宇沢弘文、内橋克人著2009年10月）
『戦後史の正体』（孫崎享著・創元社2012年8月）
『新協同組織革命』（百瀬恵夫著　東洋経済新報社2003年12月刊行）
『鎌田慧の記録—権力の素顔』（岩波書店、1991年9月刊）
『拒否できない日本』（関岡英之著・文藝春秋社　2004年4月）
『平成経済20年史』（紺谷典子著・幻冬舎新書2008年11月）
『平成政治20年史』（平野貞夫著・幻冬舎新書2008年11月）
『新訂　現代日本経済史年表』（日本経済評論社2003年5月）
『季刊「変革のアソシエ」』（4号、6号、12号、13号他　変革のアソシエ刊行）
『日本経済新聞』
『日刊工業新聞』
『日本工業新聞』
『労働組合運動とは何か』（熊沢　誠著　岩波書店　2013年1月）
『共生の大地—新しい経済がはじまる』（内橋克人著　岩波新書　1995年）
『構造的沖縄差別』（新崎盛暉著　高文研　2012年）
『日米地位協定入門』（前泊博盛著　創元社　2013年）
『二一世紀の協同組合原則』（I、マクファーソン、日本協同組合学会訳　日本経済評論社　2000年）
『国際協同組合運動』（J. バーチャル、都築忠七監訳　家の光協会　1999年）
他協同組合関係の参考文献多数。

参考文献

『提言』（中小企業組合総合研究所機関紙）
『阪神協ニュース』（阪神地区生コン協同組合会報）
『いるか』（近畿生コン輸送協同組合機関紙）
『近圧協新聞』（近畿生コンクリート圧送協同組合会報）
『社会資本政策研究会 FAX 通信』（社会資本政策研究会会報）
『関西生コン支部結成 35 周年記念　政策闘争の軌跡』（全日本建設運輸連帯労働組合関西地区生コン支部編）
『工組だより』（大阪兵庫生コンクリート工業組合連合会会報）
『流転の道をえらばず　関生支部闘争史（1）』（1981 年 3 月刊行／ファースト印刷）
『風雲去来人馬―関西地区生コン支部闘争史 1965 ～ 1994 年』（全日本建設運輸連帯労働組合関西地区生コン支部編）
『建設独占を揺るがした 139 日』（木下武男・丸山茂樹ほか著／変革のアソシエ刊）
『関西生コン闘争が切り拓く労働運動の新しい波』（2011 年 4 月刊行／変革のアソシエ）
『くさり』（全日本建設運輸連帯労働組合関西地区生コン支部機関紙）
『50 年の歩み』／ 2010 年 1 月結成 50 周年出版記念（日本労働組合総連合生コン産業労働組合編）
『コンクリートの文明誌』（小林一輔・岩波書店 2004 年 10 月）
『コンクリートが危ない』（小林一輔・岩波書店 1999 年 5 月）
『告発　逮捕劇の真相』（安田浩一・2005 年 10 月刊行／アットワークス）
『武建一　労働者の未来を語る』（2007 年 10 月刊行／社会批評社）
『協同の力で復興を』（大内秀明・半田正樹・田中史郎編、変革のアソシエ2012年1月刊行）
『生コン年鑑』（㈱セメントジャーナル社）
『コンクリート工業新聞』
『セメント新聞』
『セメント年鑑』（㈱セメント新聞社）
『セメント産業年報「アプローチ」』（㈱セメント新聞社）

編集後記

関西の生コン産業の歴史は、セメントメーカーとゼネコンの産業支配の歴史であり、これに抗した中小企業運動と労働組合運動の歴史でもある。血と汗と涙で綴られた歴史を今まで誰も明らかにしてこなかった。今回、全国で初めてこの構造の解明と事実を記録した。多くの方々が、かく生きた勇気ある人々の足跡とその未来に共感いただけることを願う。

最後に、寄稿等ご協力を賜わった関係者の皆様に、また、制作にあたり生田あい、宍戸正人、梶川壽美子の各氏に、社会評論社の松田健二代表に深甚なる謝意を伝えたい。

編集委員

髙井康裕

兵庫県中央生コンクリート協同組合連合会副会長

中小企業組合総合研究所理事長

小田　要

大阪兵庫生コン経営者会会長

中小企業組合総合研究所理事

中西正人

和歌山県生コンクリート協同組合連合会会長

中小企業組合総合研究所副理事長

岡本幹郎

連合・交通労連生コン産業労働組合書記長

中小企業組合総合研究所副代表理事

武　建一

全日本建設運輸連帯労働組合関西地区生コン支部執行委員長

中小企業組合総合研究所代表理事

門田哲郎

大阪兵庫生コン経営者会副会長

中小企業組合総合研究所専務理事

増田幸伸

近畿生コン関連協同組合連合会専務理事

中小企業組合総合研究所理事

関西生コン産業60年の歩み　1953〜2013

――大企業との対等取引をめざして協同組合と労働組合の挑戦――

2013年9月20日　初版第1刷発行

発行所　一般社団法人 中小企業組合総合研究所

〒553－0032 大阪市東淀川区淡路3－6－31　協同会館アソシエ1F

TEL06－6328－5577　FAX06－6328－5588

URL：http：//www.kumiaisouken.com

E-mail:kumiai@air.ocn.ne.jp

編　集　「60年史」編集委員会　代表・武　建一

発売元　株式会社 社会評論社

〒113－0033 東京都文京区本郷2－3－10　お茶の水ビル

TEL03－3814－3861　FAX03－3818－2808

URL：http://www.syahyo.com

主な生コン/関連 協同組合のマーク

Kinbara

近畿バラセメント輸送協同組合

近畿生コン輸送協同組合

近畿生コンクリート
圧送協同組合

阪神地区生コン協同組合

大阪広域生コンクリート
協同組合

組合総研の関連事業から

■中小企業者の目線から
全国へ発信する「提言」

■大阪国際会議場で開催の
第2回経営者セミナー風景

■生コンクリートユーザー
フォーラム2004年

■国政への声を届ける社会資本研
へのサポート

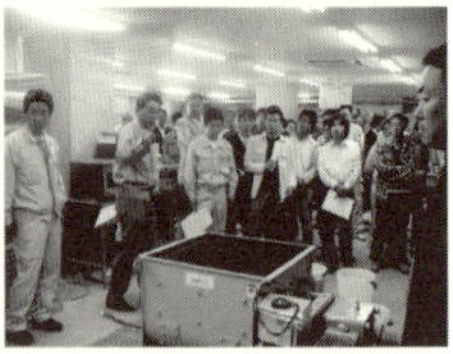

■マイスター塾にて恒例
生コン実技研修の一コマ